雅罗申柯创作的门捷列夫肖像（1886）

门捷列夫（1868）

门捷列夫（1869）

门捷列夫（1904）

（度量衡总局的工作室，门捷列夫在这里写过札记并做过关于周期律发现史的谈话。）

霍德涅夫

H.A. 门舒特金

伊诺斯特朗采夫

门捷列夫生前在圣彼得堡大学的住宅正门

（门捷列夫就是在这座住宅中发现周期律的，现在这里被布置
为门捷列夫档案陈列馆。）

列宁格勒大学门捷列夫工作室中的写字台

圣彼得堡大学原来的化学教室

(1869 年 3 月 6 日，在这里举行了俄罗斯化学学会会议，H.A. 门舒特金代门捷列夫宣布了周期律的发现。)

斜面写字台

（据伊诺斯特朗采夫证实，门捷列夫曾站在这张写字台旁从事编制元素
体系的工作。现保存在列宁格勒大学门捷列夫档案陈列馆。）

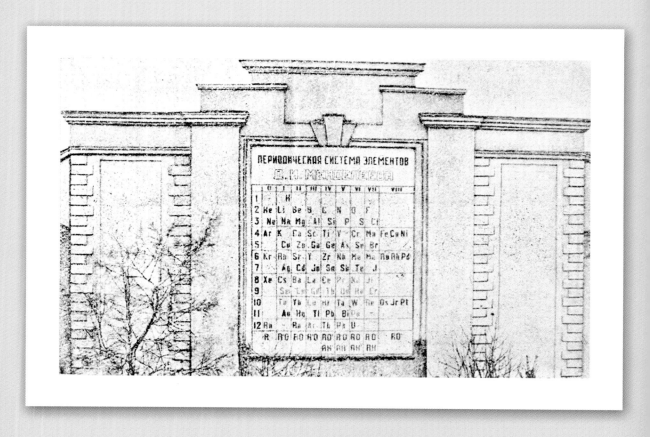

门捷列夫元素周期系

（列宁格勒门捷列夫纪念碑的一个组成部分，位于国际大街 12 号住宅附近，门捷列夫在这里度过了晚年。这个经典形式的体系是比较法的具体体现。）

ОСНОВЫ

ХИМІИ

Д. Менделѣева.

ПРОФЕССОРА И. СПБ. УНИВЕРСИТЕТА.

ЧАСТЬ ПЕРВАЯ,

съ 151-мъ политипажемъ.

С.-ПЕТЕРБУРГЪ.
1869.

《化学原理》第一卷的内封面

（1869 年 3 月出版。门捷列夫在序言中谈到所做出的发现，在后面几章谈到导致其发现的"小细胞"。）

ОСНОВЫ

ХИМІИ

Д. Менделѣева,

ПРОФЕССОРА И. С.-п.-Б. УНИВЕРСИТЕТА.

—⁕—

ЧАСТЬ ВТОРАЯ.

съ 28-ю политипажами.

〜〜〜〜

С.-ПЕТЕРБУРГЪ

1871.

《化学原理》第二卷的内封面

（门捷列夫在撰写前几章时运用综合法发现了周期律。）

Соотношеніе свойствъ съ атомнымъ вѣсомъ элементовъ.

Д. Менделѣева.

Систематическое распредѣленіе элементовъ подвергалось въ исторіи нашей науки многимъ разнообразнымъ превратностямъ. Наиболѣе распространенное раздѣленіе ихъ на *металлы* и *металлоиды* опирается какъ на физическія различія, замѣчаемыя между многими простыми тѣлами, такъ и на различія въ характерѣ окисловъ и соотвѣтственныхъ имъ соединеній. Но то, что казалось при первомъ знакомствѣ съ предметомъ, яснымъ и абсолютнымъ, то при ближайшемъ знакомствѣ съ нимъ совершенно потеряло свое значеніе. Съ тѣхъ поръ какъ стало извѣстнымъ, что одинъ элементъ какъ напр. фосфоръ, можетъ являться и въ состояніи металлоида и въ металлическомъ видѣ, стало невозможнымъ опираться на различія въ физическихъ признакахъ. Образованіе основныхъ и кислотныхъ окисловъ не представляетъ также ручательства сколько либо точнаго, по той причинѣ, что между рѣзко основными и кислотными окислами существуетъ рядъ окисловъ переходныхъ, куда напр. должно отнести окислы: висмута, сурьмы, мышьяка, золота, платины, титана, бора, олова и многихъ другихъ. Притомъ аналогія соединеній такихъ металловъ, какъ висмутъ, ванадій, сурьма и мышьякъ съ соединеніями фосфора и азота; теллура съ селеномъ и сѣрой; также какъ кремнія, титана и циркона съ оловомъ, не позволяетъ уже нынѣ строго держаться, въ раздѣленіи простыхъ тѣлъ, различія между металлами и металлоидами. Изслѣдованія металлоорганическихъ соединеній, показавшія, что сѣра, фосфоръ и мышьякъ образуютъ соединенія совершенно того же разряда, какъ и ртуть, цинкъ, свинецъ и висмутъ, служатъ еще болѣе яснымъ подтвержденіемъ справедливости предъидущаго заключенія.

Тѣ системы простыхъ тѣлъ, которыя основаны на *отношеніи* ихъ къ *водороду* и *кислороду*, представляютъ также много шаткаго, заставляютъ отрывать члены, несомнѣнно представляющіе великое ходство. Висмутъ не соединенъ до сихъ поръ съ водородомъ, какъ

门捷列夫关于周期律的第一篇论文的首页

（刊于《俄国化学学会志》1869 年第一卷第 2~3 期第 60 页。）

тихлористой сюрьмой, и кристаллизуя продуктъ изъ бензина, получаютъ игольчатые кристаллы (т. п. 221°, т. к. 310°) съ содержаніемъ хлора, соотвѣтствующимъ формулѣ $C_8H_2Cl_8$. Процентное содержаніе хлора и приведенныя физическія свойства тождествуютъ съ C_7HCl_7, полученнымъ Бейльштейномъ и Кульбергомъ. Представляетъ ли это соединеніе производное ксилола, или же толуола рѣшить пока нельзя.

10. *А. Вроблевскій* изслѣдовалъ *дѣйствіе брома на толуидинъ*. Пропуская воздухъ съ парами брома въ растворъ хлористоводородной соли толуидина, монобромтолуидинъ остается раствореннымъ въ кислой жидкости; выше обромленные продукты въ ней нерастворимы. Монобромтолуидинъ твердое тѣло (монобромпаратолуидинъ — жидкость). Выше обромленные продукты изслѣдуются.

Засѣданіе 6 го марта 1869 г.

За отсутствіемъ президента, предсѣдательствуетъ очередной членъ Ѳ. Н. Пургольдъ.

Предсѣдатель сообщаетъ, что Л. Н. Шишковъ и А. И. Ходневъ зачислены членами общества.

Дѣлопроизводитель общества Н. А. Меншуткинъ сообщаетъ, что 10 февраля получено, изъ Главнаго Управленія по дѣламъ печати разрѣшеніе на изданіе журнала Русскаго Химическаго Общества безъ предварительной цензуры, по представленной программѣ. Относительно изданія журнала заключено условіе съ Товариществомъ „Общественная Польза", на основаніяхъ, принятыхъ обществомъ, въ засѣданіи 9 января. Къ печатанію перваго выпуска приступлено.

Въ этомъ засѣданіи сдѣланы слѣдующія сообщенія:

1. Н. Меншуткинъ сообщаетъ отъ имени *Д. Менделѣева*, опытъ системы элементовъ, основанной на ихъ атомномъ вѣсѣ и химическомъ сходствѣ. За отсутствіемъ Д. Менделѣева обсужденіе этого сообщенія отложено до слѣдующаго засѣданія.

А. Энгельгардтъ представляетъ слѣдующія работы сдѣланныя подъ его руководствомъ въ лабораторіи Земледѣльческаго Института:

2. *О нитросѣрнотолуоловой и амид сѣрнотолуоловой кислотахъ, студ. Бека*. Нитросѣрнотолуоловая кислота получается различными способами, при чемъ на основаніи нѣкоторыхъ различій въ соляхъ,

Н.А. 门舒特金代门捷列夫做的报告

（刊于《俄国化学学会志》1869 年第一卷第 2~3 期第 35 页。）

影印件 I《化学原理》第一卷第二册提纲与第二卷总提纲的最早原稿之一（可能是在 1868 年完成第一册时制订的）。解释见表 3~ 表 5[附 4]

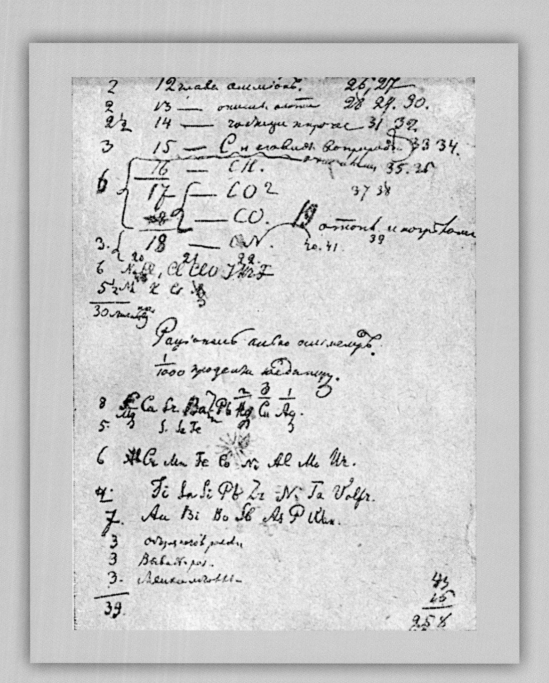

影印件 I（续）《化学原理》第一篇第二册提纲与第二篇总提纲的最早原稿之一（可能是在 1868 年完成第一册时制订的）。解释见表 3~ 表 5[附 4]

影印件 Ia　单原子（碱）金属、双原子（碱土）金属和过渡金属的
顺序（可能是在 1869 年年初编写《化学原理》第二卷前几章开始
时列出的）。解释见 [附 5]

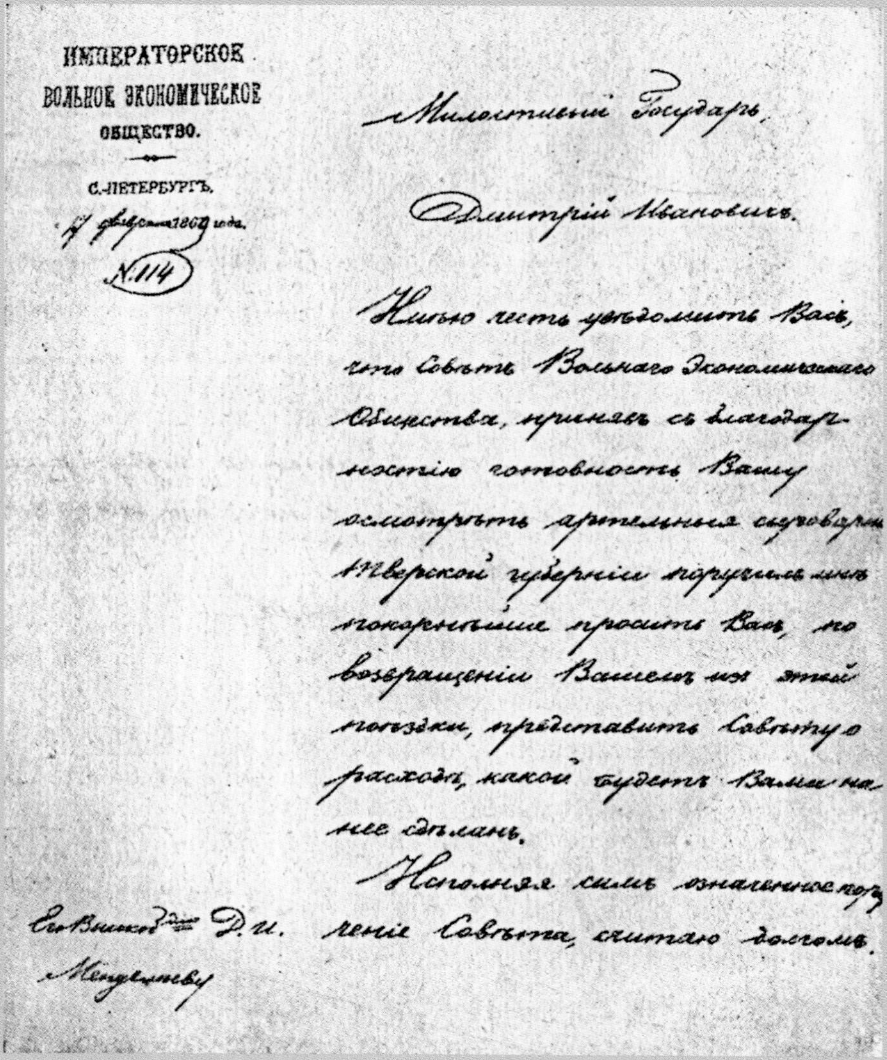

ИМПЕРАТОРСКОЕ
ВОЛЬНОЕ ЭКОНОМИЧЕСКОЕ
ОБЩЕСТВО.

С.-ПЕТЕРБУРГЪ.
17 февраля 1869 года.
№ 114

Милостивый Государь,

Дмитрій Ивановичъ.

Имѣю честь увѣдомить Васъ, что Совѣтъ Вольнаго Экономическаго Общества, принявъ съ благодарностію готовность Вашу осмотрѣть артельныя сыроварни Тверской губерніи поручилъ мнѣ покорнѣйше просить Васъ, по возвращеніи Вашемъ изъ этой поѣздки, представить Совѣту о расходѣ, какой будетъ Вами на нее сдѣланъ.

Исполняя симъ означенное порученіе Совѣта, считаю долгомъ.

Его Высокобдію Д. И. Менделѣеву

影印件 IIa　自由经济协会就考察干酪制造厂一事给门捷列夫的通知（1869 年 2 月 17 日）

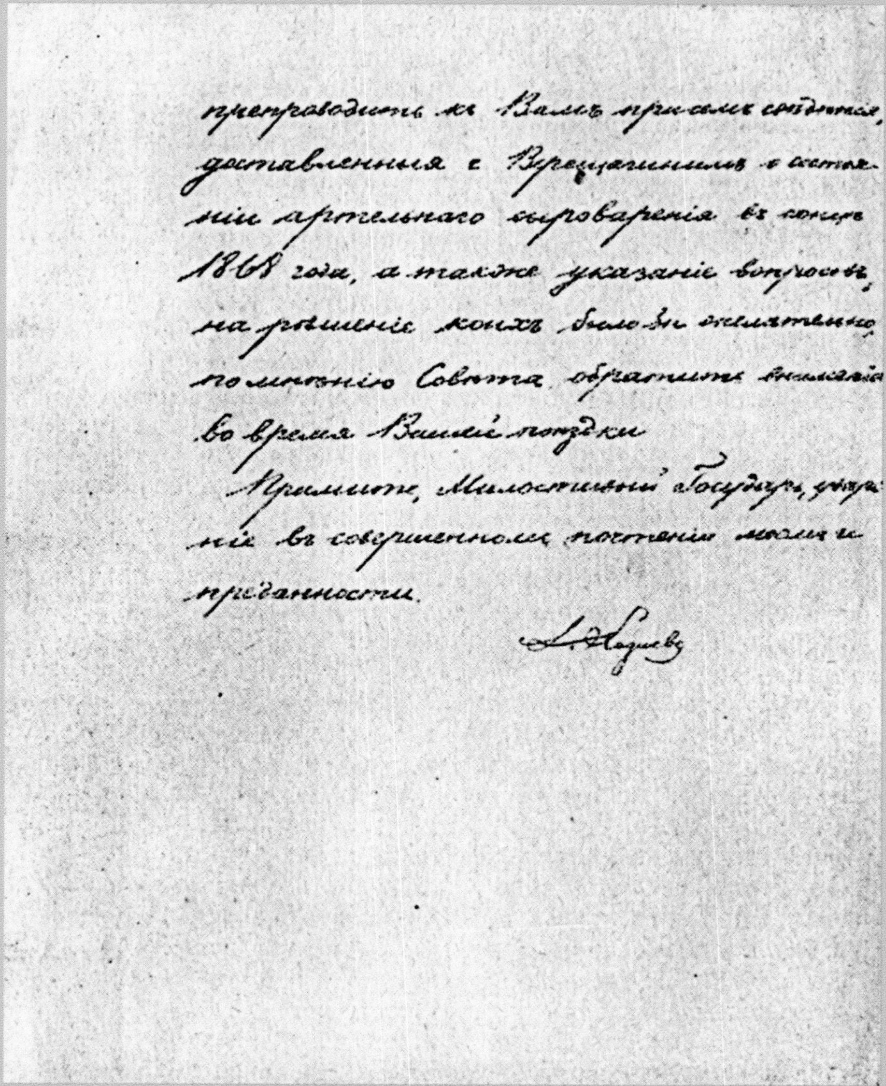

препроводить къ Вамъ при семъ свѣдѣнія,
доставленныя г. Верещагинымъ о состоя-
ніи артельнаго сыроваренія въ концѣ
1868 года, а также указаніе вопросовъ,
на рѣшеніе коихъ было бы желательно,
по мнѣнію Совѣта, обратить вниманіе
во время Вашей поѣздки.

Примите, Милостивый Государь, увѣре-
ніе въ совершенномъ почтеніи моемъ и
преданности.

А. Ходневъ

影印件 IIa（续） 自由经济协会就考察干酪制造厂一事给门捷列夫的通知（1869 年 2 月 17 日）

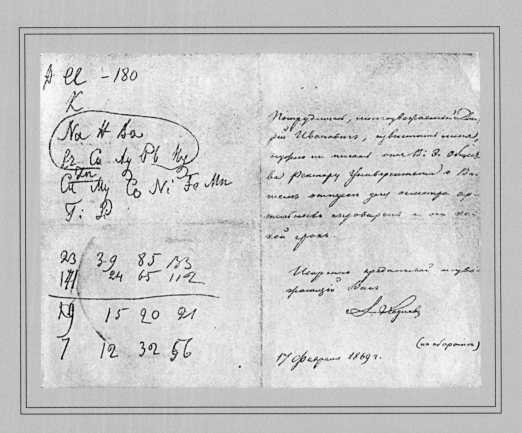

影印件 Ⅱ 霍德涅夫的信（上面有门捷列夫所做的初步推论和按照元素原子量对元素族所做的比较，1869 年 2 月 17 日）。解释见表 8a[附 9]

影印件Ⅲ　门捷列夫在一张纸上拟订的两个不完整元素小表 (1869 年 2 月 17 日)。影印件上半部分的解释见表 9 和表 10[附 11]、表 11 和表 12[附 12]，影印件下半部分的解释见表 13 和表 14[附 13]、表 15~ 表 18[附 14]

простыхъ тѣлъ, которыя почти всюду распространены на поверхности земли, составляютъ главный матеріалъ видимыхъ тѣлъ. Курсивомъ обозначены такія, которыя въ отдѣльномъ или соединенномъ видѣ встрѣчаются въ общежитіи, хотя и нераспространены всюду или встрѣчаются малыми количествами. Простымъ шрифтомъ означены рѣдкія, но хорошо изслѣдованныя простыя тѣла, а мелкимъ (нонпарелью) рѣдкія и малоизслѣдованныя.

Химическій знакъ простаго тѣла.	Названіе простыхъ тѣлъ, ихъ синонимы и латинскія имена для нѣкоторыхъ.	Видъ въ свободномъ состояніи при обыкн. температурѣ и давленіи.	Главнѣйшія мѣста распространенія въ природѣ.
108 Ag	Серебро, Argentum.	Бѣлый металлъ, всѣмъ извѣстный.	Въ жилахъ горъ въ свободномъ видѣ и въ соединеніи съ сѣрой, со свинцомъ и сѣрой, съ мѣдью и сѣрой и др.
27,4 Al	Алюминій или глиній, Aluminium.	Бѣлый легкій металлъ.	Въ большомъ количествѣ входитъ въ составъ земной коры и въ соединеніи съ кислородомъ (глиноземъ) въ глинѣ, содержащей, кромѣ глинозема, кремнеземъ и воду.
75 As	Металлакъ, арсеникъ, Arsenicum.	Сѣрый металлъ.	Въ соединеніи съ сѣрою, желѣзомъ, кобальтомъ, преимущественно въ жилахъ горъ. Соединеніе его съ кислородомъ (бѣлый мышьякъ) составляетъ извѣстное ядовитое вещество.
197 Au	Золото, Aurum.	Желтый металлъ.	Въ свободномъ видѣ въ жилахъ рыхлыхъ породахъ, называемыхъ розсыпями.
11 B	Боръ.	Твердое тѣло неметаллическое, подобно C.	Въ водѣ нѣкоторыхъ озеръ, въ видѣ буры (соед. съ кислор. и натріемъ), въ каменной соли въ видѣ стекловатаго тѣла борацита, изъ трещинъ около вулкановъ съ парами воды, въ соединеніи съ кислородомъ.
137 Ba	Барій.	Металлъ почти бѣлый, легкій.	Въ видѣ породы, преимущественно тяжелаго шпата, содержащаго кромѣ того кислородъ и сѣру, въ жилахъ горъ.
9,3? Be	Берилій или глиній. Berillium.	Бѣлый у легкій металлъ.	Рѣдкій, соединенный съ кислородомъ, кремне- и глиноземомъ въ минералѣ бериллѣ.

影印件Ⅲa　为了准备"牌阵"元素卡片写在《化学原理》第一版页边的新原子量清单（1869年2月17日）。解释见表21[附16]

ПРОСТЫЯ ТѢЛА.

210	Bi	Висмутъ, Bis-muthum.	Красно-вато-сѣ-рый ме-таллъ.	Въ жилахъ горъ въ свободномъ состояніи встрѣчается довольно рѣдко.
80	Br	Бромъ.	Темнобу-рая, про-зрачная жидкость, летучая.	Въ соединеніи съ K и Na въ мор-ской водѣ, каменной соли и не-которыхъ источникахъ, встрѣ-чается въ малыхъ количествахъ.
12	C	Углеродъ, Carbonium.	Уголь, графитъ и алмазъ его видо-измѣне-нія.	Въ соединеніи H, O и N въ ра-стеніяхъ и животныхъ, въ землѣ въ видѣ каменныхъ углей и въ соединеніи съ Ca и O въ извест-някахъ, въ атмосферѣ въ соеди-неніи съ O, въ видѣ углекислаго газа.
40 20?	Ca	Кальцій, Cal-cium.	Легкій желтова-тый ме-таллъ.	Въ каменистыхъ породахъ всегда въ соединеніи съ O, кремнеземъ, Ca O и др., въ золѣ растеній, въ костяхъ. Съ кислородомъ об-разуетъ известь.
	Ce	Церій, Cerium.	Металлъ?	Рѣдкій минералъ церитъ содержитъ соед. кислорода съ кремніемъ, лан-таномъ и дидимомъ.
112	Cd	Кадмій, Cadmi-um.	Бѣлый металлъ.	Вмѣстѣ съ цинкомъ, но въ незна-чительномъ количествѣ.
	Cl	Хлоръ, Chlor.	Газъ зе-леноватожелтый.	Въ морской и всякой соленой водѣ, въ соед. съ Na въ видѣ поваренной соли.
58,8	Co	Кобальтъ, Co-baltum.	Сѣрый металлъ.	Соединеніе его съ кислородомъ, As и S въ видѣ рудъ въ жилахъ, рѣдко.
52,2	Cr	Хромъ, Chro-mium.	Сѣрый металлъ.	Соединеніе его съ кислородомъ и желѣзомъ въ горныхъ породахъ, нечасто.
133?	Cs	Цезій, Caesium.	Сѣрый металлъ.	Вмѣстѣ съ K, Na, Li въ соляныхъ источникахъ, оч. мало.
63,4	Cu	Мѣдь, Cuprum.	Красный металлъ.	Въ породахъ отдѣльно и въ соеди-неніи съ O, также съ Fe и S. Мѣ-стами въ значительныхъ количе-ствахъ.
	Di	Дидимъ.	Металлъ?	Вмѣстѣ съ церіемъ, но еще мень-ше чѣмъ церій.
	Er	Ербій.	Металлъ?	Очень рѣдко въ соед. съ кислоро-домъ въ рѣдкихъ минералахъ, вмѣ-стѣ съ иттріемъ.
19?	F	Фторъ.	Газъ, без-цвѣтный?	Въ соединеніи съ Ca въ видѣ пла-виковаго шпата въ жилахъ горъ.

影印件Ⅲa（续）为了准备"牌阵"元素卡片写在《化学原理》第一版页边的新原子量清单（1869年2月17日）。解释见表21 [附16]

56	Fe	Желѣзо, Ferrum.	Сѣрый металлъ.	Всегда въ соединеніяхъ съ O, съ S, съ C и O и пр. почти всюду хотя немного, иногда же цѣлыми массами.
	H	Водородъ, Hydrogenium.	Безцвѣтный газъ.	Вода содержитъ ⅑ его во всу, въ видѣ воды и соединеній въ горныхъ породахъ. Растенія и животныя содержатся въ водѣ и въ соединеніи съ C, O и N.
200	Hg	Ртуть, Hydrargyrum, mercurium.	Жидкій бѣлый металлъ.	Изрѣдка, но иногда въ довольно значительныхъ количествахъ въ свободномъ видѣ и соединеніи съ S въ горныхъ породахъ.
127	I	Іодъ.	Сѣрое, полуметалли. тѣло.	Въ соединеніи съ K и Na въ морской водѣ и золѣ водорослей.
72	In	Индій.	Сѣрый металлъ.	Рѣдко въ соединеніи съ S вмѣстѣ съ цинковыми рудами.
198	Ir	Иридій.	Бѣлый тяжелый металлъ.	Вмѣстѣ съ платиною и пр. сопутствуютъ платину.
39	K	Калій или потассій.	Сѣрый легкій металлъ.	Всегда въ соединеніи съ O и пр. въ каменистыхъ породахъ, въ золѣ растеній, въ поташѣ. Вездѣ, но обыкновенно не много.
	La	Лантанъ.	Металлъ?	Вмѣстѣ съ церіемъ и дидимомъ. Оч. мало.
7	Li	Литій.	Самый легкій металлъ.	Всегда въ соединеніяхъ съ O и пр. въ нѣкоторыхъ минералахъ, мало, но часто.
24	Mg	Магній.	Сѣрый легкій металлъ.	Всегда въ соединеніи съ кислородомъ и другими веществами въ морской водѣ, во многихъ каменистыхъ породахъ и растеніяхъ.
55	Mn	Марганецъ.	Черный металлъ.	Сопровождаетъ Fe, Mg и Ca всюду, но въ маломъ количествѣ. Иногда массами въ соединеніи съ кислородомъ, какъ минералъ.
96	Mo	Молибденъ.	Бѣлый металлъ.	Рѣдко встрѣчается въ рудахъ, въ соединеніи съ сѣрою и со свинцомъ и кислородомъ.
	N	Азотъ, Nitrogenium.	Безцвѣтный газъ.	Воздухъ содержитъ почти ⅘ этого газа. Соединеній съ C, H и O въ растеніяхъ и животныхъ.
23	Na	Натрій или содій.	Сѣрый легкій металлъ.	Въ соединеніи съ Cl въ соли, въ морской водѣ, съ O и другими веществами въ камняхъ, всюду.

影印件Ⅲa（续）为了准备"牌阵"元素卡片写在《化学原理》第一版页边的新原子量清单（1869年2月17日）。解释见表21[附16]

72   ПРОСТЫЯ ТѢЛА.

Nb	Нiобiй.	Металлъ?	Рѣдкiй металлъ, встрѣчается съ танталомъ въ видѣ кислороднаго соединенiя.
58,8 Ni	Никкель.	Сѣрый металлъ.	Вмѣстѣ съ кобальтомъ, O, As, S въ горныхъ породахъ, рѣдко.
O	Кислородъ, Oxygenium.	Безцвѣтный газъ.	Въ водѣ ⁸/₉, въ воздухѣ ¹/₅, въ земной корѣ съ металлами и др. тѣлами, около ¹/₂, въ жив. и растенiяхъ, всюду и въ знач. колич. въ соединенiяхъ, свободный въ воздухѣ.
199 Os	Осмiй.	Черный металлъ.	Сопутствуетъ иридiй и платину.
31 P	Фосфоръ, Phosphorum.	Неметаллическое вещество.	Въ растенiяхъ и животныхъ, въ почвѣ, иногда массами, но никогда не свободный, въ соединенiи съ O, Ca и др.
207 Pb	Свинецъ, Plumbum.	Сѣрый тяжелый металлъ.	Иногда массами, обыкновенно въ соед. съ S въ жилахъ горъ.
106,6 Pd	Палладiй.	Сѣрый металлъ.	Встрѣчается вмѣстѣ съ платиной, иридiемъ въ металлическомъ видѣ.
197,4 Pt	Платина.	Тяжелый сѣрый металлъ.	Рѣдко въ породахъ и розсыпяхъ въ свободномъ видѣ.
85,4 Rb	Рубидiй.	Сѣрый легкiй металлъ.	Вмѣстѣ съ Cs.
104,4 Rh	Родiй.	Сѣрый металлъ.	Спутникъ платины.
104,4 Ru	Рутенiй.	Сѣрый металлъ.	Спутникъ платины.
32 S	Сѣра, Sulphur.	Желтое неметаллическое вещ.	Въ земли около вулкановъ свободная, въ другихъ мѣстахъ соед. съ металлами, O и др., также въ растенiяхъ и животныхъ.
122 Sb	Сурьма, антимонiй, Stibium.	Сѣрый металлъ.	Не часто, обыкновенно въ соединенiи съ S въ горныхъ породахъ.
79,4 Se	Селенъ.	Полуметал. вещество.	Сопровождаетъ сѣру около вулкановъ и въ др. случаяхъ, мало.
28 Si	Кремнiй или силицiй, Silicium.	Полуметаллическое, твердое вещество, сходное съ углеродомъ.	Въ земли всюду, въ камняхъ и пр., всегда въ соединенiи съ кислородомъ, образуя кремнеземъ, соединенный часто съ другими веществами, а иногда прекрасно отдѣльный, напримѣръ, кварцъ, горн. хрусталь и др.

影印件Ⅲa（续）为了准备"牌阵"元素卡片写在《化学原理》第一版页边的新原子量清单（1869年2月17日）。解释见表21[附16]

118	Sn	Олово, Stannum.	Бѣлый металлъ.	Не часто, въ жилахъ, соединенно съ кислородомъ.
87?	Sr	Стронцій.	Желтый металлъ.	Подобно Ba въ соед. съ О и S или О и С, особенно около вулкановъ въ землистыхъ вещ.
	Ta	Танталъ.	Металлъ?	Сходенъ по нахожденію съ таганомъ, но еще рѣже.
128	Te	Теллуръ.	Металлъ, сходный съ Se.	Рѣдко въ рудахъ, свободный и соединенный.
50?	Ti	Титанъ.	Черный металлъ.	Иногда встрѣчается въ горныхъ породахъ, всегда въ соединеніи съ кислородомъ, иногда и вмѣстѣ съ другими окислами металловъ, особ. желѣза.
	Th	Торій	Металлъ.	Рѣдкій минералъ торитъ, сходенъ съ цирконом.
204	Tl	Талій.	Тяжелый бѣлый мягкій металлъ.	Находится въ маломъ количествѣ въ желѣзномъ колчеданѣ. Оч. рѣдкій металлъ.
119?	Ur	Уранъ.	Сѣрый тяжелый металлъ?	Рѣдкій металлъ. Въ природѣ въ соединеніи съ кислородомъ и др. въ рудахъ.
51	Va	Ванадій.	Сѣрый металлъ?	Рѣдкій. Соединенный съ кислородомъ и свинцомъ въ нѣкоторыхъ рудникахъ. Сопровождаетъ иногда желѣзо.
184	Wo	Вольфрамъ или вольфецъвантумгстенъ.	Сѣрый металлъ.	Довольно рѣдкій, соед. съ кислородомъ и желѣзомъ въ рудахъ.
	Y	Итрій.	Металлъ?	Въ весьма рѣдкихъ минералахъ и мало, соед. съ кислородомъ, кремнеземомъ и др. вмѣстѣ съ Er.
65,2	Zn	Цинкъ или цай-аугеръ.	Сѣрый металлъ.	Не часто, но иногда въ значительныхъ количествахъ, соединенный съ S, также съ О и др. въ горныхъ породахъ.
89,6	Zr	Цирконій.	Металлъ?	Рѣдкій металлъ, въ жилахъ, въ соединеніи съ кислородомъ и кремнеземомъ, образуетъ минералъ цирконъ.

Нѣкоторыя простыя тѣла, какъ видно изъ этой таблицы, находятся почти всюду. Ихъ присутствіе доказано даже на отдаленныхъ отъ насъ свѣтилахъ, посредствомъ изслѣдованія ихъ свѣта. Это убѣждаетъ въ томъ, что та форма вещества, которая проявляется на землѣ въ видѣ простыхъ тѣлъ, что эта форма имѣетъ далекое распространеніе во вселенной.

影印件Ⅲa（续）为了准备"牌阵"元素卡片写在《化学原理》第一版页边的新原子量清单（1869 年 2 月 17 日）。解释见表 21[附 16]

影印件Ⅲb　引自《化学原理》第二卷的元素表（包括此前用来编制"牌阵"元素卡片的有关数据，1871年2月10日）

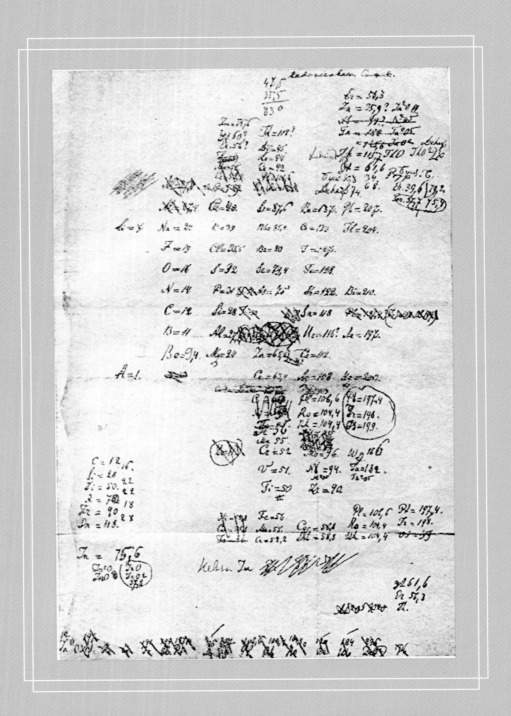

影印件IV　反映排列元素卡片（"牌阵"）过程的完整元素草表（"牌阵"导致了编制《元素体系的尝试》，1869年2月17日）。解释见表 22 和表 23[附 20]、表 24[附 22]、表 25～ 表 27[附 23]、表 28～ 表 30[附 24]

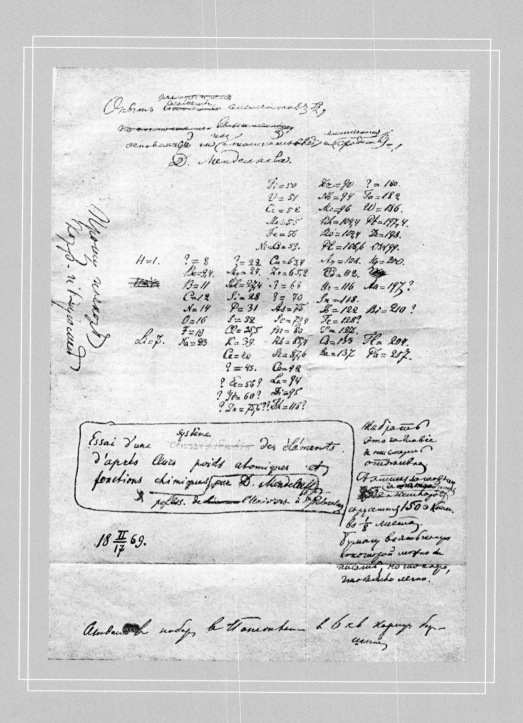

影印件Ⅴ　包含门捷列夫注释的誊清的元素表（《元素体系的尝试》，1869 年 2 月 17 日）。解释见表 33 和表 34[附 26]

影印件Ⅵ 有局部元素小表、水平形式元素体系的方案（在撰写关于周期律的第一篇论文时编制，1869年2月末）。解释见表 36~ 表 40 [附 28]

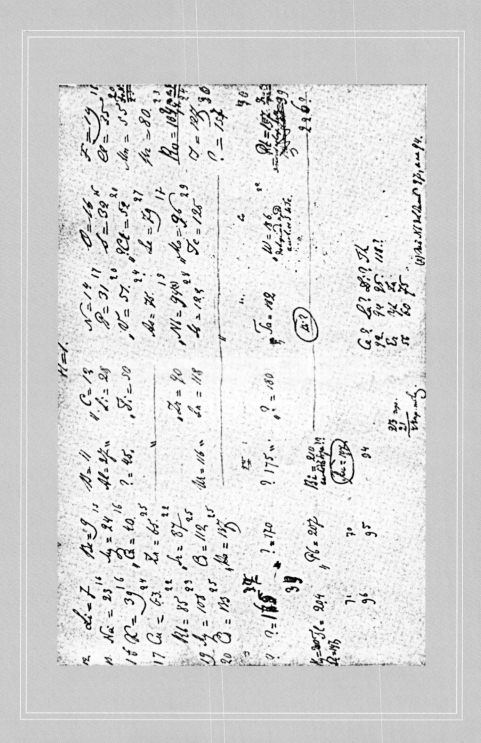

影印件Ⅶ　把序列分为偶数和奇数的竖式短式元素表（在撰写关于周期律的第一篇论文时编制，1869 年 2 月末）。解释见表 41~ 表 44

[附 29]

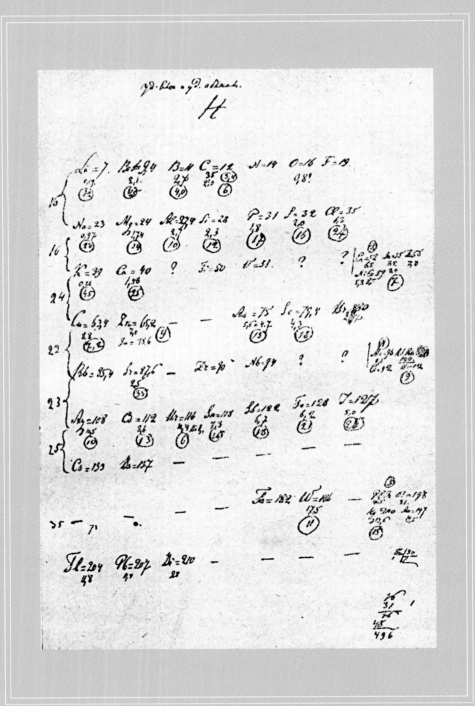

影印件Ⅷ 标题为"比重和比容"的竖式短式元素表（可能在 1869 年 2 月末或 3 月初拟订）。解释见表 45[附 30]

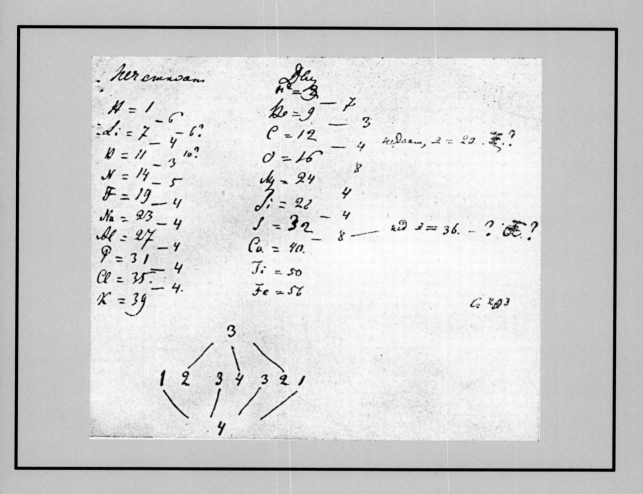

影印件Ⅸ 计算不同化合价元素原子量差数并预见未来第 0 族元素的元素表（1869 年 2 月末）。解释见表 45a[附 31]

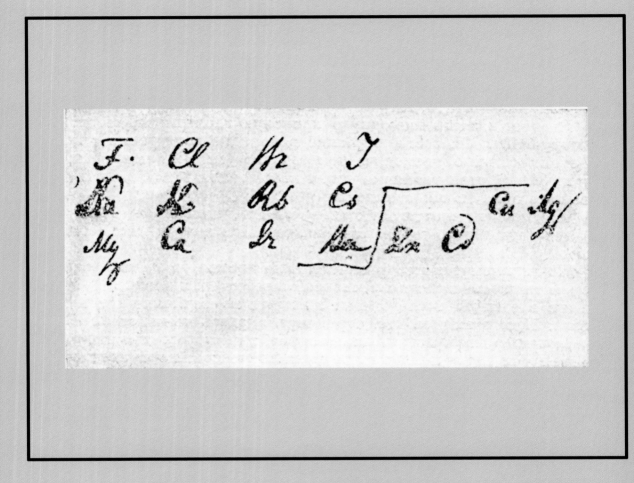

影印件 X　指出使序列成双（缩短）的元素表部分（1869 年 2 月末）。解释见表 45b
[附 32]

影印件Ⅹa　论文《元素的性质与原子量的相互关系》的结论草稿（1869年2月末）。解释见［附36］

ESSAI D'UNE SYSTÉME DES ÉLÉMENTS

D'APRES LEURS POIDS ATOMIQUES ET FONCTIONS CHIMIQUES,

par D. Mendeleeff,

profess. de l'Univers. à S-Pétersbourg.

```
                          Ti = 50    Zr = 90    ? = 180.
                          V = 51     Nb = 94    Ta = 182
                          Cr = 52    Mo = 96    W = 186.
                          Mn = 55    Rh = 104,4 Pt = 197,4
                          Fe = 56    Ru = 104,4 Ir = 198
                     Ni = Co = 59    Pl = 106,6 Os = 199.
H = 1                     Cu = 63,4  Ag = 108   Hg = 200
        Be = 9,4 Mg = 24 Zn = 65,2  Cd = 112
        B = 11   Al = 27,4 ? = 68   Ur = 116   Au = 197?
        C = 12   Si = 28  ? = 70    Sn = 118
        N = 14   P = 31   As = 75   Sb = 122    Bi = 210?
        O = 16   S = 32   Se = 79,4 Te = 128?
        F = 19   Cl = 35,5 Br = 80  I = 127
Li = 7 Na = 23   K = 39.  Rb = 85,4 Cs = 133    Ti = 204.
        Ca = 40  Sr = 87,6 Ba = 137 Pb = 207.
        ? = 45   Ce = 92
        ?Er = 56 La = 94
        ?Yt = 60 Di = 95
        ?In = 75,6 Th = 118?
```

———

$18 \frac{III}{I} 69$

影印件 XI 1869 年 3 月 1 日分发给一些化学家的《元素体系的尝试》法文单页表（按公历注明发现的日期）

影印件Ⅻ 《化学原理》第二卷的最后提纲（这个提纲可能是在
1869 年年初拟订的，而对其补充和详细说明显然是在 1869 年 2
月末或 3 月进行的）。解释见表 7[附 6] 和表 48[附 38]

影印件ⅩⅢ　门捷列夫去干酪制造厂出差的准假凭证（1869 年 2 月
15 日申请，表明出差延期到 3 月 12 日）。解释见 [附 42]

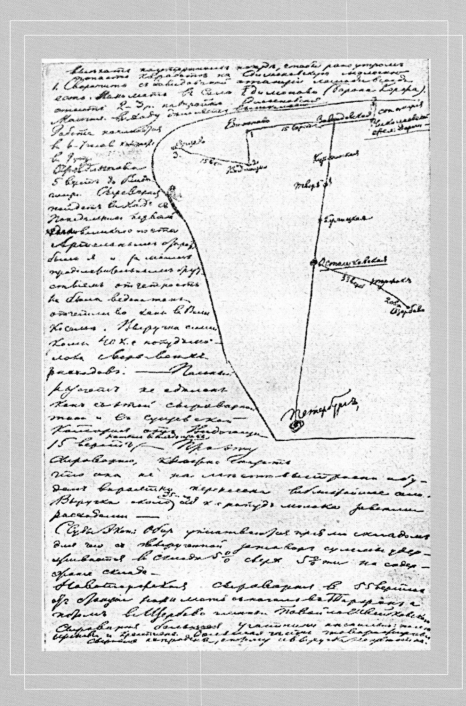

影印件 XIV　维列沙金写给门捷列夫关于去干酪制造厂出差路线的
信（此信是门捷列夫在 1869 年 2 月 17 日前不久收到的）。解释见
［附 42］

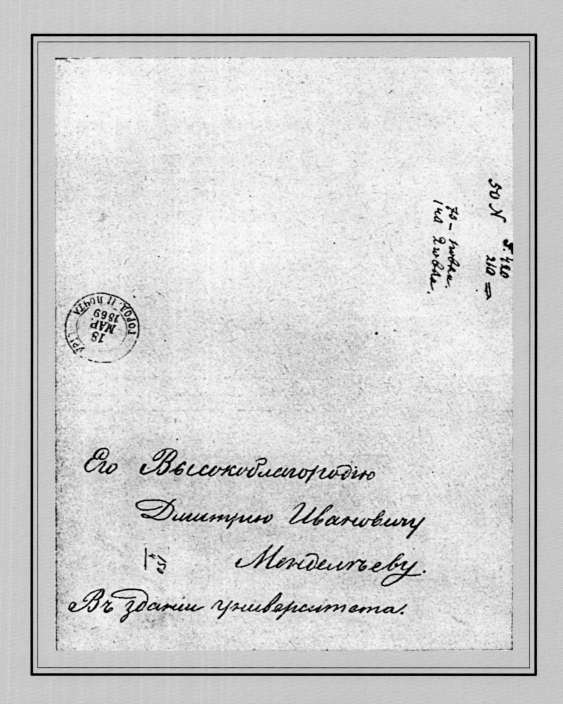

影印件ⅩⅤ　门捷列夫参加自由经济协会会议的请帖（1869 年 3 月 18 日
收到，门捷列夫在上面做了关于《化学原理》第二册份数的记号）。解释见
［附 42］

Гг. Члены I Отдѣленія Императорскаго Вольнаго Экономическаго Общества приглашаются въ Собраніе, имѣющее быть въ домѣ Общества 20. сего марта, въ 7, часовъ вечера.

Въ Собраніи этомъ, между прочимъ, членъ Д. И. Менделѣевъ сообщитъ, собранныя имъ на мѣстѣ, свѣдѣнія, объ артельныхъ сыроварняхъ Тверской губерніи и по поводу этого сдѣлаетъ нѣкоторыя замѣчанія о крестьянскомъ скотоводствѣ.

影印件ⅩⅤ（续）门捷列夫参加自由经济协会会议的请帖（1869年3月18日收到，门捷列夫在上面做了关于《化学原理》第二册份数的记号）。解释见［附 42］

影印件 XVI　标有原子体积的长周期的一部分——按照原子大小组成的族（1869 年 6 月）

献给国际化学元素周期表年
纪念门捷列夫元素周期律发现150周年
纪念《伟大发现的一天》（俄文版）出版60周年

1869ᵢй ГОДЪ

ФЕВРАЛЬ

17

ПОНЕДѢЛЬНИКЪ

Санктъ-Петербургъ

伟大发现的一天

ДЕНЪ ОДНОГО
ВЕЛИКОГО ОТКРЫТИЯ

著 [俄] 鲍·米·凯德洛夫

译 林永康 刘则渊 王续琨 赵国良
薛祚中 袁 一 许国津 顾明初
肖洪钧 董宗杰 刘永振 宋兆杰

校 董宗杰 陈益升 孙文德

大连理工大学出版社
Dalian University of Technology Press

图书在版编目（CIP）数据

伟大发现的一天 /（俄罗斯）鲍·米·凯德洛夫著；
林永康等译. --大连：大连理工大学出版社，2021.5
　　ISBN 978-7-5685-2453-7

　　Ⅰ．①伟… Ⅱ．①鲍… ②林… Ⅲ．①化学元素周期
表－化学史 Ⅳ．①O6-64

中国版本图书馆 CIP 数据核字（2020）第 013030 号

伟大发现的一天
WEIDA FAXIAN DE YITIAN

大连理工大学出版社出版
地址：大连市软件园路 80 号　邮政编码：116023
发行：0411-84708842　邮购：0411-84708943　传真：0411-84701466
E-mail：dutp@dutp.cn　　　URL：http://dutp.dlut.edu.cn
上海利丰雅高印刷有限公司印刷　　　　　　　大连理工大学出版社发行

幅面尺寸：185mm×260mm　　插页：44　印张：29　字数：578 千字
2021 年 5 月第 1 版　　　　　　　　　　　2021 年 5 月第 1 次印刷

责任编辑：刘新彦　于建辉　　　　　责任校对：周欢　李宏艳　王伟
封面设计：冀贵收

ISBN 978-7-5685-2453-7　　　　　　　　　　定　价：198.00 元

例　言

　　一、《伟大发现的一天》译自苏联著名哲学家、科学史家鲍·米·凯德洛夫（Бонифатий Михайлович Кедров，1903—1985）的经典著作《Денв олного великого открытия》。该俄文版由 Издательство социально-экономической литературы（社会经济文献出版社）于 1958 年出版，2001 年再版。20 世纪 80 年代初由林永康、刘则渊、王续琨等学者译为中文。2001 年，俄罗斯哲学界将该书列入"20 世纪俄罗斯哲学家丛书"。经译者对照两个版本，认为第二版正文部分与第一版相比并无变化。第二版增加了特约编辑特里弗诺夫撰写的长篇编后记，这篇编后记根据他的长期研究，以及搜集到的凯德洛夫后来关于第一版各章的补充意见，对凯德洛夫的原著做了中肯的评价，对发现日相关事件做了必要的调整，弥补了原著的个别疏漏，具有重要的史料价值。因而，我们将编后记译编为"关于发现日相关事件顺序的考证"，收录于本书。

　　二、著者凯德洛夫的国籍。凯德洛夫生活在苏联时代，他著述颇丰，当时已名声卓著。2001 年，其名著《伟大发现的一天》被列为"20 世纪俄罗斯哲学家丛书"再版，因此凯德洛夫被称为俄罗斯哲学家、俄罗斯科学史家。本书在译者序、译者后记等部分视情况不同分别采用两种不同的国别。

　　三、人名。在不引起混淆的情况下（除门捷列夫父子、门舒特金父子），只用其姓，省略了本名和父名的缩写部分。

　　四、地名。门捷列夫长期生活和工作的城市圣彼得堡，其名称后来被改为彼得格勒、列宁格勒。本书依据事件发生的具体年份使用该城市当时的名称。对圣彼得堡大学、列宁格勒大学也做同样处理。

　　五、元素符号。自门捷列夫发现元素周期律，元素符号经过了一系列演变和变化。本书旨在介绍门捷列夫发现元素周期律时的情况，所以沿用当时门捷列在手稿上所用的元素符号。如 J＝I（碘），Bo＝B（硼），Di＝Pr＋Nd（镨和钕的混合物），

Gl＝Be（铍），Ni＝Nb（铌，当其与 Ta 在同一行时），Ph＝P（磷），Pl＝Pd（钯），R、Ro＝Rh（铑），Rh＝Ru（钌），Ter＝Tb（铽），Ur＝U（铀），Va、Wam＝V（钒），Wo、Wolfn、Wolf＝W（钨），Yt＝Y（钇），等等。

六、原子量与分子量。原子量，现称相对原子质量；分子量，现称相对分子质量。为尊重原文，还原元素周期律发现时的状况，本书仍沿用旧称。

七、表格。为了更真实地呈现凯德洛夫的严密推理过程，本书沿用了俄文版的表格形式。

八、插页。本书的叙述及论证均围绕 21 幅手稿展开，俄文版中手稿影印件是穿插在正文中的。为了使读者更直观、清楚地阅读影印件，并且便于查找和检索，本书将其以插页形式放于最前面。

九、问号。俄文版中的问号（?）来自门捷列夫的手稿，如"? ＝18"等，表示未知元素或者原子量有疑问等特定含义。本书一律予以保留。

十、日期。俄文版中的日期均为俄历，本书也保留了俄历，个别地方用括号标注了公历日期。如无特别说明，本书日期均指俄历。俄历日期比公历要晚：16 世纪晚 9 天；17 世纪晚 10 天；18 世纪晚 11 天；19 世纪晚 12 天；20 世纪晚 13 天。因此，门捷列夫发现元素周期律的日期——"伟大发现的一天"是俄历 1869 年 2 月 17 日，加 12 天，即为公历 1869 年 3 月 1 日。按照俄历，门捷列夫生于 1834 年 1 月 27 日，卒于 1907 年 1 月 20 日；按照公历，门捷列夫生于 1834 年 2 月 7 日，卒于 1907 年 2 月 2 日。

十一、时间。"现在""目前""最近"等时态概念，均对应俄文版的成书时间。

十二、脚注。本书中译者所做的脚注用"译者注"表示，编辑所做的脚注用"编者注"表示，其余均为著者凯德洛夫为俄文版所做的注。

译者序

一部科学史和方法论相结合的杰作[①]

元素周期律，是伟大的俄国化学家**德米特里·伊万诺维奇·门捷列夫**（Дмитрий Иванович Менделеев，1834—1907）在 1869 年做出的一项伟大发现，是显示世界物质统一性的自然规律之一。恩格斯说："门捷列夫[②]不自觉地应用黑格尔的量转化为质的规律，完成了科学上的一个勋业，这个勋业可以和勒威耶[③]计算尚未知道的行星海王星的轨道的勋业居于同等地位。"[④] 如今它已广为人知，中学化学教材均附有元素周期表。

令人惊讶的是，俄罗斯哲学家、科学史家鲍尼法季·米哈依洛维奇·凯德洛夫（Бонифатий Михайлович Кедров，1903—1985）的巨著《伟大发现的一天》告诉我们，门捷列夫是在一天之内做出元素周期律这一伟大发现的。不可思议的是，现今在标准的元素周期表上，100 多种元素都井然有序地按照周期性排列在确定的位置，而当时只发现了 63 种元素，似乎杂乱无章，而且若干元素的原子量测量得相当不准，焉能一天就发现其规律性？但是凯德洛夫引证了大量新发现的门捷列夫手稿和相关资料，进行了详尽的考察和分析，令人信服地证实了元素周期表是在一天之内编制出来的。

《伟大发现的一天》一书资料翔实，论证充分，见解颇具特色，既是一部科学史专著，又是一部方法论杰作。它不仅为化学史工作者探寻近代科学史上光辉一页的周期律发现情况提供了丰富的史料，而且对于科学学及科学哲学工作者研究科学

---

① 译者序的主要内容是在林永康《门捷列夫周期律发现的史实与方法》［刊于《科学史译丛》，1982 (1)：20，28-36］一文的基础上完成的。感谢林永康教授生前为组织翻译和推介《伟大发现的一天》一书所做出的重大贡献。

② 引文原文为"门得列耶夫"，此处将其修改为"门捷列夫"。

③ 引文原文为"勒维烈"，此处将其修改为"勒维耶"。

④ 恩格斯．自然辩证法［M］//马克思，恩格斯．马克思恩格斯全集：第 20 卷．北京：人民出版社，1971：407.

家的工作方法提供了有益的启示。

《伟大发现的一天》出版已经 60 年了，却依然具有诱人的学术魅力。然而它毕竟是一部考据入微、佐证庞杂的鸿篇巨制，要阅读或概览全书，需要耗费不少时日。这里我们从翻译和研读的角度，试图追踪作者的思路，梳理发现的脉络，对著作给予解读，概述发现日的史实，还原做出发现的方法，澄清曲解发现的传说，以期为读者重走这一天神奇的发现之旅提供一幅简明的路线图。

一、发现日的史实

《伟大发现的一天》是凯德洛夫为纪念门捷列夫逝世 50 周年而作的。全书正文部分为两篇，共 10 章：第一篇为第 1～5 章，叙述了元素周期律发现的真实历程；第二篇为第 6～10 章，是对发现过程和结果的逻辑分析，着重阐述了发现过程中所应用的科学认识方法。全书最前面以插页的形式列出作为依据的照片以及 21 幅门捷列夫手稿，书后的附录相当详细。

在凯德洛夫的序言中首先谈到，经过严密考证，根据新发现的手稿上记载的日期确认：门捷列夫是在 1869 年 2 月 17 日（俄历，即公历 1869 年 3 月 1 日）这一天发现元素周期律的，因此以“伟大发现的一天”作为书名。

第 1 章概述了周期律发现日前夕的情况，着重谈到门捷列夫 1867 年开始撰写教科书《化学原理》，特别是 1869 年初，在其编写该书第二卷时，对元素体系提出的客观要求。第 2、3 章详述了 2 月 17 日门捷列夫独自发现周期律经历了哪些阶段，追述了发现本身是怎么进行的。第 4、5 章叙述了在发现日以后所发生的有关事情。第 6 章对这一发现的种种传说进行具体分析，并做了合乎逻辑的论断。第 7～9 章充分阐述了在发现过程中所应用的科学认识方法，即上升法、综合法和比较法。第 10 章从哲学角度分析了科学创造的途径，阐述了偶然性、幻想等在科学发现中的地位和作用。

首先，凯德洛夫根据大量的第一手资料，颇有说服力地论证了元素周期律的发现是在一天之内完成的。门捷列夫是一位博学多识、兴趣广泛、全面发展的学者。他首先是一位化学家，同时在经济学领域也颇有建树。他不局限于单纯的理论工作，还积极参加实践活动，并且醉心于农业管理活动。1869 年 2 月 15 日之前，门捷列夫作为自由经济协会的成员，受理事会委托，正准备离开圣彼得堡到外省继续考察干酪制造厂，为此他向圣彼得堡大学校长请假 10 天。与此同时，他正在编写

《化学原理》第二卷，在写完第 2 章之后，面临着在讲述碱金属之后该叙述哪一族元素的问题。按理说，似应紧接着叙述碱土金属，但又苦于缺乏理论依据。

2 月 17 日这一天，门捷列夫原计划动身外出考察。清晨，门捷列夫收到自由经济协会秘书霍德涅夫的信，询问他去干酪制造厂考察的行程。这本来同发现周期律无关，可门捷列夫正是在这封信上做了重要记载。在信的空白处，他偶然地对化学性质不相似的两族元素（Na 族和类 Zn 族）的原子量差数进行了计算，这是周期律发现的萌芽阶段的标志。为了比较紧密相连的若干元素族，门捷列夫随后另取一张纸，从卤族开始，在上半页按照原子量递减的顺序，把氧、氮、碳族编制成一个表格，力求使常见的、不相似元素族紧密相连，且原子量最大限度地接近，让各元素族之间不再插入别的元素。这样被编入的元素有 31 种，约占当时已知元素总数（63 种）的 1/2，这就是上半部元素小表。紧接着上半部元素小表，即在这张纸的下半页，门捷列夫继续编制了一个与上半部元素小表类似的元素表，即下半部元素小表，比较了 10 组元素，共 42 种，占当时已知元素总数的 2/3。下半部元素小表中原子量的记法是按照竖列而不是按照横行的，这表明门捷列夫已经很接近发现元素性质随原子量的变化而呈现周期变化的思想。

无论上半部元素小表还是下半部元素小表都没有把当时已知的元素全部列入，尽管已列入的元素已经过半，然而问题并非解决了一半，因为已列入元素表的绝大多数元素是人们熟知的，而其他尚未列入元素表的元素，由于对其研究甚少，因而对其化学性能缺乏足够的了解，有的原子量测得不准确，甚至有的原子量后来查明测错了。因此门捷列夫面临最困难、最复杂的任务是，把其他元素按照既定的原则，无一例外地列入一个完整的总表中。否则就谈不到发现元素化学性质与其原子量相互关系的新规律。

为了迅速而又准确无误地把所有元素排列到已形成的元素表中，门捷列夫采用了元素卡片[①]，这就是后来被称为"牌阵"的方法。凯德洛夫依据门捷列夫某些论文和著作中提供的资料，设想在每张元素卡片上不仅写下元素的名称及原子量，还写下元素的基本性质：元素的化合物形态、化合价、外观及其在自然界的分布情况等；又设想门捷列夫先把 63 种元素的卡片按照对其研究的程度和原子量分成四堆，然后着手编制完整元素表。此时此刻，周期律的发现过程便进入了决定性阶段。这

①　据俄文第二版特约编辑特里弗诺夫考证，门捷列夫制作卡片和进行初步的"牌阵"布局不是在 2 月 17 日，制作卡片可能是 2 月 15 日下午开始的，当卡片制作完后进行最初的"牌阵"布局大约是在 2 月 16 日和 2 月 17 日早晨。这样，门捷列夫才可能在 2 月 17 日有充分的时间集中编制全部元素的"草表"和"誊清表"，完成第一张元素周期表《元素体系的尝试》。

一完整元素表的中心部分由第一、二堆元素卡片组成，它们是已被充分研究的元素。进而，他对不相似元素族进行比较，把其他两堆能够列入的元素，按照它们最可能的合适位置，分批列入表中，并与表中心部分的元素族衔接起来。最后，还剩下 7 种"可疑的"元素：Er（铒）、Yt（钇）、In（铟）、Ce（铈）、La（镧）、Di（镝）[①]、Th（钍）。门捷列夫试着把它们排列在表中的某一位置，但实在找不到恰当位置，只好把它们依次排列在表的边缘。他把这一整个"牌阵"的进行过程和变动情况如实记录在一张纸上，这就是从上到下按照原子量递减顺序排列的完整元素草表（"草表"）。

他在通过"牌阵"获得的完整元素草表的基础上做了进一步修改，并按照原子量递增的顺序誊清了这张表（"誊清表"），而且贯以通栏标题《以原子量与化学相似性为基础的元素体系的尝试》（简称《元素体系的尝试》），立即交付排印。从"誊清表"的手稿可以看出，门捷列夫把"元素分类"的"分类"划掉，写上"体系"，改为"元素体系"。

在 2 月 17 日一整天里，门捷列夫在他心爱的斜面写字台前非常紧张而又有条不紊地工作着，终于成功编制出包括所有元素的体系。从这一发现日起至 2 月底，门捷列夫一鼓作气，撰写了他的第一篇关于元素周期律的论文（简称"第一篇论文"），题为《元素的性质与原子量的相互关系》，印上完整的元素周期表，及时总结了他所做出的发现。3 月 1 日，他把这篇论文交给《俄国化学学会志》的主编 H. A. 门舒特金，同时委托 H. A. 门舒特金在 3 月 6 日召开的化学学会会议上代他宣读论文，庄严地宣告化学元素周期律的发现。

而门捷列夫从 2 月 28 日起，续假到 3 月 12 日，按原定计划完成自由经济协会委托他考察干酪制造厂的任务。这就是他未出席 3 月会议的真实原因。此后门捷列夫增补了《化学原理》第一卷，加进了《元素体系的尝试》，并以周期律为指南，继续编写第二卷第 4 章以后的各章。

门捷列夫在一天之内发现元素周期律的简要过程就是如此。

二、做出发现的方法

作为一位杰出的科学家，门捷列夫具有高度的哲学修养。在从事化学理论的研

---

① Di（镝）是当时认为已发现的一种元素，原子量为 136。实际上是早期发现稀土元素时把混合稀土元素误认为一种元素。

究中，他特别强调要具有"科学宇宙观"，要"占有科学的方法"。他曾形象地描述过自己的方法：科学大厦不仅需要材料，而且需要设计，以科学宇宙观拟订科学大厦的模型。"没有材料的方案，或者是空中楼阁，或者仅仅是一种可能。没有方案的材料，或者是远离建筑现场的堆垛，不值得花费劳力去转运；或者仅仅是一种可能。"材料加设计并付诸实施，才能使科学大厦高高耸立。

门捷列夫究竟是用什么方法做出元素周期律这一发现的呢？对此，凯德洛夫并没有把辩证方法强加在元素周期律的发现上，也不是单纯地把发现过程提炼为抽象的方法论，而是依据科学发现的史实和门捷列夫的方法论思想与论述，在考察门捷列夫发现过程的基础上，来追索其做出发现所运用的科学认识方法。凯德洛夫把门捷列夫元素周期律的发现方法概括和表述为三种基本方法：上升法、综合法和比较法。三者相互联系，成为一个整体：上升法是科学发现的关键，综合法是发现规律的途径，比较法是元素分类的基础。

上升法：科学发现的关键。凯德洛夫认为，在科学研究中创造性思维的发展过程，应当是从简单到复杂、从低级到高级、从抽象（在不发达的意义上）到具体（在发达的意义上）的上升过程，并沿着确定的方向、严格的程序，从已知通向未知，从熟悉的领域过渡到不熟悉的领域。上升法正是门捷列夫伟大发现的关键。

运用上升法最重要的是如何找到研究对象中最简单形态的个体作为整个研究的出发点。门捷列夫指出："在上升时，我们从有条件的 0 和 1 开始，达到无条件的无限。那种思路恰好同一切可见物由不可分的原子构成、一切生物由低级的最简单个体——细胞构成的思路一样，都是明了、简单而又必然有效的。"在科学发现中，"小细胞"就是包含形成最发达的思想形态的胚胎。

门捷列夫编写《化学原理》第一卷时，是按照 H、O、N、C 顺序描述各非金属元素的，是按照化合价原则编制元素体系的。当编写完第一卷，从有机化合物转到无机化合物时，他首先研究了氯化钠（NaCl），这对于发现元素周期律具有重大的方法论意义。NaCl 不仅是人们最熟知的无机化合物，而且是由碱金属和卤素这两种性质极端对立的、有代表性的元素所构成的典型化合物。由此他找到了作为发现出发点的"细胞"。

以 NaCl 这个"细胞"为发端，从研究 Na 和 Cl 的关系出发，进而研究 Na 族与 Cl 族的关系，再过渡到研究 Na 族和 Cl 族，以至扩大到探索与之相邻的 Ca 族，以及向更外面扩展的元素族的关系。这不仅为他在《化学原理》中在碱金属 Na 族之后叙述碱土金属 Ca 族提供了理论根据，而且成为编制新的元素体系的基础。

门捷列夫在霍德涅夫信上所做的记载表明了以原子量为依据，使不相似的两族元素靠近的可能性。编制下半部元素小表时，他一开始把 Na 族与 Cl 族靠近，把这两个极不相似的元素族联系起来加以比较，由此发现了用原子量代替化合价的原则，然后在 Na 族之上排列 Ca 族，完全符合按照原子量排列的原则。后来他仍选择 Na 族和 Cl 族作为可靠的基础，运用"牌阵"方法，把其他金属族和非金属族连接起来。这样，从最强的金属（Na 族）开始，接着是最强的非金属（Cl 族），到较弱的非金属（O 族），随之到更弱的"过渡"元素（N 族和 C 族），再到金属元素 Al 族、Mg 族和 Cu 族，以至那些由于缺乏研究而最难于安置的元素也各得其所，终于形成了包括所有元素的新体系。可见，上升法确实是门捷列夫编制元素体系的重要手段，它能够巩固在发现过程的每一阶段所取得的成果，以便凭借这些已经取得的成果向尚未探索领域的广度和深度进军，将科学发现进行到底，这是他发现周期律的关键。

综合法：发现规律的途径。"自然界中的普遍性的形式就是规律。"[1] 近代以来，人类对化学元素的认识经历了个别性、特殊性和普遍性三个阶段。18 世纪末以前，人们还处在分别研究个别元素的阶段，而到了 19 世纪 60 年代初，对各元素分门别类进行归纳研究的特殊性阶段已基本结束。因此从特殊性阶段提高到揭示化学元素内在联系和一般规律的普遍性阶段，就成为当时摆在世界各国化学家面前的重大课题。但是，到了 19 世纪 60 年代末，已发现的元素虽然已经有 63 种，却只约占天然元素总数（92 种）的 2/3，而且后来才知道其中有 11 种元素的原子量测得不对，更不用说对其物理、化学性质的研究了。同时，当时虽然有不少元素已组成了自然族，但对一些元素还不甚了解，况且对有些已经组成的自然族也存在不少疑问，因而要把认识元素的阶段从特殊性提高到普遍性，困难仍是很大的。在这种情况下，门捷列夫所使用的综合法对于克服这些由于对元素的研究不够而带来的困难，起到了很大的变通作用。

按照综合法要求，单种元素要列入一般体系（普遍）都必须预先组成自然族（特殊）。不经过族（特殊）而把单种元素直接列入一般体系（普遍）的做法，都不可能发现元素周期律。这就是说，在编制元素体系时，门捷列夫首先是对各种元素的性质进行比较（个别），然后把相似元素组合为元素族（特殊），进而在比较各个不相似元素族的基础上加以综合考察，最后才得到反映元素周期律的自然体系（普

---

① 恩格斯. 自然辩证法［M］//马克思，恩格斯. 马克思恩格斯全集：第 20 卷. 北京：人民出版社，1971：577.

遍），这在 2 月 17 日的整个进程中都可以明显地看出来。无论是在霍德涅夫信上对两族元素的记载，还是编制上半部元素小表和下半部元素小表，以至关键性地运用"牌阵"方法构建出完整元素草表，都运用了综合法。中间的阶段是不可缺少的，因为只有对个别元素加以组合，认识了各族元素的特殊本质，才能进一步进行概括，认识元素的共同本质。

凯德洛夫分析了两种错误的看法：一种是把综合法单纯地看作归纳法，而忽视了门捷列夫从单种元素到组成新元素族，再到元素体系，即从个别到特殊再过渡到普遍的过程，是把归纳法和演绎法结合起来使用，从修正 Be 的原子量和位置入手，随后更正了 Qr、In、Th、Yt、Ce 等元素的原子量，还先后预言了 15 种未知的元素及其性能，后来都得到了实验的证实。另一种认为，门捷列夫先把所有元素按照原子量递增顺序编制成一个总序列，然后依据元素性质的重复性把总序列分成若干周期，便发现了周期律。这种看法不仅与史实不符，而且存在逻辑上的错误：把周期律的发现过程简单化为从个别性直接过渡到普遍性，完全避开了特殊性。

某些与门捷列夫同时代的化学家，或者在编制元素体系时仅停留在特殊性阶段，如德国化学家 J. W. 德贝莱纳（J. W. Döbereiner）的"三元素组"（1829），或者试图跳过特殊性阶段而直达普遍性阶段，如英国化学家 J. A. R. 纽兰兹（J. A. R. Newlands）的"八音律"（1864），都没有能够真正揭示出元素周期律，重要原因就在于他们不懂得因而不善于应用综合法。

比较法：元素分类的基础。比较法是门捷列夫在科学发现过程中，全面把握元素的内在有机联系的一个重要方面。门捷列夫曾在笔记中写道："要完整地概括，就需要比较法……"他通过比较不相似的两族元素之间的原子量差数，窥见原子量决定元素性质的端倪，跨出了发现周期律的第一步。原子量是比较的基础，原子量差数不仅能够使不同族的元素进行比较，而且可以验证这种比较的正确程度，因而也是判断元素族构成的正确程度的依据。同时，原子量的比较还成了扩展比较法的起点，通过对各元素其他化学、物理性能的比较，直接展示出周期律的实质及形式。

运用比较法的最终目的在于揭示元素与相邻元素之间的联系，以确定元素在周期系的自然位置。门捷列夫借助于比较法：

第一，使一族元素与相邻的两族元素衔接起来，保证它们的原子量都很接近，不能在它们之间插入其他元素族。

第二，使该族元素在化学性质方面在相邻的两族元素之间处于"过渡"状态。

第三，使相邻各族元素的化合价同样处于从 1 到 4 或从 4 到 1 的中间状态。

这样就使元素在周期系中的位置，能够表示出该元素与周围某一族和某一周期的相邻元素一切关系的总和。

门捷列夫纠正了以往的元素分类法的偏颇，指明了"过渡"元素对于元素科学分类的重要意义。他认为过去那种人为分类法仅仅根据各元素某些为数不多的特征进行分类，存在明显的片面性。把元素按照相对的共同属性截然分为金属与非金属两类，把相对的东西绝对化了。门捷列夫以原子量为比较的基础，确认在那些看来彼此极不相容的元素之间存在着中间环节或"过渡"元素。在这一思想的指导下，他细心而又耐心地寻找，终于找到了 Fe（铁）、Pd（钯）、Pt（铂）等"过渡"元素在体系中的位置，阐明了它们在金属与非金属之间的连续过渡。如果这些"过渡"元素的位置不能确定，就不可能建立完整的元素体系。因此，比较法消除了两极之间截然对立的片面性观点。周期律的发现过程借助比较法，同时又使比较法得到了进一步发展。

三、撩开神秘的面纱

对于门捷列夫发现元素周期律的过程，流传过不少离奇的故事、神秘的传说，其不胫而走，以讹传讹，造成了不良影响。在第 6 章和第 10 章中，凯德洛夫对曲解门捷列夫发现周期律过程的各种传说和错误见解进行了分析和批驳。其中有两种流传较广的传说。

一是关于梦中发现周期律的传说。这是流传最广的一种说法：元素周期律是门捷列夫在梦中发现的。对此，凯德洛夫进行了专题考证（见第 6 章）。有关门捷列夫在梦中发现周期律的说法出自直觉主义者拉普申。拉普申在其著述中曾以生动的笔调转述了伊诺斯特朗采夫教授"亲历"的趣闻："门捷列夫三天三夜没有睡觉，一直在斜面写字台旁工作，想把自己想象的结构编制成元素表，但达到这个目的并不顺利。最后，在极度疲劳的状态下，门捷列夫躺下来睡觉，并且立刻睡熟了。"门捷列夫告诉他："我梦见了元素按照应有位置排列的元素表，醒来立即写在一块小纸片上，后来只在一处做了必要的修改。"伊诺斯特朗采夫补充说："很可能，这张小纸片至今还保存着。门捷列夫常常在他收到的书信中没有写字的地方记事。"

说得这么活灵活现，而且据说是有人"亲历"，似乎确凿无疑，因而这种说法不胫而走，一再为某些化学家、化学史家和哲学家所转述传抄，以至渗透到许多通俗读物中，从俄国传到国外，在中国至今还到处流传着。

事实果真如此吗？凯德洛夫对此给出了详尽的分析和具体的回答。

新发现的门捷列夫档案材料及相关证据都表明，这种传说与事实是相抵触的。说什么门捷列夫似乎花了三天三夜冥思苦想却以失败告终，这明显是夸大其词。事实上，门捷列夫的发现是在一天内做出的，因为门捷列夫手稿有三处都注明同一个日期：1869 年 2 月 17 日。至于门捷列夫自称："我梦见了元素按照应有位置排列的元素表。"如果真有此梦，那么既不可能在夸张为三天三夜不睡觉、极度疲劳时发生梦境，也不可能在编制完整元素草表之前在梦中看见完整的元素表。实际情况可能是，门捷列夫在编制元素体系的工作结束之时疲劳困倦了，躺了一会儿便睡着了，并梦见了自己已经编制成、誊写清楚的完整元素草表。醒来后，他只在那张已经誊清并准备付印的表格上做了一处修改。

凯德洛夫并未完全否定门捷列夫在发现周期律过程中做梦的可能性，以及在梦境中思维延续下去所起的一定作用，而是强调了梦境对于创造性思维活动的局限性，有理有据地推倒了那种夸大梦境和下意识思维能做出决定性发现的唯心的直觉主义。有必要指出，拉普申把发现神秘化的说法，以及后来转抄的科普读物作者似乎是对门捷列夫天才的夸耀，实际上却贬低了他艰苦卓绝的创造性劳动。这些能对青少年产生什么影响呢？

二是关于玩纸牌时偶然做出发现的传说。另一个谈论较多的传说：门捷列夫发现周期律似乎是在玩纸牌游戏时的偶然灵感。说他把元素卡片随意抽出几张，东试试西试试，一下子就排出元素周期表来了。人们往往引用圣彼得堡小报记者采访门捷列夫的一席有名的对话，而且不止一次地问门捷列夫根据什么、由什么思想出发而发现了周期律的问题。门捷列夫的确曾直言不讳地说过，他用过类似于玩纸牌游戏的"元素卡片"，并且采用试一试的"牌阵"方法来排列元素。把科学家辛勤劳动的结晶轻易地解释为"碰运气"的意外所得，当然是不正确的。问题在于门捷列夫在发现周期律的过程中采用"牌阵"是怎么回事，其实际方法又是什么？

凯德洛夫循着这一线索，探讨了"牌阵"方法和想象力在科学发现中的作用。前面已指出，门捷列夫采用"牌阵"方法，是在他编制出下半部元素小表，列入占天然元素总数 2/3 的元素，明确了元素性质随原子量变化而周期性变化这一规律的基本思想之后。排列"牌阵"的目的在于把已经得出的规律性认识推广到其余 1/3 元素中去，特别是寻求那些缺乏研究又难于排列的元素的位置。这样可以最大限度地节约时间和精力，避免多次抄写，以最快的方式选择并重排那些元素。可见他采用卡片和"牌阵"只不过是作为一种最合适的工作方法，并不是某些人所想象的"抽彩"那样草率从事，碰运气。例如，他曾先后把 In（铟）的卡片排列在 Mg 和 Zn、Zn 和 Cd、Zn 和 As 之间，但每一次尝试都是根据 In 的原子量（牌的"数值"）和化学性质（牌的"花色"）来确定其最适宜的位置，只是在这样摆来摆去的最后，才把它排列在表格的边缘。每一次尝试，他都力图让 In 与 Zn 接近，都有它一定的理由，根本不是随心所欲地胡乱排列。总之，门捷列夫的研究成果绝对不是偶然碰巧，而是靠科学的认识方法和耐心而顽强工作的精神。

门捷列夫在发现周期律的决定性阶段之所以产生"牌阵"思想，是同他的科学想象力密切相关的。这种念头的产生毫无疑问是某种联想所引起的，显然他把通常玩纸牌的摆"牌阵"与编制元素表的任务之间做了类比。因为化学性质与牌的"花色"，原子量与牌的"数值"两者之间在形式上特别相似，而门捷列夫平时休息时也有玩纸牌游戏的爱好，因此产生这种联想，并导致运用"牌阵"的想法是不足为怪的，这里并没有什么神秘的东西。虽然"牌阵"方法对他完成元素体系起到重大作用，但决不能说周期律是由纸牌游戏的规则推导出来的。如果真是这样，那就把自然界的客观规律与人为的规则混为一谈了。这里只不过说，游戏规则反映了自然界真实事物之间某些一般关系（如质与量），因而有助于科学创造活动所采取的具体形式。

四、史论结合的典范

如上所述，《伟大发现的一天》一书确实既是记叙一项生动的科学发现史之作，又是一本阐释科学发现的方法论之书，对于人们从事科学史和方法论研究有很大的启示。

借鉴本书把科学史和方法论研究结合起来的经验和理念，对于我国有着特殊的意义与价值。我国的社会主义社会不是从资本主义社会，而是从漫长的封建社会、半殖民地半封建社会中脱胎出来的。中华民族虽然有光辉灿烂的文化传统与伟大发明，对人类文明与世界科学发展做出了重大贡献，但是近代自然科学并不是在中国而是在欧洲产生和发展起来的。我国广大人民对近代自然科学发展的历史，以及在近代自然科学发展过程中形成的科学精神和科学方法是不太熟悉的。诚然，近几十年来我国现代科学技术取得了辉煌的成就，全民科学素养也在不断提升，但与发达国家仍然存在着显著的差距。我国诸多领域欠缺的一系列核心技术，常常表现为受制于发达国家，而问题的关键在于核心技术的自主开发与突破受到自身科学基础和科学素养的制约。为了提高全民科学素养，我们需要尽量吸取近代科学遗产中的精华，对近代科学产生以来具有典型意义的重大发现进行全面深入的研究，对具体史实进行具体分析，从中引出方法论的经验与思想，用以指导科学研究工作，服务于科学技术现代化。《伟大发现的一天》一书围绕元素周期律这一伟大发现的史实和方法所进行的考察与分析，恰好为我们提供了一个成功的案例。

学术界一般将科学史和方法论相结合的理念概括为：史论结合，史为论基，论从史出，论为史纲，史中有论。从这方面来说，凯德洛夫的《伟大发现的一天》，堪称史论结合的典范。本书可以借鉴的经验主要有两个方面，也可以说是本书的两个特点：

其一，科学史和方法论研究结合形成科学发现的历史-逻辑分析的范式。本书写的是一位近代杰出科学家的一项伟大发现。其研究方法或叙述方法都力求贯彻和具体体现逻辑和历史统一原则，这是它方法论上的鲜明特征。本书虽然分为史与论两部分，但前、后两篇是不可分割的：没有第一篇，第二篇就无法进行；没有第二篇，第一篇就失去了光彩。因此这是一部科学史和方法论密切结合的巨著。凯德洛夫不厌其烦地考察和论述了元素周期律发现的真实过程，并在此基础上对发现过程和结果进行了逻辑分析，概括出三个科学认识的方法，并从哲学上阐述了偶然与必然、个人与社会、渐进与飞跃之间相互关系的原理。凯德洛夫认为，有关元素周期律发现史是大家所关注的，由于年代久远，时过境迁，单凭同时代人的回忆、传记和推测都是不足信的，但又并非不可知。作者在周密地调查研究的基础上，从证据确凿的事实出发，凭借逻辑推理的方法，对具体问题做具体分析，从而得出实事求是的结论，再现了元素周期律发现的历史。本书内容充实，逻辑严谨，比较生动。像这种对于近代重大科学发现史的研究著作，国内外还甚为少见。当然，这并不是说《伟大发现的一天》完美无缺。本书考证略显烦琐，叙述较为冗长，其中确凿的发现日前后事件顺序的某些推断带有或然性，并非完全无懈可击。本书第二版特约编辑对此做了必要的调整和补正。

其二，对科学史和方法论的研究必须以证据确凿的史实为基础。无论是科学史还是方法论研究都建立在充分的事实材料基础上，而不是根据传说、逸闻、只言片语或者本人的某些言论做结论。本书是以新发现的门捷列夫手稿和编写《化学原理》的实际过程、内容为主要依据的，是在把握门捷列夫的整个科学活动过程中揭示其思想和方法的。凯德洛夫在序言中谈到，在写作本书的前几年间，曾在列宁格勒的一些档案馆先后发现了前所未知的门捷列夫手稿和遗物，其中包括门捷列夫女儿门捷列娃-库兹米娜提供的。当时，她是列宁格勒大学门捷列夫档案陈列馆馆长。这所大学的前身正是门捷列夫生前工作过 30 年的圣彼得堡大学。这些新发现的文件很珍贵，不仅有助于具体说明元素周期律是怎样发现的，而且充分肯定了元素周期律就是在 1869 年 2 月 17 日这一天发现的。依据这些证据确凿的资料，便从根本上否定了"三天三夜没有睡觉，终于在梦中发现元素周期律"的谬说。凯德洛夫还依据门捷列夫在 2 月 17 日前后活动日程的考察，否定了关于门捷列夫因病不出席俄国化学学会 3 月初召开的会议的流言（我国现在出版的通俗读物几乎无一例外地这样传抄），查明了他委托 H. A. 门舒特金代为宣读论文的真实原因。

重证据而轻传闻，切忌人云亦云，这应是方法论研究中必须遵循的一条唯物主义原则。元素周期表本来就不是在梦中发现的，大谈门捷列夫梦中的创造性思维就失去意义了。科普读物在追求趣味性、故事性的时候，更应注意不要忽略真实性、科学性这个基本前提。

对科学家的科学方法的研究也不能片面地引用科学家本人的某些言论，更不能摘取科学家本人的只言片语为根据，而应从科学发现的实际状况中自然引申出实际采用的方法。例如，说门捷列夫一开始就是按照原子量排列元素序列，再分出各个周期，从而发现周期律的，而且似乎有门捷列夫的论文、著作的说法为根据。但是他们没有了解到，事实上，是在比较元素族的基础上而逐渐显示出周期规律性的。而且这也有门捷列夫更多的论文、手稿和言论作为证据。有的研究者虽然谨慎地未被梦中做出发现的"神话"所迷惑，却未全面考察门捷列夫的谈话和发现的实际过程，就轻信了流言和传说。实际上就把这个伟大发现简单化了，使其不可信了，似乎门捷列夫真是"天才"，轻而易举地发现了周期律。如果方法论的研究把那些查无实据的逸闻趣事作为依据，就会误入歧途，甚至成为笑柄。这是我们在研究科学家及其重大发现的方法论时不得不引起注意的问题。

五、结语与讨论

凯德洛夫的《伟大发现的一天》一书，把科学史和方法论结合起来，还原和再现了门捷列夫发现元素周期律的过程，形成了独特的科学发现"历史-逻辑"分析范式。对此，英国著名科学史家 L.R. 格雷厄姆（L.R. Graham）给予了高度评价："苏联历史学家和哲学家凯德洛夫写了一本优秀的书来描述周期律的发现，书名是

《伟大发现的一天》（1958）。遗憾的是，这本书没有被译为英文，但其内容摘要收进了凯德洛夫为《科学家传记辞典》撰写的门捷列夫词条。凯德洛夫对门捷列夫精心创立周期系的过程，做出了几乎是一小时接一小时的回顾。"①

《伟大发现的一天》出版后，凯德洛夫一直在收集相关的历史文献和资料，似有再版之势，但直到他去世也没有再版。2001 年，《伟大发现的一天》一书被俄罗斯哲学界作为杰出哲学家凯德洛夫的经典作品，列入"20 世纪俄罗斯哲学家丛书"再版。特约编辑特里弗诺夫为《伟大发现的一天》（第二版）撰写了长篇的编后记。这位专门研究门捷列夫生平与思想的学者，依据新的档案资料和长期研究形成的个人见解，对《伟大发现的一天》进行了新的解读。② 他指出："在凯德洛夫的大量创作遗产中，《伟大发现的一天》（1958）占据特殊地位。这是他的最主要著作，过去从来没有出现过类似的文献，以后在世界历史-科学的文献中也未必能够出现。在这部独一无二的著作中，他根据大量的史实资料详细分析了门捷列夫如何发现自然界最基本的规律。""《伟大发现的一天》至今也没有失去它的意义，即使撇开内容价值，这部著作也是科学史研究方法的典范，还可以作为自然科学史家的'教材'。"

特里弗诺夫对发现日相关事件顺序进行了详细的考证和调整，再次论证了第一张元素周期表是门捷列夫在 1869 年 2 月 17 日一天之内编制出来的；而在此之前，门捷列夫在编写《化学原理》时对元素分类进行了反复的思考和探讨，为"伟大发现的一天"做了充分的准备和铺垫；发现日后，门捷列夫对元素周期表进行了必要的调整和完善。2 月 17 日，第一张元素周期表题为《元素体系的尝试》，把"元素分类"上升为"元素体系"，并委托 H. A. 门舒特金于 1869 年 3 月 6 日在俄国化学学会会议上宣读。但直到两年之后，1871 年 4 月 12 日，在《关于元素体系的问题》这篇论文中，门捷列夫才第一次把自己创立的体系称为周期律。

《伟大发现的一天》一书旨在围绕发现日的史实与方法，展开详尽的考据、分析和论证。也许由于著作的主旨原因，本书对于门捷列夫的伟大发现在俄国国内科学界受到不公正的遭遇，对于门捷列夫科学认识上的历史局限性等重要问题均未涉及。这在某种意义上是本书的瑕疵欠缺之处。③

① ［英］格雷厄姆 L R. 俄国和苏联科学简史［M］. 叶式辉，黄一勤，译. 上海：复旦大学出版社，2000.
② 参见"关于发现日相关事件顺序的考证"。
③ 顺便指出，本来分析门捷列夫的局限性和凯德洛夫著作的欠缺无可厚非，但国内个别学者没有阅读凯德洛夫的原著，仅从本书译者之一对《伟大发现的一天》的介绍文章转述，便试图否定凯德洛夫关于一天发现的史实与方法的论证，攻击门捷列夫的发现，把暂时找不到恰当位置的 7 种"可疑的"元素"接在体系边缘"，说成是"强行列入"，甚至把该书斥为"大俄罗斯主义的民族情怀""处处渗透着某种苏联式的超科学的哲学关怀"。这与英国科学史家 L.R. 格雷厄姆对该书的高度评价形成鲜明的对照。

门捷列夫发现元素周期律之后，特别是门捷列夫预言在周期表空白位置存在未知的化学元素，如类铝、类硼和类硅等，被一一发现之后，在国际科学界引起巨大震撼①，使门捷列夫赢得了世界声誉。英国皇家学会和许多国家科学院纷纷授予他荣誉院士或外籍院士，而他在俄国科学院补选院士时，竟然以一票之差落选。舆论一片哗然。元素周期律当为俄国科学史上最伟大的发现，没有之一。这的确令人遗憾，但这与其说是门捷列夫个人的遗憾，倒不如说是俄国科学院的损失和遗憾。

另一件憾事是，1900 年，第一次颁发诺贝尔奖之后，一直有科学家提名门捷列夫为诺贝尔化学奖候选人。1905 年、1906 年，门捷列夫被两次提名，可最终由于主持诺贝尔奖委员会评选的一位权威的反对而与之失之交臂。1907 年 2 月 2 日，门捷列夫不幸去世，诺贝尔奖得主史册上永远不会有门捷列夫的英名了。这与其说是门捷列夫个人的遗憾，倒不如说是诺贝尔奖项的损失和遗憾。

元素周期律是 19 世纪下半叶一项划时代的革命性发现。紧接着，19 世纪末、20 世纪初一场物理学革命风暴来临。门捷列夫晚年虽然一直在为完善周期表而不懈努力，却固守元素不变、自然规律不变的成见，甚至还号召化学家们也这样做②。他显然对这场风暴没有思想准备，他质疑电子、放射性等物理实验新发现的事实，既不相信原子可分解为电子，更不相信元素的放射性蜕变，对物理学中的量子论和原子结构模型置若罔闻。因而门捷列夫认识的历史局限性，阻塞了其从原子结构来探究元素周期律的本质原因的道路。门捷列夫逝世后，元素周期律的本质和表述发生两次重大变化：在 X 射线分析证实元素的原子序数本质上是原子核电荷数（后来明确是原子核中的质子数）之后，表述为"元素的性质是其原子序数（原子核电荷数，而不再是原子量）的周期性函数"。在原子核结构及电子层结构理论建立之后，表述为"元素的周期性取决于原子电子层结构的周期性"。当然，我们不必苛求每一位科学家都要超越时代的局限，每一时代的科学家只能完成时代赋予的科学使命。对门捷列夫也如此，他毕竟在仅知道 63 种元素的条件下，发现了元素周期律，做出了开创性的贡献。国际科学界为纪念他的功勋，把元素周期律和周期表称为门捷列夫元素周期律和门捷列夫元素周期表。1955 年，美国的 A. 乔索

---

① "类铝"在门捷列夫 1871 年预言 4 年后，1875 年被法国化学家勒科克·德·布瓦博德兰（Lecoq de Boisbaudran，1838—1912）在闪锌矿中发现，命名为镓（Ga），为 31 号元素；"类硼"，1879 年被瑞典化学家 L. F. 尼尔森（L. F. Nilson，1840—1899）和 P. T. 克利夫（P. T. Cleve，1840—1905）先后发现，命名为钪（Sc），为 21 号元素；"类硅"，1885 年被德国化学家 C. A. 文克勒（C. A. Winkler，1838—1904）发现，命名为锗（Ge），为 32 号元素。

② 盛根玉. 门捷列夫发现元素周期律的历史考察 [J]. 化学教学，2011（5）：65-69.

（A. Gniorso）、B. G. 哈维（B. G. Harvey）和 G. R. 肖邦（G. R. Choppin）等人在加速器中用氦核轰击锿（235Es），两者相结合，发射出一个中子而获得一种新元素，为纪念这位伟大的科学家，决定以门捷列夫（Mendeleev）的名字命名为钔（Mendelevium，Md）。

    附言   2019 年是门捷列夫元素周期律发现 150 周年。由俄罗斯驻联合国代表提议，经国际纯粹与应用化学联合会（IUPAC）等 6 个国际学术组织及包括中国在内的 50 多个国家和地区的学术团体支持，2017 年 12 月 21 日联合国大会宣布 2019 年为国际化学元素周期表年。2018 年是凯德洛夫《伟大发现的一天》一书出版 60 周年。我们把由大连理工大学组织翻译和出版的《伟大发现的一天》献给伟大的化学家门捷列夫，献给国际化学元素周期表年，纪念门捷列夫元素周期律发现 150 周年，纪念凯德洛夫《伟大发现的一天》（俄文版）出版 60 周年。

刘则渊

2018 年 5 月 25 日

序　言

　　元素周期律的发现差不多过去了 90 年，德米特里·伊万诺维奇·门捷列夫（1834—1907）也已经逝世 50 年了。化学史上与这一最伟大事件同时代的人早已离开了人世，从门捷列夫那里听到任何有关这一规律情况的人也都相继去世了。门捷列夫表述的有关他是怎样做出这一发现的种种口头的和书面的传说极不可靠，而且有时互相矛盾，令人难以置信。甚至到最近，连发现日期本身还没有弄清楚，这个发现究竟是怎么完成的依旧含混不清。作为直接见证人的圣彼得堡大学教授伊诺斯特朗采夫后来追述，门捷列夫伏在斜面写字台上一连工作了三天三夜，就这样通过三昼夜的连续工作，终于做出了发现。怎样验证这种说法的正确性呢？现在看来已经是不可能的了。

　　同样，还有一件事情也没有弄清楚。在 1869 年 3 月召开的俄国化学学会的会议上首次披露了门捷列夫刚刚做出的发现，然而门捷列夫为什么没有出席？为什么依照门捷列夫的请求由 H. A. 门舒特金去做这个报告呢？人们对此做过种种推测，如认为门捷列夫在这些日子里生病了。如今要考证这些推测同样是不可能的了。

　　看来在门捷列夫的一些同时代人的记忆中，有关周期律发现的事实留下了曲解的迹象。众所周知，当涉及确定年代久远事件发生的日期或原因时，仅仅依靠同时代人的回忆一般说来是不行的。然而却有其他一些见证，其记述完全可靠。它们有时能以极高的精确度再现人们早已遗忘或者未知的事件，澄清历史事实，并还其本来面目。门捷列夫的手稿和其他我们所关心事件的物证，就是这种无可非议的见证。它们能够再现元素周期律发现的真实历史。

　　在最近 8 年间，从列宁格勒的一些档案中发现了许多过去并不知道的门捷列夫手稿，其中有些涉及元素周期律的发现。在这些极其珍贵的文件中有三个记载着日期：1869 年 2 月 17 日。正是在这一天，门捷列夫发现了周期律。这些新的材料不仅能使我们确定元素周期律是什么时候发现的，而且还能使我们确定元素周期律是怎样发现的，其科学价值就在于此。

对于科学史工作者来说，感兴趣的是要根据新发现的门捷列夫手稿来弄清楚以下问题：

（1）在门捷列夫的生活和工作中，哪些事件是在临近发现周期律时发生的，并且直接对这一发现起过促进作用？

（2）这一发现是怎样进行的，在 1869 年 2 月 17 日这个具有重大意义的日子里，都经历了哪些阶段？

（3）在门捷列夫的生活和科学发现中，紧接这一发现又发生过哪些与此有联系的事件？

第一篇（第 1～5 章）对这些事件进行了历史叙述，力图对这些问题给予力所能及的回答。

第二篇（第 6～10 章）对这些事件进行了逻辑分析，根据对所研究材料的综合以及对这些材料进行分析所得结论的论证，阐述门捷列夫在其发现过程中所运用的科学方法的某些方面，阐述科学发现的逻辑学和心理学问题，以及更一般的哲学问题。

本书按结构分为正文和附录两大部分。正文部分除了叙述本书的主要内容之外，还包括全部影印件①。附录部分包括：所有影印件的解释，包括既有说明又有比较分析的综合性表；带有争论性质的全部资料；与元素周期律发现史有关的辅助性事实及详细情节的说明。

凡正文里引用附录之处，均用方括号标出，例如 ［附 1］。当引用表格时，均在正文里标出表格序号以及表格所在附录的序号。

请读者注意：我们在第一篇没有介绍对引用的影印件进行解释的方法，而只是引用那些我们认为最可靠和最接近实际的研究成果。这方面的论据载于阐述该方面问题的第 6 章及其附录中。因此，在读第一篇时，读者不可避免地会产生一个问题：何以证明对所引用的事实和文件的解释是正确无误的呢？读者会在上述指定章节和相应的附录中找到这一问题的答案。

当然，对文件草稿的所有说明都是我们推论出来的，是经过综合全部资料并研究其相互联系之后加以检验和论证的假设。这里首先涉及的是确定文件本身及其各项记录、校正、移行、增补的年代顺序。我们以收集到的资料作为真凭实据，用逻辑推理的方法，力求构造出这项发现所经历的最可能的情景（见 ［附 1］）。

---

① 为便于读者查阅，我们把全部影印件和照片统一放于书前，以插页形式呈现。——编者注

　　本书收录了 21 份最重要的门捷列夫资料的影印件，其中 10 份是第一次刊印的，11 份（从影印件 Ⅲ b 到 Ⅻ 和 ⅩⅥ）曾经发表在 1953 年《门捷列夫科学档案》第一卷中。全部影印件的解释均被列入表明发现元素周期律并随之编制元素周期系的各阶段顺序的表格中。

　　对影印件的循序解释能够明显地揭示门捷列夫按照什么顺序，把一批又一批元素列入他所编制的元素体系，或者把它们从原来的位置移到其他位置。

　　由门捷列夫重新添加到体系中的、早先被列入的元素，我们用粗体字表示，例如 **Ca**。体系中原有但经调整位置的元素，我们用斜体字表示，例如 *H*。被门捷列夫删掉的元素，我们放在方括号内，例如 ［Be］。我们所做的补充，放在花括号内，例如 ｛K｝。

　　应当注意，在大多数情况下，特别是在分析他的意见的地方，我们仿效门捷列夫，利用他的元素符号来标明化学元素。所有这类情况请读者查阅书后的"化学元素旧符号一览表"。

　　影印件一览表、附录一览表、表格一览表以及参考文献索引等，均列于书后。正文中用方括号标出引文出处的序号，在方括号外标出提供索引的页码（另外的数字）。参考文献索引包括两部分：门捷列夫著作，杂志和文集。其他来源则附于正文下面的脚注中。

　　本书所引用的有关门捷列夫的主要资料，来自列宁格勒大学门捷列夫档案陈列馆，是由伟大化学家的女儿、曾任陈列馆负责人的门捷列娃-库兹米娜（1886—1952）和陈列馆工作人员库德里亚采娃发现的。曾任门捷列夫私人秘书的斯科沃勒卓夫为我们提供了珍贵的资料。部分资料是本书作者与琴卓娃（1900—1955）共同在列宁格勒大学门捷列夫档案陈列馆、国立列宁格勒中央历史档案馆和国立列宁格勒省历史档案馆发现的。

　　琴卓娃直接参与了本书的准备工作，对研究和整理门捷列夫的科学遗产贡献了许多力量。

　　本书为 1957 年纪念伟大化学家逝世 50 周年而作。

1957 年 2 月

目 录

第一篇

第二篇

第一篇

1869 年 2 月 17 日
发现的真实过程
（历史的叙述）

　　您看，这就是历史，然而不能撇开历史。历史有着必然的轨道，无论是科学过程还是社会过程都要沿着必然的轨道前进。

（摘自：门捷列夫《讲演速记记录》）

第1章 发现日前夕

（《化学原理》和干酪制造厂）

> ……主要的是元素周期性，它恰恰是在编写《化学原理》的过程中发现的。

（摘自：门捷列夫的笔记）

在开始叙述发现周期律的实际历史时，我们想首先说明：门捷列夫是个非常精细的人，保存了涉及私人生活，特别是科学工作方面的全部资料，甚至包括乍看起来最微不足道的东西。这一令人快慰的情况在很大程度上使得我们的任务更加易于完成。他的女儿门捷列娃-库兹米娜引用他的话说："以后撰写我生平的人会向我道谢。[7]5" 当研究那些涉及周期律发现史和被其发现者精心保存下来的极其珍贵的资料时，我们多次重复着这种"道谢"。在化学的伟大发现史上，这些资料闪烁着新的光辉。

我们力求弄清楚门捷列夫在周期律发现日之前的几周和几天做了些什么，我们感兴趣的当然只是与这一发现有种种联系的事件（见 [附2]）。

至少有两个事件，或者更准确地说，有两个事件的环节，与这一发现直接有关。虽然这种联系具有偶然性，却是不容置疑的，因此我们就来对它进行一番考察。

首先谈谈门捷列夫编写《化学原理》的工作，然后谈谈他的干酪制造厂之行（目的在于考察）。

1. 如何为发现周期律做准备

（1868 年编写《化学原理》的工作）

门捷列夫曾多次说明他是通过怎样的途径发现周期律的。他在介绍《化学原理》的编写工作时写道：

主要的是元素周期性，它恰恰是在编写《化学原理》的过程中发现的。[7]53

关于这一点，他在《元素的性质与原子量的相互关系》（1869 年 3 月）、《化学元素周期律》（1871 年 7 月）等论文中都提到过。

门捷列夫从 1868 年开始编写《化学原理》。当时已经知道有 63 种化学元素，门捷列夫打算把这些元素写进书中。这自然就产生一个问题：应当按照怎样的排列、怎样的顺序、怎样的相互关系来写呢？在此之前，普通化学和无机化学教程中的元素阐述几乎没有联系，主要是按照彼此独立的自然族把元素大体区分为金属和非金属。19 世纪 60 年代，普通化学教程是按照元素相对于氢的化合价来编排的，这种编排方式的主要特点是与按照热拉尔类型理论编排一致。

门捷列夫很清楚，不能杂乱无章地、毫无系统地，或者根据人为的、形式的、随意规定的顺序来叙述元素。然而在发现周期律以前，通常是按照元素拉丁名称的字母顺序来编制元素表，门捷列夫在编写《化学原理》之前（见表 1 [附 3]），以及在编写《化学原理》第一卷时（见影印件Ⅲa）亦是如此。

直到 1869 年 2 月，许多元素的原子量还没有完全准确地确定。此外，1860 年在卡尔斯鲁厄召开的国际化学家代表大会①（门捷列夫参加了会议），虽然通过了采用符合阿伏伽德罗-热拉尔定律的原子量，以代替过去使用（纯粹经验性）的当量，可是直到 19 世纪 60 年代末，许多元素仍然沿用当量。

1868 年，门捷列夫完成或几乎完成了《化学原理》第一卷，它由两册组成，第一册已于当年夏天出版。在第一册的开头（即《化学原理》的开头），门捷列夫按照字母顺序列出 63 种元素清单，但是没有标明原子量，只是介绍了每种元素在自由态下的特征、元素在自然界的分布以及元素被研究的程度。[3]77-82 这份元素清单以附录形式引用于后（见影印件Ⅲa 和表 21 [附 16]）②。

显然，门捷列夫当时还没有认识到原子量对于元素系统化具有决定性的意义，在编写《化学原理》第一册和第二册大部分内容的时候都是这样。只是在第一册末尾（叙述物质结构的原子假设的第 10 章），门捷列夫才引入第一个很不完全的《常见单质的原子量表》[3]342，它只包括 22 种元素，即只比当时已知元素的 1/3 多一点

---

① 为了在化学式、化合价和元素符号等方面取得一致意见，各国化学家 140 余人于 1860 年 9 月在德国卡尔斯鲁厄召开了一次国际会议，会上争论很激烈。——译者注
② 本书中元素清单指影印件Ⅲa（不包括门捷列夫手写的原子量），门捷列夫手写的原子量称为新原子量清单，见表 21 [附 16]。

（见表 2 ［附 3］）。

《化学原理》分为两卷，每卷又分两册。第一卷第一册主要叙述化学的一般问题；同时，还叙述了几种典型元素，即氢（H）、氧（O）和氮（N），其中对氮的叙述在第一册还仅仅是开始。后面几册应包括其他 60 种元素。为此就需要预先制订这几册的提纲，而首先需要制订的则是第二册的提纲。

显然，《化学原理》第二册除了应该叙述氮（完成第一册已经开始的内容）以外，还应该叙述碳（C），即 4 种典型元素中的最后一种。此外，正如《化学原理》早期提纲（看来是 1868 年年中制订的）所记载的那样，门捷列夫打算在第二册中叙述卤素（Cl、F、Br、J）[①] 和碱金属。由此可见，门捷列夫最初打算以碱金属来结束第二册，亦即结束《化学原理》第一卷。

令人感兴趣的是，门捷列夫想在第二册最后的章节中叙述的究竟是什么问题呢？根据前面提到的早期提纲（1868 年年中），门捷列夫想按照下列顺序叙述元素及其化合物：

NaCl（第 20 章）；Cl 和 ClO，即 Cl 与 O 的化合物（第 21 章）；以及与氯相似的物质——J、Br 和 F（第 22 章）。在门捷列夫的早期提纲中，紧接着卤素的是 Na、K、Cs 和 Ag（后来 Ag 被移到《化学原理》第二卷）。

综上所述，门捷列夫在叙述前 4 种元素（H、O、N、C）之后，打算立即通过比较叙述化学性质完全相反的两族元素（卤素和碱金属）。为此，他选择了完全确定的化合物——食盐（NaCl），通过这种化合物正好比较了两族的代表——Cl 和 Na，并且这种比较不是人为的，而是完全自然的、真实的，也最符合客观实际。换句话说，门捷列夫所选择的化合物使化学性质上的那种极端，即 Cl（卤素的典型代表）和 Na（碱金属的典型代表）靠近并且进行比较。

在《化学原理》第一卷第 19 章（燃烧问题）即将结束时，门捷列夫写道（约 1868 年年底）：

在上述几章，我们介绍了氢、氧、氮和碳这 4 种元素的最重要的相互关系和性质。它们有时被称为有机……

然而，不能根据各种元素与 H、O、N 和 C 的相似性，或者根据化合价来进行明显的分类，因为与我们所叙述的 4 种元素相比，各种元素在本质上的差异更大……因此把每种元素与我们所考察的元素进行比较并不总

---

① J 即碘（I）的旧符号。——译者注

是可行的，有时甚至是徒劳无益的。研究化合物不应当只是指明它们数量上（甚至局部）的组成，而是要求确定它们的化学性质，即要求指明它们能够进行什么样的反应。例如，氯在数量方面与氢相似，因为它以同样的原子量存在于不同的物质微粒中，甚至能直接代替氢；而在反应性能上，氯主要不是与氢相似，而是与氧相似，因为它与氧一样，既直接与金属化合，也与非金属化合。因此，严格地说，每种元素都具有独特的性能，而其中有些元素则与我们所考察的元素具有某些共同的特征。因此，我们并不认为按照化合价来区分元素具有绝对的意义，而是把它（在没有更好的原则时）作为排列其他元素的原则，因此，我们首先叙述与氢最相似的元素，然后叙述与氧、氮、碳最相似的元素。[3]650-652

从上述情况可见，门捷列夫编写《化学原理》的最初意图是把所有元素分成 4 类：一化合价元素（类 H），二化合价元素（类 O），三化合价元素（类 N）和四化合价元素（类 C）。与此相对应，在《化学原理》的开头就考察了这 4 种典型元素：

$$H\ (1),\ O\ (2),\ N\ (3),\ C\ (4)$$

（括号内的数字是元素的化合价，或者准确地说，是它们相对于氢的化合价，从 1 增加到 4。）

门捷列夫把 Cl 和 Na 称作 H 的相似物，对 Cl 增添了 J，对 Na 增添了 K 和 Ag。他把 S 和 Ca 称作 O 的相似物，对 Ca 增添了 Mg、Zn、Cu、Hg 和 Pb。他把 P 和 Al 称作 N 的相似物，对 Al 增添了 Cr、Mn 和 Fe。他称 Si 为 C 的相似物。这样形成了常见元素的原子量表（见表 2 [附 3]）。正如我们所见，此表不是按照原子量编制的，而是按照化合价编制的。

大约在编制表 2 的同时，即 1868 年年中，门捷列夫草拟了《化学原理》第一卷、第二卷的提纲（见影印件 I）。这个提纲与表 2 密切相关。在这个提纲里，元素按照其化合价排列：开始为一化合价元素，接着是二化合价元素，然后是三化合价元素，最后是四化合价元素。

因此，有必要指出，在《化学原理》第一卷第二册的末尾，在关于 NaCl 和 HCl 的第 20 章中，门捷列夫根据金属氯化物的组成，亦即金属 M 与氯形成化合物的化合价来对它们进行分类。首先是组成为 MCl 的盐，例如 NaCl、KCl、AgCl、CuCl、HgCl。然后是组成为 MCl_2 的盐，例如 $CaCl_2$、$CuCl_2$、$PbCl_2$、$HgCl_2$、$FeCl_2$、$MnCl_2$。最后是组成为 MCl_3 和 MCl_4 的盐，例如 Al_2Cl_6、Fe_2Cl_6、$PtCl_4$ 等。

门捷列夫指出，许多金属（例如 Fe 和 Cu）与 Cl 化合，正如与 O 化合，可以形成几种化合物；同时，相当于过氧化物的金属氯化物是不存在的。

门捷列夫断言：

> 金属氯化物具有盐的共同形式，其代表是食盐。[3]687

把上面列举的金属按照其在氯化物中的化合价排列，根据门捷列夫的分类，可以得到下列顺序：

（1）Na、K、Ag、[Cu、Hg]。

（2）Ca、Cu、Pb、Hg、[Fe、Mn]。

（3）Al、Fe。

（4）Pt。

（圆括号内的数字表示该行金属的化合价，方括号内的元素能与氯形成更高化合价的化合物。）

把其中不在方括号内的金属与表 3 及表 4 [附 4] 的金属序列相比较，我们很容易发现，除 Cu 以外（它在表 3 及表 4 中不是在 Pb 和 Hg 之前，而是在它们之后），这些金属不仅序列安排几乎完全相同，而且每一序列内部的顺序也完全相同。因此，这又在一个方面反映出《化学原理》第一卷第二册的正文与其提纲之间的联系。

正像前面已经谈到的，门捷列夫在 1868 年年中草拟了《化学原理》的提纲，稍后，可能是在 1868 年下半年，他对提纲做了进一步修改。按照提纲初稿，《化学原理》第一卷除了 4 种有机元素（H、O、N、C）之外，还包括 4 种卤素（Cl、F、Br、J）和 5 种碱金属（Na、Li、K、Rb、Cs），即总共 13 种元素。

在这种情况下，第二卷应当包括其他 50 种元素。但是，看来早在 1868 年年底，门捷列夫就想把有关碱金属的内容移到第二卷，以便在第一卷写完卤素，而第二卷从 Na 开始。因此直接从卤素过渡到碱金属，对于门捷列夫来说，就成了从《化学原理》第一卷过渡到第二卷的实际问题。

门捷列夫通过引证与 H 相似的一化合价元素 R 和 M 能形成 HR、HM 和 RM 型化合物来结束《化学原理》第一卷第 19 章（约 1868 年年底）：

> 氯化钠（NaCl）或食盐是其最好的例子，因为从局部组成来看，甚至从化学特性来看，氯和钠在其化合物中都与氢最相似……这时，H_2O 是中性氧化物，HClO 是酸，而 HNaO 是碱，但在化合物的一般特性上，

H、Na 和 Cl 有很多相似之处。

　　我们选择食盐作为介绍一化合价元素及其化合物的起点。食盐这种物质尽人皆知，在实际中它是获得氯和钠及其化合物的来源，在科学上它被看作盐这种特殊类型化合物的典型。对氯和钠以及与其相似元素的叙述使我们进入新的化学领域，因为其他元素中有很多形成的化合物与我们在下面几章介绍的那些最相近。例如，钠是构成绝大多数单质的金属化学性质（有时称之为功能作用）的代表。我们由它来开始本书的第二卷，主要介绍金属及其化合物的化学性质。[3]652

　　这时，门捷列夫已经改变了元素在《化学原理》两卷之间的分配计划。第一卷剩下 8 种元素：有机元素（H、O、N、C）和卤素（Cl、F、Br、J）。其他 55 种元素，即绝大部分元素（占全部元素的 7/8）放在第二卷。

　　门捷列夫怎样逐渐把元素由按照化合价排列决定性地转变为按照原子量排列，注意这一点是很有意思的。早在把 Cl 与其相似物进行比较，特别是与 Br 和 J 进行比较时，门捷列夫就认识到了原子量作为元素特定标志的重要性：

　　我们比较所考察的 4 种元素——氟、氯、碘和溴，就可以看到相似化合物的极为精彩的例子，这些化合物的物理性质差别的顺序也就是它们原子量差别的顺序。我们设想一下组成相近但原子量不同的物质，就应当认为，当原子量更大的时候，就像质点具有更大的质量一样，所得到的物质具有更大的比重、更高的沸点，以及取决于这种基本性质的一系列特性。原子量越大，质点间的吸引力也越大，因此分离它们越困难，它们的相互吸引也越强烈……卤素的原子量：F＝19，Cl＝35.5，Br＝80，J＝127。溴的原子量几乎是氯的原子量和碘的原子量的中间值，从溴的性质来看，情况亦如此。液态氯的比重为 1.3，溴的比重为 3.0，而碘的比重为 4.9，与原子量的关系一样。[3]757-758

　　《化学原理》第一卷就这样结束了。看来那时门捷列夫还没有形成《化学原理》第二卷的确定提纲。当时他还没有放弃按照化合价来叙述其他元素，因此，在一化合价的卤素之后立即叙述碱金属。首先是 Na，其次是作为 NaCl 组成部分的 Cl。Na 之后，自然应当是它的相似物，然后才是二化合价金属。

2. 门捷列夫怎样趋近于他的发现

（1869 年年初编写《化学原理》的工作）

正如门捷列夫所阐述[4]6的那样，《化学原理》第二卷的前几章写于 1869 年年初。在这几章中，第 1 章介绍钠，第 2 章介绍钠的相似物，第 3 章介绍热容，第 4 章介绍碱土金属。在 1869 年的头一个半月（至 2 月 15 日），门捷列夫只能写出前几章，第 3 章很可能是后来写成的。到发现周期律的那一天（1869 年 2 月 17 日），他大概已经成功地阐述了极性对立元素（例如碱金属和卤素，它们的化合价彼此接近）的相互关系问题，以及碱金属在原子量方面的相互关系问题。因为门捷列夫按照原子量研究过卤素的相互关系（在《化学原理》第一卷末尾），所以在 1869 年的头一个半月，他已经趋近于弄清楚碱金属与卤素这两族在原子量方面的接近和比较问题。两族极性对立元素按照原子量的接近和比较，意味着放弃了按照化合价排列元素，从而转向了按照原子量排列元素。这一转变已经不是发现周期律的准备，而是这一发现的开端。因此，看看门捷列夫在编写《化学原理》第二卷前几章时怎样趋近于按照原子量把碱金属和卤素比较的想法，是很有意思的。

《化学原理》第二卷是这样开始的：

> 在介绍食盐的时候，我们看到，食盐含有两种元素：氯和钠。我们已经介绍了第一种元素及其相似物和最简单的化合物，现在介绍另一种元素的特性……然后介绍与钠最相似的元素。氯及其化合物可以看作非金属、卤素或负电性物质的典型。而钠及其化合物则是金属物质的典型。在比较 HCl 和 NaCl、Cl 和 Na、Na_2O 和 Cl_2O、NaHO 和 ClHO 等时，以及在认清这两种元素所参与的反应之后，我们就得到在金属和非金属这种极端例子中所存在的那种差异程度的概念。[4]7

在过渡到《化学原理》第二卷第 2 章（钠的相似物）时，门捷列夫开始比较上述两族元素：

> 就像有一序列相似的元素——氟、溴、碘与食盐中的氯相对应一样，也有一序列相似的元素与食盐中的钠相对应，我们现在来介绍它们。属于这类元素的有锂（Li＝7）、钾（K＝39）、铷（Rb＝85）和铯（Cs＝133）。这些元素与钠的相似程度，就像溴、氟、碘与氯的相似程度一样……
>
> 就在不久之前，属于碱金属的元素，除了钠之外只有锂和钾。当时最为明显的，一方面是氯、溴、碘之间的比较，另一方面是锂、钠、钾之间

的比较。实际上，正如我们所看到的那样，溴的原子量是氯的原子量和碘的原子量的中间值，钠的原子量（23）是锂的原子量和钾的原子量的中间值。[4]52-53

后来，门捷列夫在强调化学上两族极性对立时发展了这种思想：

> ……碱金属的相似性是很明显的，其相似程度与卤素之间的相似程度一样。就某种意义而言，卤素和碱金属在性质上形成了两极……在化学上，既要注意到卤素和碱金属的质的差别，也要注意到这些如此不同的元素的量的相似。这就向我们表明，尽管元素千差万别，但在研究这些元素时总可以发现它们之间的某些相似性。这种相似性说明，存在着某种控制物质各种化学变化的共同规律。
>
> 在质的方面，卤素和碱金属是明显相互对立的元素，这种对立也经常出现在其他元素序列中，因此，卤素被称为负电性物质，而碱金属则被称为正电性物质……
>
> 然而，除了这些质的差别，卤素和碱金属之间还存在着重要的量的相似。这两类元素都被列为一化合价元素，正表明了这种相似性……在这一方面，只要把 KHO、K_2O、$HClO$、Cl_2O 与水比较一下就够了。这证明在量的方面，卤素和碱金属与氢相似。[4]95-96,98-99

因此，1869 年年初，门捷列夫在编写《化学原理》第二卷前几章时就已经考虑到，在强调极性对立的同时，应把上述两族元素进行比较。他还注意到：通过原子量可以弄清楚一个自然族中元素之间的关系。于是，他再一次引用碱金属原子量的作用时写道：

> 这些原子量表明，在相似的碱金属序列中，正如在卤素序列中那样，可以按照原子量排列元素，以确定该族元素相似化合物的性质。[4]101-102

在研究碳酸盐的溶解度之后，门捷列夫指出，在其他金属化合物中也存在这种现象。例如，在二化合价金属碳酸盐的情况下：

> ……金属的原子量越大，｛相对应的｝① 盐的溶解度越小。在其他情况下则表现出相反的现象：原子量越大，相对应的盐越易溶解。甚至在这些金属中，随着原子量的改变，其顺序明显地表现在性质变化中……至于

---

① 我们所做的补充放在花括号内。

原来讲过的那些元素所具有的化学性质，看来在这方面与按照原子量排列
这些元素也存在着明显的对应关系。[4]102

所有这些都表明，在 1869 年年初，门捷列夫还仅限于对相似元素原子量的比
较，尚未涉及对不相似元素原子量的比较问题。换句话说，门捷列夫已经研究了自
然族内部各元素按照原子量排列的顺序，但还没有形成按照元素的原子量两两相近
的原则来研究族与族之间联系的思想。对不同族内各元素原子量按照相似的方式发
生变化揭示得越深刻，门捷列夫趋近于这种思想也就越快。我们从《化学原理》第
二卷第 2 章的结束语可以看到，门捷列夫是怎样近似地形成这种思想的：

碱金属的自然序列（Li＝7、Na＝23、K＝39、Rb＝85、Cs＝133）
和卤素的自然序列是相似的。[4]103

简而言之，门捷列夫在两族内按照原子量递增的顺序排列元素时，研究了元素
的物理性质及化学性质的依赖关系，并形成了两个元素序列：

Li＝7　Na＝23　K＝39　Rb＝85　Cs＝133
F＝19　Cl＝35.5　Br＝80　J＝127

把两族元素按照原子量进行比较并靠近，是发现周期律的决定性步骤。诚然，
当门捷列夫指出如何确定钠的原子量时，他已经比较了 Na＝23 和 Cl＝35.5：

在食盐中，每 35.5 份氯就对应 23 份钠，这个数值也就确定了钠｛相
对于氢｝的原子量——因为 35.5 份氯同样也能与 1 份氢化合。[4]101

这不是为了把两个不同族内两个孤立的元素——一种卤素（例如 Cl）与一种
碱金属（例如 Na）靠近，而正像在其化合物 NaCl 中那样，是为了把作为整体的
卤族与同样作为整体的碱金属族靠近。为此，不仅应当注意元素化合价的接近，而
且要注意其原子量的接近，例如，K＝39 和 Cl＝35.5 就是这种情况。前面所说的，
H_2O 一方面与 KHO、K_2O 比较，另一方面与 HClO、Cl_2O 比较，情况就与此
相近。

在发现周期律之后两年多（1871 年 7 月），门捷列夫恰恰指出了这对元素（K
和 Cl）。在谈到与其他元素并列，按照原子量和反应性能的差异可以把Cl＝35.5和
K＝39 靠近的时候，他曾经指出：

从 Cl 向 K 的过渡以及诸如此类的情况，同样在许多方面符合它们之
间的某些相似性，虽然在一个周期里再也没有性质差别这样大的元素其原

子量如此接近了。[6]34

门捷列夫在编写《化学原理》第二卷时还面临着如何排列碱金属之后的其他 50 种元素的问题,这就是《化学原理》第二卷的提纲问题。很自然,这个问题首先涉及金属,特别是那些应当紧接在碱金属之后的金属。门捷列夫迫切需要解决这个问题,以编写第二卷的前两章。

根据 1868 年的提纲(见表 5 [附 4]),在碱金属之后应当是 Mg、Ca、Sr 和 Ba,Zn 和 Pb,Ag、Hg 和 Cu,接着是铁族,等等。门捷列夫按照这种大致的顺序,开始编写《化学原理》第二卷的第 3 章和第 4 章,然后是第 5 章和第 6 章。在叙述碱土金属(第 4 章)时,门捷列夫把 Be 也列入这一组。根据这种情况可以想到,他编写(或者完成)第 4 章已经是在发现周期律之后了,因为只有在 1869 年 2 月 17 日,门捷列夫才第一次把 Be 与 Mg 排列到一组。第 4 章是在这个日期之后写成的还可以由下列事实证明,即门捷列夫已经确定了碱金属和碱土金属的原子量的差别。[4]122,157 同样,他是从 1869 年 2 月 17 日才开始这样做的,从而导致周期律的发现。

至于热容问题,看来门捷列夫也只是在发现周期律之后才把它列为专门的一章(第 3 章)。门捷列夫最初很有可能想在第 3 章写碱土金属,只是后来才把它改为关于热容的专门一章。

第 3 章首先讨论从一族元素向与之相邻的另一族元素的过渡问题。对这个问题的回答是门捷列夫做出发现的本质,而只有采取比较不同自然族内各元素原子量的方法才能解决这个问题。门捷列夫还没有采用这种方法,因此可以断定,第 3 章的开头部分是在周期律发现之前写的。

第 3 章是这样开始的:

在卤素序列中,我们可以看到,就某种意义而言,氟是从氯向氧的过渡……而在碱金属族内也是这样,锂(Li 像 F 一样,在同序列中具有最小原子量)是向另一族金属(这种金属与氧的相似性,就像碱金属与氯的相似性),如镁、钙等的过渡。[4]104

在注意到锂及其化合物的性质"是从 Na 的性质向 Mg 的性质明显过渡"的时候,门捷列夫断言:

这样一来,锂是从碱金属向碱土金属的过渡,而镁和钙可以看作碱土金属的代表。[4]104

正如我们所见，在说明从一族向另一族过渡的元素的特征时，门捷列夫就已经提出了原子量的标志：在与 Li 相似的碱金属序列中，Li＝7，原子量最小，而 Li 是 Na 和 Mg 之间的过渡状态；在与 F 相似的卤素序列中，F＝19，原子量最小，而 F 是 Cl 和 O 之间的过渡状态。但是他仍旧没有按照原子量比较不同族的元素，尽管某些元素的靠近早已完成。

门捷列夫后来走上了另外一条道路：一方面把 F＝19 与 O＝16 靠近；另一方面，又把 F＝19 与 Na＝23 靠近，结果发现 F 是在 Na 和 O 之间（按照原子量），而不是在 O 和 Cl 之间。第 3 章开头就拟订了这种使元素靠近的办法，门捷列夫当时指出：

> 钙的原子量等于 40，而钾的原子量等于39……[4]105

在第 3 章中，门捷列夫在叙述整个自然族的特征时，又从另外一个方面接触到了原子量的问题。如果一化合价元素（卤素和碱金属）的原子量已被完全准确地确定，那么对于门捷列夫在《化学原理》第二卷第 2 章末尾叙述的二化合价元素就不是这样了。

还是在此之前一年，门捷列夫就采用了 Ca＝20（见表 1 ［附 3]），尽管他当时对于 Mg、Sr 和 Ba 已经不用当量，而用真实原子量，正像他后来对 Ca 的处理那样（见表 2 ［附 3]）。然而，门捷列夫并不认为这是问题的最终解决，因为还没有直接的经验证据能证明碱土金属原子量的准确性。

因此，在写碱土金属族之前，显然产生了考察热容性质的必要性，而根据热容（根据杜隆-珀蒂定律）可以确定原子量。门捷列夫指出：

> 双倍的元素当量有时称作热当量。例如，如果 H＝1，Na＝23，那么当量：Mg＝12，Ca＝20，Pb＝103.5；而它们的热当量：Mg＝24，Ca＝40，Pb＝207。[4]114

稍后，门捷列夫指出：

> 如果准确地知道 Li、Na、K 和 Mg、Ca、Ba 两族金属的其他物理性质，那么就可以解决所考察元素的原子量问题，正如用热容解决原子量问题。但是，目前除了热容和密度之外，对于绝大多数无机化合物的性质几乎还是一无所知……
>
> 上述两族元素对应的化合物在固态时的密度……不会产生任何能够影响原子量的明确结论……[4]117-118

因此，关于碱土金属（门捷列夫认为应当在碱金属之后紧接着写碱土金属）的真实原子量问题，最后并没有按照门捷列夫的意见得到解决。这样一来，就产生了不同族元素原子量的相互关系以及从一个自然族向另外一个自然族过渡时原子量的作用问题。

1869 年年初，门捷列夫必须确定《化学原理》第二卷的提纲，那时他已开始写这一卷的前几章了。虽然在 1868 年早期提纲中碱土金属紧接在碱金属之后，但是在进一步确定时，问题要复杂得多。

在第二卷第 1 章，门捷列夫已经拟订了金属排列的另一种稍微不同的顺序。他选出某些金属作为碱金属和碱土金属之间的"过渡"金属。他指出金属之间化学性质的差别：第一类金属（Na、K 和 Li）容易生成酸式盐，不能生成碱式盐；第二类金属（Cu 和 Pb）不能生成酸式盐，却容易生成碱式盐；第三类金属（Ba、Ca 和 Ag）既不能生成酸式盐，也不能生成碱式盐，却容易生成中性盐。[4]37

与此对应，可以比较下列金属序列：

Na K Li

Cu Pb

Ba Ca Ag

当从这些金属的化合价方面处理问题时，大致也得到这些金属序列的比较①。然而，早在 1868 年，门捷列夫就已经从二化合价元素序列中分出 S 及其相似物，它们的化合价除了等于 2 之外，还等于 4 和 6。因此，门捷列夫把硫族移到离一化合价元素更远的地方（见表 5 [附 4]）。

当从二化合价元素序列中分出化合价等于 2（或 1）的金属族时，他也遇到了这样的问题。在这种情况下，门捷列夫按照同样的处理方式，把化合价等于 2（或 1）的元素移到离碱金属更近的地方。因此，在形成 R_2O 型氧化物的碱金属与形成 RO 型氧化物的碱土金属之间，列入"过渡"金属，这些"过渡"金属使上述两族的特征衔接起来。门捷列夫在《化学原理》第二卷第 3 章中写道：

> 对于碱金属和碱土金属来说，上面所确定的那种区分的正确性，在化学方面最好的证明可能是这样一些元素：它们形成两种氧化态，高氧化态中包含 RO 或 RCl_2，而低氧化态中包含 R_2O 或 RCl。这些元素在低氧化态化合物 R_2O 中与碱金属相似，而在高氧化态化合物 RO 中则与碱土金

---

① 门捷列夫最初想遵循元素按照化合价排列的顺序来叙述全书。

属相似……例如铜，它形成两种氧化物（Cu_2O 与 CuO）和两种氯化物（$CuCl$ 与 $CuCl_2$）……[4]119

Hg 也与 Cu 相似。怪不得在《化学原理》1868 年早期提纲中，一开始就把 Hg 和 Cu 并列（见表 3 ［附 4]）。后来又把 Ag 列入，最初是排列在它们之后，后来才调整到它们之前（见表 5 ［附 4]）。

这样一来，如果遵循上述设想，就可以比较下列金属序列：

Na　Li　K　Rb　Cs

Ag　Hg　Cu

Mg　Ca　Sr　Ba　Pb

这与原来按照能否形成酸式盐或碱式盐排列这些金属有点不同，特别是 Ag 和 Pb 交换了位置。但是情况基本上是相同的：在碱金属和碱土金属之间列入"过渡"金属。

可以把门捷列夫在一张纸上写下的 7 种金属纵列（见影印件Ⅰa）认为是叙述《化学原理》第二卷时金属的排列计划之一。

看来这个手写纵列是《化学原理》第二卷提纲的最初方案之一，这个方案是门捷列夫仍然保持元素按照化合价排列时把 Na 和其他碱金属从第一卷移到第二卷之后制订的。在这个手写纵列中，门捷列夫首先列出一化合价金属（Na 和 K），然后列出形成 R_2O 和 RO 型氧化物的金属（Hg、Cu 和 Ag），最后列出形成 RO 型（而不是 R_2O 型）的氧化物的二化合价金属（最初写的 Ca 被 Ba 覆盖了）。因此，这个手写纵列与刚才所述的金属序列的排列几乎完全一致。

以后我们将会看到，门捷列夫在发现周期律时列出了新的元素族，其中有一族包括 Cu、Ag 和 Hg，还有一族包括 Ca、Ba 和 Pb。最后，门捷列夫决定仍然保持《化学原理》提纲初稿（见表 5 ［附 4]），而且不在碱金属和碱土金属之间列入"过渡"金属。他在第二卷第 3 章末尾写道：

我们最先写的是真正的碱土金属，然后是这样的金属序列，按照我们的意见，可以把它们看成从一个金属序列向另一个金属序列的过渡。当然，先写"过渡"金属更符合顺序，但是由于下述原因我们没有这样做，即真正的碱土金属存在于自然界，并且分布比较广泛，其特征也比较明显，对于它们来说，并不存在"过渡"金属引发的那种疑问。正如在碱金属与碱土金属之间存在"过渡"元素，在碱土金属和那些形成更高氧化态和更复杂原子化合物的金属之间，也同样存在一系列"过渡"元素，只有

注意到这些"过渡"元素，才有可能形成不同金属族之间相互关系的明确概念。[4]120-121

门捷列夫的这种论断不可能写于 1869 年 2 月 17 日之后。因为在这一天以前，他认为在碱金属和碱土金属之间，例如，在 Ca＝40 和 K＝39 之间，或者在 Sr＝87.6 和 Rb＝85.4 之间，以及在 Ba＝137 和 Cs＝133 之间，并不存在"过渡"元素，于是这两个金属族直接衔接，一族紧接着另一族。因此，当门捷列夫写完碱金属（第 1 章和第 2 章）之后，转而写碱土金属（第 3 章和第 4 章）时，他一点也没有背离自然族的这种排列。由此可见，第 3 章的结束语以至整个这一章，还是在 1869 年 2 月 17 日之前写的。

现在我们来比较一下门捷列夫在第二卷前几章（即 1869 年年初）以及大约同时形成的手写纵列（见表 6［附 5］）中拟订的金属排列方案。我们看到，门捷列夫在四种情况下都得出这样的结论：在碱金属和碱土金属之间存在"过渡"金属。根据作为排列基础的特性，能够处于"过渡"状态的金属有：在前两种情况下是 Cu 以及显然与它在一起的 Hg 和 Ag；在第三种情况下是 Cu 和 Pb，可能还有 Hg；在第四种情况下看来只有 Ag。

门捷列夫在编写《化学原理》第二卷之后不久，拟订了这一卷新的更详细的提纲（见表 7［附 6］），即 1869 年早期提纲。这是过去拟订的提纲中最详细的一个。这个提纲中最重要的一点是，在碱金属和碱土金属之间不存在"过渡"金属，因而两族直接相邻。

这些就是 1869 年年初门捷列夫编写第二卷前几章时所面临的问题。到 1869 年 2 月中旬，门捷列夫已经完全接近于发现周期律。他探讨并且部分明确了一些最重要的因素，这些因素的深化直接导致了周期律的发现：

（1）在单个自然族内按照原子量递增的顺序排列元素，并且比较元素的性质与原子量的关系。

（2）比较各个不相似元素族，首先比较碱金属和卤素这类极性对立的元素族。

（3）揭示上述各族内部的规则——中间元素原子量等于其相邻元素原子量之和的一半：$Br＝\dfrac{1}{2}(Cl＋J)$，$Na＝\dfrac{1}{2}(Li＋K)$。

（4）揭示上述各族之间的相似性——具有最小原子量的元素成为向化学性质相近的二化合价元素的过渡：F＝19 成为从 Cl 向 O 的过渡，Li＝7 成为从 Na 向 Mg 的过渡。

（5）承认从碱土金属的当量向其真实原子量过渡的必要性。

（6）根据不同的化学特征比较各元素族（特别是金属族），并将其列入总序列。

（7）在从碱金属过渡到碱土金属时，避开"过渡"金属，放弃遵循作为元素排列依据的化合价原则。

导致周期律发现的这些最重要因素以及其他一些因素，在编写《化学原理》前几章时都分散地表现出来了，但并没有汇集在一起，也没有导致这样一种决定性的结论：应当按照原子量比较不同族的元素，并且以此为根据，把各个元素族排列成连续的序列。

上述因素很快就使门捷列夫得出这样的结论，弄清楚他在写第二卷前几章过程中所面临的一切悬而未决的问题。但是把元素按照原子量进行比较的思想用于不同族的元素，就意味着采用了一种新的原则排列元素和元素族，并放弃按照化合价排列元素的原则。而按照原子量排列元素，则是周期律发现的开端。由此，这一发现是基于门捷列夫编写《化学原理》的工作。

综上所述，可以相当准确地断定哪些是门捷列夫在 1869 年 2 月 17 日以前写的，哪些是这天以后写的。所有这些都说明，第 1 章和第 2 章是在这天以前写的，而第 4 章则是在这天以后写的。第 3 章是在 1869 年 2 月 17 日以前开始的（可能写了个初稿），直到这天以后才完成。

因此，对《化学原理》第二卷前几章内容的分析，提供了再现截至周期律发现时所形成的一般情景（包括门捷列夫编写《化学原理》的工作情况）的可能性。

3. 门捷列夫打算在 1869 年 2 月 17 日做些什么？

（对干酪制造厂的考察）

门捷列夫是一位兴趣非常广泛的学者。他并不局限于某种单纯的理论工作，而是积极参与现实生活。同时，他的兴趣有时与他所思考的理论问题相距甚远。在我们所考察的这一时期内，也正好出现了这种情况。

应当说，门捷列夫对特别实际的农业问题早就产生了非常浓厚的兴趣。他积极参加了圣彼得堡自由经济协会（简称"自经会"）的活动，成为"自经会"的会员。为了进行农业有效管理方面的广泛试验，门捷列夫还在 1865 年夏天买下了波博罗沃庄园（离科林市不远）。他在那里度假，而且一年中有部分时间全家住在那里。

在这之后不久，"自经会"在北方一些省建立了干酪制造厂。维列沙金是这一创举的发起人之一。1868 年年底，即门捷列夫写完《化学原理》第二册时，维列沙金向"自经会"请求派一位会员实地考察干酪制造厂。

门捷列夫对这种活动表示赞同。1868 年 12 月，他考察了特威尔斯基省的一些干酪制造厂（见 [附 7]）。为了完成已经开始的考察，他还需要出差。

在发现周期律之前的两周左右，门捷列夫同意为干酪制造厂问题再去一次特威尔斯基省和其他省，并且预定 1869 年 2 月 20 日左右启程（见 [附 7]）。

摆脱了在圣彼得堡的羁绊，门捷列夫在 2 月 15 日（星期六，即发现周期律的前两天）开始为"自经会"的事办理出差手续。这一天，门捷列夫给圣彼得堡大学校长凯斯列尔写了一份申请书，内容如下：

校长先生阁下：

"自经会"委托我考察在该会赞助下所建立的干酪制造厂，谨请从 2 月 17 日起准假 10 天，前往诺夫格罗德斯基省、特威尔斯基省和莫斯科省。

门捷列夫教授禀上①

在这份申请书上有一个签署："批准。凯斯列尔"，并且在下面加了一个附言："2 月 15 日发第 187 号凭证"。门捷列夫档案中保存的副本证实，凭证内容如下：

第 187 号　凭证

持证人圣彼得堡大学常任教授德米特里·伊万诺维奇·门捷列夫离职到诺夫格罗德斯基省、特威尔斯基省和莫斯科省考察，期限截至今年 2 月 28 日。特准门捷列夫先生凭此证自由往返上述省份。

圣彼得堡大学校长

1869 年 2 月 15 日于圣彼得堡②

于是，1869 年 2 月 15 日，门捷列夫取得了准假凭证，并预定 2 月 17 日（星期一）从圣彼得堡出发，至少需要 10 天，甚至如凭证所写的 12 天。十分清楚，门捷列夫并没有想要立即从事新的科学研究，而这项研究的开端恰恰赶在预定出发的那天，即 1869 年 2 月 17 日。况且，这项研究的初步结果的处理和发表，以及对《化学原理》第二册的有关补充，至少需要紧张工作两个星期，即恰好是门捷列夫早在 2 月 15 日准备用来为"自经会"办事的时间。

请假 10 天考察干酪制造厂，并在动身那天从事一项新的科学研究（要完成这

---

① 原件保存在国立列宁格勒省历史档案馆。
② 原件保存在国立列宁格勒省历史档案馆。

项研究，必须在圣彼得堡待 10 天），是完全不合逻辑的。如果门捷列夫能够预先知道他正是要在 2 月 17 日从事新的科学研究，而且对得到的结果的进一步处理需要这么长时间，那么他未必会在 2 月 15 日（发现周期律之前的 2 天）向学校申请准假凭证，以便 1869 年 2 月 17 日动身。

不管怎样，看来门捷列夫在 2 月 15 日（星期六）做出了最终决定：后天，即 2 月 17 日（星期一），从圣彼得堡动身。

我们不知道他是怎样度过周期律发现之前的最后一天的，这是 2 月 16 日（星期日）。这一天，门捷列夫可能在做出差前的准备工作，为考察干酪制造厂准备必要的材料。他也有可能在修改《化学原理》第二卷前 3 章的某些地方，或者为下面几章做些笔记。他也许在大量的紧张工作之后决定休息一下，看望熟人或去剧院。我们再说一遍，没有收集到有关这方面的任何材料。

跳过 1869 年 2 月 17 日之前的最后一天。

我们来看看门捷列夫是怎样度过 2 月 17 日这一天的，在这一天发生了什么样的事情。我们注意到，由于这些事情，门捷列夫未能在预定时间出发，而不得不在圣彼得堡一直逗留到 1869 年 3 月初。在这段时间里，他忙于完成和修改发现周期律的成果，并印成单页表，把这一发现首次公布①。

---

①　以后所说发现周期律，是指编制《元素体系的尝试》这张元素表（见影印件 V 和 XI）。我们所说的这一发现是在 1869 年 2 月 17 日做出的，仅仅是指门捷列夫在这一天中编制了这张元素表。当然，这只是发现的开端。

第2章　发现的一天。上午

（原则的发现。最初的尝试）

……我应该谈到某种元素体系，这种元素体系的排列不受某种偶然的、似乎下意识的动机所支配，而是遵循着某种确定的、真实的原则。

（摘自：门捷列夫《元素的性质与原子量的相互关系》）

一切都已在头脑中形成，但还不能用图表表示出来。

（摘自：门捷列夫同伊诺斯特朗采夫的谈话）

1869 年 2 月 17 日，就各个方面来说都是一个极其平常的星期一。这一天的特殊意义，也可以说重大意义，就在于门捷列夫发现了周期律。为了更好地研究这一发现是怎样进行的，我们把门捷列夫所经历的这一天的时间分成 5 个阶段，这些阶段如下：

（1）开始阶段，收到霍德涅夫的信并在信上做记载，摸索到元素排列的新规律。

（2）草拟阶段，编制两个不完整元素小表。

（3）形成阶段，采用"牌阵"编制元素卡片。

（4）决定阶段，编制元素体系的完整方案。

（5）最后阶段，誊清刚发现的元素体系，并把誊清稿送交印刷厂。

本章考察第一阶段和第二阶段，即开始阶段和草拟阶段。

1.周期律的发现是从何开始和怎样开始的？

（初始原则的发现。在霍德涅夫信上所做的记载）

总之，门捷列夫取得准假凭证，确实在"一切准备就绪"的时候，迎来了

1869 年 2 月 17 日（星期一）的早晨。这天早晨他收到了"自经会"秘书霍德涅夫发来的两份资料：一份是代表"自经会"理事会的通知（见影印件Ⅱa），另一份是霍德涅夫以个人名义写给门捷列夫的信（见影印件Ⅱ）。其中，后者有可能间接地成为阐明周期律发现史的一个重要根据，因为在这封信上有门捷列夫做的一些记载。这两份资料都涉及门捷列夫的干酪制造厂之行（见［附 8］）。

为了理解门捷列夫在霍德涅夫信上所做记载的含义，必须考虑到门捷列夫这时已经不再为《化学原理》第二卷前 3 章（其中第 3 章为初稿）着急了。这几章已经写完，未必有什么新的问题。他在集中考虑后面几章，首先是碱土金属以及其后的 Zn、Cd、In 和其他金属。门捷列夫在第 3 章末尾所做的结论，就理论方面和认识论方面来说，很明显是不能令人满意的。

一方面，如果按照化合价排列元素（在构思全书时，最初就采用了这个原则），那么继碱金属（第 1、2 章）之后应该叙述的并不是碱土金属，而是"过渡"金属——Cu、Ag、Hg（见表 6［附 5］）。这似乎是由理论上的原因所引起的。

然而，从另一方面来看，先叙述碱土金属，而在其后叙述"过渡"金属，实际上更加方便：碱土金属经常可以遇到，并且具有比较明显的特性，也比较适合研究；更重要的是，碱土金属在化学性质方面比其他元素都更加接近碱金属。正是根据这些理由，门捷列夫当时似乎认为，最好从碱金属过渡到碱土金属，从而避开"过渡"金属。

然而，这里很明显出现了不一致，甚至产生了明显的矛盾：理论上必须在碱金属之后排列"过渡"金属，但为了叙述方便，不得不放弃这种做法，而在碱金属之后排列碱土金属，这是由某种主观臆想产生的，似乎没有任何客观的理论根据。

作为对化学问题的坚定唯物主义者，门捷列夫绝不可能容忍对主观主义的这种让步。这就促使他去寻求另外一种理论。也就是说，寻求一种客观根据来证明：继碱金属之后正是碱土金属，而非"过渡"金属，这不应是某种偶然的现象，而完全是一种合乎规律的现象。

如果这种理论上的解释已被顺利找到，那么在《化学原理》第二卷里已采用的元素排列顺序，不就摆脱了主观主义意味，得到可靠的论证了吗？因此，很自然，上述想法引导门捷列夫去寻找一种规律，以证明《化学原理》提纲中的三种金属元素排列方案（至少前两行）是正确的（见表 8［附 6］），这种排列与按照化合价排列是相对立的（见表 6［附 5］）。

这个问题在门捷列夫完成《化学原理》第二卷前 3 章编写工作的时候被尖锐地

提了出来。也就是说，是在门捷列夫开始写下一章——该章应该讨论碱土金属还是"过渡"金属——的时候。正是在这个时刻，门捷列夫收到了霍德涅夫的信。

现在，我们当然很清楚从碱金属向碱土金属直接过渡的规律性，可以通过某些金属的原子量（Ca＝40 和 K＝39，Sr＝87.6 和 Rb＝85.4，等等）的比较来证明。门捷列夫在编写《化学原理》第二卷前几章时，已经不断地接近这样的比较，而在 1869 年 2 月 17 日早晨，这一决定性时刻终于到来。

现在我们来考察一下门捷列夫在霍德涅夫信上所做的记载，这些记载揭示了周期律发现的开始时刻，并且标志着门捷列夫把不相似元素及元素族的原子量进行比较的初次尝试（见影印件Ⅱ和表 8a［附 9］）。

在这方面，在霍德涅夫信上所做的记载具有重大意义。这里比较了碱金属族及锌族这两族元素的原子量。诚然，这里没有写出元素符号，除锂元素（关于这点在［附 9］中将要谈到）以外，其他都可以十分明显地看到原子量属于哪种元素。

如果把对应的元素符号写在花括号内，而用问号标出有疑义的元素，那么这种记载就具有下列形式：

{Na}	23	{K}	39	{Rb}	85	{Cs}	133
{2Li?}	14	{Mg}	24	{Zn}	65	{Cd}	112
	9		15		20		21

这里非常重要的是，门捷列夫在致力于《化学原理》编写工作期间，第一次比较了两族不相似元素的原子量，以便确定它们的差数。因此首先写出原子量大的元素的原子量，在其下面写出原子量小的元素的原子量，然后像通常那样，画一条横线，并且通过上、下两数相减而确定差数。

诚然，门捷列夫还没有按照原子量最接近的那些元素族来进行比较。因此得到的差数太大，而且完全不一样（从 9 到 21），同时在每对被比较的元素之间可能包括一些具有中间值原子量的元素。例如，Al＝27.4，Si＝28，P＝31，S＝32，Cl＝35.5，可以排列在 Mg＝24 和 K＝39 之间；As＝75，Se＝79.4，Br＝80，可以排列在 Zn＝65 及 Rb＝85 之间；等等。

同时，像阐明金属元素排列那样，把各元素族靠近，并确定继某族（例如碱金属）之后应该是哪一族，也是非常自然的事情。例如，不应该用 K＝39 减去 Mg＝24，而应该用 Mg＝24 减去 Na＝23。在这种情况下，相邻族两种元素的原子量差数就立即表现出明显的规律性。

然而，所得到的差数除了连续（而且相当明显）增大之外，没有任何规律：最后一列的差数为第一列差数的 7/3，只有最后两列的差数相近。

门捷列夫并不是把碱金属同与其最不相似的元素（卤素）族进行比较，而是把碱金属同与其虽不相似却相当接近的金属（锌族）进行比较。然而，这并不重要，重要的是门捷列夫所迈出的决定性一步，以及为进一步发展已经取得的发现所奠定的基础：按照原子量比较两个不相似（在任何方面都不相似）元素族。

由此只差一步，即可按照原子量把碱金属与卤素及碱土金属相比较。这样一来，就完全解决了两个重大问题：第一，在理论上证明从《化学原理》第一卷（以卤素结尾）向第二卷（以碱金属开头）的过渡；第二，通过作为测定碱土金属及其他金属元素真实原子量关键的热容这一特殊章节（第 3 章），来证明从碱金属（第二卷第 1 章和第 2 章）向碱土金属（拟在第 4 章编写）的过渡。

应该再一次指出，1869 年 2 月中旬，对于门捷列夫来说，最重要的是继 Na 及其相似物之后应该叙述哪种金属的问题，因为这是门捷列夫编写《化学原理》时一个亟待解决的问题。因此，门捷列夫在霍德涅夫信上所做的记载不是偶然的，这些记载从碱金属开始，随后或者从碱金属过渡到 Ba、Sr 和 Ca（见上半页的记载），或者从碱金属过渡到 Mg、Zn 和 Cd（见下半页的记载）。

当门捷列夫刚刚开始按照原子量比较各个元素族时，在他面前就出现了一个有关真实原子量的问题，亦即测定热容的问题。

应该引起注意的还有一种情况：门捷列夫建立一个新元素族，这在与《化学原理》有关的记载中是没有的。如果按照原子量来判断，这个元素族包括 4 种金属；如果按照原子量递增的顺序来判断，这个元素族包括下列金属：

$$? \ Li=7，Mg=24，Zn=65，Cd=112$$

诚然，门捷列夫在《化学原理》1869 年早期提纲中就比较过 Zn 和 Cd（见表 7 [附 6]），而在霍德涅夫信上所做的记载中比较过 Zn 与 Mg，但是这里却是门捷列夫第一次把上述金属作为一个特殊族提出来。

因此，应该指出，门捷列夫在发现周期律以后撰写的有关周期律的第一篇论文中援引了克雷默兹元素分族法。同时，他引用了克雷默兹编制的、早在 1869 年之前就已经知道的如下序列[2]6：

锂　钠　钾

镁　锌　镉

钙　锶　钡

这正如我们所见，在碱金属族之后是镁、锌、镉族，这是碱金属和碱土金属之间的"过渡"元素族。若把锂从第一行移到第二行,并写在钠之下,则所得到的正如门捷列夫在霍德涅夫信上所做的记载那样。因此可以设想,当门捷列夫在霍德涅夫信上做出最初考虑的时候,他首先决定检查一下是否需要在碱金属之后直接写镁、锌、镉这一族,像克雷默兹元素分族法那样。

最后,分析门捷列夫在霍德涅夫信上所做的记载,还使我们有可能回答一个非常重要的问题:门捷列夫通过什么途径做出发现?我们将在本书第6章详细回答这个问题。现在只做简单的提示:门捷列夫在霍德涅夫信上所做的记载证明,在发现的开始阶段,他按照原子量比较了不相似元素族。如果不考虑信纸上半页 Cl 和 K 的比较,那么门捷列夫在发现周期律的开始阶段比较了包括全部 8 种元素(其中1 种元素还有疑问)的两个族:

$$Na \quad K \quad Rb \quad Cs$$
$$?Li \quad Mg \quad Zn \quad Cd$$

这两个族(包括 8 种元素)的比较,成为 1869 年 2 月 17 日门捷列夫发现周期律的第一阶段。

十分自然,在发现新的原则——按照原子量比较不相似元素族——的时候,门捷列夫应该立即推广这一原则,即使不能推广到所有元素,也应推广到尽可能多的元素。只有这样才能证明这一原则的普遍性和正确性,才能证明它对门捷列夫克服在叙述《化学原理》第二卷时所遇到的困难具有适用性。只有这样才能证明这一原则具有实际意义和富有成效。

为了检查这些,需要马上比较的不应该是随意选择的两个族,而应该是几个族,并且应该这样比较:让它们彼此紧密相连,不形成大的空隙,正如在霍德涅夫信上有关 Na 族与 Mg 族的比较那样。

然而霍德涅夫信的背面已经写满。为了使记载继续,必须再取一张足够大的空白纸,以便做进一步的推论。门捷列夫正是这样做的。

与此同时,周期律的发现开始进入第二阶段。

2. 对新元素体系中心部分进行图表研究的开始

(上半部元素小表)

可以设想,门捷列夫在发现元素排列原则以后,试图把这一原则严格地、适当地应用于已知的不相似元素族,以便推广到其他元素族,即推广到所有元素(见[附 10])。

因此门捷列夫取来一张空白纸,致力于研究新体系的核心,研究由最常见的元素及元素族形成的新体系中心部分。这种尝试反映在一些表中，这些表与在霍德涅夫信上所做的记载毗邻，在它之后（见影印件Ⅲ）。

这张纸上有两个表——上半部元素小表和下半部元素小表，这两个表都不完整。纸上所注的日期是 1869 年 2 月 17 日，这就便于我们确定门捷列夫编制这两个表以及在其前后所做记载的时间顺序。现在分别考察它们。我们从上半部元素小表开始，很明显，上半部元素小表比下半部元素小表编制得早些。

看来，门捷列夫首先填满了位于日期下面的头三行，在这三行中列入 F 族、O 族和 N 族。然后空了一行，再列入 H—Cu 族（见表 9 [附 11]）。

这里同样遵循了门捷列夫在霍德涅夫信上记载两族元素时的顺序：

（1）各族元素按照其原子量递增的顺序写成横行。

（2）后族元素写在前族元素之上，使原子量大的元素排列在原子量小的元素之上，写成纵列，像通常进行算术运算（减法）时那样。

门捷列夫在空白纸上所做的记载与在霍德涅夫信上所做的记载的区别在于，他现在不是从碱金属族开始，而是从卤族开始，比较各元素族。因此，按照原子量递减的顺序，在卤族之后应该是非金属族——O 族、N 族和 C 族。

换句话说，如果门捷列夫在霍德涅夫信上所做的记载中曾试图从金属方面解决元素排列的一般问题，即拟订元素体系，那么在这里，他则试图从似乎直接对立的一端——非金属方面解决这一问题。

与此对应，如果门捷列夫在霍德涅夫信上所做的记载中曾试图把 Li 作为从 Na 向 Mg 的过渡来确定 Li 的位置，那么现在他则试图把 F 作为从 Cl 向 O 的过渡来确定 F 的位置：

$$F=19 \qquad\qquad Cl=35.5$$
$$O=16$$

与以前所建立的金属如下排列相比，这次对问题的解决似乎要顺利得多，并且基本上是正确的。

$$Na$$
$$Li \qquad\qquad\qquad Mg$$

门捷列夫在空白纸上所做的记载与在霍德涅夫信上所做的记载的另一个区别在于，他开始使所比较的不相似元素族靠近，一个挨着一个排列。在列入新元素族时，他使新族成员的原子量尽可能靠近已列入的最后一个元素族成员的原子量。

换句话说，门捷列夫力图避免在两个原子量之间出现空白，因此把一种元素排列到另一种元素之下，以使它们之间不能再列入具有中间值原子量的元素。例如，在 F＝19 之下直接列入 O＝16，而没有原子量在 16 和 19 之间的元素；同样，在 Br＝80 之下直接列入 Se＝79，也没有原子量在 79 和 80 之间的元素；等等。

还需要指出门捷列夫对 N 族和新形成的 H—Cu 族进行比较时的特点。如果门捷列夫在霍德涅夫信上比较两个不相似元素族时，是从经验上计算出原子量差数，那么现在他则试图从理论上处理这个问题：根据给定的原子量差数（等于 13 或接近 13）来确定什么样的元素可以列入 H 族。

如果发现并非所有元素都符合这一要求，那么门捷列夫就引入某一假设的元素，赋予它以符合要求的原子量。这样就产生了假设的类 H 元素，其原子量为 18。

这里还没有从理论上预言原子量为 18 的元素实际上应该存在。重要的是，门捷列夫在这里解决问题的方法第一次导致他必然引入一种假设的元素，以填补该序列中的空位。这种确定被比较族元素原子量的理论方法与纯粹经验方法不同，它完全依赖于对原子量变化的一般规律的假设。因此可以说，在上述情况下，已经有了这种一般规律存在的最初思想的迹象。

表 9 [附 11] 反映了编制上半部元素小表最初阶段的情况。当时表中只有 15 种元素，比较了 4 个族。此后，门捷列夫遵循最初采用的顺序，继续把一些新元素族列入表中，使它们彼此靠近，不留间隔和空位（见表 10 [附 11]）。

例如，他在 N 族之下直接排列了 C 族，而在 H—Cu 族之下直接排列了 Mg、Zn、Cd 族以及 Na 族。后两族早已出现在霍德涅夫信上所做的记载中（见影印件 Ⅱ 下半部分）。

把 C 族列入上半部元素小表之后，表的第一纵列由 4 种有机元素组成，这 4 种有机元素与 F 相连，而 F 又连接着卤素序列。换句话说，卤素（表的第 1 横行）和有机元素（表的第 1 纵列）互成直角排列，而 F 成为从第 1 纵列向第 2 纵列的过渡：

$$F \quad Cl \quad Br \quad J$$
$$O$$
$$N$$
$$C$$
$$H$$

这正是《化学原理》第一卷所叙述的元素。同时，大体上保持了这些元素排列的顺序，只有一点不同，即一化合价 H 与一化合价卤素似乎对换了位置。

可见，元素的排列也遵循化合价递增的顺序：

从 1（卤素的化合价）到 2（O 的化合价）、3（N 的化合价）、4（C 的化合价），进而又回到 1（H 的化合价）。

《化学原理》第一卷的排列顺序是：

从 1（H 的化合价）到 2（O 的化合价）、3（N 的化合价）、4（C 的化合价），进而又回到 1（Cl、F、Br 和 J 的化合价）。

这里产生了一个问题，即从《化学原理》第一卷所叙述的有机元素和卤素怎样过渡到金属元素和第二卷所考察的非金属元素？当把 O 族排列在 F 族之下以及把 N 族排列在 O 族之下的时候，几乎所有非金属元素都已被自然地列入元素表了（见表 9［附 11］）。

最后一个明显的非金属 Si（若不算 B）是随 C 族一起列入的。

在把 H—Cu 族列入表中时，列入该族的还有 Cu 和 Ag 这两种"过渡"金属，而与 C 和 Si 一起列入的还有 Zr 和 Sn 这两种金属元素，并且 Sn 仍旧在其原来的位置。

把 Zr＝89 排列在 As＝75 之下是不正常的。因此，门捷列夫首先把 Zr 从这个位置取消，让它空着（见影印件Ⅲ下半部分）。然后又把 Zr 排列在这个位置之右，从而在两个主要纵列：Br、Se、As 纵列和 J、Te、Sb、Sn 纵列之间形成了一个中间纵列（见影印件Ⅳ和文献[6]114描述的完整元素草表）。

因此，Zr＝89 与 As＝75 之下的位置不相适应，从而产生把 Zr 从这个位置取消的必要性。而在已知元素中又没有按照化学性质和原子量（应比 As 略小一些）适合排列在这一位置的元素，这就使得这一位置仍旧空着。从而开辟了预言尚未发现的元素及其基本性质的途径。[6]128-129

在 Cu 和 Ag 之后，门捷列夫把"过渡"金属族列入元素表，这个"过渡"金属族还是他在霍德涅夫信上所做的记载中草拟的。

在"过渡"金属族中，除 Li 之外还有：

$$Mg＝24、Zn＝65 和 Cd＝112$$

按照原子量来说，这些金属更接近排列在其上的 Si＝28 和 Sn＝118，尽管它们的原子量比已列入的 Cu 族的 Cu＝63 和 Ag＝108 稍大一些。

后来，门捷列夫在 Mg、Zn 和 Cd 族之下列入碱金属族，从 Li＝7 开始到 Rb＝85 结束（见表 10［附 11］）。

这样，就找到了从非金属经过"过渡"金属向碱金属的过渡，而稍有不同的是：现在这些金属不是在碱金属和碱土金属之间形成过渡，而是在非金属和碱金属之间形成过渡。

同时，关于 Li 的问题引起了新的兴趣，因为当 Na＝23 与 Mg＝24 直接相连时，就没有必要把 Li 看作 Na 和 Mg 之间的过渡，也没有必要把 Li 与其他碱金属拆开，而应把它排列在 Mg、Zn 和 Cd 的同一族，为此，应把它的原子量增加一倍，正如门捷列夫在霍德涅夫信上所做的记载那样。

现在，Li＝7 排列在第 1 纵列，而与 Na、K 和 Rb 排列在同一族。

但是，Li 排列在 H＝1 之下也是不正常的。为了解决这一问题，门捷列夫必须把"轻"元素形成一个新纵列，作为元素表的第 1 纵列。稍晚一些时候，当门捷列夫编制出下半部元素小表（见影印件Ⅲ）时，就产生了这种思想。

不仅把 Li＝7 排列在 H＝1 之下不正常，而且把 Mg＝24 排列在?＝18 之下，把 Zn＝65 排列在 Cu＝63 之下，把 Cd＝112 排列在 Ag＝108 之下都是不正常的。所有这些情况，在门捷列夫面前呈现出把 H、?＝18、Cu 和 Ag 族移到另一位置的必要性问题。

表 10［附 11］反映了编制上半部元素小表第二阶段的情况。这时表中所比较的已不是 4 个族，而是 6 个族，所包括的已不是 15 种元素，而是 26 种元素。

表 11［附 12］反映了编制上半部元素小表最后阶段的情况。首先是 H、?＝18、Cu 和 Ag 族从原来的位置移到另一位置，其次是该族移向下面两行，排列在 Mg、Zn、Cd 族和 Li、Na 族之间。门捷列夫虽然进行了这种移动，但是并没有把 H＝1、?＝18、Cu＝63 和 Ag＝108 从原来的位置勾掉。

在移动之后，Li＝7 排列在 H＝1 之下的这种反常情况依然存在。同时，经过这一移动，在 C 族与 Mg 族之间，即在表的最中心位置，空出了一整行。结果在 Si＝28 和 Mg＝24 之间形成了明显的断裂，正如 Sn＝118 和 Cd＝112 之间的情况一样。

在第一种情况下，Si 和 Mg 之间可以列入 Al＝27。而在列入 Al 之前，即在 Si 和 Mg 之间的位置之前（这个位置以前由?＝18 占据），应当列入当时认为是三化合价金属并且与 Al 极其相似的 Be。然而，由于 Be 的当量等于 4.7，若承认它为三化合价元素，则会导致认为它的原子量是 4.7×3＝14.1。具有这种原子量的元素，不可能排列在 Si＝28 和 Mg＝24 之间的第 2 纵列，也不可能排列在 C＝12 之下的第 1 纵列（这个位置以前是 H＝1 占据的）。

因此，在把 Be 列入表中时，必须把它排列在头两个纵列之间的位置，即原来

H＝1和？＝18 之间。门捷列夫正是这样做了，把 Be？排列在这个中间位置（见表 11［附 12]）。

有一种不正确的看法，认为门捷列夫在这里主张 Be 的原子量是 18，因此应该认定 Be 为四化合价金属（4.7×4＝18.8）。这种看法是毫无根据的。何况在 Be＝18 的情况下，应该把它排列在 C＝12 和 Si＝28 这两个四化合价元素之间，然而这并不是门捷列夫所排列之处。

在经过所有这些移动和补充之后，还剩下一个非常重要而尚未弄清楚的问题：Ca、Sr 和 Ba 族排列在何处？这个问题在此之前很久，即门捷列夫编写《化学原理》第二卷的过程中就已出现。当时，这个问题还是作为探讨从 Na 族向 Mg 和 Ca 族的自然的、有规律的过渡问题提出来的。

从在霍德涅夫信上做记载时起，Mg 是和 Ca、Sr、Ba 相脱节的。在所考察的元素表（上半部元素小表）中，Mg 已与 Na 相邻。如果在 Mg 之后不是 Zn＝65 和 Cd＝112，而是 Ca＝40 和 Sr＝87，那么上半部元素小表中所有碱土金属都能与碱金属直接相连。然而现在与 Mg 相连的已经不是 Ca、Sr 和 Ba，而是 Zn 和 Cd。

为了把 Ca＝40 排列在 Mg＝24 之后并且与 Mg 处于同一横行，就需要拆散一个新形成的元素族，这个元素族是门捷列夫在霍德涅夫信上所做记载的结果，并且也是他经过进一步考虑而保持下来的。

为了尽量保持 Mg、Zn 和 Cd 族的整体性，门捷列夫没能及时确定 Ca＝40、Sr＝87 和 Ba＝137 排列在 K＝39、Rb＝85 和 Cs＝133 之上的位置。何况，排列在 K＝39 和 Rb＝85 之上的 Cu＝63 和 Ag＝108 早已与 Zn＝65 和 Cd＝112 紧密相连。

拆散刚刚形成的 Mg、Zn 和 Cd 族，则在其成员与其下面的 Cu 和 Ag 族成员之间已经建立的密切关系就会被破坏。

在编制元素表的这一阶段，门捷列夫没有进行这种调整，因而把 Ca、Sr 和 Ba 族写在表的最上面，排列在 Cl、Br 和 J 之上（见表 11［附 12]）。同时，他最初在 Br 之上写下 Ba，后来又更正为 Sr。这种笔误的原因是，门捷列夫常常不是按照元素原子量，而是按照 Ca、Ba、Sr 的顺序来写碱土金属的。[4]107,[6]105-106

显然，不能认为碱土金属在原子量上是和卤素紧密相连的，因为在 Ca＝40 和 Cl＝35.5 之间还可排列 K＝39 等元素。由于这个原因，不能认为上半部元素小表（甚至其中心部分）是最后编制的，因为原则本身——不相似元素族按照其成员的原子量紧密接近——在表中并没有得到彻底贯彻。

为了彻底贯彻这一原则，首先需要把 K＝39 排列在 Ca＝40 和 Cl＝35.5 等元素之间。也就是说，直接与卤素靠近的不是碱土金属而是碱金属。门捷列夫在编制上半部元素小表的总结中一定会得出这样的结论。

门捷列夫在编制上半部元素小表的最后阶段列入了 $Hg=200$（见表 11 ［附 12］）。

总之，表 11 是编制上半部元素小表的最后阶段，当时表中的元素族数达到 7（不计 Be），而列入表中的元素数为 31（包括 Be），占当时已知元素的一半。同时，基本纵列数从 4 个增加到 5 个，并且拟订了第 1 中间纵列。

尽管待列入表中的元素数（32）和已列入表中的元素数几乎一样多，但不能认为问题已经解决了一半。事实上，已经列入上半部元素小表的元素，除少数（例如 Be 和 Zr）外，都是人们最熟悉的、已被充分研究的元素，其中包括门捷列夫在《化学原理》（第一卷和第二卷第 1、2 章）中描述的 13 种元素。他紧接着对其他元素进行考察，甚至从排列顺序的观点来研究这些元素（Ca、Sr 和 Ba，Cu、Ag 和 Hg，Mg、Zn 和 Cd——共 9 种金属）。

关于 O、N 和 C 的相似元素的叙述，同样不会引起任何困难。

至于尚未列入表中的 32 种元素，除了已被充分研究的元素外，还包括未经充分研究的元素，它们的化学性质和原子量还没有很好地进行研究，且没有准确地确定。没有这些数据，硬要把它们列入一个元素总表，一定会造成极大的困难。

表 12 总结了门捷列夫在编制上半部元素小表时所取得的一般成果（见［附 12］）。

3. 进一步研究新元素体系过程中所遇到的困难

（下半部元素小表）

在编制下半部元素小表时，门捷列夫考虑了自己以前在比较各元素族进程中所取得的良好结果。

看来门捷列夫是从抄写新元素体系（不是全部，只是其中 6 行）中心部分着手的；并且一开始就把 Na（但无 Li）族移到元素表的上部，把它排列在 Ca 族和 Cl 族之间的适当位置（见表 13 和表 14 ［附 13］）。

在下半部元素小表中，通过把碱金属移到表的上部，并把它们排列在 Ca 族和 Cl 族之间，门捷列夫终于克服了在编写《化学原理》第二卷时所面临的困难。更准确地说，克服了从碱金属（第 1、2 章）过渡到碱土金属（第 3、4 章）时所面临的困难。现在已经弄清楚，这种过渡绝不仅仅是为了方便，而恰恰相反，这完全是根据元素本身所固有的客观规律而进行的合乎规律的过渡。在 Na 族和 Ca 族之间不存在"过渡"元素，这两个元素族按照其成员的原子量紧密衔接起来了。

门捷列夫后来指出，就周期律的本质而言，在两种相邻元素（例如 K＝39 和 Ca＝40 等）之间不存在"过渡"元素：

>　……根据周期律，在 N 与 O 之间不可能存在某种原子量大于 14 而小
>
>于 16 的"过渡"元素，在 K 和 Ca 之间也是如此。[1]258

这样，早在编制下半部元素小表（见表 13 ［附 13］）的开始阶段，表中就已经有 6 个进行比较的元素族，共有 23 种元素。

十分自然，把新元素体系的基本框架记载在纸上以后，有必要检验这种排列是否符合不相似元素族按照其成员的原子量紧密接近的原则（见表 14 ［附 13］）。

这里有必要指出下列情况：根据数字书写的特征以及原子量在元素符号旁边的标注位置，可以设想，原子量不是按照横行，而是按照纵列，亦即不是按照元素族的顺序，而是按照元素的新的周期顺序写入的（见影印件Ⅲ）。

门捷列夫所进行的仔细检验（见表 14 ［附 13］），确认了不相似元素族按照其成员的原子量紧密接近的原则，对于除 Te 外的 22 种元素都是适用的。在这里，原子量从上到下依次减小若干单位，同时在每对毗邻的元素之间不可能再列入具有中间值原子量的元素（若不算 C＝12 和 Li＝7 之间的空位）。

然而特别需要强调的是，原子量是按照纵列写入，而不是按照横行写入的。这就意味着，此时门捷列夫已不仅从族的观点（沿着水平线），而且从新的纵列或周期的观点（沿着垂直线）考察他所列入表中的元素间的联系。

当然很难说，关于元素性质随着原子量的变化而周期性地变化的思想本身，此刻（见表 14 ［附 13］）在门捷列夫那里是否已经形成，但显然门捷列夫已经非常接近这种思想。这种思想表现为，门捷列夫给每种元素写上原子量，同时已经不是按照族（横行）的排列而是按照周期（纵列）的排列来考察元素，尽管这些周期还不是完整的，还不能按照原子量来紧密结合成统一的元素序列。

这就是编制表 14 ［附 13］所反映的下半部元素小表的重大意义。但在以后，门捷列夫继续通过横行（族）而不是纵列（周期）把元素列入表中，可能例外的是第 5 基本纵列和第 1 中间纵列（见表 16 ［附 14］）。

当检验证明了不相似元素族按照其成员的原子量紧密接近的原则在任何地方都适用之后，就可以继续前进。换句话说，可以继续把元素从上半部元素小表移向下半部元素小表，同时可以通过列入上半部元素小表中没有的新元素族的途径来扩大

下半部元素小表（见表 15 ［附 14］）。并且还可以允许某些与上半部元素小表中的排列相违背的情况。

在编制下半部元素小表时，门捷列夫在表的最上一行之上又增加了一族，使得这个新族成员的原子量尽可能接近一直占据下半部元素小表最上一行位置的碱土金属的原子量。

这个新族由 Al＝27、Fe＝56 和 Ce＝92 组成。Fe＝56 和 Ca＝40 的原子量差数以及 Ce＝92 和 Sr＝87 的原子量差数是足够大的（特别是在头一种情况下），因此门捷列夫不是把新族写在 Ca 族之上最接近的一行，而是还要比此高出半行。

在同一天稍晚一些时候，门捷列夫比较同一横行中的 Al＝27 和 Fe＝56（把它们列入同一自然族）。他最初把 Fe 排列在 K＝39 之上，然后又把它上移到 Ca＝40 之下。[6]107

至于 Ce＝92，门捷列夫在《元素体系的尝试》定稿时把它直接排列在 Sr＝87 之下。[6]130

因此从表 15 ［附 14］所记载的对 Al、Fe、Ce 族的排列可以看到门捷列夫进一步努力的开始。他一方面把 Al 和 Fe 列入表中，另一方面又把 Ce 列入表中。

凑巧，把 Al 和 Fe 排列在同一族，这在 1868 年的《化学原理》提纲中已经有所准备，因为门捷列夫认为 Al 和 Fe 皆为三化合价元素（见表 3 和表 4 ［附 4］）。但在稍后的《化学原理》1869 年早期提纲中，Al 已经和 Fe 分开了，并且和 B 列入同一章（第 12 章）（见表 7 ［附 6］）。

显然，门捷列夫没有停留在这个结果上，而是进一步扩大元素表，在表中逐渐添加了一些元素（见表 16 ［附 14］）。在这里，要确定新元素列入的顺序有时是相当困难的。但无论如何，门捷列夫还是在表中列入了一些"重"元素——Bi、Pt、Au 和 Hg，同 Au 一起列入的还有 Mo。

在这之后，也可能是在这之前，门捷列夫在元素表的第 2 纵列和第 3 纵列之间形成了新的中间纵列（见表 16 ［附 14］）。列入这一纵列的元素有 V＝51、Ti＝50 和 In＝36。对于 In 来说，门捷列夫用当量（36）来代替原子量（见表 1 ［附 3］）。

根据这三种金属被列入为它们保留的空位（第一个空位在 P＝31 和 As＝75 之间，第二个空位靠近 Si＝28，第三个空位在 Mg＝24 和 Zn＝65 之间）所采用的方式，可以断定，它们被列入表中是在刚刚列举的主要纵列中的元素（P、As、Si、Mg 和 Zn）排列到下半部元素小表以后的事情。

应该指出，早在 1868 年的《化学原理》提纲（见表 5 ［附 4］）中，V 已和 P

并列，而 Ti 已与 Si、Sn 在同一序列。列入这里的还有 Zr，这一元素被不适当地排列在上半部元素小表中 As=75 之下，其实应该把它向右移，以便使它能形成第 2 中间纵列。然而，无论是在上半部元素小表中，还是在下半部元素小表中，门捷列夫都还没有这样做。

在《化学原理》1869 年最后提纲（见表 7 ［附 6］）中，门捷列夫经常把 V 与 P 并列，而把 Ti 排列在 Si 之后。在这个提纲中，In 和 Zn、Cd 被列入同一族。后来，门捷列夫再一次试图把 V 排列在 P 和 As 之间，而把 Ti 排列在中间纵列靠近 Si。他试图把采用两倍当量的 In（72）与 Zn、Cd 列入同一族，但是排列在 Zn 和 Cd 之间，而不是排列在 Mg 与 Zn 之间。[6]114

上述中间纵列的形成具有非常大的、原则性的意义。它将表明，在周期律发现的这一阶段，门捷列夫已经接触到了缩短元素长序列、把它们分为两个序列，并且把不完全相似的元素排列在相似的元素之间（V 在 P 和 As 之间，Ti 在 Si 和 Sn 之间）的必要性。

因而，在这一发现阶段，实际上已经提出了在元素体系的两种形式中选择一种形式的问题。长的形式只把相似的元素连成一族，而短的形式则把相似的元素和不相似的元素排列在同一族，并且把不相似的元素族排列在相似的元素族之间，正如表 16 ［附 14］ 所做的那样。

总之，在编制表 16 ［附 14］记载的下半部元素小表时，表中所比较的元素族数已达到最高数 10，而所包括的元素已达到 41 种。这时，纵列数已增加到 6 个，其中包括一个新的主纵列（第 5 纵列）和一个中间纵列。

现在，我们来看看下半部元素小表的完成形式。这一完成形式反映在表 17 ［附 14］中。这时分出另一纵列，然而这一纵列不是在由最重元素所形成的纵列之后，而是在由原子量最小的最轻元素所形成的纵列之前。现在列在元素表开头的新的纵列是按照下述方式形成的：把 Li 从 Mg 和 Zn 族中移出，并重新把它与 Na 族相连接；然后在 Li 之上、Al 和 Fe 族中列入 Be，在上半部元素小表中 Be 旁已经打上问号。也可能先把 Be 列入 Al 序列，以后再把 Li 从下面移向上面。

不管怎样，Li 和 Be 形成了一个新的纵列。

后来，在同一天，并且在表的同一个地方，门捷列夫再一次准确地重复了同样的元素排列，把 Be=14 越过一个位置，排列在 Al=27 之前、Li=7 之上。[6]110

然而，在 Li 转移到新形成的、现在变成元素表开头的纵列之后，H 排列在 B 之下的位置就显得不正常了，因为这样一来，H 要排列在 Li 和 Be 之后了。因此也

34 | 伟大发现的一天

应该把 H 移到新的纵列，从而把它排列在 Li 之下，所有这些都是门捷列夫在同一天稍晚时候做的。[6]111-113

在移出 Li 之后的 Mg 和 Zn 族所空出的位置上，门捷列夫打上问号，这是空缺元素位置上的第二个问号（第一个问号打在 H 和 Cu 之间）。问号表明，在该位置可能存在着某种具有合适性质的元素。后来，在 Mg＝24 之前、B＝11 之下、原来被 Li 所占据的位置，列入了 Be＝9.4（在明确规定了它的化合价和原子量之后）。[6]110-113

在这之后，门捷列夫在 Li 之下、卤族的 F 之前打上第三个问号，而在问号之前写上数字"3"（见表 17［附 14］）。3? 的记载说明，碱金属具有现已被列入新形成的第 1 纵列的最轻成员；同样，卤素也应该具有原子量比 Li 小的最轻成员。

这个假设的最轻卤素应该与 Li＝7 存在比较关系，正如 F＝19 与 Na＝23、Cl＝35 与 K＝39、Br＝80 与 Rb＝85、J＝127 与 Cs＝133 存在比较关系一样。因此，门捷列夫推测这个假设的最轻卤素的原子量为 3，它满足条件：

$$Li-? ＝Na-F＝K-Cl＝4$$

过了三分之一世纪以后，门捷列夫回到了这样的思想，他在《试论宇宙以太的化学观念》中写道：

> 在第 Ⅱ～Ⅲ 族中，具有大于 H（1.008）而小于 He（4）的原子量的元素或许也是可能的。然而据我看来，现在最有可能期待的是卤素，而不是其他族的元素，因为在开始的几行中，正如在最后的几行中，不可能期望得到所有化学功能或元素族的代表，而已知的卤素只有 4 种，碱金属（等）是 5 种……也许在自然界中还能找到原子量接近 3 的卤素。[2]482

在这种情况下，在元素体系中心部分，不相似的、极性对立的元素建立了完全对称、包括 5 种元素、靠近的两个元素族：碱金属族及卤族。门捷列夫最后用花括号括出这两个元素族。他对此似乎指出过，以后在编制完整元素表时，必须首先比较这两个由最不相似的元素组成的、在原子量上非常接近的元素族。根据其他被比较的元素族都没有加花括号这一点可以推论，门捷列夫仅仅选择了这一对元素族，是由于他认为碱金属族与卤族的比较是创立元素体系的决定性一步。

因此，十分自然，在创立元素体系，即编制完整元素表时，门捷列夫正是从比较上述两族——碱金属族和卤族（而没有再假设? ＝3）开始了决定性的一步。[6]97-101

表 17［附 14］中的下半部元素小表在其完成阶段是由 6 个主要纵列和 1 个中

间纵列组成的，表中进行比较的元素族数为 10，而所包括的元素为 42 种，占元素总数的 2/3。

门捷列夫在编制下半部元素小表时，究竟得到了什么样的结果呢？这个结果反映在表 18［附 14］中。我们考察它的时候，可以这样说，尽管下半部元素小表增添了上半部元素小表中没有的新元素，并且下半部元素小表中没有包括上半部元素小表 31 种[①]元素中的 Zr，但是这两个表都是不完整的：上半部元素小表只包括所有元素的 1/2，下半部元素小表只包括所有元素的 2/3。

没有列入下半部元素小表的是一些缺乏研究的元素，例如 Tl、Th、Yt、Er、Ta、Nb 等。

Fe、Pt、Ce 和 Pd 四个族还没有被列入元素体系，而在前三个族中，每个族只有一个代表被列入元素体系。

在试图把所述各序列列入表中时，会尖锐地出现二者择一的问题：或是选择长的形式，或是选择短的形式。

当然，在编制下半部元素小表时，门捷列夫并没有要求元素体系可能有两种不同的形式，因为体系本身还仅仅处于探索中。然而，他必然很快就遇到二者择一的难题，因为在任何情况下，元素周期系应该通过一定的形式——长的形式或者短的形式来表示。

在短的形式下，必须继续形成中间纵列，特别是把 Zr＝89 这种在上半部元素小表中早已处于最终位置的元素排列在 Sn＝118 之前，但不是在 As＝75 之下，而是在这个位置（As 之下）与 Sn 之间。在这种情况下，Fe 族、Pd 族和 Pt 族应是这些中间纵列的继续：由 Cr、Mn、Fe、Co、Ni 形成的纵列应该排列在 V 之上，由 Mo、Ru、Rh、Pd 形成的纵列应该排列在 Zr 之上，等等。

相反，在长的形式下，中间纵列应该完全取消，而上述各族应从下面连接到基本纵列，后来门捷列夫也是这样做的。[6]116-124

在下半部元素小表中，新的第Ⅷ族的萌芽已完全被彼此分隔了：以 Fe 为唯一代表的 Fe 族在元素表的一端（K 之上），以 Pt 为唯一代表的 Pt 族则在元素表的另一端（Sn 之后，Bi 之下），Pd 族完全空缺。

---

① 原书为 32 种，经与上半部元素小表（表 11［附 12］）核实为 31 种。——译者注

显然，对于门捷列夫来说，编制下半部元素小表只是解决问题的第一部分，并且远非最困难、最复杂的部分。他所面临的是解决问题的遗留部分，即把元素排列到已经形成的体系的外围。

　　表 19 和表 20 ［附 15］总结了影印件 Ⅱ 和 Ⅲ 所提供的周期律发现第一、第二阶段的一般结果。

第3章 发现的一天。下午

("牌阵")

于是我就开始选配，把元素符号写在卡片上，写下它们的原子量和基本性质，然后把相似元素按照相近原子量排列在一起……

(摘自：门捷列夫《化学原理》)

在一张纸上编制两个不完整元素小表，暴露出了拟订完整元素表方法的不完善性。显然，为了解决这个比较复杂而又困难的问题，在纸上编制元素表的方法一般说来是不够的：因为在某一元素的位置还不清楚的时候，这一元素必须不止一次地从一个地方移到另一个地方；于是移动、更正、删除符号立刻布满了元素表，以至在排列新元素时，不可能迅速确定其位置。

这就需要寻找某种更加灵活、更易移动的方法，以便在任何时候都能够看到元素排列的情况，而没有被移动、更正和删除符号所遮盖。

门捷列夫在用于记载元素的卡片中找到了这种方法。这种卡片很容易调整，能立即看到当时元素排列的整个情况。同时，在任何时候都可以观察尚未列入表中和有待依次列入表中的那些元素。

费尔斯曼非常恰当地称之为"牌阵"的方法，就这样产生了。[12]101

继费尔斯曼之后，有些作者在编写周期律发现史时采用了"牌阵"这一术语。我们在这里也采用它。

1."牌阵"的准备

（原子量清单。元素卡片）

正是为了能更方便、迅速和准确地把元素排列在已经形成的元素体系中心部分的外围，门捷列夫使用了卡片。看来他似乎是在新元素体系中心部分基本形成以后这样做的。在体系中心部分，排列一些最熟悉、已被充分研究的元素，无须使用卡片，只要借助元素和元素族的微小调整就可以实现。

因此应该注意，元素族的每一次调整都必然会引起元素表的重新编制。例如，在上半部元素小表中，门捷列夫可以很容易地把 H、? ＝18、Cu、Ag 族从最初位置移到新的位置（在 Mg、Zn、Cd 之下）。然而把 Na 族从表的下半部移到表的上半部（Ca 族和 Cl 族之间的位置），必然会引起元素表的重新编制，亦即从上半部元素小表转移到下半部元素小表。

试问：如果门捷列夫继续用那种老办法来把元素排列到表的外围部分，那么他要重新编制元素表多少次？这就是为什么恰恰是在发现周期律的这一阶段，产生了为进一步研究所创立的体系而编制卡片的迫切性和必要性。

虽然在列宁格勒大学门捷列夫档案陈列馆进行过仔细的查找，但是直到现在还没有找到门捷列夫所编制的元素卡片。一般所能找到的仅仅是有关这方面的一个非常简略的说明，在《化学原理》最后几版有记载。也就是说，大约是在发现周期律之后 30 年所做的。门捷列夫写道，他把元素符号写在卡片上，写下它们的原子量和基本性质，然后把相似元素按照相近原子量排列在一起……[1]619

显然，在元素体系中心部分形成之后，对门捷列夫来说，原子量的决定性意义已经变得完全明了，因为他首先是根据各族成员的原子量来对各族做出比较的。

但是在发现周期律的开始时刻，门捷列夫手头还没有原子量总表。当时只有比较旧的、大约是 1867 年编制的旧原子量清单（见表 1 [附 3]）。然后是 1868 年编制的、由 22 种元素组成的常见元素的原子量表（见表 2 [附 3]）。

此外，还有一个包括 63 种元素及其简单性质的元素清单（见影印件 Ⅲa 和[附 16]），就在《化学原理》第一册的开头，但没有标明原子量。为了编制元素卡片，自然要利用这个元素清单，但需要补充更新、更准确的原子量。

与 1867—1868 年的旧原子量清单（见表 1 [附 3]）相比，门捷列夫对元素清单做了如下重要的更改：对于所有引入当量而没有引入真实原子量的元素，或者把当量加倍，或者把当量省略，在对应元素旁边留下空位。

除原子量外，门捷列夫还在卡片上写下了元素的基本性质。属于这种性质的有：元素的化合物形式及其化合价，元素在自由态下的特征，元素在自然界中的分布，元素被研究的程度。后三种性质，门捷列夫可以从自己的元素清单中借用，在此他补充了准确测定的原子量（见影印件 Ⅲa）。在这个元素清单中，所有 63 种已知元素，根据其排列和被研究程度分为四类。

第一类，包括 14 种元素，即 Al、C、Ca、Cl、Fe、H、K、Mg、N、Na、O、P、S、Si。它们在元素清单第二栏内的元素名称用粗体字排印。它们分布广泛，是形成可见物体的主要物质，自然属于已被充分研究的元素之列。

第二类，包括 21 种元素，即 Ag、As、Au、B、Ba、Bi、Br、Co、Cr、Cu、F、Hg、J、Mn、Ni、Pb、Pt、Sb、Sn、Sr、Zn。它们在元素清单第二栏内的元素名称用斜体字排印。它们在自然界中或以自由态或化合物形式出现，分布不广泛，存在量很少。由于这些元素已为人们所知，并且易于获得，因而像第一类元素那样，应当属于已被充分研究的元素之列。

第三类，包括 18 种已被充分研究的稀有元素，即 Be、Ce、Cd、Cs、In、Ir、Li、Mo、Os、Pd、Rb、Se、Te、Ti、Tl、Ur、Wo、Y。它们在元素清单第二栏内的元素名称用正常字体排印。

第四类，包括 10 种未经充分研究的稀有元素，即 Di、Er、La、Nb、Rh、Ru、Ta、Th、Va、Zr。它们在元素清单第二栏内的元素名称用小号字排印。

后来，门捷列夫对第三类和第四类元素可能做过某些调整。例如，把 Y 从第三类调到第四类；把铈的伴生物（La 和 Di）合并到 Ce，即把它们从第四类调整到第三类，正如把钯的伴生物（Rh、Ru）从第四类调到第三类，合并到 Pd 一样。

Va 和 Zr 也可能从第四类调到第三类而与 Ti 相邻。换句话说，在编写《化学原理》第一卷前几章以后的一年内，有些元素被研究的程度可能发生了变化。至少 Va 是这样，罗斯科正好在 1868 年研究过这一元素。

至于作为单质的元素，其外部特征在元素清单中被列于第三栏"在常温常压下、处于自由态时的外观"。这里所列举的内容有：

（1）单质的颜色。

（2）单质的金属、非金属（J、Se、Si）外观。

（3）单质的聚集状态以及在液态下的挥发性和透明度（Br）。

（4）单质与其他元素的相似性（B、Si 与 C 相似，Te 与 Se 相似）。

（5）单质的轻度（Al、Ba、Be、Ca、K、Li、Mg、Na、Rb）或重度（Ir、Pb、Pt、Tl、Ur），根据最轻金属（Li）的揭示。

（6）单质的软度（Tl）。

门捷列夫在一切有疑问的地方都打上问号。例如，他在 Ce、Di、Er、La、Nb、Ta、Th、Y 和 Zr，以及 Ur 和 Va 行的第三栏内都写上"金属?"。在 F 行的第三栏内写上"无色的气体?"，因为当时人们还未获得自由态 F。

因此，《化学原理》第一卷开头的元素清单列出了 6 种不同自由态下元素的性质。这些元素性质与门捷列夫手写的原子量可以作为编制卡片的基础和出发点。

元素清单最后一栏的标题是"自然界中的最主要分布地区"。在这一栏内除了介绍该元素的产地，还指出了与该元素共存的其他元素（化合物）：

Ag 与 Cu；

Al_2O_3 与 SiO_2；

Be 与 Al_2O_3、SiO_2；

KBr 与作为 NaCl 混合物的 NaBr；

Ce 与 La、Di；

作为混合物的 Cd 与 Zn；

Cr、Cu 与 Fe；

作为 Ce 的伴生物的 Di；

Er 与 Y；

作为混合物的 In 与 Zn；

Ir 与 Pd 以及作为 Pt 的伴生物的其他元素；

La 与作为混合物的 Ce、Di；

作为 Fe、Mg 和 Ca 的伴生物的 Mn；

Mo 与作为混合物的 Pb；

Nb 与 Ta；

Ni 与 Co；

作为 Ir、Pt 的伴生物的 Os；

Pd 与 Pt、Ir；

Rb 与 Cs；

作为 Pt 的伴生物的 Rh、Ru；

Se 有时作为 S 的伴生物；

在 Ba 这类化合物中常见到 Sr；

Ta 与 Ti 产地相同；

Ti 与 Fe；

作为与 Zr 相似的矿物 Th；

Tl 与 Fe；

Va 有时作为 Fe 的伴生物；

Wo 与 Fe；

Y 与 Er。

这些情况对编制元素卡片来说都是很重要的，因为它们指明了一些元素是其他元素的伴生物，在此基础上可以探讨它们在化学性质和自然界中分布的相似性。

因此元素清单形成了一幅各种元素的相当详细的图景，足够用来编制全部元素卡片（或"说明书"）。

然而，在这个元素清单中没有标明元素的化合物形式。也就是说，没有标明元素的化合价。过了两年，在《化学原理》第二卷出版的时候，门捷列夫附上了详尽的元素表（见影印件Ⅲb），他把这个表称为《门捷列夫元素自然体系》。[4]6

这个元素表指明了每种元素与金属（M）和酸基（X）所形成的最重要化合物的形式。例如，对 Cl 表示为：$ClH_\wedge$，ClM，$ClCl_\wedge$，$ClOH$，$ClO_4H_\wedge$，$AgCl_\circ$。对 Al 则表示为：$Al_2Cl_{6\wedge}$，Al_2O_{3*}，$KAlS_2O_812H_2O$，等等。（其中，"*"表示微溶于水的固体，"$\wedge$"表示气体或易挥发物质。）

这些内容很有可能是门捷列夫从他在此之前两年所编制的卡片转移过来的。

如果这些内容早已编入第一卷开头的元素清单，那么卡片上的其他内容没有必要转移到第二卷所附的元素表中。

关于元素化合物形式的内容还没有列入表中。如果卡片上有这些内容，那么门捷列夫完全有理由把它们转移到以《门捷列夫元素自然体系》为标题的总表中。

根据以上分析，我们假设编制位于体系外围的任意两种元素卡片。为此，我们选择 Mo 和 W。

原子量	Mo＝96	W＝184
外观	白色金属	灰色金属
分布	在矿石中，很少与 S、Pb、O 形成化合物	在矿石中，很少与 O、Fe 形成化合物
化合物形式	$MoCl_{6\wedge}$、MoS_{2*}、MoO_{3*}、$M_2MoO_4nMoO_3$	$WCl_{6\wedge}$、WCl_4、WO_{3*}、$K_2WO_4nWO_{3*}$

通过比较这两张卡片可以断定，Mo 与 W 属于同一元素族。

当然，还不能完全确定元素卡片就是这种形式，但是这种形式与门捷列夫关于这个问题所公布的情况及说明之间并没有任何矛盾。它们完全一致（见［附17］）。

当所有 63 种元素的卡片编制成、还没有采用"牌阵"的时候，门捷列夫就确定了把某种元素列入体系的顺序。然而，由于所有元素都被写在卡片上了，由此可以假设，把元素卡片分成几堆，也就反映出了把元素分成不同的种类。在这种情况下，门捷列夫打算用来编制完整元素表的那些元素包括在第一堆卡片中；随后出现的是第二堆卡片，包括下一步列入表中的元素；等等。

首先列入表中的应该是已被充分研究的元素，这些元素之间的联系无疑在发现周期律以前就已清楚了。这正如我们所推测的那样，首先是那些形成新元素体系中心部分的元素。

由于门捷列夫是把整个元素族进行比较，因此这些族中位于体系外围的较重或较轻的相似物也被归为体系中心部分的元素。这些元素暂且可以称为"无疑的"（"清楚的"）元素，因为对门捷列夫来说，它们在体系中的位置是无疑的（清楚的）。其中包括最熟悉的 7 个族的元素（见 ［附 10］），门捷列夫曾想再次调整其位置的 Ca 族除外。

这类"无疑的"元素共有 27 种：

$$Li \quad Na \quad K \quad Rb \quad Cs$$
$$F \quad Cl \quad Br \quad J$$
$$O \quad S \quad Se \quad Te$$
$$N \quad P \quad As \quad Sb \quad Bi$$
$$C \quad Si \quad Sn$$
$$Mg \quad Zn \quad Cd$$
$$Cu \quad Ag \quad Hg$$

它们的卡片组成第一堆，因而它们应该第一批列入"牌阵"。

同样可以设想，最后列入表中的是缺乏研究的元素，它们的化学性质和原子量还没有准确地确定。

这类元素暂且可以称为"可疑的"元素，由于它们的化学性质和原子量不确定，因而在表中的排列也是可疑的。这类"可疑的"元素可以同时用三种方法在元素清单中标明：

（1）用小号字排印其元素名称。

（2）在其化学特性旁边打上问号。

（3）没有把其原子量列入。

这类"可疑的"元素只有 6 种：

$$Di \quad Er \quad La \quad Nb \quad Ta \quad Th$$

正如前面已经说过的，门捷列夫把 Di、La 合并到 Ce，作为 Ce 的伴生物；把 Y 与 Er 连在一起，把 Y 归为"可疑的"元素。Y 与 Er 的差别仅仅在于 Y 的元素名称是用正常字号排印的。

最后剩下的"可疑的"元素只有 5 种：

$$Nb \quad Ta$$
$$Th$$
$$Er \quad Y$$

它们的卡片组成第四堆。

从元素总数 63 种中减去 27 种"无疑的"元素和 5 种"可疑的"元素（它们在体系中排列的顺序已由它们的卡片所在的堆所确定），还剩下 31 种元素。

我们认为，门捷列夫根据原子量（或许根据比重）又把这 31 种元素分成了两堆。

一堆列入原子量小于 70 的元素，因此这些元素暂且可以称为"轻"元素。

另一堆列入原子量大于 70 的元素，因此这些元素暂且可以称为"重"元素。

属于"轻"元素的共有 14 种：

$$H$$
$$B \quad Be \quad Al$$
$$Ti \quad V \quad Cr \quad Mn \quad Fe \quad Co \quad Ni$$
$$Ca \quad Sr \quad Ba$$

它们的卡片组成第二堆，因而它们应该第二批列入"牌阵"。

属于"重"元素的共有 17 种：

$$In$$
$$Zr$$
$$Ce \quad (La \quad Di)$$
$$Mo \quad W$$
$$Pb$$
$$Ur \quad Au$$
$$Ru \quad Rh \quad Pd$$
$$Os \quad Ir \quad Pt$$
$$Tl$$

它们的卡片组成第三堆，因而它们应该第三批列入"牌阵"。

继它们之后自然是第四堆"可疑的"元素。

把元素卡片所分成的四堆与元素清单中元素所分成的四类进行比较，可以看到下述情况：对门捷列夫来说，元素分类的根据在于对元素的研究程度。缺乏研究的元素组成元素清单的最后一类（用小号字排印）。与此对应，缺乏研究的元素在编制完整元素表时排在最后，组成第四堆。

在元素清单中，对前三类元素，门捷列夫是根据它们在自然界分布的特征来编制的：

（1）分布广泛的。

（2）分布在有人烟的地区，但分布不广泛的。

（3）稀有的。

在确定元素列入表中的顺序时，分布的特征没有重要的意义，具有决定作用的是原子量。因此，根据原子量，即根据元素的"轻"或"重"，确定把这些元素（第二堆和第三堆）列入表中的顺序：先列入较轻的元素，后列入较重的元素。

第一堆也是在研究这些元素及其相互联系和相互关系的基础上重新分出来的。

因此卡片是根据两个特征来分堆的：

（1）对元素的研究程度。

（2）原子量。

第一堆是已被充分研究的元素。继它之后的两堆是较少研究的元素，其中第二堆为"轻"元素，第三堆为"重"元素。第四堆是缺乏研究的元素。

把所有元素的卡片分成堆后，门捷列夫由此确定了编制元素总表的顺序。现在"牌阵"已经准备就绪，门捷列夫可以排列"牌阵"了。

2."牌阵"的开端

（头两堆卡片。体系外围部分）

在排列包括所有元素卡片的"牌阵"之际，周期律的发现进入一个决定性阶段。在比较不相似元素族时，已经完全弄清楚了原子量的决定性作用。新元素体系中心部分是在其自身基础上形成的。剩下的"只是"一个问题：证明早已被证明为适用于体系中心部分的原则的普遍性。换句话说，剩下的"只是"把这一原则推广到当时所有已知的元素。然而，在创立元素周期系时，这个"只是"成为主要的、更加难以克服的困难。

在编制元素表的过程中，门捷列夫继续采用同一方法比较不相似元素族。借助这一方法，他曾在霍德涅夫信上以及两个元素小表中编制元素表。

现在所指的大概是为了把其他各族，特别是已知的元素族，列入早已形成的元素体系中心部分，亦即排列在它的上面与下面。已知的元素族即 Fe 族、Pl 族、Pt 族与 Ce 族。在 32 种外围元素中，它们占 12 种（每个元素族包含 3 种元素），这些元素应该排列在元素体系外围部分。

此外，像 Li（在左边）和 Bi、Hg（在右边），已经处于最终位置，将被列入其成员所在的体系中心部分的元素族。

还剩下 17 种元素，它们的位置应该是在元素体系的外围。这些元素的一部分（Y 和 Er，Nb 和 Ta，等等）形成自然族，另一部分（主要是"重"金属，Au、Pb、Tl 等）以同样的顺序连接在已存在的元素族上。

必须从各个方面加以仔细研究，考虑把这些元素排列在某一位置的各种可能，然后通过尝试并且最后确定位置的方式来检查所做假设的正确性。

这里，问题变得复杂了：在元素体系外围部分，元素族之间的关系及联系不像在中心部分那么明确；尤其是这些元素族本身，并不像 Na 族或 O 族那样清楚。因此在把上述元素排列在元素体系的一定位置时，还要建立某些新族，随着这些新族的建立，彼此之间也进行了比较。

现在，我们来看看门捷列夫在编制周期系这一精细工作中所采用的技术。在门捷列夫面前经常有三件东西：

（1）已被排列好的元素卡片的"牌阵"。

（2）尚未列入"牌阵"的元素卡片堆。

（3）一张纸，用来记载"牌阵"中发生的变化。在这张纸上详细标明了已被列入卡片的位置及其调整过程（见影印件Ⅳ）。这张纸好像是门捷列夫对卡片所进行的连续性工作的痕迹。尤其是在这张纸上，门捷列夫不仅标明了在每一时间点什么是主要课题（已被排列好的元素卡片的"牌阵"），还标明了什么是次要课题（尚未列入"牌阵"的元素卡片堆）（见［附 18］）。

现在我们来阐明，门捷列夫按照怎样的顺序把元素族和元素列入体系，然后在它们处于最终位置之前，又把它们从一个位置调整到另一个位置。所有这些，我们都看成门捷列夫在编制元素小表（特别是下半部元素小表）时为创立元素体系所进行工作的直接继续。以后我们用斜体字表示与上半部元素小表相比调整到新位置的元素，而用粗体字表示与上半部元素小表相比新补充的元素（见［附 19］）。

"无疑的"元素的排列（第一堆卡片）。正如门捷列夫在下半部元素小表中所指出的那样（见表 17［附 14］），在把元素排列到完整元素表中时，需要特别注意碱金属族和卤族的比较。门捷列夫用花括号括出上述两族，仿佛以此表明，首先应当比较它们，正是从它们开始来最终创立整个元素体系。

可以认为，门捷列夫开始时这样排列"牌阵"（见影印件Ⅳ）：起初在同一行排列了 5 张碱金属卡片；然后在它们下面排列了 4 张卤素卡片。这些排列按照如下方式记载在纸上（见表 22［附 20］）：

$$Li = 7 \qquad Na = 23 \qquad K = 39 \qquad Rb = 85.4 \qquad Cs = 133$$
$$F = 19 \qquad Cl = 35.5 \quad Br = 80 \qquad J = 127$$

这同两族在下半部元素小表中的排列一样，是完全重复的（见表 17［附 14］）。

继这开头两族之后，正如在下半部元素小表中那样，按照同一顺序列入了三族（O 族、N 族和 C 族），并且这次与 N 族排列在一起的还有 Bi = 210。

随后空了一行，正像门捷列夫在上半部元素小表（见表 12［附 12］）和下半部元素小表（见表 15［附 14］）中记载的那样。

接着是 Mg、Zn 族，最后是包括 Hg = 200 在内的 Cu 族。

这样，"牌阵"中包括了 27 张元素卡片，其中元素体系中心部分有 24 张。这些都是唯一确定的元素，它们一下子就处于最终位置，以后未经历过任何调整。对门捷列夫来说，它们在体系中的位置从一开始就是无疑的。

总之，门捷列夫在编制完整元素表时，并不是一下子把在下半部元素小表中处于最终位置的所有元素转移过来，而是仅仅把它们的一部分，并且是经过了研究和检验的那一部分转移过来。当从上半部元素小表过渡到下半部元素小表时，他也是这样做的：把在上半部元素小表中处于最终位置的元素，逐渐地转移到下半部元素小表中。

"轻"元素的排列（第二堆卡片）。继第一堆卡片中"无疑的"元素排列之后，门捷列夫开始排列第二堆卡片中的"轻"元素卡片（见表 23［附 20］）。

第二堆卡片中首先列入"牌阵"的很有可能是 H 的卡片，因为这张卡片现在可以排列在第一堆卡片之后，即排列在 Cu、Ag 和 Hg 之后。在 Na、F 纵列中 H 最初的位置相当于它在下半部元素小表中的位置（见表 17［附 14］）。然而这个位置与元素按照原子量排列的原则相矛盾，因为 H = 1 不是在 Li = 7 之下，而是在它之上。门捷列夫一定看到了这一点，因为他没有把 H 列入"无疑的"元素，而是列入继它们之后的"轻"元素。可见，H 的卡片不应该在第一堆中而应该在第二堆中。

其后，看来门捷列夫把 V 的卡片排列在 P 和 As 的卡片之间，而在 V 的卡片之下排列 Ti 的卡片。Ti 的卡片靠近 Si 的卡片，排列在 C 族横行中。这也与这两种元素在下半部元素小表中的排列相符合（见表 18［附 14］）。

　　同时，门捷列夫在表的下方写下一些元素，把这些元素的卡片从第二堆中分出，以便把它们列入"牌阵"：首先是 Bo＝11?，然后是 Ni＝58.8、Co＝58.8、Fe＝56 纵列，最后是 $Al_2O_3K_2O$（见影印件 Ⅳ 和表 23［附 20］）。

　　指出 Al 的氧化物的组成，即指出 Al 为三化合价元素，这与新原子量清单所做的规定一致（见表 21［附 16］）。

　　下一步最有可能列入"牌阵"的是 Ca、Sr、Ba 的卡片，并且当时记载的不是原子量，而是当量。在这种情况下，Ca? 20 排列在 Mg＝24 之下，Sr? 44 排列在 Ti＝50 之下的中间纵列，而 Ba? 68 排列在 Cu＝63.4 之下。

　　当 Ca? 20 排列在 Mg＝24 之下时，Ca? 20 的位置对于排列在元素 Na＝23 之后来讲，是不正确的；当 Ba? 68 排列在 Cu＝63.4 之下时，Ba? 68 的位置对于排列在其上的 Cu＝63.4 来讲，也是不正确的。这就表明碱土金属族不能排列在体系下面。

　　然而，为了证明放弃当量而过渡到原子量的正确性，需要知道碱土金属的热容，门捷列夫在《化学原理》第二卷第 3 章叙述过热容。对此他在元素表的上方页边做过这样的批注："需要｛知道｝Ca、Ba、Sr 的热｛容｝"。

　　这样，至少在开始编制完整元素草表时，门捷列夫就已经把 Ca 族从它在 Na 族之上的位置（在下半部元素小表中的位置）取消了。这应该反映在下半部元素小表中在 Ca 族之上的那些元素上，即应该反映在 Al 和 Fe 的位置上。在下半部元素小表中，Al 和 Fe 排列在 Na 和 K 之上，与 Na 和 K 相隔一行，在 Al、Fe 和碱金属之间排列了碱土金属（见表 17［附 14］）。

　　现在 Ca 族已从这里向下移，因而 Al 与 Fe 能够下移，占据 Ca 族空出来的一行。门捷列夫正是这样做的，他把 Al＝27 直接排列在 Na＝23 之上，把 Fe＝56 直接排列在 K＝39 之上。

　　与下半部元素小表相比，在创立元素周期系的这一阶段，元素的调整到此结束。下一步是把第二堆中其他卡片列入"牌阵"。

　　门捷列夫照此办理，又把两种元素（Ni 和 Co）列入"牌阵"，把它们排列在 Fe＝56 之上。

　　然而现在两种元素排列在同一位置，它们的原子量相等：

$$Co＝Ni＝58.8（见［附 21］）$$

　　最后，门捷列夫把 Cr＝52.2 列入表中，把它与 B 排列在同一行（即认为 Cr

是三化合价元素）。他把 Cr 排列在 Ti＝50 之下的中间纵列。

把 Ni 和 Co 作为 Fe 族的成员，排列在 Fe 之上，它们的原子量（58.8）直接与 Fe 的原子量（56）衔接，完全得到了证明。这是与《化学原理》提纲相符合的，在那里，Co 和 Ni 经常与 Fe 靠近（见表 3［附 4］和表 7［附 6］）。

然而，把 Cr＝52.2 与 Fe 族分开，不把它排列在 V＝51 之上而排列在 Ti＝50 之下，这是不正确的。这与《化学原理》提纲中把 Cr 始终与 Fe 族靠近相矛盾。在这个提纲中，Cr 和 Fe 一样，被看作三化合价元素。Cr 被排列在 Ti＝50 之下，可能是因为门捷列夫最初想把 Cr 与三化合价元素 B 排列在同一行。

不论怎样，已经做过把 Fe 族列入元素表的尝试，这一族成员的卡片在第二堆中。

表 23 表示第二堆头 12 种"轻"元素的卡片被列入"牌阵"时的情况。有待列入的还有 Mn 和 Be 这两张卡片。然而，在把它们列入之前，必须明确表中的元素的位置。也就是说，必须研究元素卡片的调整（见［附 22］）。

首先，关系到 H 族和 Ca 族；H 被从第 2 纵列（B＝11 之下）移到第 1 纵列，在 Li＝7 之下处于最终位置（见表 24［附 22］）。

其次，Ca？20，Sr？44，Ba？68 被整个勾掉。它们的当量被加倍，门捷列夫对它们重新采用了原子量。此后，整个元素族被移到 K、Rb、Cs 之上，即在下半部元素小表中所处的位置（见表 17［附 14］）。结果，Ca、Sr 和 Ba 在体系中处于最终位置。

碱土金属的调整能引起"牌阵"中其他元素的调整：Fe 和 Al 被调整了。

在这些调整之后，Fe 族成员以及与其相邻的元素（Cr 和 Mn）排列得极不成功：Fe＝56 不是排列在与自己相似的 Ni＝Co＝59 之下，而是排列在它们之上；Cr 脱离了 Fe，而与 B 排列在同一族，Mn 还没有完全列入表中。

在 Fe＝56 之下，门捷列夫预先留下了两个空位。在这两个空位上，他最初按照原子量列入 Mn＝55，稍后又在 Mn 之下列入 Cr＝52.2（Cr 是从元素体系中心部分移到这里的）。

Cr、Mn 和 Fe 的这种安排，与以前制订的《化学原理》提纲相符合（见表 5［附 4］和表 7［附 6］）。现在，为了使整个 Fe 族和两种与之相邻的元素（Cr 和 Mn）能按照原子量排列，必须把排列在 Cr＝52.2 之下的 Ni＝Co＝59 移走。或者把它们移到 Fe＝56 之上的位置，和它们最初的位置一样（见表 23［附 20］）；或是排列在下一纵列的下面，排列在 Cu＝63.4 之下。门捷列夫是这样做的：他把 Co

排列在 Cu 之下，而把 Ni 排列在 Co 之下。

表 24 ［附 22］表示编制完整元素草表的情况，当时第二堆中只剩下了 Be 的卡片，门捷列夫开始准备把第三堆中的"重"元素卡片列入"牌阵"。

3."牌阵"的结尾

（后两堆卡片。完整元素草表）

"重"元素的排列（第三堆卡片）。根据我们的推想，第三堆原有 17 张卡片，加上第二堆中尚未列入"牌阵"的 Be 的卡片，总共是 18 张。门捷列夫以总表形式把它们写在同一张纸下面的页边上（见影印件 Ⅳ 和表 25 ［附 23］）。我们把这个表称为"重"元素表。

随着元素卡片列入"牌阵"，门捷列夫把它们从"重"元素表中勾掉。除 In 之外的元素符号都被从"重"元素表中一一勾掉了（见影印件 Ⅳ）。

在编制元素表的这一阶段，在"牌阵"中总共列入第三堆卡片中的 12 张。门捷列夫把其中 3 种元素排列在和在下半部元素小表中一样的位置。这些元素是：

Be＝14，排列在 Al 之前，Li 之上；

Pt＝197.4，排列在 Bi＝210 之下，Sn＝118 之后；

Au＝197，排列在 B 序列，Pt＝197.4 之下。

剩下的 9 种元素没有列入下半部元素小表。

把 Ir 和 Os 排列在 C 和 Si 序列（族），与 Pt 排列在同一个位置。与此类似的是在此之前不久，门捷列夫把 Ni 和 Co 排列在 Fe 附近的同一位置上。

在下半部元素小表中，把 Fe 排列在 Ca 之上，把 Pt 排列在 Bi 之下，说明门捷列夫打算在这些位置附近排列 Fe 族和 Pt 族的其他成员。

把 Pl 族（即钯族）排列在 Sr 之上，与之前把 Fe 族排列在 K 之上几乎完全重复。像在那里一样，在同一位置上排列了钯的两种相似元素——铑（Ro）和钌（Rh）：Ro＝Rh＝104.4，并且正好与 Ni＝Co＝59 所在的位置相对。

区别仅仅在于，在 Fe 族中，较轻的 Fe 排列在较重的 Ni 和 Co 之下，而在 Pl 系中，较重的 Pl＝106.6 排列在较轻的 Ro 和 Rh 之上。

至于 Zr，在上半部元素小表中与 Si 和 Sn 排列在同一序列，但不是在中间纵列，而是在 As 之下。现在，Zr 不仅与 Si、Sn 排列在同一序列，而且还和与其完全相似的元素 Ti 排列在同一序列。门捷列夫早在《化学原理》提纲中就指出了 Zr 与 Ti 及其他与 Si 相似金属的这种联系（见表 5 ［附 4］和表 7 ［附 6］）。

门捷列夫把 Ur 列入三化合价元素（根据其最高氧化物 Ur_2O_3 的组成），因此在《化学原理》提纲中，他把 Ur 和 Fe 排列在同一族，这一族中还有 Cr（见表 5 [附 4] 和表 7 [附 6]）。现在，由于形成了特殊的三化合价元素族（B、Cr、Au），门捷列夫又把 Ur 列入这里。

为了使 Ur 能够排列在 Sn＝118 和 Cd＝112 之间，门捷列夫把 Ur 的原子量从 120 减少到 116？问号意味着 Ur 的原子量从 120 减少到 116，仅仅是由这些比较关系所引起的，而不是因为原子量测定的准确度在当时受到怀疑（像 In 那样）。

根据列入 Ca 和 Ba 的类推，具有当量 103 的 Pb 被排列在 Ag＝108 之下，并且被排列在 Ca 和 Ba 最初所在的同一序列。这种相似性加强了 Pb 与碱土金属之间的联系。在《化学原理》1868 年早期提纲中，把 Pb 列入二化合价元素，直接与 Ba 相邻，并不是偶然的（见表 3 [附 4]）。

最后，Tl＝204 在其低级氧化物（Tl_2O）中被认为是碱金属的相似物，被排列在 Na、K 序列的最后一纵列，在 Cs＝133 之后。

表 25 [附 23] 表示编制完整元素表时的情况，这时未来第Ⅷ族中的三个族都已列入表中，然而它们彼此之间是完全隔开的，排列在元素体系的三个不同外围：Fe 族一部分在体系最上面，一部分在体系最下面；Pl 族在体系上面；Pt 族在体系右面。

既然三个族之间的联系毫无疑问，那么就产生了把它们连在一起的问题，然后把第四个族（Ce、La、Di）与它们连接起来。

另一方面，也提出了这样的问题：从体系外围清理单独放在这里的元素（Pb），以及应该排列在体系中心部分的元素（Be 和 Al）。

门捷列夫进行过体系外围的清理（见表 26 [附 23]）。首先，把 Be 从体系上面转移到体系中心。为此，他对 Be 的氧化物采用氧化镁型（BeO），而不是氧化铝型（Be_2O_3），即认为 Be 是二化合价元素，而不是三化合价元素。因此 Be 的原子量减少了 1/3，从 14 减到 9.4。

这样，Be 和 Al 之间的联系（把它们列入三化合价元素）就被破坏了，二化合价元素 Be 被从 Li 之上转移到 B＝11 之下，排列在 Mg、Zn 和 Cd 族，即排列在二化合价金属族。

孤零零的 Al＝27.4 被从 Na＝23 之上转移到 Si＝28 之下，排列在硼族，即排列在三化合价元素族。

随后，Cr＝52.2 被从与 B 同行的位置转移到 Fe 族，排列在 Mn＝55 之下。

之后，门捷列夫从体系外围取消了第Ⅷ族中的所有三个族（Fe、Pl 和 Pt）以及与 Fe 相连的金属（Cr 和 Mn），并且把它们移到体系下面，在那里形成一个特殊的局部元素小表。

最后，Pb？103 被从 Ag＝108 之下的位置转移到碱土金属族。同时它的当量被加倍，Pb＝207 被排列在 Tl＝204 之上。

经过这些调整之后，整个元素体系的上下外围被完全清理了：Ca 族以上和 Cu 族以下已经没有任何元素。清理元素体系外围以及编制局部元素小表的情况见表 26 ［附 23］。

现在的任务是，要把由三个族的元素以及与其相连的两种元素（Cr、Mn）组成的局部元素小表列入元素体系中心部分，并且列入元素体系的最后一个纵列。

门捷列夫按照以下方式完成了这种列入过程（见表 27 ［附 23］）：

把 Co＝60 及其后的 Fe 族元素与 Cu＝63.4 相连；

把 Pl＝106.6 及其族与 Ag＝108 相连；

把 Pt＝197.4 及其族与 Hg＝200 相连。

经过这种并入之后，在第一个长纵列的下面有五个成员，而另外两个纵列的下面各有三个成员。这就为门捷列夫展现了把其他元素排列在 Rh＝104.4 和 Os＝199 之下对应位置的可能性。首先应是 Ce 族，其中 Ce 早已被列入下半部元素小表，而 La 和 Di 则是第一次列入元素表。

门捷列夫曾把整个 Pt 族、Ni 和 Co 以及 Ro 和 Rh 排列在同一位置，现在他又把整个 Ce 族（其成员为 Di＝95，La＝94，Ce＝92）排列在与 Mn＝55 同一行（在 Rh 之下），并把它从"重"元素表中删去。

其次，在 Ce 族之下，与三化合价 Cr＝52 同一行，门捷列夫排列了三化合价的 Mo＝96 和 Wo＝186，并且把它们从"重"元素表中删去。

然而把 Mo 排列在与 Cr 同一序列之后，较轻的 Ce 族金属不是在较重的 Mo 之下，而是在它之上。因此门捷列夫把整个 Ce 族从"重"元素表中删去，把它向上移，排列在 Sr＝87.6 之上。现在 Ce＝92 正好排列在与下半部元素小表中一样的位置（见表 17 ［附 14］）。

通过把四个族（Fe 族、Pl 族和下面的 Pt 族、上面的 Ce 族）以及 Mo、Wo 列入来形成元素体系的上部外围和下部外围的情况见表 27 ［附 23］中。

至此，第三堆"重"元素卡片排列完毕，只剩下一张 In 的卡片。与此相对应，在"重"元素表中没有被删去的只有：

72

In? O

由于排列完第三堆"重"元素卡片后，应该进一步排列第四堆（最后一堆）"可疑的"元素卡片，因此完全自然，门捷列夫把第三堆剩下的 In 的卡片归入第四堆（特别是不能把 In 的原子量看作确定的）。

在完整元素草表的右上角，门捷列夫写下 6 种"可疑的"元素（Er、In、Nb、Ta、Th 和 Yt）纵列及其化合物的假设形式（In_2O、Nb_2O_5、Ta_2O_5、TaO_2、ThO、ThO_2），以及这 6 种元素原子量的假设值（见表 28 ［附 24］）。我们以后把这个纵列称为"可疑的"元素表。

"可疑的"元素表中 Nb 和 Ta 已被列入完整元素表，并且已处于最终位置。其他元素仍旧处于体系边界之外。

Nb 和 Ta 列入表中后被从"可疑的"元素表中删去。现在，在 Cr＝52 之下，与 Nb 和 Ta 的同一行中已经为五化合价元素留出空位。

在填满这个位置之前，门捷列夫企图确定 In 的位置。在下半部元素小表（见表 17 ［附 14］）中，In＝36 排列在中间纵列，Mg、Zn 族中，在 Mg＝24 和 Zn＝65 之间，因为 In 是 Zn 的伴生物。但是这时 In 的氧化物形式被认为是 In_2O，把一化合价 In 列入二化合价金属族似乎没有根据。

根据 In 的当量的加倍和 In 的氧化物分子式 In? O，发现 In＝72 原来是二化合价元素，现在把它排列在与 Mg 和 Zn 同一族似乎更加正确。

从 In 与 Zn、Cd 有联系这点出发，门捷列夫已在《化学原理》1869 年早期提纲中把它们编制成一族（见表 7 ［附 6］）。现在他试图把 In＝72? 排列在 Zn＝65.2 和 Cd＝112 之间，在 Zr＝90 之下的中间纵列。

门捷列夫并未就此满足，他着手进行计算，以便检验元素体系的其他地方有无 In＝72 的合适位置。为此在这张纸的左下方，门捷列夫用一纵列写下 C 族元素，并且计算了原子量差数（见表 28 ［附 24］）。

原来在 Ti＝50 和 Zr＝90 之间（Zn＝65.2 上面的横行）应排列某一原子量为 72 的未知元素 x。然而，这一横行只列入四化合价元素，因而把 In＝72 排列在这里是不正确的。至于有关元素 x＝72 的假设，门捷列夫后来是作为"类硅"的预言而确定的。

同时门捷列夫得出结论：把最初拟订的中间纵列的剩余部分保留在体系中心部分是不适当的。因为在 Cr＝52 之下的 Nb、Ta 序列刚刚出现了一个空位，所以他就把 V＝51 排列在这个位置，何况 V 能提供组成为 V_2O_5 的最高氧化物。

正像把第 1 中间纵列的 Ti＝50 排列在 V 之下那样，门捷列夫把第 2 中间纵列的 Zr＝90 移到与 Ti 邻近的位置上。

为了消除第 2 中间纵列，只有把 In＝72？从 Zn 和 Cd 之间的位置移出，门捷列夫就是这样做的。结果 In 的卡片被重新归入第四堆。

经过以上处理，还有 4 种元素没有被列入体系，门捷列夫在体系下面写下：未列入 In、Er、Th、Yt。

表 28 [附 24] 记录了"牌阵"的这一情况。

在继续排列"可疑的"元素的时候，门捷列夫先把 Yt、Er、Th，后把 In 移到体系上面（体系边界之外）（见表 29 [附 24]）。表 29 [附 24] 是编制完整元素草表的最后情况。

我们把编制完整元素草表的结果与下半部元素小表的结果做以分析（见表 30 [附 24]），这种分析使我们相信，下半部元素小表成为门捷列夫排列"牌阵"的出发点和一般基础。

现在，我们分析一下门捷列夫在排列"牌阵"时编制完整元素草表的进程（见表 31 [附 25]），以及考察完整元素草表同下半部元素小表的继承关系（见表 32 [附 25]）。

对排列"牌阵"时编制完整元素草表进程的充分分析，证实了我们提出的假设：门捷列夫的下半部元素小表成为排列"牌阵"的出发点和一般基础。

周期律发现的第四阶段（决定阶段）就这样结束了。

4."牌阵"的总结

（《元素体系的尝试》）

当周期律已经被发现，作为最初方案的周期系已创立的时候，门捷列夫还有一项工作要做：应当使所取得的研究成果以清楚的元素表形式固定下来，以便其他学者根据这个表就能了解他所做出的发现。

这项工作就是把已得到的结果整理出来发表。这种整理首先要求誊清完整元素草表（见影印件Ⅳ）。门捷列夫在《以原子量与化学相似性为基础的元素体系的尝试》（简称《元素体系的尝试》，见影印件Ⅴ，解释见表 33 和表 34 [附 26]）的标题下誊清了完整元素草表，同时做了如下改动：

第一，元素沿纵列从上往下，不是按照原子量递减顺序排列，而是按照原子量递增顺序排列。把较重的元素排列在较轻的元素之下，而不是像以前那样相反的做法。

第二，在空着的并且可以假设为未知元素的位置打上问号，并且预先算出它们的原子量。这时显然已经完全不用元素卡片了。门捷列夫总共选定了 6 种假设的元素，其中有 2 种在前面已经指出：

(1)？＝22，在 Mg＝24 之上，在 H 和 Cu 之间。

(2)？＝70，在 As＝75 之上，在 Si 和 Sn 之间。

元素（1）在上半部元素小表中是以？＝18 形式出现的，而在下半部元素小表中则是以问号形式出现的。

元素（2）在完整元素草表的左下方是以 $x＝70$（以及随后把 70 修改成 72）形式出现的。

其他 4 种假设的元素在这里首次出现，其中 2 种在元素（1）和元素（2）附近，并且可以说这 2 种假设的元素是预先确定的：

(3)？＝8，在 Be＝9.4 之上，在 H＝1 和？＝22 之间。

(4)？＝68，在？＝70 之上，在 Al 和 Ur 之间。

此外，门捷列夫在体系外围还假设了 2 种未知元素：

(5)？＝45，在 Ca＝40 之下，在体系下方。

(6)？＝180，在 Ta＝182 之上，在体系上方。

第三，在元素表的最后一个纵列，门捷列夫开始确定在 Hg＝200 之下的 Zn、Cd 序列中的未知元素，并且写上"？＝"，而后又把它勾掉，大概是认为形成具有最重元素的纵列还缺乏规律。

鉴于这种情况，门捷列夫在 Au＝197 和 Bi＝210 旁边打上问号，因为就其原子量而言，这两种元素脱离了按照原子量递增的顺序排列的元素总序列。

第四，为了避免在 Mn＝55 行造成两个空位（那时这一行只有 Mn），门捷列夫又把 Ni＝Co＝59 排列在其中一个空位上。这样他就在 Ti、Cu 纵列中简化了一个环节，这一环节与同它邻近的 Zr、Ag 和？＝180、Hg 纵列被看成相等。

第五，门捷列夫企图改变 H 在体系中的位置。他最初把 H＝1 排列在 B—Al 序列，而后又把它移到原先的 Cu、Ag 行。

所有这些改动见表 33［附 26］。

门捷列夫在誊清完整元素草表时把这些改动列入其中。他为元素表加了标题并注明 1869 年 2 月 17 日这一日期，还为印刷厂写了几点说明。

　　可以认为，门捷列夫在 2 月 20 日以前校对了《元素体系的尝试》，很快对它进行了几处修改，这些修改见表 34 [附 26]。我们将在下面详细地叙述这些修改。

　　科学史上最伟大的一天——发现周期律和创立化学元素周期系——就是这样度过的。

第 4 章　发现日以后。2 月末

（第一篇论文：《元素的性质与原子量的相互关系》）

……我努力按照原子量创立体系……可以有大量类似的排列方法，但这些排列方法并不改变体系的本质。

（摘自：门捷列夫《元素的性质与原子量的相互关系》）

现在，我们力图弄清楚门捷列夫在发现周期律以后的日子里忙些什么。当然，我们感兴趣的仅仅是与发现有关的事件。这些事件发生的时间大致可以分为两个时期：

(1) 2 月份（撰写《元素的性质与原子量的相互关系》论文）。

(2) 3 月份（去干酪制造厂出差）。

本章所考察的是第一个时期。

当门捷列夫把《元素体系的尝试》手稿送交印刷厂排印以后，在还没有收到要求尽快送来的校样时，很显然不能立即离开圣彼得堡去干酪制造厂。

排版需要一定时间，门捷列夫利用这段时间把所做出的发现总结和整理成论文，其中叙述了《元素体系的尝试》的内容。

门捷列夫决定把有关发现的论文发表在 1869 年开始出版的《俄国化学学会志》上，其主编是 H. A. 门舒特金（1842—1907）。

鉴于有关周期律的论文要在《俄国化学学会志》上发表，门捷列夫需要先在全俄化学学会会议上宣读其内容。这一会议是在每月第一个星期的星期四举行的。因此 1869 年 2 月 17 日之后，最早的会议肯定是在 1869 年 3 月 6 日召开的。

1.论文的准备

当门捷列夫准备撰写在全俄化学学会会议上宣读的论文时，他对各种元素表特别注意，因为这些元素表可能体现出元素性质的周期性。这种可能性在门捷列夫编制《元素体系的尝试》的过程中被揭示出来了。门捷列夫称他的第一张元素表为"元素体系的尝试"，而不是"元素的体系"，并以此来强调元素表的初步的、试验性的，以及尚未完成的特点并不是偶然的（见［附 27］）。

让我们更详细地考察一下论文的准备工作是怎样进行的。

在整整一天（1869 年 2 月 17 日）中，好像由于天才思想的迸发而做出了科学史上的一项伟大发现，之后，门捷列夫面临着公布这个发现及其内容和意义的任务。

把所做出发现公布，意味着撰写有关新发现的自然规律以及建立在此基础上元素体系的论文。必须在 3 月初写完论文，这样才能在最近召开的全俄化学学会会议上宣读。

可以认为，在把《元素体系的尝试》手稿送交排印的第二天，也就是 1869 年 2 月 18 日，门捷列夫开始撰写论文。论文中一定会反映门捷列夫在发现周期律的过程中以及创立元素体系的过程中所遇到的困难，论文中也一定会体现门捷列夫在不完整元素小表（见影印件 Ⅲ）以及完整元素草表（见影印件 Ⅳ 和［附 20］～［附 24］）上解决问题的各种方案。

既然门捷列夫为创立元素体系找到了新的基础，为了更好地表明元素体系的特征，他必须把新创立的元素体系与以往系统地排列元素的原则相比较。门捷列夫正是从这一点出发开始了论文的叙述。他指出，体系建立在下列特征基础上是不可靠的：

（1）元素分为金属与非金属。

（2）元素与氢、氧的关系。

（3）元素按照电化学顺序进行排列。

（4）元素按照化合价进行排列。

由于这个缘故，门捷列夫指出，在 Bi、V、Sb、As 与 P、N 之间，在 Te 与 Se、S 之间，在 Si、Ti 与 Zr、Sn 之间，即金属与非金属之间，存在着相似性。

这样，列入上述各族的元素，在下半部元素小表以及在完整元素草表中最终（见表 27［附 23］）形成了中间纵列（V、Ti 纵列及 Zr 纵列）。在 1868 年的提纲中，这些元素已被列入对应的族：

V 与 P，Ti、Zr、Si 与 Sn

在与 H、O 的关系上，必须把某些元素分开并列入不同的族：Mg、Zn 和 Cd 分开，Cu 和 Ag 分开；Tl 必须和与其相似的碱金属分开；Pb 必须和与其相似的

Ba、Sr 和 Ca 分开；Pl、Ru、Rh 必须和 Os、Ir、Pt 分开。

门捷列夫是根据编制完整元素草表的最后阶段（见影印件Ⅳ和Ⅴ）所得到的结论而建立起这种排列的。

门捷列夫对按照化合价排列元素的原则所做的批评，对我们来说是特别有意义的。

门捷列夫在 1868 年编写《化学原理》第一卷以及编制第二卷的提纲时（见影印件Ⅰ和［附 3］）坚持按照化合价排列元素的原则。他把元素排列成作为一化合价、二化合价、三化合价、四化合价元素代表的 H、O、N、C 形式的序列。

在发现周期律以后，门捷列夫才放弃了这个原则，开始寻求排列元素的更深刻、更准确的原则——按照原子量排列。

关于按照化合价排列的理由，门捷列夫在论文中指出：

> 在这一原则方面，存在很多不可靠的因素。它是通过对有机化合物，特别是对金属有机化合物的研究，通过偶数当量定律和关于化合物范围的一般概念，利用绕过灵活的类型理论的做法，对这些化合物的应用而产生的。这些关系不能或很少能应用到其他元素的化合物上……[2]4

门捷列夫指出，N 以及 Hg 可以形成很多奇数化合价化合物，并举出 V、Mo 及 W、Mn、Cr，Ur、As、Sb 及 Pt 族可以形成不同化合价的化合物来作为例子。

在《化学原理》第一卷中，门捷列夫把 N 看作三化合价元素。在《化学原理》早期提纲（见影印件Ⅰ）中，把 Hg 列入二化合价元素序列，把 Cr、Mn、Ur 及 Mo 列入三化合价元素序列，把 W 及 Pt 列入四化合价元素序列，而把 V、As 及 Sb 列入特殊的三化合价元素序列。

门捷列夫对按照化合价排列元素的原则进行批评以后，又对自己早期的排列方法（看来是不可靠的）进行了批评。

但是稍后，在发现周期律的过程中，门捷列夫努力保持其早期方案（即 1868 年提纲）。这样，在下半部元素小表（见影印件Ⅲ）中，他把 Pt 列入四化合价元素序列。在完整元素草表（见影印件Ⅳ）中，他把整个 Pt 族列入四化合价元素序列，就像在 1868 年提纲中那样。

不久，他放弃了把 Pt 列入元素表的做法。这说明门捷列夫认识到按照化合价排列元素是不可靠的。

发现周期律以后，门捷列夫对上面提到的元素给出了很清楚的结论：

不可能按照化合价的严格概念来理解这些元素的化合物。[2]4

接着，门捷列夫指出，对 Al 来说，还根本不知道仅有一个氧化物。门捷列夫两次列出 Al_2O_3 的化学式（见影印件Ⅲa和Ⅳ），并且在后一处以铝酸盐形式写出，是绝非偶然的。

门捷列夫指出，对 Cu 及 Hg 来说，过氧化物（即 R_2O，这里它们与 Ag 一样，是一化合价）通常比氧化物（即 RO，这里它们是二化合价）更为稳定。

这样，门捷列夫解释了为什么遵循相同化合价化合物稳定性的特征而把不同化合价的元素列入一组（Cu、Ag、Hg）。

早在 1868 年提纲（见影印件Ⅰ）中他已编制出这一组，但把这一组列入了二化合价元素序列。

从上半部元素小表（见影印件Ⅲ）开始，门捷列夫把 H 列入这一组。他为什么这样做，从论文中看得很清楚：

> 在测定元素化合价时，必须在任意选定的化合物局部组成的基础上做出有关化合价的结论。如对于铜来说，假如选择二氯化铜作为饱和化合物，则可以看出铜的饱和化合物很不稳定，很容易生成非饱和化合物一氯化铜（这里铜为一化合价元素）。如选择更高的化合价，即便是很不稳定的化合物，并且根据这些化合物来确定化合价，那么甚至可怀疑氢的化合价，因为在过氧化氢中可找到一个 H 与一个 O 的化合物，像在铜或汞的氧化物中那样。[2]4-5

从上面的叙述可知，列入 H、Cu、Ag 及 Hg 族的元素形成稳定化合物形式的 Rx 及不稳定化合物形式的 Rx_2（Ag 除外）。

过后不久（1871 年 10 月），门捷列夫对氧化物及真正的过氧化物进行了区分。

必须指出，门捷列夫看到了在当时情况下编制独立元素组的基础，即存在化合价的同一性，以及这一组的所有成员化合价的定量意义。这不仅关系到 Cu 族。门捷列夫指出，假如不遵循稳定性特征，而遵循化合物饱和性特征，那么：

> 这时，砷、磷及氮、锑等应该被认为是五化合价元素，甚至是七化合价元素……[2]5

门捷列夫从稳定性特征出发，把上述元素严格列入三化合价元素，因此把 Bi 与它们排列在一起。他还寻找其他解决问题的方案，把 Bi 列入硼族（见影印件Ⅵ和Ⅶ）。

1869 年 10 月，即发现周期律七个半月以后，在论证元素周期系中元素按照族排列时，门捷列夫放弃了化合物稳定性特征而转到饱和性特征。

门捷列夫指出这一点的意义在于：

> Pb 在金属有机化合物中是四化合价的，但其矿物化合物迫使人们认为它是二化合价的。[2]4

但正如我们已看到的，门捷列夫认为那种元素的化合价是特殊的，它在矿物化合物中的表现不同于在有机化合物（特别在金属有机化合物）中的表现，在有机化合物中饱和概念占统治地位。在门捷列夫的元素体系中，Pb 没有排列在四化合价元素族（Si—Sn 族），而排列在二化合价的碱土金属族，如他在 1868 年提纲中所做的那样（见影印件Ⅰ）。

门捷列夫接着指出：

> 在元素体系中应用化合价原则的不可靠性是很明显的：一方面，因为目前尚未总结出一种严格的体系；另一方面，在这一体系中，像硅及硼这样的元素，应该相距很远，如银、铜和汞，锑和铋，铊和铯。[2]5

相反，在下半部元素小表中，硼离硅很近（在相邻纵列对角线上），在完整元素草表中亦如此。

门捷列夫指出，到目前为止还没有一个把元素排列到严密体系中的共同原则：

> 仅对某些元素族不存在疑义，它们形成一个完整的、提供物质相似现象的自然序列。包括卤族、碱金属族、氮族、部分硫族、铂的伴生物、铈的伴生物及少数其他元素。[2]6

碱金属族、卤族、氧族、氮族正好组成了前四行，即第一堆"无疑的"元素卡片。它们组成了下半部元素小表的核心部分（见影印件Ⅲ和Ⅳ）。

最后两个族（Pt 及 Ce）亦写在完整元素草表及下半部元素小表的页边（见影印件Ⅲ和Ⅳ）。

门捷列夫把这六个族列入不会对其自然性产生怀疑的那些族。如果说对前四个族不会产生怀疑，那么对后两个族在最后确定其排列位置之前则产生了怀疑（见影印件Ⅴ）。

对于 Ce 及其伴生物，它们的最后排列并不能消除对其在元素体系中位置正确性的怀疑。

　　门捷列夫接着指出，他曾进行过多次尝试，揭示属于同一族的元素序列中所表现出来的规律性。[2]6

　　例如，进行了很多次比较：把 Li、K、Na 与 Ca、Sr、Ba 及 Cl、J、Br 比较，把 O、S、Se、Te 与 N、P、As、Sb 比较。

　　这些比较反映在下半部元素小表中：把 K 族与 Ca 族比较，把 K 族与 Cl 族、S 族和 P 族比较。这种比较反映在族的总序列中：

Ca, K, Cl, S, P

　　门捷列夫同时援引了以前对下列三个族所做的比较：

Li, Na, K
Mg, Zn, Cd
Ca, Sr, Ba

　　显然，这里 Mg、Zn 和 Cd 族起了"过渡"作用（在碱金属及碱土金属之间）。门捷列夫把这些编入《化学原理》第二卷前几章，它们是从第 2、3 章过渡到第 4、5 章时的难点。

　　门捷列夫开始时拒绝"过渡"元素的说法，即认为从 K 族直接过渡到 Ca 族，并进一步提出了周期系。而 Zn 族及 Cu 族正是起到了"过渡"作用（见影印件Ⅵ和Ⅶ）。

　　门捷列夫十分尖锐地指出，上述元素族间的关系：

　　　　代表了和代表着迄今我们的智慧，是一些片段认识，它们不会得到完整的元素体系，而仅仅证明它们按照自然族的方式排列。[2]6

　　Rb、Cs 及 Tl 的发现使碱金属的数量又增加了一倍。

　　门捷列夫是以把 Tl 列入这一族为出发点的，像在完整元素草表中那样（见影印件Ⅳ）。

　　门捷列夫进一步强调了编写《化学原理》与创立元素体系的直接联系：

　　　　在编写《化学原理》时，我必须停留在元素体系上，使得元素的排列不是以偶然的、仿佛本能的机动为指导，而是由某种正确原则所决定。[2]7

　　门捷列夫指出，只有原子量才能作为这样的原则。门捷列夫认为测定原子量的方法是可靠的、不容置疑的，因此对大多数元素的原子量并未产生怀疑，特别是在自由态下热容已被测定元素的原子量。

　　从门捷列夫这些论述可以得出结论：对少数元素，特别是对在自由态下热容尚未被测定元素的原子量产生了怀疑，并且存在着用当量代替其原子量的危险。

这个结论恰好被下列数据所证实：

（1）门捷列夫把"可疑的"元素（第四堆）卡片分出，其原子量的确定缺乏足够的可靠性。

（2）对 Ca、Sr、Ba 及 Pb，他在当量及两倍当量之间有所动摇，指出有必要测定 Ca、Ba、Sr 的热容（见影印件 Ⅵ）。

（3）在发现周期律的过程中，他改变了 In 的原子量（增加一倍）和 Be 的原子量（减少 1/3）。

对绝大多数元素来说，原子量是正确的，这就允许门捷列夫把这些元素按照原子量排列，进而发现了周期律。

这样一来，门捷列夫对原子量的重要性以及大多数元素原子量的正确性有了坚强的信念：

> 正是由于这个原因，我努力使体系建立在元素原子量的基础上。[2]8

2. 为论文拟订元素体系方案

在撰写关于周期律的第一篇论文时，门捷列夫拟订了若干元素体系方案，其目的在于从不同方面、在各种表现中考察规律性。可以这样设想，在拟订这些方案时，门捷列夫应用了他在 1869 年 2 月 17 日发现周期律时使用的元素卡片。

稍晚一些的元素体系方案均是通过把《元素体系的尝试》（见影印件 Ⅴ）变形的方式产生的。使元素序列成双（见表 35［附 28］）成为拟订元素体系方案的总方法。

影印件 Ⅵ 所示元素表是元素体系方案之一。这张元素表是通过下面的方式形成的：在《元素体系的尝试》（见影印件 Ⅴ）中使长序列成双，即恢复在下半部元素小表及完整元素草表（见影印件 Ⅲ 和 Ⅳ）中所形成的两个中间纵列。为此门捷列夫进行反向转移：把 Ti 排列在 Si 及 ? ＝70 之间，把 V 排列在 P 及 As 之间，把 Zr 排列在 ? ＝70 及 Sn 之间。（见表 36［附 28］）

进一步使序列成双的转移见表 37［附 28］：把碱金属及碱土金属族由下面转移到体系中间，把 Nb、Ta、W 由上面转移到体系中间，从体系中删去 H 及"可疑的"元素。把新建立的未来第Ⅷ族由上面转移到体系中间（见表 38［附 28］）。把最后三纵列的"重"元素重新排列，并拆散 Hg、Au 和 Bi 序列（见表 39［附 28］）。把体系中的空位用问号标出（见表 40［附 28］）。

当表中所有空位用问号标出以后，将元素表重新写成：由 Li、K、Rb、Cs 和 Tl 开始的纵列，排列在由 Na、Cu、Ag 和？开始的纵列之上半行。

可见，为了使偶数纵列及奇数纵列相互交错，门捷列夫第一次引进了特殊的排列方法（见表 40［附 28］）。结果在同一行出现了全部相似物。表 40 与影印件 Ⅵ 的记载完全相符。

我们称这一方案为元素体系第（2）方案，而把《元素体系的尝试》称为元素体系第（1）方案。在元素体系第（2）方案中，W 为 S、Se 及 Te 的完全相似物；Ta 为 P、As 及 Sb 的完全相似物，而不是 V 及 Nb 的完全相似物。

影印件 Ⅶ 记载的是元素体系第（3）方案。实际上，元素体系第（3）方案与前两个方案差别很小，只是各族不像以前那样按照横行排列，而是按照纵列排列。

与前两个方案比较，我们看到了通过把体系外围元素"前推"的办法，填满体系中间空位的尝试。"前推"的个别阶段可这样来表示：在"前推"之前，O 族、Cl 族中不完全相似物的位置空着，即这里少了 Cr、Mo 及 Mn（见表 41［附 29］）；这三种元素随后被"推"入表中（见表 42［附 29］），与未来第 Ⅷ 族的金属相连；Au 及 Hg 被同时"推"入表中，但并未处于最终位置（见表 43［附 29］）。当在未来第 Ⅷ 族空位上排列 Mn 的相似物 Ro 及 Pt（见表 44［附 29］）时，"前推"似乎走得太远了。

表 44［附 29］再现了影印件 Ⅶ 的最终形式。

影印件 Ⅷ 记载的元素表比之前的表可能稍晚一些，但时间大致相同，也可能在 1869 年 2 月末或 3 月。现在我们对这张表进行分析，因为它与影印件 Ⅵ 和 Ⅶ 所记载的两表紧密相关。

从本质上来看这张表（见表 45［附 30］）几乎完全与表 40［附 28］相符，表 40 只是像表 45 那样以垂直形式写出（见［附 29］）。不同的是，表 45 未进行任何"前推"，只是把 H 排列了进去，排列在 C 之上（表 44［附 29］中 H 排列在 C 及 N 之间）。

值得注意的是，门捷列夫曾试图在影印件 Ⅷ（见表 45［附 30］）中列入两种"可疑的"元素：

(1) In＝75.6，靠近 Zn＝65.2（In 在 Zn 之下）。

(2) Ce＝92，排列在 Mo＝96、Rh＝Ru＝104 及 Pl 族（Ce 在 Mo 之下）。

必须指出，还有一个手写元素小表，这一小表也是门捷列夫在撰写第一篇论文时所编制的（见影印件 Ⅸ 和［附 31］）。在这一小表中门捷列夫把元素按照其化合价分为两类：

奇数化合价元素（左纵列）。

偶数化合价元素（右纵列）。

看来把元素分为两类是"第一次"试图把元素按照原子量排列成统一的连续序列的结果。门捷列夫在这里仅列举了"最小原子量"的元素，并把这些元素编制成由 Li、Na、K 开始的第一批三元素序列。

单一连续序列（按照原子量排列）分成两个元素序列（纵列）（见表 45a [附 31]）：

奇数化合价元素序列：H Li B N F Na Al P Cl K

偶数化合价元素序列：Be C O Mg Si S Ca Ti Fe

最后，再指出一个手写元素小表。这一小表在目前情况下对我们来说是有意义的，因为门捷列夫在其中把 Mg 排列在 Na 之下，这样一来 Mg 就被转移到了元素表左下部（见影印件 X 和表 45b [附 32]）。

这些手写元素表是门捷列夫在撰写有关周期律论文的过程中或之后不久编制的。

3. 在论文中分析各元素体系方案

关于按照原子量对元素进行排列的问题，门捷列夫在论文中写道：

在这方面第一次进行了如下试验：我取了"最小原子量"的元素，并按照原子量进行排列。这时发现元素的性质和化合价仿佛存在着周期性，元素按照其原子量递增的顺序一个接一个排列：

Li=7   Be=9.4 B=11   C=12   N=14   O=16   F=19

Na=23   Mg=24   Al=27.4 Si=28   P=31   S=32   Cl=35.5[①]

K=39   Ca=40   —   Ti=50   V=51   —   —

在原子量大于 100 的元素中，存在完全相似的连续序列：

Ag=108   Cd=112   Ur=116   Sn=118   Sb=122   Te=128

J=127[2]8

很明显，门捷列夫在论文中所引用的 4 个元素序列是表 39 [附 28] 中前三个纵列（不包括第 3 纵列卤族下面的元素）及第 6 纵列，但论文中不是以纵列而是以

---

① 原稿把 35.5 错写成 35.30。

横行形式写出。

门捷列夫在论文中所引用的 4 个元素序列确切地说是影印件Ⅶ和Ⅷ记载的前三行及第六行（不计 H）。在第三行删除了"前推"入表中的 Cr 及 Mn。

无论如何，应把"第一次试验"理解为把所有元素按照原子量排列为一个连续序列的第一次尝试（见［附 33］）。

"第一次试验"的特别意义及重要性在于，他选出了"最小原子量"（小于等于 51）的元素，及原子量大于 100 的较重元素。

这种把元素按照原子量分为两类（"轻"元素及"重"元素）与相应地（假设地）把元素卡片分为第二堆（原子量小于 70 的"轻"元素）及第三堆（原子量大于 70 的"重"元素）相互呼应。

在所引用的 4 个元素序列中，Li、Na、K、Ag 之间的关系与 C、Si、Ti、Sn 或 N、P、V、Sb 等是一致的，门捷列夫写道：

> 立即产生了假设：若元素性质能以原子量来表示，是否可以在此基础上创立体系，进而引导进行这一体系的尝试?[2]8-9

门捷列夫直接指出：

> 按照原子量对已知元素族进行比较，是体系的基础……[2]9

在这些叙述中门捷列夫开拓了一种方法，这种方法是在发现周期律时找到的：比较不相似元素族，把原子量接近的元素靠近。

然后，门捷列夫强调指出：

> 按照原子量排列元素的方法与元素间存在的天然相似性并不矛盾，并且直接指出了这种天然相似性。[2]9

为了证实这一点，门捷列夫比较了下列 6 个族：

		Ca＝40	Sr＝87.6	Ba＝137
Na＝23	K＝39	Rb＝85.4	Cs＝133
F＝19	Cl＝35.5	Br＝80	J＝127
O＝16	S＝32	Se＝79.4	Te＝128
N＝14	P＝31	As＝75	Sb＝122①
C＝12	Si＝28	—	Sn＝118

---

① 　原书为 146。——编者注

很明显，这里列出了元素体系中心部分，与影印件Ⅳ的记载完全一致。甚至在纵列中元素排列顺序——按照原子量递减，而不是递增——与完整元素草表也一样，而与《元素体系的尝试》不同。

如果不考虑 Cl、Sr、Rb 和 Se 原子量的小数数值，可以把这 6 个族组成的元素小表看作下半部元素小表的中心部分（见影印件Ⅲ）。

因此门捷列夫在论文中通过引用上述 6 个族组成的元素小表，直接指出了在创立元素体系的早期阶段他的体系已具备了怎样的形式。

接着，门捷列夫转向考察按照周期系排列的元素原子量差数。门捷列夫在撰写论文时研究了这些差数，并把它们写入元素小表（见影印件Ⅶ）：

$K-Na=16$，$Cl-F=16$，$S-O=16$，等等；

$P-N=17$ 等；

$Sr-Ca$ 由两个差数组成：$Zn-Ca=25$，$Sr-Zn=22$，因此 $Sr-Ca=25+22=47$；相应地 $Rb-K=46$，$Br-Cl=45$；等等。

后来门捷列夫把这些差数引入有关周期律的论文。这里指出，对于原子量已经准确测定的元素来说，不存在真正的同系差：

> 虽然钠与钾、氟与氯、氧与硫、碳与硅的原子量相差 16，但氮与磷的原子量相差 17。而更为重要的是，钙与锶、钾与铷、氯与溴等的原子量差数是不相等的。而其变化，首先，呈现出一定的准确性；其次，如此大的误差，可以认为原子量测定得不准确。[2]9

门捷列夫在严格的原子量变化顺序的基础上提出假设：Te 的原子量不等于 128，而是 124～126。这一假设曾经准备过、表达过，并在门捷列夫发现周期律以后立即实行了。

我们注意到，在所有元素表中以及在编制《元素体系的尝试》以前的新原子量清单中，门捷列夫未改变他写的 Te＝128。但在誊清所创立的元素体系时，门捷列夫第一次在 Te＝128 旁边打上问号，强调了这一数值的可疑性（见影印件Ⅴ）。

在把《元素体系的尝试》送交印刷厂以后所拟订的头两个元素体系方案（见影印件Ⅵ和Ⅶ）中，门捷列夫把 Te 的原子量由 128 改为 125，亦即 124 及 126 的平均值。

但在这以后，他又把它还原到 Te＝128（见影印件Ⅷ），并且在校对《元素体系的尝试》时依然保留了 Te＝128？。

对于同一个由 6 个族组成的小表，门捷列夫指出，在他的体系中元素亦遵循按照化合价排列的原则。[2]9

　　看来门捷列夫指的是开始时所采用的按照化合价排列元素族的方法：H 与卤素是一化合价，O 及其相似物是二化合价，N 及其相似物是三化合价，C 及其相似物是四化合价。在《化学原理》第一卷中正是按照这一顺序对元素做了叙述：H、O、N、C，然后是 H 的相似物——卤素。

　　现在门捷列夫默认，这种顺序之所以有其合理性，在于元素按照化合价排列的顺序与更深刻的按照其原子量排列的规律完全吻合。看来门捷列夫在创立元素体系时，亦即在编制上半部元素小表和下半部元素小表时已得出这一结论。

　　在这以后，门捷列夫又回到在其论文中所引用的 4 个元素序列，即从 Li、Na、K 及 Ag 开始的序列。在这些序列中，化合价变化与原子量变化的关系（与由 6 个族组成的小表相比）更全面地显示出来。按照化合价排列元素族时，化合价由 1（F 族）增加到 2（O 族），进一步增加到 3（N 族）及 4（C 族）。

　　而在论文中所引用的 4 个元素序列中，化合价由 1（Li 族）连续地增加到 4（C 族），然后以同样的方式，连续地减少到 1（F 族）。这正好是门捷列夫在影印件 Ⅸ 上记载的、在编制小表时所发现的规律。

　　就上述 4 个元素序列所做的比较，门捷列夫写道：

　　　　在第一次比较时，我们有 7 个纵列（可能是最为自然的），其中 Li 及 F 是一化合价的，并且按照电化学顺序离得较远，后面的 Be 及 O 是二化合价的，再后面的 B 及 N 是三化合价的，而在中间排列了四化合价的 C。看到 Na 及 Cl、Ag 及 J 等相分离，可知元素原子量的比较在某种程度上与化合价及同一性概念相适应。[2]9-10

上述分析实质上是把影印件 Ⅸ 下部的方案用语言加以叙述。

门捷列夫在上述讨论的基础上得出结论：

　　　　原子量决定元素的性质……[2]10

这一结论后来被门捷列夫称为"原理"或"定律"。

门捷列夫写道：

　　　　让我们引证一个在原子量基础上拟订的元素体系。这个体系仅仅是表达在这方面可以达到的一种结果的试验或尝试。可以看到这一尝试并未结束①，但在这个尝试中可以清楚地看出我所提出的元素排列原则的适用性，元素的原子量是确切已知的，这一次我希望优先找到元素体系。这就是这一次尝试······[2]10-11

接下去就是《元素体系的尝试》（见影印件 V），但在 H、Cu 序列中并无假设元素？＝8 及？＝22。

在门捷列夫的论述中强调了如下几个方面：

（1）在撰写论文时，门捷列夫在原子量的基础上拟订了很多元素体系方案，除了前面已经考察过的 3 个方案外，他至少还拟订了 4 个方案，因此总共 7 个方案。他把《元素体系的尝试》作为其中一个方案。

（2）门捷列夫暂时认为，这些方案仅仅是表达其发现的规律性的试验或尝试。

（3）门捷列夫认为《元素体系的尝试》不是最终的尝试，即便这种看法是由下列事实得出的：元素序列（Er、Yt、In，Ce、La、Di、Th）实际上在元素体系之外，而仅仅以表面形式联结在体系上。所以在撰写这篇论文时，门捷列夫一直从所编制的元素表（见影印件 VI～VIII）中删除这 7 种元素（有时包括 H）绝非偶然。

（4）门捷列夫努力把"原理"归结到当量（原子量）确切已知的元素上，这就是说，他首先努力把周期律归结到作为编制周期系基础的 56 种元素，亦即删除了上述 7 种原子量可疑的元素。这里有把"可疑的"元素（在周期律发现过程中）分到第四堆的评论。

（5）门捷列夫的目的在于找出元素体系，列入体系的不是 55 种或 56 种元素，而是全部 63 种已知元素，并且都处于最终位置。

门捷列夫对"可以看到这一尝试并未结束"这句话所做的注解具有原则性意义，在这个注解里门捷列夫提出了各种元素体系方案。

元素体系第（4）方案是从《元素体系的尝试》得到的：删去 H 及 7 种"可疑的"元素，然后把两底行元素（碱金属及碱土金属）转移到元素表的最上面（见表46［附 34］）。

这一元素体系方案可称为带有小周期的长式元素表。

针对这一元素体系方案，门捷列夫写道：

可能，应该这样更合理地排列附加的元素表②：

---

① 对这一点做了注解，我们以后再分析。
② 指《元素体系的尝试》。

上部	Li	Na	K	Rb	Cs	Tl
	—	—	{Ca}	Sr	Ba	Pb
中部	—	—	Cr	Mo	—	—
	—	—	V	Nb	Ta	等
下部	O	S	Se	Te	—	—
	F	Cl	Br	J	—	—[2]10

显而易见，门捷列夫指的是表 46 ［附 34］的上部、中部及下部（各两行）。

门捷列夫评价刚才列出的元素表（见表 46 ［附 34］）时写道：

> 当时，得到一个好处，即这些非常不同的元素，如 Cl 与 Na，将组成外围序列，它们之间将排列化学性质不太明显的元素。但这时元素表的中部几乎是空的①，并且是很可疑的。而现在表中的排列是无疑的，且有很多元素的代表，而所有较少为人所知的元素一般排列在体系上部或体系之外。[2]10

这些论述反映了门捷列夫元素周期系的创立过程：在元素体系中心部分排列已被充分研究的（"无疑的"）元素，在元素体系外围排列未经充分研究的元素，在元素体系之外排列"可疑的"元素。

这就是发现元素周期律及创立元素周期系的实际过程，所以门捷列夫在做出发现之后，不可能立即放弃初次体现他所发现周期律的元素表形式。

稍晚一些时候，门捷列夫才逐步转移到"元素自然体系"，其中碱金属及卤素并不是并列，而是沿体系外围排列，离得很远。

但现在门捷列夫正在寻找支持《元素体系的尝试》而反对表 46 ［附 34］的理由。他指出：

> ……在外围序列
>
> Li Na K Rb Cs
> F Cl Br J
>
> 中，并不存在差数应有的对应性：

$$\left.\begin{array}{l}Li=7\\F=19\end{array}\right\}12 \quad \left.\begin{array}{l}Na=23\\Cl=35.5\end{array}\right\}12.5 \quad \left.\begin{array}{l}K=39\\Br=80\end{array}\right\}41 \quad \left.\begin{array}{l}Rb=85\\J=127\end{array}\right\}42$$

---

① 见表 46 ［附 34］中 Li 与 Be、Na 与 Mg 之间的空位。

因此在不同的序列中有不同的差数，但在提出的元素表的主要数值中[1]并不存在这种变化，或者在编制体系时必须假设很多未发现的元素。[2]10-11

在元素体系第（3）方案的页边（见影印件Ⅶ的左边）门捷列夫部分地计算了上面的原子量差数：$F-Li=12$，$Cl-Na=13$，$Mn-K=16$，$Br-Cu=17$，$J-Ag=19$。

关于元素体系第（5）方案，除了很短的评语外门捷列夫没有指出其他问题：

此外，我认为最自然的是编制立体的体系（过去提出的体系是平面的），但为了编制这一体系所进行的努力并未得到应有的结果。[2]11

接着，门捷列夫叙述了元素体系的第（6）及第（7）方案（按照顺序），他写道：

下列两种尝试可以显示出比较的多样性，这种多样性在本文所叙述主要原理允许的条件下是有可能的：

Li	Na	K	Cu	Rb	Ag	Cs	—	Tl
7	23	39	63.4	85.4	108	133	—	204
Be	Mg	Ca	Zn	Sr	Cd	Ba	—	Pb
B	Al	—	—	—	Ur	—	—	Bi?
C	Si	Ti	—	Zr	Sn	—	—	—
N	P	V	As	Nb	Sb	—	Ta	—
O	S	—	Se	—	Te	—	W	—
F	Cl	—	Br	—	J	—	—	—
19	35.5	58	80	106[2]	127	160	190	220[2]11

很容易看到这一小表实际上就是表 40［附 28］，但没有表 40 中排列在卤族下面的元素，以及表 40 中纵列的交错。因此这里暂时相当于元素体系第（2）方案。

但根据门捷列夫的思想，从这一方案得到了一个新方案，即元素体系的螺旋形式。门捷列夫写道：

这时，Cr、Mn、Fe、Ni、Co 序列便成为从第 3 纵列下部（K、Ca、

① 指在《元素体系的尝试》中。
② 原书第 5 纵列有误，在 106 位置上写了 190。

Ⅴ纵列）向第 4 纵列上部（Cu）的过渡（原子量由 52 到 59）。同样，Mo、Rh、Ro、Pl 成为从第 5 纵列下部向第 6 纵列上部（Ag）的过渡，而 Au、Pt、Os、Ir、Hg? 成为从第 8 纵列下部向第 9 纵列上部的过渡。体系具有螺旋形式。[2]11①

很容易发现，在表 40［附 28］中排列在卤族之下的元素，是处于每一混合纵列对末尾的螺旋中的元素。甚至它们的顺序与表 40［附 28］中的顺序也是一致的，例如，Au、Pt、Os、Ir、Hg。

形成从每一长纵列下部向下一短纵列上部的连续过渡，即每一混合纵列对——长纵列及短纵列封闭在一条螺旋线内，使这一体系具有螺旋形式。

还有一种情况指出，表 40［附 28］是门捷列夫第一篇论文中元素小表的基础。门捷列夫写道：

在这一体系的各行中，每相隔一个元素，相似性特别明显，例如在第 2 行中 Be、Ca、Sr、Ba、Pb 与 Mg、Zn、Cd 一样。[2]11

在影印件Ⅵ中，这种相似性通过把第 2 行分为两部分来表示，替换直线：Be—Mg—Ca—Zn—Sr—Cd—Ba—?—Pb，得到之字形线：

最后，门捷列夫指出：

原子量差数对每一纵列及横行来说几乎是一样的。[2]11

在影印件Ⅶ中，除了前面已引用的原子量差数外，还包括这些计算与 3 种未知元素原子量的假设数值有关的计算，这 3 种未知元素必须在卤族中，在 Cs—Ba、Ta—W、Tl—Pb—Bi? 这 3 个序列的最后。

在影印件Ⅶ中，门捷列夫计算了这 3 种未知元素的原子量：在 Cs—Ba 序列中开始得到 153，然后增加到 157；在 Ta—W 序列中得到 187；在 Tl—Pb—Bi? 序列中开始得到 222，然后增加到 226。

在论文中他对这些数值进一步取整，相应地得到 160、190 及 220。这些数值的差数相同（等于 30），也就是大致如? ＝160 与 J＝127 的差数 33。

元素体系第（7）方案是通过与使序列成双相反的方法拟订的。为了这一目的，

---

①　在门捷列夫的原文中，Pt 印成 Pb，而 Pl 印成 Pd。

在对应于影印件Ⅵ的表 40［附 28］中，把高半行的元素纵列排列在相邻纵列之上（见表 47［附 35］）。

谈到在影印件Ⅵ中有所记载的第（6）方案，门捷列夫写道：

假如在这一体系中把相似元素分开，可得到如下序列：

上部	Li	K	Rb	Cs
	Be	Ca	Sr	Ba
中部	O	—	—	—
	F	—	—	—
	Na	Cu	Ag	—
	Mg	Zn	Cd	—
下部	S	Se	Te	{W}
	Cl	Br	J	—[2]11-12

很容易发现，这实际上就是表 47［附 35］，但与表 47 有 2 个差别：

（1）没有包括最后（不完整）的 Tl、Pb、Bi 纵列。

（2）在 S、Se、Te 行偶然地漏掉了 W。（在论文中这个位置既无元素符号，亦无短画线。）

门捷列夫是这样结束他的注解的：

可以有大量类似的排列方法，但这些排列方法并不改变体系的本质。所有在这些体系中表示的内容，可以在我所提出的作为相似体系的尝试中看到。[2]12

接下来我们可以看到，门捷列夫在论文中又提出了元素体系的其他方案。

转到分析《元素体系的尝试》并给其取名为"早先的表"时，门捷列夫重新指出，他把元素排列在单一的序列中，并且发现在这一序列中有突变或间断：

我确信"早先的表"在于：原子量可以作为元素体系的支柱。我最先按照原子量把元素排列成一个序列，立即发现在这样排列的元素序列中存在某些间断。[2]11-12

从这些叙述中可以清楚地看到下面的情况：

（1）开始时门捷列夫编制了《元素体系的尝试》（通过比较元素族的方式），并深信原子量可以作为元素体系的基础。

（2）在这以后，门捷列夫进一步研究他所发现的规律，进一步的研究是从把所有元素按照原子量递增的顺序排列成连续序列开始的。

这与门捷列夫在"第一次试验"（按照原子量排列"最小原子量"的元素）中所叙述的完全一致。

因此，门捷列夫的说法并不能提供任何证明的基础，正像某些化学家所认为的那样，似乎周期律的发现是这样进行的：开始时门捷列夫按照原子量编制了元素总序列，在这以后他才发现性质改变的周期性；然后他把总序列分为若干周期，并从这些分段出发编制了《元素体系的尝试》。

我们再一次说明，这一结论是不正确的，它是和门捷列夫的所有解释及手稿（这些已在前面分析清楚）相互矛盾的。

门捷列夫进一步指出，在总序列的每一分段中至少有 8 种元素：

（1）由 H＝1 到 Na＝23。

（2）原子量由 24 到 56（在第 3 纵列中，由 Mg＝24 到 Er＝56）。

（3）原子量由 63 到 90（在第 4 纵列中，由 Cu＝63 到 Sr＝87.6，或到 Ce＝92）。

（4）原子量由 100 到 140（在第 5 纵列中，可能由 Ag＝108 到 Ba＝137）。

（5）原子量由 180 到 210（在第 6 纵列中，由？＝180 到 Bi＝210，或到 Pb＝207）。

门捷列夫断定：

> 就是在元素的这些独立的组中，通过按照原子量对元素进行简单比较的方法找到相似性。[2]12

这里门捷列夫附带说明，在很多情况下，对于缺乏研究并且靠近体系外围的元素还存在疑问。（门捷列夫把缺乏研究的或"可疑的"的元素排列在体系外围。）

由于这个缘故，门捷列夫又回到两个中间纵列的概念，这些概念是他在发现周期律的早期阶段引入的（见影印件Ⅲ和Ⅳ）。在罗斯科已研究的基础上（门捷列夫把罗斯科的名字写在新原子量清单中 V＝51 附近，见影印件Ⅲa 和表 21［附 16］）。门捷列夫指出：

> 钒必须排列在氮的序列中，而它的原子量（51）又迫使它排列在磷及砷之间。

门捷列夫进一步写道：

物理性质对钒的位置起主导作用……把钒排列在磷及砷之间，这样我们必须在"原先的表"中形成一个特殊的对应于钒的纵列。在这一纵列中，碳族为钛开辟了位置。根据这一体系，钛与硅和锡的关系和钒与磷和锑的关系是完全一致的。[2]12

门捷列夫叙述了下半部元素小表以及完整元素草表（见影印件Ⅲ和Ⅳ）中的第1中间纵列。影印件Ⅵ中也记载了这一纵列。

后来，在这一纵列中列入 Cr＝52 及 Mn＝55。在完整元素草表中 Cr 被列入这一中间纵列，但并不在 Ti 及 V 之后，而在它们之前（在 B、Al 序列中，而不在 O、S 序列中）。至于 Mn，它被排列在 Fe 附近，而一般不列入中间纵列。

在这以后，Cr 及 Mn 被"推"入表中（见影印件Ⅶ），门捷列夫对元素体系这一位置的排列是这样叙述的：

在这些元素以下[①]，在下一序列（氧、硫序列）中，可能必须排列铬。这时铬与硫和碲的关系，将完全等同于钛与碳和锡的关系。这时锰 Mn＝55 应该排列在氯与溴之间。这样就编制出元素表的下列部分：

$$Si＝28 \quad Ti＝50 \quad ?＝70$$
$$P＝31 \quad V＝51 \quad As＝75$$
$$S＝32 \quad Cr＝52 \quad Se＝79$$
$$Cl＝35.5 \quad Mn＝55 \quad Br＝80$$

虽然锰和氯与铬和硫一样，有一定的相似性，但同一横行元素的自然联系显然被破坏了。[2]12

门捷列夫的推理过程是这样的：Ti 是 Si 的相似物，V 是 P 的相似物，不会引起异议。（在《化学原理》1869 年早期提纲中，Ti 排列在 Si 旁边，而 V 排列在 P 旁边；见影印件Ⅰ和表 7 [附 6]。）

但在 Ti 及 V 之下不合理地留了两个空位（见表 40 [附 28] 和影印件Ⅵ、Ⅷ），在这种情况下，Cr 和 Mn 应该被"推"入这两个空位（见表 42 [附 29] 和影印件Ⅶ）。如果在 Si 与 Ti 以及 P 与 V 之间的相似性不会引起异议，那么在 Cl 与 Mn 以及 S 与 Cr 之间的相似性就不太明显了，虽然某些相似性特征还是存在的。

因此把 Ti 排列在 Si 及 ?＝70 之间，把 V 排列在 P 及 As 之间，从而导致把 Cr 排列在 S 及 Se 之间，而把 Mn 排列在 Cl 及 Br 之间——门捷列夫认为这一点不

---

① 指在 Ti 及 V 以下。

仅证据不足，而且能使同一自然族各元素间的自然联系断裂。

就是说，根据门捷列夫的意见应该选择：

(1) 为 Ti 及 V 形成中间纵列，这时由于 Cr 及 Mn 的列入，破坏了 S 与 Se 以及 Cl 与 Br 之间的自然联系。

(2) 保持上述自然联系，不为 Ti 及 V 形成中间纵列。

门捷列夫从这些设想出发，指出为 Zr 形成同样的第 2 中间纵列是形成第 1 中间纵列的符合逻辑的结果，正如在完整元素草表（见影印件 Ⅳ）中那样：

　　　此外，如果在这一族中列入 Nb＝94（钒及锑的相似物），就出现了在砷与锑之间再形成纵列的必要性。In＝75.6？（比 Zn 和 Cd 难挥发）应该尽可能排列在镁、锌和镉族。这时在钛和锡序列中，靠近锡应列入锆，其原子量小于锡的原子量，而大于钛的原子量。这样一来，在这一横行中，在钛和锆之间留下了元素的空位。[2]13

在元素体系形成第 2 中间纵列的情况下，体系对应部分应有如下形式：

Mg＝24		Zn＝65.2	In＝75.6？	Cd＝112
Al＝27.4		？＝68		Ur＝116
Si＝28	Ti＝50	？＝70	Zr＝90	Sn＝118
P＝31	V＝51	As＝75	Nb＝94	Sb＝122
S＝32	Cr＝52	Se＝79	{Mo＝96}	Te＝128？
Cl＝35.5	Mn＝55	Br＝80		J＝127

第 2 中间纵列上部的两个元素（In 和 Zr）排列的位置与在完整元素草表中的临时位置相同（见表 28 [附 24]）。

在表 45（见影印件 Ⅷ 和 [附 30]）中，门捷列夫同样试图把 In＝75.6 排列在 Zn 和 Cd 之间（靠近 Zn）。

在表 40 [附 28] 和表 43 [附 29] 中，在同样位置（刚才所列举元素体系部分）列入了 Zr 和 Nb，但未引入 Mo，对此门捷列夫在论文中并未提及。但把 Mo 排列在 Se 和 Te 之间是对 Zr 和 Nb 形成特殊中间纵列的合乎逻辑的结果。同样，在 Ti、V 形成中间纵列后，把 Cr 排列在 S 和 Se 之间。

这样，门捷列夫得到了影印件 Ⅶ 记载的元素表，继 Cr 和 Mn 之后把 Mo 列入表中。

Ti 和 Zr 之间未知元素 x 或？＝70 空位的指示，目的是测定其假设的原子量，计算是在完整元素草表的页边做的（见影印件 Ⅳ），这里出现了一个完整的特定纵列（或序列）：C、Si、Ti、x、Zr、Sn。

这样，门捷列夫在论文中叙述和总结了创立元素体系的过程。

接着，门捷列夫解释了为什么最终拒绝引入两个中间纵列，并停留在《元素体系的尝试》上：

> 终究未决定形成上述两纵列就是由于这个原因（除此以外，对不同序列来说，毫无疑义还存在着相似性）：可以有充分的理由指出，Mg、Zn和 Cd 与 Ca、Sr 和 Ba 之间有很多相似性，而把这些元素排列在一组（Mg＝24，Ca＝40，Zn＝65，Sr＝87.6，Cd＝112，Ba＝137），据我看，意味着破坏元素的自然相似性。[2]13

因此，把 Ca 排列在 Mg 及 Zn 之间，而把 Zn 排列在 Ca 和 Sr 之间，等等，在门捷列夫看来，与把 Cr 排列在 S 和 Se 之间一样，都属于同一族各元素间自然联系的破坏。

稍晚一些时候，当由《元素体系的尝试》转移到《门捷列夫元素自然体系》时，门捷列夫发现，开始时在他看来同一族各元素间自然联系的破坏，实质上正是这一自然联系的规律性的表达。

假如把原子量较小的 Li 和 H 分出，作为第 1 纵列，则一共得到 6 个纵列（《元素体系的尝试》）或 8 个纵列（假如为 Ti 和 Zr 分出特殊纵列，在完整元素草表中出现过）。

门捷列夫补充说明：

> 仅锂、钠序列在各纵列中有代表，其他序列仅在某些纵列中有代表，这样便形成某些元素的自由空位，这些元素可能随着时间的推移而被发现。[2]13

对这一位置，门捷列夫做了注解：

> 锂可以排列在铍之上，而镁可以排列在钠之下。

因此，对于这一位置，《元素体系的尝试》曾做了这样的修改：

	H	Li		
		Be	[Mg]	
		B	Al	
		C	Si	
		N	P	
		O	S	
		F	Cl	Br
[Li]	Na	K	Rb	Cs
	Mg	Ca	Sr	Ba

这样就得到元素体系第（8）方案，这一方案双横线之下的三行与在影印件 X 上所记载小表的对应部分相符。

返回到《元素体系的尝试》，门捷列夫发现在元素表的某些序列中缺少对应的元素，其中在 Ca 序列中缺少类似于 Na 及 Li 的成员。门捷列夫还指出：

> ……镁部分地代替钠的相似物，但镁不应列入钙、锶、钡序列，这不仅由这些元素的某些化合物的性质所证明，亦可由金属本身或部分地由其化合物所具有的物理性质所证明。[2]14

因此门捷列夫最终放弃了把 Mg 排列在 Na 之下的做法，这是与元素间自然联系相矛盾的。

门捷列夫把"轻"元素与"重"元素相比较，指出它们之间的两个根本性的区别。

（1）门捷列夫写道：

> ……所有在自然界分布很广泛的元素，具有原子量 1 到 60，这些元素就是：H、C、N、O、Na、Al、Fe、Ca、K、Cl、S、P、Si、Mg。原子量大的元素属于在自然界很少遇到的元素，不会大量生成，并且研究得较少。[2]13

这意味着门捷列夫把元素在自然界分布不广泛和研究较少与原子量大联系起来了。

和过去一样，门捷列夫把元素分为"轻"元素及"重"元素，这可能与当时把元素卡片分为两堆有关：第二堆（"轻"元素）及第三堆（"重"元素），这在前面已指出过。

在论文中所指出的作为"轻"元素上限的原子量（$A = 60$），接近于我们为把卡片列入第二堆所预先确定的上限原子量（$A = 70$），所列举 14 种分布最广泛的元素正好是在《化学原理》第一册中所指出的（元素清单）。

这就是两类元素之间的第一个区别。

（2）把各序列的下部成员（每一族的较轻元素）与各序列的上部成员（每一族的较重元素）相比较，发现反应的剧烈性和性质的鲜明性。在前面纵列中明显出现的元素特点在后面纵列（由最重元素组成）中逐步缓和：

> 铅、铊、铋、金、汞、铂、铱、锇及钨，实质上不仅是活泼性差的元素，又都是"重"元素，甚至可以在很多方面由这些元素编成一个组，并

且不破坏相似性的头几个要求。[2]14

我们注意到，这里列举的最后纵列元素的顺序与《元素体系的尝试》是不同的，但与门捷列夫把 Pt 族用圆圈圈住，并把 Ta 排列在 W 之下（见表 27 [附 23]），与完整元素草表相符，遵照自上到下的顺序，得到：

Pb，Tl，Bi，Au，Hg，Pt，Ir，Os，W

需要补充一点，在 1869 年年初拟订的《化学原理》第二卷提纲中，门捷列夫把 Hg、Pb 及 Tl 排列在一处（在提纲的中间部分），把 Pt、Ir、Os 及 Au 排列在另一处（在提纲的终了部分），并且单独排列了 Bi（放在 As 族）和 W（与 Mo 在一起）。虽然最重元素的结合并未进行到底（即由这些元素建立一个族），但已向这方面迈出了一步。

这就是两类元素之间的第二个区别。

然后，门捷列夫得出了一个一般性结论：

一般说来，根据以前的判断，原子量小的元素比原子量大的元素应获得科学上更大的注意。[2]15

以后不久，当 Ur 的原子量由 120 改为 240 以后，特别在镭发现以后，门捷列夫开始对最重元素表现出兴趣。[1]733

关于卡片第四堆"可疑的"元素这一部分，门捷列夫做了非常重要的说明。他写道，关于某些元素的位置，当然有人产生了怀疑：

这正是指那些缺乏研究、其原子量未必正确确定的元素，例如，钇、钍、铟就属于这类元素。[2]13

假如从《元素体系的尝试》中卤族之下删去 Yt、Th、In 以及与 Yt 紧相连的 Er 和？＝45，那么这一部分的元素表就具有如下形式：

Li　Na　K　　　Rb　Cs　Tl

Ca　　　　Sr　　Ba　Pb

Ce

La

Di

[?]

[Er]

[Yt]

[In]　　[Th]

门捷列夫对体系中的位置及 4 个族（Fe 族、Ce 族、Pl 族和 Pt 族）相互关系的问题分析得特别详细。针对《元素体系的尝试》，门捷列夫写道：

……第 4 纵列上面的成员（Mn、Fe、Co、Ni、Zn）成为向前一纵列下面成员（其中存在 Ca、K、Cl 等）的过渡，这样钴和镍、铬、锰、铁在性质及原子量方面成为从铜和锌向钙和钾的过渡。其位置有可能因此而发生改变，它们不是排列在上面的序列中而是排列在下面。这时就得到 3 个元素纵列：第 1 纵列包括钴、镍、铬、锰和铁，在许多方面都很相似；第 2 纵列包括铈、镧、"钕错"、钯、铑和钌；第 3 纵列包括铂、铱和锇。[2]13

因此，根据门捷列夫的推测，这里元素的排列与开始时把 3 个族（Fe 族、Pl 族及 Pt 族）的局部元素小表及 Ce 族元素列入元素总表（见影印件 VI 和表 27 [附 23]）大致是一致的。

可以这样来说明：上述 3 个族（Fe 族、Pl 族和 Pt 族）列入元素总表的下半部分（从中除去 Th、In、Yt、Er 及？＝45），其顺序与它们在完整元素草表中一致，这时元素表的这一部分看起来是这样的：

Li	Na	K	Rb	Cs	Tl
		Ca	Sr	Ba	Pb
			Ce		
		Mn	La		
			Di		
		Fe	Rh	Pt	
		Ni	Ru	Ir	
		Co	Pl	Os	
		Cr			

这种把 Ce＝92 列入 Pl 族的做法，与门捷列夫在影印件 VIII 上的记载以及把 In＝75.6 列入 Zn、Cd 族的做法是一样的。

结果，还可以得到一个元素体系方案，按照顺序为第(9)方案。

门捷列夫再一次指出，不能认为所提出的元素体系是最终的，元素整体进行比较时所产生的很多问题引起了他的注意。门捷列夫认为，这些问题中最有趣的是与 Fe 族、Ce 族、Pl 族及 Pt 族相似元素的排列问题，因为这些性质相似的元素，原子量也很接近，这在其他序列中是看不到的，在其他序列中相似元素具有不同的原子量。

门捷列夫这样写道：

> 很可能，按照族排列的元素体系，由于最近对这些族所做的研究而有所改变：在体系一定位置，在横行的元素之间观测到相似性；而在体系其他部分，在纵列的元素之间观测到相似性。[2]14

门捷列夫又拟订了一个元素体系方案，按照顺序为第(10)方案。

这样一来，关于创立元素体系时造成相当大困难的四族（Fe 族、Ce 族、Pl 族及 Pt 族）元素的排列问题（见下半部元素小表及完整元素草表），在门捷列夫写关于发现周期律的总结性论文时成了他关注的焦点。

门捷列夫在概括上面关于这一点的叙述时指出，他之所以拒绝在表下部把四个族合并为三个纵列，理由是 Fe 族、Pl 族及 Pt 族中有酸性元素，不应排列在卤族以下，因为卤族以下主要集中着碱性元素。

> 不过在这一方面，铊及铋之间的距离比起铅及铊之间，铋及金、汞、铂之间要远得多。同时，排列在卤族序列之下的元素，其氧化物碱性的出现比酸性要快，它们实质上是最好的金属代表；而排列在卤族序列之上的元素，或提供完全酸性的性质，或提供酸、碱之间过渡的性质。正是由于最后这个原因，我才没有把铁族排列在元素表下部，与铈族排列在一起。[2]14-15

门捷列夫在论文结束时还转向遗留的若干问题。第一个是有关氢的问题：

> 由于氢的原子量小而找不到一定的位置，虽然有可能把它排列在铜族之下的某一个未知序列，但我认为把它排列在铜、银、汞族是最自然的。[2]15

这里反映出门捷列夫试图把 H 排列在 B、Al 序列（见影印件 V），但又没有这样做。门捷列夫把同样的问题表达在影印件 VI 中，这里 H 根本不存在。

接着，门捷列夫寻找从 H 向 B 和 C 过渡的元素。这里反映出门捷列夫试图把 H 排列在 B 序列，或把 H 转移到与 C 同一序列（见影印件 VIII），或把 H 排列在 C 序列及 N 序列之间（见影印件 VII）。

门捷列夫写道：

> 看一下所编制的元素表，如果能把靠近 H 的元素数加以补充，正是

我最希望的。那些能提供从 H 向 B 和 C 过渡的元素，当然将成为最重要的科学成果……[2]15

这时门捷列夫所指的很可能是他开始时所设想的 H—Cu 序列中的元素？＝8（在 Be 之上，与 H 紧邻）。

第二个是有关硼族元素的问题：B、Al、Ur 和 Au。门捷列夫指出了研究 B 以及 Be 的愿望，他还强调指出：

金可能应当排列在铁的序列中……[2]15

门捷列夫的这一思想体现在一系列元素表（见影印件 Ⅵ～Ⅷ）中。在最后一张元素表上，虽然 Au 并未与 Fe 列入同一序列，但是它仅仅是有条件地排列在 B、Al 序列中，然后由这一位置转移到页边。

门捷列夫进一步指出：

这样，铀（不是金，金可能排列在铁的序列中）几乎必须移到硼和铝的序列中，而且这些元素的确具有相似性。例如，铀氧化物同硼酸一样，会由姜黄色变成暗褐色；硼酸钠 $Na_2B_4O_7$ 的成分与铀化合物 $K_2U_4O_7$ 相似。三氧化二铝与碱的化合物至今研究甚少。[2]15

在最后指示中，体现了门捷列夫在完整元素草表的页边所做的记载：Al_2O_3、K_2O。

这样一来，论文《元素的性质与原子量的相互关系》的无可争议地论证和总结了门捷列夫在 1869 年 2 月 17 日创立元素周期系时所做的工作。

4.论文的结论

我们把门捷列夫论文的结论草稿（见影印件 Ⅹ a）看作第一篇论文的结束语，从这些结论可以看出：（见 [附 36]）

在结论草稿第一点中，门捷列夫谈到了用图表法表示元素性质与原子量的周期性关系。影印件 Ⅷ中的元素表是为建立这类图表法描述数据（即原子体积与原子量关系）进行的第一次通报。

之字形线反映了元素性质与原子量的周期性关系（门捷列夫写在结论草稿的第一点中），可以认为是元素体系第(11)方案的萌芽。这一方案在 1869 年 12 月（即过了 10 个月）被麦耶尔以原子体积曲线的形式实现了。

在结论草稿的第二点和发表稿的第二点中，门捷列夫考虑到把碱土金属不是以真实原子量而是以当量 Ca？20、Sr？44、Ba？68、Pb？103（见影印件Ⅳ）列入元素表的不良后果。他同时指出，早期观察者的结果掩盖了不同族内原子量变化的相似性或单一性，因为他们并未运用真实原子量。

在发表稿的第三点中有影印件Ⅵ和Ⅷ中 Li—F 序列的元素（不计 H）。

发表稿的结束语是有关 Li、Be 及 B 的研究（草稿中没有）。

在论文的原稿中门捷列夫指出：

> 我认为，最有兴趣的是把铍及硼进行仔细研究，这亦是我尽可能争取做的。[2]15

差不多在同时期的手稿中，门捷列夫起草了对 Li 及 Be 进行比较研究的提纲[8]18：

> Li 应形成两种成盐氧化物，相当于 Be：
>
> Li_2O　　Be_2O　　与　Na_2O　　相似
>
> LiO　　BeO　　与　MgO　　相似
>
> 尝试用　H_2O_2　　（？未得到？）　LiO

这就是门捷列夫为刚发现的周期律所撰写的第一篇论文，以及与这篇论文有联系的元素表手稿及研究元素的提纲。

这一篇论文最多在 11 天内（2 月 18 日至 28 日）写成，并且在 1869 年 3 月 1 日之前转交给《俄国化学学会志》主编 H. A. 门舒特金。

第 5 章　发现日以后。3 月初

（干酪制造厂、《化学原理》及俄国化学学会）

在 1869 年的圣诞节假日里，我走遍了⋯⋯干酪制造厂⋯⋯我对于研究农业中各个分支并不感到无聊。对于劳动组合，我是颇有好感的。

（摘自：门捷列夫的笔记）

1869 年 3 月，当撰写完《元素的性质与原子量的相互关系》论文以后，门捷列夫就动身去了干酪制造厂。

动身前夕，1869 年 3 月 1 日，门捷列夫把印好的《元素体系的尝试》分发给许多化学家。

3 月 6 日，在俄国化学学会会议上做了关于元素周期律的报告。

同样在 3 月，门捷列夫对《化学原理》第一卷做了增补。

大概就在那个时候他编制出提纲并继续编写《化学原理》第二卷。

1. 分发《元素体系的尝试》

（增补《化学原理》第一卷）

在门捷列夫撰写《元素的性质与原子量的相互关系》论文的那段时间，《元素体系的尝试》进行了排版、校对和印刷。在校对快速排好版的《元素体系的尝试》清样时，门捷列夫对元素表做了重要调整（比较影印件 XI 与 V 和表 33 [附 26]）。

他从 H—Cu 序列移走了两种假设的元素？＝8 和？＝22。看来，这时他所根据的是这样一种情况：Li＝7 可以排列在 Be 之上？＝8 的位置，而 Na＝23 可以排列在 Mg 之上？＝22 的位置，如表 37（见影印件 VI）所表明的那样。

除此之外还做了一些小的调整（见 [附 37]）。

为了结束对门捷列夫的《元素体系的尝试》的考察，必须加上门捷列夫在那时刚好印出的《化学原理》第一卷第二册中所做的增补。

第一个增补是《元素体系的尝试》被整个地、原封不动地编入《化学原理》。

第二个增补涉及门捷列夫所创立的元素体系，对《化学原理》的序言做了增补。

在谈到有关"部分或全部属于我个人"的假设和总结时，门捷列夫做了说明。他列举了在第一卷和第二卷中所阐明的他个人的假设和总结，其中包括他将要在第二卷叙述的元素体系。

这些假设和总结，正如门捷列夫后来所指出的那样：

> 我曾力求把它们排列在对应的位置，并没有企图赋予它们以完美的形式，而仅仅把它们看作与目前科学所具有的总的趋向相联系的一些尝试。在这个总的趋向中，我们暂时还不能获得一个普遍原则：属于化学转化数量方面的知识远远超过了质量关系的研究。现在它们是分开的，在某些特殊情况下，它们的联系才是明显的，我认为这种联系应该成为指导化学家从现在虽已庞大但还相当片面的材料堆积的迷宫中摆脱出来的线索。
>
> 元素按照族排列的体系，以及我在论文中所采用的按照原子量相互联系形成的体系，在元素表中表现出来。作为编制元素体系的基本数据，我已在圣彼得堡大学创立的俄国化学学会 3 月会议上做了报告，并在我著作的第二卷做了发展。[3]10-11

第一段引文明显地属于元素体系。第一，门捷列夫所提出的正是尝试或试验，并没有企图赋予元素体系以完美的形式。第二，通过这种方式把元素体系加上标题，强调了元素数量方面（原子量）与质量方面（化学相似性）的联系。

后来，在《化学原理》（第三版，1877）中，门捷列夫指出，他的元素体系是在考虑化学元素两方面——质量与数量的相互联系的基础上创立的。

门捷列夫写道：

> 这种联系是建立在服从我的所有说明的元素体系的基础上的。当我在这篇论文首次发表时（1869）提出这种联系的时候，在用"原子和粒子的性质首先取决于它们的质量"这句话所表示的一般原则的普遍应用性方面，我还没有足够的信心，现在这个信心建立起来了。[2]257

《化学原理》第一卷第一版的序言中注明"圣彼得堡，1869 年 3 月"，在第二版的序言中指出这是书的印刷时间。

2. 提纲的完成和《化学原理》第二卷的其他各章

在撰写完关于周期律的论文以后，大概在 1869 年 3 月，门捷列夫着手编写《化学原理》第二卷第 4 章。以前门捷列夫编写这一章时遇到过很大的困难，在克服这些困难的过程中，他恰好做出了伟大发现。

当然，在编写第二卷第 4 章及其他各章之前，门捷列夫首先需要（按照所做出的发现）调整和补充《化学原理》第二卷的最后提纲（见影印件 XII）。这个提纲可能是在 1869 年年初制订的，门捷列夫对这个提纲的调整和补充可能是在 1869 年 2 月末。

对《化学原理》1869 年早期提纲的主要调整见表 48［附 38］（影印件 XII 与表 7［附 6］比较）。

现在我们转向从第 4 章开始的《化学原理》各章的分析。

从第 4 章的内容可以得出结论，第 4 章是在周期律发现以后编写的。第 4 章被定名为"碱土金属及其化合物"。该章开始援引分布很广泛的金属 Mg 和 Ca，以及与此相似的分布更广泛的属于碱金属族的 Na 和 K。在谈到 Na、K、Mg、Ca 时，门捷列夫列夫写道：

> 这 4 种金属之间存在的原子量关系在某种程度上证实了以前所说的那种比较。实际上，镁的原子量为 24，钙的原子量为 40，而钠和钾的原子量则分别为 23 和 39，即后者比前者分别小一个单位。[4]122

首先，门捷列夫对两族（碱金属族和碱土金属族）按照元素原子量进行比较，是在 1869 年 2 月 17 日（参见影印件 III 的下半部元素小表及影印件 IV 的完整元素草表）。表 37（见影印件 VI 和［附 28］）中对两族前面各元素的比较，与第 4 章开头时一样：

$$Na = 23 \quad K = 39$$
$$Mg = 24 \quad Ca = 40$$

其次，门捷列夫指出，在碱金属中除了 Na 和 K 之外，还有一系列分布不广泛的其他金属：Li、Rb 和 Cs，以及一系列过渡到二化合价的金属（门捷列夫指的是 Cu、Ag 和 Hg）。

他指出碱土金属也具有同样的情况：列入碱土金属族的不仅有 Be、Sr 和 Ba，还有一系列性质与它们相似、在自然界分布更不广泛的其他元素（门捷列夫指的是 Zn、Cd，可能还有 In、Ce 及其相似元素），此外还有一些"过渡"金属。

门捷列夫不仅把 Na 族与 Ca 族做了比较，而且把 Be 列入 Ca 族，这一事实再一次说明，他是在 1869 年 2 月 17 日以后，即创立元素周期系以后写完第 4 章的。

接着，门捷列夫继续对元素体系中直接加以比较的两族进行了研究，同时揭示出它们的区别及它们之间的相似程度。例如，他指出：

> 具有较小原子量元素（Be＝9、Mg＝24）的氧化物与具有较大原子量元素（Ca、Sr、Ba）的氧化物比较起来，同样具有较小的活泼性。例如，Li、Na 的氧化物比 K、Rb、Cs 的氧化物具有较小的活泼性。[4]123

门捷列夫阐明，虽然碱土金属的氧化物比碱金属的氧化物更难溶解于水，但是同时发现了由原子量明显确定的顺序性：Be（9）与 Mg（24）的氧化物几乎完全不溶于水；Ca（40）的氧化物就比较好，尽管是在过量的水中；Sr（87.6）的氧化物溶解性则更好；而 Ba（137）的氧化物非常容易溶解于水了。

对于硫酸盐来说，得到了相反的关系，从 Be 盐到 Ba 盐的溶解性是递减的。

门捷列夫断言：

> 因此碱土金属按照原子量排列的顺序，也就是表现碱土金属所有性质变化的顺序，因而特别说明我们需要介绍铍、钡化合物的性质，并把 Mg、Ca 及 Sr 的化合物与 Be、Ba 的化合物相比较。[4]124

尤其重要的是，门捷列夫进一步指出，碱土金属族与 Cl 族和 Na 族相比较，成为元素体系的基础：

> 这些意见相当明显地表明了元素性质和原子量之间所存在的对应性，使我们有可能观察上述两个相似元素族。以后我们将会看到，这个比较关系具有很大的同一性，可以作为元素正确体系的强有力的支柱。[4]125

以原子量为依据的元素体系的引证，"元素性质与原子量之间的相适应……"与门捷列夫的《元素的性质与原子量的相互关系》论文标题几乎完全吻合，说明在发现周期律之后，他立即编写了第 4 章。

第 4 章的正文也证实了这点。

当从叙述 Mg 和 Ca 转到叙述该族的其他元素时，门捷列夫写道：

> 在碱土金属族中，Sr 和 Ba 与 Ca 靠得如此之近，就像 Rb 和 Cs 与 K 的关系。
>
> 甚至从这些元素原子量的比较中也能看到这种情况：钾、铷和铯的原

子量为 39、85.4 和 133，钙、锶和钡的原子量为 40、87.6 和 137。就是
说，碱土金属的原子量稍大于对应的碱金属的原子量，正如 Mg 的原子量
大于 Na 的原子量一样。至于说到相似程度，则是非常显著的……。当然
除了这些不同金属化合物的相似性，也存在着性质上的根本差异，同时在
这种差异中表现出性质变化方面的一定顺序，而这种顺序与原子量的变化
一致，正如我们在以前的元素自然族中所看到的那样。[4]157

在此门捷列夫产生了这样一种思想：原子量十分接近的三个族（Cl 族、K 族
和 Ca 族）成为元素体系的基础。以后门捷列夫在《化学原理》中多次强调过这种
思想。

特别使我们信服的是 1869 年 2 月 17 日以后编写的第 4 章中叙述 Be 的部分。
这部分既涉及 Be 的原子量是如何变化的，又涉及如何确定 Be 在元素体系中的
位置：

在碱金属族中，我们不仅看到了性质相似的金属钾、铷、铯，还看到
了两种具有较小原子量并具有某些特殊性质的金属钠、锂。同样，在碱土
金属族里，除了钙、锶、钡，我们还发现了金属镁和铍。就原子量来讲，
铍在上述金属序列中所处的位置与锂在碱金属族中所处的位置一样，因为
铍的原子量为 9.4。这个原子量比锂的原子量（7）大，正如镁的原子量
（24）大于钠的原子量（23）、钙的原子量（40）大于钾的原子量（39）等
一样。[4]165

门捷列夫接着解释为什么要在下半部元素小表和完整元素草表中一开始就把
Be 与 Al 排列在同一行（见影印件Ⅲ和Ⅳ）：

在其化合物方面，铍的氧化物与铝的氧化物的相似程度，就像锂的氧
化物与镁的氧化物的相似程度，因此毫不奇怪，在很长一段时间里把它与
矾土混为一谈，并认为它具有氧化铝型的组成 Be_2O_3（当时 Be ＝ 14.1）。
实际上，铍的氧化物与铝的氧化物相似，可以借助碱，从自己的盐溶液中
沉淀出来……这与碳酸锂盐的不溶解性成为锂与其他碱金属的区别
类似。[4]165

门捷列夫在指出 Be 比其他元素具有较小的化学活性（氧化性）以后，解
释道：

特别是，在碱金属序列中，锂看来与氧具有较小的亲和力，并且具有较小的原子量，正如在碱土金属序列中这些性质明显地表现在铍中一样。与此类似，在卤族序列中，氟不具有与氧结合成化合物的能力，这种情况也表现在其他卤素中。[4]166

除了比较三个族（Cl 族、K 族和 Ca 族）之外，门捷列夫经常强调，在所进行的讨论中还有两种重要情况：

（1）门捷列夫打算对 Li 和 Be 进行比较研究，对此他在关于周期律的第一篇论文的结论中指出过，并在这类比较研究计划中再一次指出。

（2）第一次指出元素体系中按照对角线排列的元素之间存在着联系和关系。

根据影印件Ⅶ和Ⅷ记载的元素表可形成元素体系的如下部分：

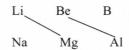

这里按照对角线把 Li 与 Mg、Be 与 Al 进行比较，在《化学原理》中也比较过这两对元素的化合物。而上面的三种元素（Li、Be、B）也正是门捷列夫打算进行比较研究的。

在第 4 章的末尾第一次引证了阿伏捷耶夫的话并援引了氧化镁（而不是氧化铝）的化学式，以证明 Be 的氧化物：

我们把铍排列在碱土金属族并确定其氧化物的化学式（这些金属氧化物所特有的化学式），即 BeO。正如我国这位金属化合物的研究者早已指出的那样，阿伏捷耶夫比较了铍化合物与镁化合物，首先打消了关于铍氧化物和铝氧化物相似性占优势的见解，证明了硫酸铍盐比硫酸铝盐更相似于硫酸镁盐。硫酸铍盐与硫酸镁盐的相似性清楚地表现在它们都十分牢固地保持住最高含量的结晶水，它们与碱式硫酸盐形成复盐，这种复盐中硫酸的含量比碱式硫酸盐中硫酸的含量大 2 倍而不是 4 倍（如矾土），同时这些盐与由镁形成的盐和与镁相似的金属形成的盐是同晶盐……这些破坏了铍与铝的相似性。[4]166-167

可以设想，门捷列夫在 1869 年 3 月，也可能稍晚一些时候，写完第 4 章。那时他可能开始编写《化学原理》第二卷，我们在这里很简短地研究这些章节，只在这些章节里研究门捷列夫如何实现《化学原理》第二卷的提纲及《元素体系的尝试》的那些方面。

谈到与碱土金属相似的金属时，门捷列夫解释道：

> 那些金属中一些金属性质与镁十分相似，而另外一些金属则与钡相似，并且与碱土金属族的两种已知外围元素更相似。特别是在对应的氧化物方面，大量的金属与镁和镁的氧化物相似。我们来讨论这些金属。首先是那些无疑的且十分明显地与镁相似的金属（Zn、Cd），然后是那些相似性差一些的金属（氧化物盐中的 Cu，低氧化物盐中的 Fe、Mn、Co、Ni），而后已经转向的那些金属多半与铅（Pb）相似。[4]173-174

Zn 和 Cd 与 Mg 靠近，从 1869 年 2 月 17 日门捷列夫在霍德涅夫信上所做的记载开始到《元素体系的尝试》结束，在所有手稿中都可以看到。在 1869 年的《化学原理》第二卷的提纲中，Zn 和 Cd（与 In 在一起，后来加上 Ce 及其相似物）直接排列在镁族之后。

Pb 与 Ba 靠近只是在这一天的最后一张表中记载的（见影印件 Ⅳ 和 Ⅴ）。在《化学原理》第二卷的提纲中，Pb 与其他"重"金属一起被调整到提纲的末尾。但在这个提纲中，Zn、Cd 族之后排列了 Cu 与 Ag，而在 Cu 和 Ag 之后，排列了 Fe、Ni、Co、Mn 及其他元素。

因此，一般说来门捷列夫按照这个提纲的最后方案编写了第二卷（见［附39]）。

门捷列夫在名为"锌和镉（铟、铈及钆）"的第 5 章写道：

> 锌的原子量为 65.2，而镉的原子量为 112。在碱土金属序列（按照原子量大小）中它们排列在 Ca＝40，Sr＝87.6 及 Ba＝137 之间，因为 Zn 的原子量几乎是在 Ca 与 Sr 的原子量中间，而 Cd 的原子量是在 Sr 与 Ba 的原子量中间。[4]184

这只可能写在《元素的性质与原子量的相互关系》论文之后，因为门捷列夫在这篇论文中写到，不能让这些元素混排在同一族中：

Mg＝24 Ca＝40 Zn＝65 Sr＝87.6 Cd＝112 Ba＝137

按照门捷列夫的见解，这意味着违背元素的自然属性。

门捷列夫在上述论文及一系列表（见影印件 Ⅲ、Ⅳ 和 Ⅷ）中，都是在 Zn 和 Cd 之后立即叙述 In，把 In 排列在 Zn 的旁边：

> 虽然铟易挥发，但比锌及镉困难一些，这说明了铟与锌和镉的不相似处，因为铟的原子量（如果已被正确地测定）在锌与镉的原子量中

间……[4]187

这段话的正确意思门捷列夫在关于周期律的第一篇论文中做了反复论述：In＝75.6？（比 Zn 和 Cd 难挥发）应该尽可能排列在 Mg、Zn 和 Cd 族。并反复表达了 In 的原子量未必已经准确测定。

在推测铈族金属可能形成与镁相似的金属族的同时，门捷列夫指出钍可能属于这一族，但他做了附带说明：

> 钍与锆更相似，对此以后将叙述。[4]187

这种说法与《化学原理》1869 年最后提纲相符（见影印件 XII）。

门捷列夫补充说明：

> 到目前为止，它们没有得到充分研究，因此对其属性存在很多怀疑，甚至有时对这些金属中某些化学元素是否存在产生怀疑……到目前为止，钇的原子量十分可疑……[4]187,189

门捷列夫在其关于周期律的第一篇论文中指出：La 的氧化物可能不是 RO 型，而是 R_2O_3 型，而 Ce、La 和 Di 的原子量确定得"大概，不完全正确"。[4]191

所有这些都可以作为门捷列夫从影印件 VI 和 VII 中删去了《元素体系的尝试》下面"可疑的"元素的辩护和论证的根据。

第 6 章（名为"铜和银"）从下面的叙述开始：

> 这两种金属的性质和原子量均与碱金属具有同样的关系，正如锌和镉属于碱土金属序列。实际上铜的原子量（63.4）在钾的原子量（39）和铷的原子量（85）中间，正如锌的原子量（65.2）在钙的原子量（40）和锶的原子量（87.6）中间。而银的原子量（108）超过铷的原子量的程度正如镉的原子量（112）超过锶的原子量的程度。[4]193

假如利用影印件 VI 记载的元素表，那么上面两行之间可以这样写：

Na＝23　K＝39　Cu＝63.4　Rb＝85.4　Ag＝108　Cs＝133

Mg＝24　Ca＝40　Zn＝65.2　Sr＝87.6　Cd＝112　Ba＝137

这是门捷列夫在《化学原理》第 5 章和第 6 章的开头所做的比较。

门捷列夫继续指出，假如 Zn 和 Cd 形成的氧化物为 RO 型（像碱土金属那样），那么 Cu 和 Ag 的化合物与碱金属化合物完全相似。对 Cu 和 Ag 来说，可以形成的氧化物为 R_2O 型，正如在 Na 族中那样。但是对于 Cu 来说是清楚的，除了低价盐的氧化物外，还有高价盐的氧化物，其化学式为 RO。在 CuO 中，铜与碱土金属氧化物相似；在 Cu_2O 中，铜与碱金属氧化物相似。

　　　　因此，铜具有联结碱金属及碱土金属的原子特性，由此提供了上述两类金属氧化物组成正确性的最重要的证据之一。[4]193

因为铜形成两种氧化物（Cu_2O 及 CuO），所以它成为联结一化合价金属族（碱金属）和二化合价金属族（碱土金属）的"过渡"金属。

随后在第 6 章的开头引用了比重及原子体积的比较数据。[4]197 把这些数据与影印件 Ⅷ 上的数据相比较很容易发现，这些数据确定得比较晚。涉及上述性质的记录顺序见表 49 ［附 40］。

下面章节（第 7、8 章）叙述了铁族和与铁族相邻的元素，它们的排列与影印件 Ⅵ 和 Ⅷ 记载的一样。门捷列夫指出了铁的原子量为 56 以后，写道：

　　　　就性质而言，原子量等于 59 的钴和镍与铁十分相似。就所有物理性质和化学性质而言，钴和镍成为从铁向铜的"过渡"，铜的原子量（63.4）大于这些金属的原子量。另一方面，锰（55）和铬（52）成为从铁向钒（51）和钛（50）的"过渡"，钡和钛的氧化物已经具有很弱的碱性和很强的酸性……因此被考察的族中，包括原子量相近和利于形成 RO 型氧化物（与氧化镁组成相似）的 5 种金属。[4]253

门捷列夫接着指出，与镁金属不同，铁族金属不形成一级酸化的盐，而一般形成几级酸化的盐；Co 和 Ni 形成的 R_2O_3 型氧化物是很不稳定的；而 Cu 不形成这种形式的氧化物。因此这里"Cr、Mn、Fe、Co、Ni、Cu 原子量的顺序表现了 RO 和 R_2O_3 型氧化物稳定性的顺序。"[4]254 门捷列夫强调指出，这些金属还产生更高级的酸化作用，并断言：

　　　　在所列举金属的酸化级别方面的这种多样性，使这些金属具有完全独特的性质，从而使它们与镁金属和那些相似但不能产生不同级酸化作用的金属单独分类。[4]254

这里门捷列夫的思想得到了进一步发展，铁的五个相似物组成了单独的稍特殊的族（原子量从 52 到 59），这个族起到了从 V 向 Cu 过渡的作用，关于这一点门捷列夫在关于周期律的第一篇论文的注释中论述过。这种思想也清楚地记载在影印件 Ⅵ 和 Ⅷ 中，这里 Cr、Mn、Fe、Ni、Co 被移到了体系边界之外（在影印件 Ⅷ 中甚至用竖线把它们与元素表的其他部分分开)。

在发现周期律以后,门捷列夫继续从事《化学原理》第二卷后继章节的编写工作。

3. 在俄国化学学会的报告和去干酪制造厂出差

（已扩散的传说）

当 1869 年 3 月 1 日把印好的《元素体系的尝试》分发给许多化学家,以及撰写完论文《元素的性质与原子量的相互关系》以后,门捷列夫终于有可能去完成"自经会"委任的任务了,即把在 1868 年 12 月末已经开始的对干酪制造厂的考察工作进行到底。

正如前面叙述的,为此门捷列夫需要 10 天左右的时间。但产生了在俄国化学学会的近期会议上宣读论文的问题,会议应该是在 1869 年 3 月 6 日举行的。

在 1869 年出版的《俄国化学学会志》第一卷第 2～3 期第 35 页上关于这一点内容如下:

1869 年 3 月 6 日会议

······

H. A. 门舒特金以门捷列夫的名义宣读了建立在元素的原子量与化学相似性基础上的《元素体系的尝试》。由于门捷列夫缺席,这个报告的讨论被延期到下一次会议。

门捷列夫从未说明过他不参加这个会议的理由。在注有 1869 年 4 月 5 日的论文《元素的性质与原子量的相互关系》的注释中,他指出:

在化学学会 3 月会议上宣读了这篇论文。[2]15

在注有 1869 年 3 月的《化学原理》第一卷的序言中,门捷列夫写道:

作为编制元素体系的基本数据,我已在圣彼得堡大学创立的俄国化学学会 3 月会议上做了报告,并在我著作的第二卷做了发展。[3]11

后来,在《我的著作目录》中关于被列为 42 号的《元素的性质与原子量的相互关系》的论文,门捷列夫指出:

于 1869 年 3 月 6 日在俄国化学学会会议上做了第一次宣读(42号)。[7]53

还可能举出其他证据，但门捷列夫从未说明为什么元素体系报告由 H. A. 门舒特金代他来做，和为什么他不参加这么重要的会议。

我们力图在 H. A. 门舒特金的叙述中寻找这一事实的说明，同样没有成效。周期律发现 25 年以后，1894 年 3 月 3 日，俄国物理-化学学会化学分会召开了"献给周期律的四分之一世纪"的会议。刊登在学会学报上的这次会议的记录称：

> H. A. 门舒特金请求允许讲几句关于在俄国化学史上值得纪念事件的话，并向会议发表了如下演说：
>
> "今天会议的日子不能不使我回忆起在 1869 年 3 月 6 日会议上，门捷列夫宣读了关于周期律的第一篇论文。这个周期律已经发现 25 年了。要祝贺，我们祝德米特里·伊万诺维奇长寿，希望我们的后代经常回忆起俄国化学史上最重要的一天。"
>
> 整个会议一致地、热烈地表示赞同每一个与会者的祝贺。
>
> 门捷列夫感谢会议及满意地回忆着 25 年前，当时作者不能出席会议，根据其请求，由 H. A. 门舒特金做了关于周期律的第一个报告。[9-1]59

问题在于，那时门捷列夫为什么不能参加会议，后来仍旧未弄清楚。因此后来产生了关于这个问题的各种传说。传播得最为广泛的是以这样的猜想为出发点的：是什么样的非常严肃的外部原因，阻止了门捷列夫参加学会的会议，而不顾门捷列夫要亲自做关于元素体系的第一个报告或至少要参与此事件的这种很容易理解的、强烈的愿望？

门捷列夫生病了，不能出席学会会议，这是自然的假设。关于门捷列夫被臆想生病的传说开始于 H. A. 门舒特金的儿子 Ъ. H. 门舒特金（1874—1938），Ъ. H. 门舒特金后来成为化学家及化学史家。传说很快取得了人们的信任，因为很容易想象，Ъ. H. 门舒特金从父亲那里直接了解到这方面的情况，而 H. A. 门舒特金当然是应该知道的。1932 年，Ъ. H. 门舒特金就这个问题写道：

> 在 1869 年 3 月 6 日俄国化学学会会议（学会的成立大会在 1868 年 11 月举行）上，门捷列夫应该做关于元素体系的报告，但由于生病而不能出席会议，我父亲 H. A. 门舒特金代他做了报告。正如我父亲后来告诉我的，报告没有引起特别的兴趣与争论。①

---

① 门舒特金 Ъ. H. 150 年来化学发展中的重要阶段 [M]. 列宁格勒：苏联科学院出版社，1932：63-64.

虽然这里并未直接提到Ъ. H. 门舒特金从他父亲那里了解到在宣读论文的那一天关于门捷列夫生病的事，但不少读者很容易建立起这种印象。遗憾的是，在1869 年 3 月 6 日代门捷列夫宣读论文的 H. A. 门舒特金在 1888 年出版的化学史观方面的书中没有谈到这一问题，虽然在书中用了不少篇幅专门介绍门捷列夫的周期律①（见［附 41]）。

　　试问：真正的原因到底是什么？为什么门捷列夫要求 H. A. 门舒特金代自己去做关于周期律的报告呢？当时门捷列夫已发表在刊物上的文献及报道表明：门捷列夫离开圣彼得堡去干酪制造厂是真正原因（见影印件 XⅢ～ XV 和［附 42]）。

　　现在情况已经全部清楚了：在 1868 年门捷列夫是如何准备发现周期律的；在 1869 年 1 月及 2 月上半月，门捷列夫是如何接近发现周期律的；在 1869 年 2 月 17 日，门捷列夫是如何发现周期律的；在 1869 年 2 月末及 3 月，对 1869 年 2 月 17 日发现的周期律如何进行修改和准备付印的（见［附 43]）。

---

　　①　门舒特金 H A. 化学观发展漫谈［M]. 圣彼得堡：［出版者不详]，1888：319-339.

第二篇

1869 年 2 月 17 日

对发现过程和结果的分析
（逻辑的考察）

……我认为，观念世界同物质世界完全一样，"绝不能无中生有，凭空捏造"。

（摘自：门捷列夫《关于周期律的历史》）

一切都处于既定的关系之中。

（摘自：门捷列夫的笔记）

第6章　从不同史料来看发现的一天
（已扩散的传说）

我梦见了元素按照应有位置排列的元素表。

（摘自：门捷列夫同伊诺斯特朗采夫的谈话）

……我和我的前人一样，采用了相似元素族，但我的目标是研究各元素族之间相互联系的规律性。这样，我便发现了前面提到的适用于全部元素的一般原则……

（摘自：门捷列夫《关于元素体系的问题》）

承认实验方法是唯一正确的，我做了力所能及的验证，并向人们提供了验证或推翻规律的各种可能。

（摘自：门捷列夫《化学原理》）

有关门捷列夫发现周期律之前和这一发现完成背景的新的档案材料，意义是极其巨大的。这些文献为科学史上一个最重要的篇章增添了光辉，它们可以阐明这一发现的实质和许多细节，以及解决涉及这一发现历史的一系列不甚清楚和尚有争议的问题。

值得注意的有如下几个问题：

（1）门捷列夫的梦境在发现中起了怎样的作用？

（2）门捷列夫最初发现了什么？是先发现了周期律，然后在此基础上创立了周期系？还是相反，创立了周期系之后，再由此引出周期律？

（3）门捷列夫做出发现的具体途径是什么样的？他是比较各元素族，还是一下子就按照原子量编制了元素总序列，而后再将其划分为周期？如果他比较了各元素族，那么是全部比较还是只比较"轻"元素？

（4）为什么在最终的元素表中不正常地列入了"可疑的"元素，乍一看来，违反了按照原子量排列元素的原则？

还存在某些与门捷列夫关系密切的人关于发现周期律过程的种种说法。这些说法由见证者口头传播，然后见诸报刊，并且像神话一般流传。由于缺乏证据，要审查这些说法是不可能的。

从门捷列夫档案中发现的新材料可以审查和推翻这些传说中的某些部分，让我们对此加以考察。

在本章最后，我们会借助许多方法来考察，以确定门捷列夫在 1869 年 2 月 17 日所做记载的顺序。

1. 发现是怎样做出的？

（在梦中还是非梦中？）

圣彼得堡大学地质学家伊诺斯特朗采夫（1843—1919）教授，是门捷列夫的亲密朋友，他保存着有关发现周期律的两个证据。

在门捷列夫发现周期律的那些日子，伊诺斯特朗采夫拜访过门捷列夫，他以异乎寻常的线条勾画出门捷列夫是怎样致力于创立元素体系的。

在做出这一发现的当时，伊诺斯特朗采夫到圣彼得堡大学门捷列夫的住所，看到门捷列夫站在心爱的斜面写字台旁，显得闷闷不乐。伊诺斯特朗采夫从同门捷列夫的谈话中得出了门捷列夫用什么方法做出发现的肯定看法，虽然这一看法不够准确。由于这是唯一被我们掌握的明确证据，就特别需要确定：伊诺斯特朗采夫的说法中究竟哪些是值得信赖的，哪些是依据新的档案材料应当予以否定的？

拉普申公布了伊诺斯特朗采夫的说法：

> 关于门捷列夫所完成的创造性过程的直觉，功勋教授伊诺斯特朗采夫盛情地向我介绍了极为有趣的事情。一次，已经担任物理数学系秘书的伊诺斯特朗采夫拜访门捷列夫。作为门捷列夫的学生和亲密朋友，他同门捷列夫一直保持着思想交往。他看到门捷列夫站在斜面写字台旁，显得心绪忧闷而沮丧。
>
> "您在忙什么呢，德米特里·伊万诺维奇？"
>
> 门捷列夫谈起了以后才成为元素周期系但当时尚未形成的周期律和周期表的问题："一切都已在头脑中形成，"门捷列夫痛楚地说，"但还不能

用图表表示出来。"①

伊诺斯特朗采夫的这一说法，与新发现的档案材料以及其他人的证据都是相抵触的（见［附 44］）。

但是这就产生了一个问题：伊诺斯特朗采夫同门捷列夫的这次会面发生在发现周期律的哪个阶段？

显然，门捷列夫研究元素表已经很久了，如果一切都已在头脑中形成，那么他早就会尝试用表格表示出来。

因此在霍德涅夫信上做记载的时候，甚至在编制下半部元素小表的时候，确切地说，在门捷列夫编制出下半部元素小表时，他已经明白，不可能把全部元素列入这个小表，而此时尚未找到编制完整元素表的新方法（卡片和"牌阵"方法）。

假如这次会面发生在门捷列夫排列完卡片的时候，那么伊诺斯特朗采夫不可能对此毫无感觉，而且无疑会询问这些卡片是表示什么的。另一方面，门捷列夫在采用"牌阵"方法后，未必还会抱怨一切都只在头脑中形成而无法用图表表示出来。因为从编制完整元素草表（见影印件Ⅳ）时起，到完成时止，此项发现显然都在不断地向元素体系的最后形成顺利推进。

在门捷列夫编制完整元素草表的过程中，我们没有发现他可能陷入伊诺斯特朗采夫所看到的那种困境。再晚些时候，门捷列夫就更没有理由去抱怨无法用图表表示出来了。

可见，最为可能的是在 1869 年 2 月 17 日这一天，当门捷列夫停止编制下半部元素小表，并开始从困境中寻求出路的时候，进行了上述会晤。这是伊诺斯特朗采夫的第一个证据。

伊诺斯特朗采夫的第二个证据涉及他与门捷列夫会面之后发生的事情。拉普申继续叙述伊诺斯特朗采夫的说法：

> 稍晚发生了下列事情。门捷列夫三天三夜没有睡觉，一直在斜面写字台旁工作，想把自己想象的结构编制成元素表，但达到这个目的并不顺利。最后，在极度疲劳的状态下，门捷列夫躺下来睡觉，并且立刻睡熟了。"我梦见了元素按照应有位置排列的元素表，醒来立即写在一块小纸片上，后来只在一处做了必要的修改。""很可能"，伊诺斯特朗采夫教授

---

① 拉普申 И И. 发现的哲学和哲学的发现［M］//哲学史引论：第 2 卷.［出版地不详］：科学教育出版社，1922：81.

补充说，"这块小纸片至今还保存着。门捷列夫常常在他收到的书信中没有写字的地方记事。"①

这种说法仿佛是门捷列夫在梦中发现周期律的申明，与实际情况有严重的分歧，用前面引证的文献即可驳倒（关于这点下面会做详细说明）。

还有一种异议：门捷列夫编制《元素体系的尝试》，工作了三昼夜之后，仿佛如不入睡，他的工作就会因没有进展而以失败告终。这种说法也是明显的夸大其词。

首先，大家都知道的档案材料表明，门捷列夫的发现是在一天之内做出来的。

其次，他思想极度紧张地工作了一整天之后，大概很疲倦，但未必能出现连续工作三昼夜之后不可避免的极度疲劳。

如果抛掉这些明显的曲解和夸张，那么伊诺斯特朗采夫的证据中的下述内容是值得信赖的。

门捷列夫在编制元素体系工作临近结束的时候疲倦了，可能躺了一会儿，并且梦见了元素已经按照应有位置排列的元素表。醒来后，他可能把这个元素表写了下来，后来只在一处做了修改。

那个后来只在一处做了修改的元素表不可能是完整元素草表（见影印件Ⅳ），因为完整元素草表需要修改的地方很多。看看这个表就会发现，编制元素表是逐渐地、一步一步地进行的，只有付出持久而耐心的劳动才能完成。根据该表所做调整来判断，门捷列夫寻求每种元素在体系中的最终位置，其头脑是多么清晰，其工作是多么紧张，因而那种在梦中完成这一切的说法是站不住脚的。伊诺斯特朗采夫引以为据的那张表可能是誊清的元素表（见影印件Ⅴ），在印刷之前（在校样上校对时），门捷列夫对这张表的确只做了一处修改：从 H—Cu 族删去了两种假设元素：? ＝8 和? ＝22（见表 34 ［附 26］）。

伊诺斯特朗采夫正是从与门捷列夫的谈话中得知，门捷列夫醒来后写在纸上的元素表后来只在一处做了必要的修改，根据这一点很容易确定，这里所说的表就是影印件Ⅴ中的元素表。

而这意味着，门捷列夫梦见的是誊清的元素表。换言之，他可能梦见了按照相反顺序誊清的元素表：在草表中是把较轻元素排列在较重元素之下，而在誊清的元素表中是把较轻的元素排列在较重的元素之上。

① 拉普申 И И. 发现的哲学和哲学的发现［M］// 哲学史引论：第 2 卷. ［出版地不详］：科学教育出版社，1922：81.

在这种情况下，"元素按照应有位置排列"获得了准确的意义：在完整元素草表（见影印件 Ⅳ）中，元素在纵列中按照原子量递减的顺序排列；在誊清的元素表（见影印件 Ⅴ）中，元素在纵列中按照原子量递增的顺序排列。

很显然，这里所说的问题不是元素周期系的发现，而只是把已经发现的元素体系用比较简便的表格表示出来。用这种方式没有做出任何特殊的发现，况且，门捷列夫只有在清醒的状态下而不是蒙昽的状态下，才有可能把这项发现进行到底。这项发现是持久而耐心的劳动成果，假如以前从未做到，那么任何梦境都不可能提供现成的东西。

拉普申还叙述了伊诺斯特朗采夫的一种说法，就是门捷列夫曾对他说过的"一块小纸片"确实保存下来了，而且前不久还找到了。

依据这一点，在某种程度上就可确定伊诺斯特朗采夫的说法是可信的，而且可以推测门捷列夫所指的在梦中看到的并且随之写在一块小纸片上的可能是誊清的元素表。总之，门捷列夫编制的两张元素表（见影印件 Ⅳ 和 Ⅴ）无可辩驳地证明了这一点。

人们可能会问，门捷列夫在一天时间里能否做完我们所认为的在 1869 年 2 月 17 日这一天里所做的事呢？这是人的力量能做到的吗？要把一切都记载在纸上，把所有元素写到卡片上，并采用"牌阵"的方法做纷繁复杂的工作，总共只有一天时间，够用吗？

为了回答这些问题，我们设想了一个粗略的办法，统计在 1869 年 2 月 17 日这天所发生的每一件事究竟能占用门捷列夫多长时间（见［附 45］）。这样来统计就会表明，由档案材料和伊诺斯特朗采夫保存的证据所反映的事件，可能而且实际上发生在一天之内。须知：发现的开始（见影印件 Ⅱ 和 Ⅲ）和发现的完成（见影印件 Ⅴ）都已注明是 1869 年 2 月 17 日。

伊诺斯特朗采夫教授的说法设立了一个奇特的、极为错误的传说的起点，似乎门捷列夫真的在梦中做出了发现。这个传说颇为唯心主义者拉普申所欣赏，因为它为依靠直觉的、本能的活动似乎就能决定科学发现的最终结果，从而为各种形式的投机活动打开了方便之门。

其后，这个传说为某些化学家、化学史家和哲学家一再重复，甚至渗透到通俗读物中（见［附 46］）。但是由此产生了一个问题：门捷列夫在编制出完整元素草表之后，他梦中的思维活动会是什么样的？我们要设法回答。

当门捷列夫极度疲倦时，他躺下来休息并且睡熟了。他在梦中的创造性思维可能同紧张工作时一样，并且好像惯性似的把在这之前准备做完、但未做完的事情进行到底。

很可能，在躺下来休息之前，门捷列夫就注意到体系的某些不和谐之处。事实上，在完整元素草表（见影印件Ⅳ）最终确定的时候，第1纵列开始为Li＝7，结束为H＝1；第2纵列开始为Na＝23，结束为Be＝9.4；第3纵列开始为In＝75.6，结束为Mg＝24；等等。

原子量变化的连续性（依次递减）在这里却表现得不够清楚。尤其是在这种连续性中存在着明显的中断：在H＝1之后为Na＝23，在Be＝9.4之后为In＝75.6，等等。同时，按照门捷列夫的思想，元素表的最终形式应能表明：按照原子量排列的元素总序列，可以划分为各个单独的部分，这些部分与纵列一样，一个挨着一个，一列连着一列。已经编制出的完整元素草表还未实现这种形式。

如果门捷列夫在极度疲倦之后也注意到了这点，他就完全有可能把完善元素表的工作暂时放下，等休息之后继续进行研究。在这种情况下，他在梦中的创造性思维，目的不在于寻求未知的规律，而在于更合适地表示已经发现的规律。

因此可以推测门捷列夫梦见了什么，这就是他醒来后按照相反顺序誊清完整元素草表的原因。由于这个缘故，第1纵列开始为H＝1，结束为Li＝7（见影印件Ⅴ）；第2纵列成为第1纵列的延伸，开始为Be＝9.4，与Li＝7直接相连，最后为Na＝23；第3纵列成为第2纵列的延伸，开始为Mg＝24，与Na＝23直接相连；等等。

这就是"元素按照应有位置排列"，即排列在按照原子量变化的连续序列中。

总之，门捷列夫在梦中的创造性思维是有可能的。不过应当强调指出，处于蒙眬状态下的这种活动带有极大的局限性。

2.最初发现了什么？

（周期律还是周期系？）

关于门捷列夫创立周期系和发现周期律孰前孰后的问题在不久以前还模糊不清。某些学者认为，门捷列夫最初发现的是周期律，而后在此基础上创立了周期系。

持这种说法的也有伟大化学家的儿子伊万·德米特里耶维奇·门捷列夫（1883—1936）。他在尚未出版的题为《回忆父亲——门捷列夫》的回忆录中曾经谈到过。波戈金刊印了这部回忆录中的某些摘录。

按照门捷列夫儿子的说法（本书只引用与发现周期律直接相关的说法），似乎门捷列夫真的对他说过：

> 我从一开始就深信原子的最基本性质，原子量应当决定每种元素的基本性质……我开始编写《化学原理》之后，终于得以回到问题最核心的部分。短时间内，我查阅了大量资料，并进行了比较。但是我应该做巨大努力，在现有资料里区分主要的和次要的东西，下决心改变公认的原子量序列，这是违反当时最高权威所认可的东西的。经过全面比较，我以毋庸置疑的明晰性认清了周期律，并深信这一规律是符合物质最深刻的自然本质的。在周期律的引领下，新的科学领域在我面前展示出来。我相信这一信念，并认为这对每一项富有成果的事业都是必需的。当我最终为我的元素分类定形时，我在每张卡片上写上每种元素的符号及其化合物，然后按照族和列的顺序排列，便得到周期律的第一张直观元素表。但这只不过是我以前的全部劳动的成果和结晶。[13-1]37-38

门捷列夫儿子的说法可以归结为，门捷列夫最初就发现了周期律并且对此深信不疑，然后在元素分类最终定形时，采用排列元素卡片的方法而使周期律具体化为周期系。事实上，情况迥然不同，这已被新的档案材料所证明。

很可能由于门捷列夫儿子不是化学家，他确实从父亲那里听说过，但在转述时有错误，因而在他的叙述中，事件的顺序与根据档案材料所得出的情况迥然不同。

首先，门捷列夫在发现周期律之前就产生改变个别元素原子量的思想，这种可能性很小。这种思想大概是在编制最早的元素草表过程中产生的，因而也就是在发现周期律的过程中。稍晚一些时候，也就是在揭示原子量与元素同氧反应的最高化合价之间联系的基础上，这种思想才得到发展。

在完整元素草表（见影印件 IV）中，按照元素周期性所做出的并经证实的原子量的重大修改，实质上只有 Be（由 14 改为 9.4），表中其他元素的原子量和当时公认的原子量并没有出入。

其次，必须考虑门捷列夫在《化学原理》中所提供的证据，他在发现的最后阶段采用了写有各种元素数据的卡片。门捷列夫用特殊方式排列这些卡片（"牌阵"），迅速得出结论：元素的性质与原子量存在周期性的关系。尽管他对周期性关系不明显的元素表示怀疑，"却一刻也不怀疑结论的普遍性，不容许有例外。"[1]619

可见，卡片正是门捷列夫用来揭示当时他还不知道的元素之间相互关系的，完全不是为了为元素分类最终定形。门捷列夫借助卡片，力求证明所揭示的关系的普遍性，从而证明这种关系具有客观自然规律的性质，"不容许有例外"。[1]619

从门捷列夫的上述观点可以清楚地看出，在编制和排列元素卡片之前，尚未发现周期律，而恰恰是排列元素卡片导致了这一发现。换句话说，在影印件Ⅳ记载的、载有"牌阵"各个阶段的完整元素草表编制之前，作为一般自然规律的周期律还没有被发现。至于在更早的阶段，当仅仅编制出两个不完整元素小表（见影印件Ⅲ）时，就更谈不上发现了，因为在下半部元素小表中所包括的也只是全部元素的2/3。所以，门捷列夫当时还没有预感到并几乎触摸到这种关系的普遍性，可见这种关系尚未作为自然规律被揭示出来。

在霍德涅夫信上所做的记载（1869年2月17日）证明，此刻周期律还未被发现。否则，这封信上所做的比较就毫无意义了（见影印件Ⅱ）。当时，门捷列夫还只是接近创立主要的原则——按照原子量比较各族元素。

两个不完整元素小表注明日期同样是1869年2月17日（见影印件Ⅲ），表明门捷列夫在编制这两个小表的时候，才第一次摸索到元素的性质和原子量之间的关系，并着手揭示这种关系的明显的周期性。

这种关系的普遍性在自然规律中不容许有例外，只有当全部元素都被列入体系而得出结果的时候，才能显示出来。只有在后来誊清的、注明同样日期（1869年2月17日）的完整元素草表（见影印件Ⅳ和Ⅴ）中才能做到这一点。

因此发现周期律和创立周期系，事实上是统一的、不可分割的、创造性过程的两个相互制约、密切联系的方面或因素。

实际上，随着门捷列夫把元素列入所创立的元素体系，作为元素体系基础的某种一般规律及其周期特征才清楚地显示出来。

反之，随着作为元素体系基础的规律越来越清楚地显示，门捷列夫在构造元素体系过程中，越来越严格地遵守元素性质与原子量相互关系的原则（例如，把 Be 的原子量从 14 改为 9.4）。

这就是"最初发现了什么？"（周期律还是周期系？）这个提法不对的原因。因为两者是同时发现的，它们互为因果。

如果把周期律看作元素之间相互关系的本质或内容，而周期系是表现周期律的形式，那么周期律正是通过其表现形式而被认识的，也就揭示了元素之间相互关系的本质或内容。

同样，对这种相互关系本质的深入理解，也促进了表现本质的形式更严密地确立，也就是说，赋予周期系以更严密的形态。

正是在这个意义上，我们所考察的发现贯穿着辩证法，显示出内容与形式之间、周期律与和其相适应的元素体系之间深刻的有机联系。

虽然把发现周期律和创立周期系截然割裂的假设毫无根据，但这种假设至今仍有很多拥护者（见［附 47］）。

3.元素是怎样排列的？

（按照族还是按照总序列？）

关于怎样发现周期律和创立周期系还存在另外一个问题。这个问题涉及研究方法，或者说，这个问题还涉及把元素一个接一个地列入刚刚形成的体系中的"技巧"。

元素是按照原子量的顺序列入总序列吗？例如，首先是 $H=1$，其后是 $Li=7$，然后是 $Be=9.4$，再后是 $B=11$、$C=12$、$N=14$、$O=16$、$F=19$、$Na=23$、$Mg=24$，等等。

元素是按照整个族列入总序列吗？例如

$$Ca=40 \quad Sr=87.6 \quad Ba=137$$
$$Li=7 \quad Na=23 \quad K=39 \quad Rb=85.4 \quad Cs=133$$

等等。

绝大多数研究周期律发现史的化学家和化学史家都倾向于第一种说法。看来，这种说法似乎是门捷列夫提出来的。他曾在关于周期律的第一篇论文中写道，他的"第一次尝试"在于：按照原子量的顺序排列了较轻的元素（从 $Li=7$ 到 $V=51$）并获得了前三个元素序列，按照原子量的顺序排列了较重的元素，并获得完全相似的序列（从 $Ag=108$ 到 $J=127$）。

之后，门捷列夫把所获得的全部序列加以比较，得出结论：

　　原来 Li、Na、K、Ag 同 C、Si、Ti、Sn，或者同 N、P、V、Sb 等一样，彼此都是相关联的。[2]8

用门捷列夫的话来说，由此产生了元素周期系的思想。

我们已经在第 4 章论述过这个问题。现在我们想指出的是，门捷列夫的说法使我们现在所分析的这一说法有了依据。因为从门捷列夫的观点来看，似乎他的"第一次尝试"在于：先排列"轻"元素而后排列"重"元素，将其一个接一个地列入总序列。

然而，从门捷列夫后来的言论中可以得出完全不同的结论，这点将在下文说明。

关于门捷列夫首先把元素按照原子量排成总序列，然后再划分为周期，并按照周期把元素从上到下依次写下的说法，还得到了其他支持。

还有一种说法来自门捷列夫的谈话，是由门捷列夫的密友、卓越的捷克斯洛伐克化学家勃龙纳（1855—1935）转述的。这个说法是在门捷列夫去世后，于1907年公布的，1930年在《捷克斯洛伐克化学通讯集》[①] 中刊印出来。在第二次世界大战期间，德鲁斯在其《勃龙纳传》中引用了这种说法[②]。

根据勃龙纳的说法，门捷列夫曾对他讲过，编写《化学原理》帮助他发现了周期律：

> 当我开始编写教科书时，感到有创立化学元素体系的必要。我发现，一切现存的体系都是人为的，不切合我的目的，我力求创立自然体系。为达此目的，我在小小的厚卡片上写上元素符号及原子量，然后按照元素的相似性用各种方法对其进行分类。在我按照原子量递增的顺序一个接一个地排列卡片之前，这些方法都没有使我满意。当排列出第一行：
>
> H＝1　Li＝7　Be＝9　B＝11　C＝12　N＝14　O＝16　F＝19
>
> 时我发现后面的元素能够组成第一行下面的第二行，但开头的元素却在Li之下。我发现在这个新行：
>
> Na＝23　Mg＝24　Al＝27　Si＝28　P＝31　S＝32　Cl＝35.5
>
> 中，Na重复Li的性质，后面的元素也如此。类似这样的重复在第三行中也存在，并且延续下去。

勃龙纳在阐述这一说法时写道：

> 门捷列夫按照原子量递增的顺序把元素排列成行，如上文所见，这些行中元素的性质和特征是逐渐变化的。在元素表的左边为"正电性"元素，右边为"负电性"元素。他以下面的话表达了自己的定律……（下面引用了门捷列夫对周期律的简要表述。）

这一说法正确的方面在于，只有当影印件Ⅳ中的元素表至少三行被确定时，门捷列夫才可能发现并确立周期律。

①　佚名. 捷克斯洛伐克化学通讯集：第2集［M］. 布拉格：［出版者不详］，1930：225.
②　德鲁斯 C. 两位捷克斯洛伐克化学家［M］. 伦敦：［出版者不详］，1944：14-15.

H＝1　　　　　　　　　　　　　　　　　　　　　　　　　Li＝7

　　Be＝9.4　B＝11　　C＝12　N＝14　O＝16　F＝19　　Na＝23

　　Mg＝24　Al＝27.4 Si＝28　P＝31　S＝32　Cl＝35.5　K＝39

只有当这三行被确定时，方能确定：

　　　按照原子量排列的元素，性质具有明显的周期性。[2]15

把 Li 移到第二行开头，把 Na 移到第三行开头，问题的实质并未改变。

但是，为了组成上述序列，门捷列夫应当预先把 H、Be、B、Al 等元素列入。此外，他还需要对尚未在体系中找到位置的其他元素进行排列，正如在完整元素草表中所记载的那样（见影印件Ⅳ）。

门捷列夫把这些元素列入体系，正如完整元素草表所记载的，不是按照原子量递增的顺序把元素排成一行，而是继续按照族排列元素。例如，把 Be 列入镁族，把 H 列入铜族，而 B 与 Al 则形成新族，等等。

只有在此之后，才可能把全部元素按照原子量递增的顺序排成一行，这样才能显示出元素性质的周期性变化，并在此基础上得出周期律的完整表述。

可见，勃龙纳转述的门捷列夫的说法，所涉及的并不是整个发现，不是创立周期系的全部历史，而只是这一发现的终结阶段，即在门捷列夫按照已经创立的体系表述作为体系基础的周期律的时候。

简言之，勃龙纳所转述的说法，涉及的并不是编制元素体系的历史，而是在已经创立体系的基础上表述周期律的历史。

因此，应当澄清勃龙纳说法中某些本质性的问题。其中之一牵涉到，在按照原子量递增的顺序把元素排列成一行之前，元素按照相似性（显然还按照原子量）的分类方式没有使门捷列夫满意。

完整元素草表也无可争辩地证明，门捷列夫正是按照元素的相似性和原子量排列元素才导致元素体系的创立，即导致周期律的发现。

把全部元素按照原子量排成一行并不困难，但只有在编制出影印件Ⅳ记载的完整元素草表之后才能做到。为此只需要把这个表中的所有元素按照原子量的顺序写下来。

但是在编制出这个表之前，若把元素按照原子量排成一行，则什么也得不到。因为很多元素的原子量不准确。仅仅是把 Be＝14 排列在氮旁边，把 Ca＝20 排列在钠和氟之间，就排除了按照原子量排列元素时在化学性质中可能显示出的周期性。

这点也由门捷列夫所确认，在"把相似元素按照相近原子量排列在一起"[1]619之后，马上就发现了周期性，这恰好为完整元素草表（见影印件Ⅳ）所充分证实。按照勃龙纳的说法：门捷列夫似乎一开始就把所有元素排成一行，然后把一个周期排列在另一个周期之后，于是相似元素组成了竖直的族。

事实上又如影印件Ⅳ记载的那样，门捷列夫从已知元素族出发，把这些族按照原子量递减的顺序一个接一个地上下排列，形成了作为周期的纵列。

作为证据的也有门捷列夫的叙述。门捷列夫在关于周期律的第一篇论文（见影印件Ⅺ和表 34［附 26］）中写道：

> 我确信"早先的表"在于：原子量可以作为元素体系的支柱。我最先按照原子量把元素排列成一个序列，立即发现在这样排列的元素序列中存在某些间断。例如，从 H＝1 开始到 Na＝23，至少有 8 种元素；原子量从 23 到 56，从 63 到 90，从 100 到 140，从 180 到 210……的元素之间几乎也有同样数量的元素。[2]11-12

从这段叙述可以清楚地看出，在体系内划分出彼此分割的周期，是在门捷列夫编制出元素表之后。

最后，我们也不赞同那种认为门捷列夫最初就把碱金属和卤素排列在体系外围而不是体系中心的看法。这只是在 1869 年 10 月，当门捷列夫开始按照其他元素同氧反应的最高化合价排列元素的时候才做出来的。[2]33

而在 1869 年 2 月至 3 月，门捷列夫把这两个族排列在体系中心，而不是体系外围，他正是把按照原子量比较不相似元素族看作体系的基础。

综上所述，可以给下列问题以十分确切、根据充分的回答：究竟是首先排列成按照原子量递增的元素总序列，随后将其划分为周期，还是只是把各元素族进行比较呢？

分析新的档案材料，特别是影印件Ⅲ和Ⅳ中的三张元素表和在霍德涅夫信上所做的记载（见影印件Ⅱ），以及更深入地研究门捷列夫的说法，便可以得出如下极有根据的结论：

门捷列夫在创立元素周期系的过程中发现元素族，并通过自上而下写下元素族的方式来比较元素。

例如，门捷列夫在第一篇论文（下面将对此做详细讨论）中指出，"按照原子量对已知元素族进行比较"导致了周期性关系的发现。[2]9 他列了一个小表，把元素按照原子量递减的顺序由上到下写成 6 个族：碱土金属、碱金属、卤素、O 族、

N 族和 C 族。

两年之后，1871 年 3 月，门捷列夫再次指出，发现周期律的方法在于把所有元素族加以比较，而绝不是在总序列中比较单种元素。门捷列夫在《关于元素体系的问题》这篇论文中写道：

> 除少数例外，我和我的前人一样，采用了相似元素族，但我的目标是研究各元素族之间相互联系的规律性。这样，我便发现了前面提到的适用于全部元素的一般原则，它包括许多相似物，并且还允许过去不可能出现的结果。[2]222

又过了 4 个月，门捷列夫在总结性论文《化学元素的周期规律性》（1871 年 7 月）中再次强调了同样的思想。[6]23

这一切形成了一个牢固的信念：门捷列夫做出发现，并非按照原子量编制元素总序列的方法来排列元素的，也不是用既按照行（族）又按照列（周期）比较元素的方法，而仅仅用了比较元素族的方法（因为开始时还未出现周期）。

当所比较的元素族数目达到 7 个（原子量低于 40 的元素）时，就出现了元素周期，先形成较短的周期，而后才形成较长的周期。

元素族是一个接一个上下排列的，正是这种排列导致了元素彼此相连的纵列（周期）的出现，从而形成一个不间断的元素总序列，在这个总序列中，化学性质呈现出周期性。

门捷列夫的周期律，其实质也正在于此。

况且，如果门捷列夫不仅预知了元素族，而且预知了周期，那么就没有必要制作元素卡片了。

还有一种异议也极其重要：门捷列夫排列元素时，是按照从左向右的横行记载呢（门捷列夫就是这样排列元素族的）？还是像算术计算那样，按照从上到下的纵列记载呢（门捷列夫就是这样排列周期的）？要知道，在我们手中的是编制成的元素表。当元素表编制成的时候这一点很难判断。

在我看来，未必能够在门捷列夫的档案中找到有关发现周期律更早阶段的材料（见 [附 57]），包括门捷列夫从一开始就按照原子量递增的顺序排列的元素总序列，并且在这个总序列中显示出元素化学和物理性质的周期性重复。我们没有看到这方面的任何资料。

在霍德涅夫信上所做的记载以及门捷列夫在发现周期律之前不久所做的笔记，都否定了前面提到的异议。门捷列夫编写《化学原理》的工作导致了发现周期律的创造性思维的发展。门捷列夫在编写过程中首先必须对元素族进行比较，在按照顺序编写各章时从一个族转到另一个族。

就这样，从卤族转到碱金属族（从第一卷转到第二卷），从碱金属族转到碱土金属族（从第二卷第1、2章转到第3、4章）。

剩下的只是比较卤族、碱金属族、碱土金属族这三个元素族，并且按照原子量在横行和纵列排列元素，这直接导致了周期律的发现。

几年以后（1877），门捷列夫在《化学原理》（第三版）中对此进行了叙述：

> 彼此相似的卤素，形成同样类型的低价化合物和高价化合物。碱金属和碱土金属也是这样。早就知道有很多这样的相似元素族……但一经熟识就难免会产生这样的问题：它们有相同之处的原因何在？各族的相互关系又如何？不回答这些问题，在建立元素族时就很容易陷入迷途，因为关于相同点和相似点的所有概念都是相对的，缺乏鲜明性或精确性。[2]264

门捷列夫接着表明了他按照原子量排列全部元素的基本思想：

> 而这时立即呈现出各个周期中元素性质的重复。例如，已知：
> 卤素：$F=19$，$Cl=35.5$，$Br=80$，$J=127$。
> 碱金属：$Na=23$，$K=39$，$Rb=85$，$Cs=133$。
> 碱土金属：$Mg=24$，$Ca=40$，$Sr=87$，$Ba=137$。
> 从这三个族中可以看到问题的本质。同一周期中，卤素的原子量比碱金属的原子量小，而碱金属的原子量又比碱土金属的原子量小。[2]265

门捷列夫指出，把这种观察进行合乎逻辑的发展和概括，很容易得出按照原子量排列的元素其性质存在周期性的结论，即导致周期律的发现。

从门捷列夫的这些论述可以清楚地看出，他所谈的正是元素族的比较，以便弄清楚它们有相同之处的缘由及相互关系。

非常自然，门捷列夫要在理论上寻求从一个族向另一个族过渡的根据和基础，这种过渡在实践中（编写《化学原理》时）早已实现或正在实现。

由此他在从有机元素（H、O、N、C）向矿物元素（无机化学的基础部分）过渡时提出了 NaCl。既然 NaCl 是以自然形态相并列的两个元素族的代表 Cl 与 Na 的天然化合物，那么就从理论上证明了《化学原理》中的 Na 及其相似物被放在 Cl 及其相似物之后阐述是正确的。

门捷列夫寻找从 Na 族向其后面的金属族过渡的自然根据时遇到了困难，因为在这里理论和实际相脱节：实际上，即在《化学原理》中，门捷列夫打算在 Na 族之后叙述 Ca 族；而理论上，在 Na 族之后应当是"过渡"金属族。

门捷列夫试图从困境中找到出路，克服在编写《化学原理》时遇到的理论与实际脱节的问题，这就促使他直接通往发现周期律的道路。

我们认为，在霍德涅夫信上所做的记载证明：门捷列夫首先比较不同族的有代表性的元素（Cl 和 K），然后比较不相似元素族（Na 族，Mg、Zn 族）。

同时，我们认为，这些新发现的档案材料也推翻了一种设想：似乎有新的、尚未发现的手稿会证明，门捷列夫做出的发现不是通过比较元素族的方法，而是通过按照原子量编制元素总序列并随之划分为周期的方法。

因此可以认为这个问题已经解决了。这点在最近出版的一系列出版物中已经得到了反映（见［附 48］）。

然而这种解答的反对者坚持陈旧的、已被确凿证据驳倒的发现周期律的异说（见［附 49］），他们没有考虑门捷列夫的直接论述。门捷列夫曾多次十分清楚地强调指出，他是用比较元素族的方法发现周期律的。借助这种方法，他在比较各个元素族的相似元素之后，再比较不相似元素。

如果忽视这个情况，不仅不可能弄清楚发现周期律过程的真实情况，而且必然导致各种错误的人为构思，某些作者企图以这些构思来取代这一发现的真实过程（见［附 50］）。

模棱两可地解决问题就达不到目的，为此门捷列夫对各元素族进行了比较，但不是比较整个元素族，而是比较各元素族中开头的元素（见［附 51］）。

半个多世纪以前，某些化学家发表了完全合乎逻辑的意见，有助于说明周期律的发现是通过比较元素族的方法进行的，正像门捷列夫多次声明的那样。例如，喀山大学教授弗拉维茨基在其《普通化学讲义》中写道：

> 把元素分成族引入化学已经很久了，但是各族之间过去没有建立联系，直到门捷列夫找到了一条一般规律，才把全部元素联结为一个整体，从而证明不仅在各族元素之间，而且在各族之间，都存在普遍联系。[①]

弗拉维茨基继续写道：

> 在阐明周期系原则之前，我们根据最本质特征的化合价，从元素族相互关系方面来把我们考察的各个元素族进行比较……

---

① 弗拉维茨基 φ м. 普通化学讲义［M］. 2 版，喀山：［出版者不详］，1898：413.

在这种比较中，我们所研究的各个元素族以最佳顺序表现出来……因此各族按照化合价排列的顺序是最完美的。[①]

在指出氧化物或氢化物性质方面的规律以后，弗拉维茨基断言：

元素族在化合价方面的普遍联系就是如此。[②]

只是在此之后，门捷列夫才在各个周期内"按照原子量比较各族元素"。

试问：为什么在 1898 年，当涉及周期律发现史的材料尚未公布时，弗拉维茨基能够正确地阐明导致门捷列夫做出这一发现的方法，并且在逻辑上极清晰而简练，正如事实本身那样，没有掺杂任何臆造虚构呢？

再请问：为什么过了半个多世纪，特别是在新的档案材料已经找到、解释和公布，并完全证实了门捷列夫以及随后弗拉维茨基所叙述的一切之后，却突然需要用臆造的特定假设来使发现复杂化及不可思议呢？要知道，这些虚构的假设解释不了这一发现的真实情况，只能造成混乱。

诚然，每个研究者都有权对争论的问题保留自己的见解，但这种见解必须有根据，没有根据便不能使人信服。

有关门捷列夫发现元素周期律的种种论述和传说就是这样的。由于找到并研究了有关这一伟大发现的新材料，这些传说所引起的一切模糊不清的问题现在可以认为被消除了。

这些传说的一般方法论的错误在于：对运用于分析周期律发现史研究的事实和假设的关系问题做了不正确的解答（见［附 52］）。

4.为什么不正常地列入了"可疑的"元素？

（有意还是疏忽？）

常有人说，门捷列夫在《元素体系的尝试》中并未坚持按照原子量排列元素的一般原则：他违反了这个原则，在按照原子量递增的顺序排列的元素序列中列入了"可疑的"元素。

这就产生了一个很自然的问题：门捷列夫是注意到了这种情况，还是忽略了呢？

首先需要弄清楚的是，所谓违反作为门捷列夫元素体系基础的一般原则究竟表

① 弗拉维茨基 ф м. 普通化学讲义［M］. 2 版，喀山：［出版者不详］，1898：413-414.
② 弗拉维茨基 ф м. 普通化学讲义［M］. 2 版，喀山：［出版者不详］，1898：414.

现在何处。我们仔细分析《元素体系的尝试》就会发现，从第 3 纵列向第 4 纵列过渡时，以及从第 4 纵列向第 5 纵列过渡时，违背了一般原则。这究竟是怎么回事呢？

门捷列夫在接近完成的元素表边缘接上"可疑的"元素之后，便形成了以下纵列：

$$K=39 \quad Ca=40 \quad ? \; Er=56 \quad ? \; Yt=60 \quad ? \; In=75.6$$

随后的纵列是具有较小原子量的元素：

$$Ti=50 \quad V=51 \quad Cr=52 \quad \cdots$$

同样，在 $Rb=85.4$，$Sr=87.6$ 之后有：

$$Ce=92 \quad La=94 \quad Di=95 \quad Th=118?$$

在此之后的纵列又是具有较小原子量的元素：

$$Zr=90 \quad Nb=94 \quad Mo=96 \quad \cdots$$

可见，在 $Ca=40$ 和 $Ti=50$ 之间很明显地插入了原子量为 $56 \sim 75.6$ 的元素，而在 $Sr=87.6$ 和 $Zr=90$ 之间很明显地插入了原子量为 $92 \sim 118$ 的元素。

最近考察这种情况表明，在这里并没有插入任何元素，因而也就没有违反按照原子量递增的顺序排列元素的一般原则。在我们看来，这里并不是把"可疑的"元素列入体系，而只是把它们作为尚未在体系中处于最终位置的元素接在体系边缘。

因此不应该这样来看体系中的有关纵列：在 $Ca=40$ 之后有 $Er=56$，在 $Sr=87.6$ 之后有 $Ce=92$，或者在 $In=75.6$ 之后有 $Ti=50$，在 $Th=118$ 之后有 $Zr=90$。

而应当这样来看：在 $Ca=40$ 之后有 $Ti=50$，但除此而外，还要求找到适合于三种元素的位置，其原子量按照已确定的经验数值应与上面两种元素相连。

同样，也应该这样来看：在 $Sr=87.6$ 之后有 $Zr=90$，但除此而外，还应当找到适合于四种元素的位置，其原子量按照已确定的经验数值应与上面两种元素相连。

在这种情况下，把"可疑的"元素接在体系边缘只能证实：可能由于它们的原子量测定得不准确，还未在体系中找到最终位置。

为什么门捷列夫只是把部分元素（63 种之中的 7 种）简单地接在体系边缘，而不是有机地列入体系？他为什么要这样做？可能是想把这部分元素在体系中的位置弄清楚之前，先把这个问题暂时放一下。实际上他正是这样做的。在体系边缘接上这 7 种元素，也就意味着把确定它们位置的问题暂时放下，直到它们的原子量被准确地测定。

为了弄清楚这一切是怎样发生的，有必要回顾一下：门捷列夫急于出差，他明显被拖延了，一整天都用在排列已被充分研究的 56 种元素上。试问：还能够花费多少时间寻找缺乏研究且原子量显然测定不准确的 7 种元素在体系中的位置呢？

这方面显然要花费很长时间，看来门捷列夫不可能想不到这样的任务需要几天，甚至几个月才能完成。所以事情变得很清楚，把 7 种"可疑的"元素列入体系必须搁置下来，并将搁置很长时间。从技术上说，门捷列夫把"可疑的"元素接在体系边缘，但还没有列入体系。可见这种做法没有违反一般原则，门捷列夫只不过是把这些元素移到体系边界之外。他当时这样做，也许打算很快就对这些元素加以处理。事实上，在 1869 年 2 月下半月撰写关于周期律的第一篇论文时，门捷列夫拟订了各种元素体系方案，而且就是从那些形式上接在体系边缘、实质上"未定位"且与元素体系分离的"可疑的"元素开始的。

这样一来，我们可以回答本节开始提出的问题：

首先，门捷列夫完全是有意地把 7 种"可疑的"元素接在体系边缘。从这方面来说，他没有任何疏忽大意。

其次，由于这些元素不是包括在体系中，而只是接在体系边缘，因而没有违反在元素体系内按照原子量排列元素的一般原则。

5. 主要文献日期的确定

（怎样确定记载的顺序？）

为了进一步分析门捷列夫发现周期律的过程，特别是为了弄清楚门捷列夫在这一发现中所采用的科学方法，必须对我们判定的文献日期及时间顺序的正确性坚信不疑。这点之所以必要，是因为我们要在以下各章中用比较分析的方法，研究 1869 年 2 月 17 日所进行的创造性过程的全部事实及其相互关系和顺序。

现在已拟订几种确定和查对涉及周期律发现史的各种手稿的日期的方法。

如果涉及一种孤立的材料，那么只有当它注明日期时，才不会对它的形成时间产生疑问。如果同时涉及许多材料，尽管其中某些材料没有日期，但只要把这些材料上的记载与其他已知日期的材料中的记载相比较，就可以确定这些文献的日期，并且有时十分准确。

确定门捷列夫在发现周期律及以后的研究中所做记载的时间顺序有各种途径。关于这些途径，我们在《门捷列夫科学档案》第一卷开头的总注解中做了详细的叙述。[8]36-42 这一注解的标题是《关于手稿和表格时间顺序的确定方法》。

现在我们来研究与 1869 年 2 月 17 日有关的主要材料形成时间的确定方法（见影印件Ⅱ、Ⅲ、Ⅲa、Ⅳ和Ⅴ）。

我们注意到，这些材料中的最后一件（见影印件Ⅴ）与霍德涅夫信上（见影印件Ⅱ）以及两个不完整元素小表的纸上（见影印件Ⅲ），都记有同样的日期。

因此，既与发现的最初时刻（在霍德涅夫信上所做的记载和两个不完整元素小表）又与发现的最后时刻（誊清的元素表）有关的日期，幸好偶然保存下来了。

这样，在化学史家的手里，便有了显示发现向什么方向发展的线索的两端。而掌握了这条线索的两端，就不难确定与发现中间阶段有关的材料的先后顺序，从而理出头绪。

知道了发现开始萌芽的最初时刻，又知道了发现已经完成的最后时刻，就可以相当准确而完整地再现发现展开的情景，但为此还必须适当地比较各种材料：

两个不完整元素小表属于最初时刻，表明对周期律的初步预示更加明确。

完整元素草表属于最后时刻，表明门捷列夫的创造性思维逐渐达到以《元素体系的尝试》表现出来的完成阶段。

线索的两端有可能会合，并且以从发现的最初时刻到最后时刻的不间断过渡的方式联结起来。这种过渡就是为排列"牌阵"而编制元素卡片以及编制与此相关的新原子量清单，这是在编制下半部元素小表（见影印件Ⅲ）以后和编制完整元素草表（见影印件Ⅳ）之前完成的（见［附 54］）。

还有一种方法可以查证所得出的结论，并查证门捷列夫编制新原子量清单是在发现的哪一时刻（见影印件Ⅲa 和表 21［附 16］）。这种方法就是比较分析元素的原子量及其计算方法。门捷列夫所采用的原子量对周期律发现史具有特别重要的意义。按照一般原理，认识是从不知到知，从知之不甚准确到知之更加准确的活动。

换句话说，在研究的一般过程中，随着越来越接近发现周期律，门捷列夫走的是使原子量更加准确的道路（见［附 55］）。诚然，这里可能有例外，但一般说来，门捷列夫思想的发展同发现本身的发展一样，应当是沿着寻找越来越准确的原子量的道路前进的。

根据这些见解，可以给那些没有日期的材料（见影印件Ⅲa 和Ⅳ）以充分的依据注明日期。这给确定与 1869 年 2 月 17 日有关的全部材料的时间顺序提供了可能（见［附 56］）。

应当补充说明，上述一切只是以我们现在知道的材料为依据的。如果有可能发现新的材料，当然需要加以修正。但是，1949—1953 年，我们在莫斯科和列宁格勒对档案进行仔细研究之后，觉得找到新的、尚未发现的材料的可能性微乎其微（见［附 57］）。

　　最后，我想再次强调指出，门捷列娃-库兹米娜在保存、寻找和解释他父亲与周期律发现史有关的极为珍贵的手稿方面的重大作用。我们的使命在于，通过详尽解释和阐明保存下来的、门捷列夫制订的各种元素表，使它们处于相互联系之中，从而揭示出门捷列夫在 1869 年 2 月 17 日这一天创造性思维发展的过程（见［附 58］）。

第7章 在发现过程中怎样运用科学认识方法
——上升法
（发现的关键）

于是在上升时，我们从有条件的 0 和 1 开始，达到无条件的无限。

（摘自：门捷列夫《论个体》）

像周期律这样规模的科学发现，如果它的发现者不精通科学认识方法以及科学研究方法，就不可能在这样短的时间里完成。如果不运用这种方法，研究者很容易陷入大量的互不相关的、并且初看起来往往相互矛盾的事实迷宫中。

下面将要阐明的科学方法，是门捷列夫在准备自己的发现时、特别是在 1869 年 2 月 17 日发现过程中使用的，同时也是在进一步研究这一发现的过程中使用的。

因此必须详细地分析如下问题：

(1) 门捷列夫科学认识方法、科学研究方法的特征。

(2) 发现的一般过程。从逻辑观点来看，这个过程是从低级（整个发现开端的"小细胞"及其胚胎）到高级（《元素体系的尝试》）的运动（我们把门捷列夫运用的与此相应的方法表述为上升法）。

(3) 用来寻找一般规律的各种综合形式和各种综合认识方法（我们把门捷列夫运用的与此相应的方法表述为综合法）。

(4) 用以揭示化学元素之间多方面联系和关系并构成自然分类基础的认识方法（我们把门捷列夫运用的与此相应的方法表述为比较法或历史法）。

为了阐明上述一般性问题的各个方面，我们不仅要使用与发现周期律这一天有关的材料，还要使用与这一发现有联系的材料。换句话说，我们将描述门捷列夫作为伟大化学家在 2 月 17 日所运用的一般科学方法。

我们在本章考察前两个问题。

1.门捷列夫论科学认识方法

门捷列夫不是局限于某一狭窄的研究领域而不注意其他科学领域（更不用说哲学方面的广泛问题）的科学家。《化学原理》不仅是一部化学专著，也是一部深刻的哲学著作。

门捷列夫认为哲学问题（包括科学认识方法问题）不是独立的、自在的问题，而是与化学以及所有自然科学的根本问题有着不可分割的联系。因此他总是具体地和创造性地阐明这些问题，而不带有任何纯粹抽象的理论框框。

门捷列夫在编写《化学原理》，特别是第二卷时，发现了周期律。因此弄清楚他在《化学原理》中是怎样提出有关问题的，同时阐明所做发现的方法论问题，具有特别重要的意义。

在发现周期律之后，1871 年年初，门捷列夫说明了他称之为"科学宇宙观"的特性：

> 这种宇宙观不仅由各种主要科学材料的某种解释所构成，也不仅由公认的、比较准确的结论的总和所构成，而且还由一系列尚不准确或尚未表达的某些关系和现象的假设所构成。[4]903-904

门捷列夫在描述"占有科学的方法"时写道：

> 单纯地收集事实，即使收集得极其广泛；单纯地积累事实，即使积累得毫无遗漏，甚至掌握了公认的原理，也不会提供"占有科学的方法"，并且它们既不提供进一步成功的保证，也不提供命名为科学（就该词的最高意义而言）的根据。科学的大厦不仅需要材料，而且需要计划。大厦的耸立还要依靠必要的劳动，通过这种劳动来准备材料，又通过这种劳动来砌造大厦以及制订计划。有了科学的宇宙观才有可能拟订方案——科学大厦的模型。没有方案就无法认识人们已经知道、头脑中已经形成的许多东西。化学中未被拟订方案的很多事实常常不是一次，而是两次、三次和更多次地被发现。没有方案，在已知事实的迷宫里也很容易走入迷途……没有材料的方案，或者是空中楼阁，或者仅仅是一种可能。没有方案的材料，或者是远离建筑现场的堆垛，不值得花费劳力去转运；或者仅仅是一种可能。"占有科学的方法"实质在于材料加方案并付诸实现。[4]904

"占有科学的方法"也就是科学认识方法，亦即获得真理的方法。观察（"看"）、实验（"尝试"）以及随后的理论概括构成了这种方法的基础。当评述这种方法时，门捷列夫在生前的主要著作——最后一版《化学原理》中就周期律发现史写道：

> 无论探索什么，野蓏也好，某种关系也好，除了观察和实验以外，没有别的方法。[1]619

门捷列夫在排列元素卡片（"牌阵"）时所应用的正是这种方法。

当概括科学认识方法，包括考虑周期律发现史的方法论问题时，门捷列夫在同一版《化学原理》中写道：

> 就科学意义而言，研究意味着：
>
> （1）不仅要忠实地描述或简单地记载，还要认识所研究对象与经验中、日常生活环境中，以及以前的研究中已知对象之间的关系，亦即借助已知事物来确定和表示未知事物的性质。
>
> （2）测量所有能够测量和应该测量的东西，表示所研究对象与已知对象、时间和空间的范畴、质量等方面的数量关系。
>
> （3）既利用定性的材料，又利用定量的材料，来确定所研究对象在已知事物体系中的地位。
>
> （4）根据测量找到经验的（实验的、有形的）变量之间的依赖关系（函数，有时称为"定律"），例如成分与性能、温度与时间、性能与质量（重力）等。
>
> （5）拟订假设或推测所研究对象及其与已知对象、时间和空间的范畴等之间的因果联系。
>
> （6）用实验检查假设的逻辑推理的结果。
>
> （7）形成所研究对象的理论，也就是把所研究对象作为已知对象及其存在条件的直接结果推论出来。[1]405

门捷列夫在继续评述科学认识方法时写道：

> 当凭借感觉器官观察、描述、记载有形的和能够直接观察到的东西时，通过研究，我们希望起初出现假设，然后形成作为被研究对象基础的理论……通过这种归纳法，形成精确科学，就能从尚未显现的、感觉器官不能直接感知的世界中认识许多东西（例如，所有物质具有的分子运动、天体的构成及运动轨迹、未知物质存在的必然性等），同时还能检查已知的东西并扩充人类的生活资料。毋庸置疑，与古代曾奢想包罗万象的单一

演绎法（从少量毫无疑义的假设到众多的可见事物）相比，以归纳法来研究是更为完善的认识方法。当用归纳法研究世界时，科学无法直接认识真理，而是借助真理，通过缓慢而艰苦的研究，力求得到正确的结论，其界限无论在外部自然界还是在内部意识中，都是看不见的。[1]405

顺便指出，有些文献中还流露出这样一种见解：似乎门捷列夫是片面解释归纳法的信徒。门捷列夫在对归纳法的正确理解中并没有把归纳法和演绎法对立起来，而是看作统一的。在分析门捷列夫做出发现的瞬间以及完成发现以后的创造性思维的发展时，我们还将多次提到在形式逻辑中通常被理解为相互对立的这两种思维方法或者思维手段。

拟订和运用科学认识方法之所以必要，是由于在科学研究中，科学家必须从凭借感觉直接观察和了解现象转入揭示它们的本质，而这种本质已经不具有可感触到的物质的特征。认识本质只能用抽象思维的方法，也就是凭借一定的逻辑推理手段的协同（通常称为认识方法）来完成。

当描述科学认识从对事物的直接感觉到隐蔽在现象后面的本质这种共同倾向性时，门捷列夫在论文《物质》（1892）中写道：

致力于找到肉眼看不到的隐秘的共同本质，最符合有哲理的世界观。[2]375

由于从这一角度来看待认识自然和占有自然的方法，因而在一般的认识过程中，也就是走向揭示和掌握真相的过程中，门捷列夫划出明确的阶段（或者像他所表述的"等级"）。发现周期律后不久，门捷列夫在笔记里表述了极为有趣的思想：

对于对象的认识和完全掌握是由三个阶段构成的：

（1）观察、验证。我看到了，但不知道如何发生、为什么发生等。与此相适应的是对事实的描述和研究。

（2）事实与某些其他方面的联系——规律。与此相适应的是测量。

（3）同整个世界观的内部联系——理论。从假设开始，到发现新现象的理论，由一个原理导出全部结论作为结束。与此相适应的是完全精确地预见现象，发现新的、前所未有的现象。[8]623

这样的认识活动也正是门捷列夫在发现周期律那天完成的：当从已知的事实出发，把它们进行比较时，门捷列夫力求洞察"肉眼看不到的隐秘的共同本质"——化学元素的内部规律。

上升法符合从直接数据、原始材料到只凭借抽象思维间接揭示的认识规律。

上升法在最一般的形式中表现出这样的情形：在科学认识的过程中，思维的发展同其他发展一样，不是混乱的，不是以偶然的形式，而是在确定的方向严格地循序渐进，否则就不称为发展了。如何更具体地描述它呢？

像所有一往无前的发展（我们只研究这种发展）一样，创造性思维的发展是通过从简单到复杂、从低级到高级、从抽象（在未发展的、无区别的意义上）到具体（在发展的、有区别的意义上）来实现的。假若思维的发展在其他方向发生，例如，认识的最高阶段复归到早已经过的、认识的较低阶段，那就奇怪了。

如果所指的是简单地复归到最初的认识，亦即放弃获得的认识，那么在认识的发展中并不存在这种放弃。它们是不合逻辑的、荒谬的。但是在思想发展的更高阶段和内容更丰富的阶段，复归的运动不但是可能的，而且在认识过程内部矛盾的作用下也是必然的。这样的复归仿佛是朝向旧的、早已经过的阶段，但在本质上意味着继续前进。因为这种复归是在新的、更高的基础上重复过去，是用以前的发展来丰富自己，并且保存着以前发展的结果，而不是抛弃它，这与简单地复归到旧的、拒绝新的全然不同。

当谈论认识运动从较低阶段上升到较高阶段的时候，我们把运动理解为扩大和加深我们在这一现象领域的知识，按照从未知到已知、从不认识到认识、从不懂到懂的过程发生。这样的运动描述了如何从不知到知。

在这个运动中作为出发点的是过去的知识：依据它，当从已知的、研究过的阵地进入未知的时候，我们能够积累新的知识，把它们归入已有的知识，用新的知识来充实已有的知识。

显然，这里谈的是完全合乎规律的过程，向前发展的运动是与新旧知识之间的继承性以及全部发展过程（进化）的连续性结合在一起的。

门捷列夫在论文《物质》中指出，现代科学力图从远自古代就已提出的思想中谋取效益，保存并利用它们，尽管这种思想已变成了另一种形态：

　　在这样的活动形式下达到历史发展的不可分割性，这是一切进化的基础。[2]381

这就涉及整个历史发展的问题，它与个体认识的发展有关，也与科学发现有关。门捷列夫在《关于周期律的历史》（1880）中写道：

　　……观念世界同物质世界完全一样，"绝不能无中生有，凭空捏

造"……[2]288

当话题转到从低级的（无区别的、未发展的）到高级的（有区别的、发展的）运动的时候，那种低级的表现形式是某些简单的要素或作为继续发展的出发点的个体。门捷列夫在论文《论个体》（1877）中写道：

> ……我们是在个位的概念里长大的，是从个位开始学习计算的，甚至是用个位数来思考的。[5-1]241-242

当继续发展这种思想时，门捷列夫把个位的概念与原子或整个有机体的微小的细胞概念相比较：

> 于是在上升时，我们从有条件的 0 和 1 开始，达到无条件的无限。那种思路恰好同一切可见物由不可分的原子构成、一切生物由低级的最简单的个体——细胞构成（这点用现代化的手段是可以看到的）的思路一样，都是明了、简单而又必然有效的。只有最低级的有机体才是单细胞的。[5-1]244

马克思把研究对象的最简单的、最初始的形态称为"小细胞"，由此开始发展。基于这一理由，在叙述关于这个对象的科学时，应当把最简单的、最初始的形态作为开端和出发点。列宁发展了马克思的这一思想，认为在阐述辩证法时，应当从最简单、最普通、最常见的等等东西开始……①

虽然门捷列夫不是辩证法的自觉拥护者，但他的思想同这些思想直接呼应。

"小细胞"是发展过程中最简单、最初始的形态，它具有这样的特征：在"小细胞"中就像在实际的活细胞中一样，提供了从低级的到高级的、复杂的和发展的可能性。因而"小细胞"用作萌芽的、胚胎形态的概念，包含所有循序产生该物质或者现象的更发达形态的可能性。如果所指的是认识的过程及发展，那么上面所讲的则与思维的形式或科学发现的阶段有关。

门捷列夫在科学认识方法上的见解的一般轮廓就是如此。

但是现在这样对问题的太一般化的提法不能使我们满意，何况谈的是特定的科学发现——周期律的发现。所以什么是该发现出发点的"小细胞"，以及从这个类似隐藏原动力的"小细胞"开始，如何一步一步地展开整个发现——从最初阶段到

---

① 列宁. 哲学笔记［M］//列宁. 列宁全集：第 55 卷. 2 版（增订版）. 北京：人民出版社，2017：307. 原引文为俄文，此处引自相应最新中文译本，并根据俄文进行了校核。下同。——译者注

最后阶段，必须使这些细节问题具体化。

2. 发现的出发点

（科学发现的"小细胞"）

在这一科学发现中应用了怎样的方法？要回答这个问题必须具体阐明：在这种情况下，什么是整个发现的出发点？什么是含有今后一切发展萌芽的胚胎？

从这个方面来研究周期律发现史可以得出结论：门捷列夫最初打算按照化合价原则来构思《化学原理》的体系。在《化学原理》第一卷（第一版和第二版），他就是用这种方法叙述了头四种元素：H、O、N 和 C。按照门捷列夫的构思，这些元素对于其他元素来说应当是原型。

对于构思好的《化学原理》来说，热拉尔化学类型应该作为最初提纲的"小细胞"或出发点。如果是这样，那么在门捷列夫的提纲和构思以及他依照这些提纲和构思做出的阐述里，我们还找不到任何原则上是新的、重要的东西。

就在门捷列夫快要编写完《化学原理》第一卷的时候，他必须从上面所叙述的四种有机元素过渡到无机化合物及无机元素。为此他研究了食盐（NaCl）。看来选择食盐而不是其他盐、酸或碱，并没有任何特殊理由和考虑，然而事情并非如此。

门捷列夫研究了 NaCl，这点对于《化学原理》的叙述和周期律的发现都具有极其重要的意义（即使不说有决定性意义）。实际上，除了 H 和 O 组成的水（H_2O）之外，食盐大概是人们日常生活中最熟悉的无机化合物的代表。

科学发现的"小细胞"正应该如此。

为了实现从已知向未知的过渡，无论是研究已经发现的东西，还是研究新的、未知的东西，都必须以某种牢固确定的、经过多次检验的、完全可靠的东西作为立脚点，作为科学研究的出发点。NaCl 就具有这样的特征。

但是，如果门捷列夫最初选择 NaCl 作为出发点只是出于方法论方面的考虑，为了教学需要，那么他很快就发现：在化学元素全部关系基础上的规律本身的认识途径正是在于认识 NaCl。结果是，为教学需要选择作为出发点的这个概念变成整个发现的出发点，变成从编写《化学原理》得出的整个发现的"小细胞"。

这是因为在 NaCl 中已经提供了两个在其自然联系（就词的直接意义而言是化学联系）中最具特性的、极性对立的化学元素的代表——Na 和 Cl。门捷列夫从这两种元素的纯自然的相互关系出发，立刻找到了自己的创造性思维进一步发展的关键。正是从这里得出——首先从经验上按照顺序编写各章，然后从理论上寻求所采用顺序的根据——比较彼此极不相似的两个元素族（卤族和碱金属族）的必要性。

门捷列夫从 H、O、N 和 C 过渡到 NaCl，然后到卤族，接着到碱金属族，这样一来，最初取作整个叙述的"小细胞"的热拉尔类型竟然被新的"小细胞"——完全不同的元素族的比较取而代之。这是向发现周期律的道路顺利前进的保证。

我们从这个观点出发分析整个发现接踵而来的发展。"小细胞"本身还不能对所探求的问题给予详细的回答，应当"揭开"这种小细胞，展示出奠定其基础的内容。门捷列夫创造性思维发展的以后各阶段也正是如此。此时我们清楚地看到，从低级到高级、从胚胎到发现的"上升"是怎样实现的。

摸索到以 NaCl 概念形态出现的"小细胞"，门捷列夫沿着这条途径迈进了一步，提出如下两个问题并寻求答案：

（1）应当从 Na 族过渡到哪个金属族？

（2）如果放弃了化合价原则，那么用什么理论可以证明这样的过渡是正确的？

提出这两个问题并寻求答案，正是揭示隐藏在原始的"小细胞"中的内容的下一个步骤。在 NaCl 里仅比较了两种元素，如果承认这样的比较对于其他元素族来说是原型，就需要从这两种元素的比较中得到可以作为其他族进行类似比较的共同标准或者共同手段。

（我们记得，门捷列夫花费了很长时间也未能解决这个问题，这个问题强烈地激励着他。）当从质的方面处理这个问题时，仿佛应该偏重于最接近 Na 族的碱土金属族。但从量的方面来看，情况就不一样了：只要除了化合价还没有找到其他量的标志，优势就落到"过渡"金属上。

为了在 Na 族之后叙述碱土金属，门捷列夫已经从未来发现的"小细胞"上升到发现本身。因为论证这种选择，需要把化合价原则和某种新的量的原则相比较。根据这一新原则，在 Na 族和 Ca 族之间不存在"过渡"金属，正好与化合价原则一致。（我们记得，在一化合价金属和二化合价金属之间插入了在化合物中表现出两种化合价的金属，例如 Cu 和 Hg。）

把原子量作为完全不相似的元素靠近的根据是发现周期律的关键。毕竟这把钥匙在原始的"小细胞"中已经以隐藏的状态提供了，因为分析"小细胞"导致找到比较完全不相似元素族的根据的必然性。

从低级到高级，门捷列夫在解开整个发现出发点里结成的"线团"的时候完成了这种"上升"。这点由 1869 年 2 月 17 日在霍德涅夫信上所做的记载可以很好地证明：在头两行比较了 K 和 Cl。

K 同 Na 一样，也是碱金属的代表，但是它的原子量与 Cl 的原子量接近。

$$K \qquad Cl$$
$$39 \qquad 35.5$$

在霍德涅夫信上所做的记载是前进的重要一步，因为它提供了以量的顺序为根据（原子量的接近）来补充两族接近的质的方面的可能性。

从刚才援引的比较，到 K＝39 和 Ca＝40 的比较，即寻求答案，仅剩下一步了。不错，这一步需要补充研究。但是从 K 和 Cl 的比较中已经找到了这种研究的途径。

在霍德涅夫的信上，两种碱金属和与之毗邻的氢简直被碱土金属包围了（从右面和下面）：在 K 之下是 Na 和 H，在 Na 和 H 之后是 Ba，在 Na 和 H 之下是 Sr 和 Ca。K 和 Ca 的化学性质相似，原子量也接近，稍晚一些时候被列入下半部元素小表。作为总结，门捷列夫在《化学原理》第二卷第 4 章开头部分对 Ca 族做了叙述。

在发现的这个阶段，其展开过程可以这样表述：

(1) 在《化学原理》相应章节的阐述中，从原始的"小细胞"（NaCl）开始，用揭示其中相互矛盾的关系的方式，完成了向两族（卤族和碱金属族）比较的过渡（1869 年 1—2 月初）。

(2) 用进一步揭示同一个初始关系的方式，选定 Na 族和 Ca 族进行比较，寻求这样比较的理论根据（1869 年 2 月中旬）。

(3) 根据 Cl＝35.5 与 K＝39 的比较，随之进行 K＝39 与 Ca＝40 的比较（1869 年 2 月 17 日早晨）。

上述发现的展开过程，在其准备阶段和最初阶段，从研究原始的"小细胞"（NaCl）内部 Na 和 Cl 之间的关系开始，进而研究 Na 族和 Cl 族之间的关系，再过渡到研究 Na（及相应的 Na 族）和与之相邻的 Ca（及相应的 Ca 族）之间的关系，以及和距离更远元素之间的关系。

碱金属和碱土金属两个族靠近或者比较，进一步揭示了奠定原始的"小细胞"基础的相同的内部关系，但这种揭示仅仅来自一个方面。重要的是门捷列夫已经做出了这种揭示。

在这以后立刻合乎逻辑地提出了这样的问题：能不能在范围之外发展这种组成原始的"小细胞"（NaCl）内部联系的其他方面呢？换句话说，能不能在研究未知的、未经考察的 Na 族和 Ca 族关系之前，先按照思维进一步发展的顺序考察与卤族相邻的非金属族之间研究得较多的关系呢？

通过过去的全部工作，门捷列夫的思想为这样的结论做了充分准备。门捷列夫早在《化学原理》第二卷第1章的开头写道：

> 氯及其化合物可以看作非金属、卤素或负电性物质的典型。而钠及其化合物则是金属物质的典型。[4]7

在《化学原理》第二卷第2章的结尾，叙述完钠的相似物时，门捷列夫紧接着阐明在Na族后应该叙述什么金属族的问题：

> 就某种意义而言，卤素和碱金属在性质上形成了两极，其他元素的性质在某种程度上接近碱金属，并能够提供盐和缺乏氢的化合物，但是它们不像碱金属那样强有力，因而被碱金属从它们的绝大多数化合物中置换出来，放出少量热。这些元素和卤素化合，生成弱于与碱金属形成的盐。例如，银、钙、铁、铜等。其他元素在化合物性质方面接近于卤素，并像卤素那样同氢化合，但是这类化合物的酸性没有卤化物的强，它们在单独的状态下容易和金属化合，但是形成的不是像卤化物那样牢固的化合物——它们的非金属性比在卤化物中弱得多。还有一类元素，如碳和氮，它们无论是金属性还是非金属性都不鲜明，而是处于上述两类元素的中间状态。显而易见，这类元素正好构成了卤素和"清楚的"金属元素之间的过渡。氧的性质更接近卤素，碳在非金属元素中具有微弱的卤素的属性，例如，碳的氢化物根本不具有卤素氢化物的酸性。所有这些提供了在碱金属族和卤族之间分配元素的可能性。以后我们将介绍在上述两种元素族之间形成过渡的各种元素族。[4]95-96

我们从门捷列夫的书中摘录出这一大段引文（一部分前面已经引用了），是因为引文提供了在Na族那一章结束时门捷列夫的思想状态。据此能够推断，门捷列夫发现了两条他看得很清楚的途径：

（1）金属和非金属在下一步排列时能填满碱金属和卤素之间的间隔。此时全部元素排列如下：

首先：Na和Na族；

之后：较弱的金属——Ag、Ca、Fe、Cu及其他；

以后：碱金属和卤素之间的"过渡"元素——C和N；

再后：O；

最后：Cl 和 Cl 族。

这违反了《化学原理》中元素族的叙述顺序，在那里碱金属在卤素之后。

（2）元素的下一步排列，应按照某种顺序或者由比较的两个元素族——Na 族和 Cl 族组成的最初"轴心"向两边扩充。在这种情况下元素靠近这两个族的顺序如下：

Ag、Ca、Fe 族与 Na 族相邻；

O 族与 Cl 族相邻，然后是 N 族和 C 族。

如果用短行写下 Na 族和 Cl 族，就会得到我们熟悉的元素分布：

Ca 族（和较弱的金属）；

Na 族（最强的金属）；

Cl 族（最强的非金属）；

O 族（和较弱的非金属）。

在这种情况下，金属和非金属之间的"过渡"元素不是在体系中心，而是沿着体系边缘分布。

我们看到，门捷列夫从编写《化学原理》时所形成的内容出发，选择了第（2）条途径。以后他在关于周期律的第一篇论文里也研究了其他元素体系方案，包括化学性质极端对立的元素占据体系边缘位置的方案。由于下面分析门捷列夫从已知到未知的思维活动，我们还将回到这个问题。

从整个叙述可以得出结论：选择 NaCl 作为基本的无机化合物，以便从它开始阐明《化学原理》的体系，这是非常正确的。这一选择在发现周期律的认识过程中历史地、合乎逻辑地起到了"小细胞"的作用：卤族同 Cl 连接起来，而其他非金属族同卤族连接起来；碱金属族同 Na 连接起来，而其他金属族同碱金属族连接起来。

3. 发现的一般过程

（从"小细胞"到成熟形态的上升）

从在霍德涅夫信上所做的记载开始的发现展开过程，可以根据两个不完整元素小表以及完整元素草表（见影印件 Ⅳ）来研究。同时我们还将研究那些比较关系（矛盾）是如何展开的，这些比较关系曾经处于整个发现中"小细胞"作用的原始状态。

回到门捷列夫在霍德涅夫信上做记载之后所做的工作，现在我们可以明白上半部元素小表是怎样产生的。

在这个表中，门捷列夫沿着已经开始的发现道路进行了下一步骤，从低级向高级推进。他用来和 Cl 族相比较的，首先是 O 族，然后是 N 族，过一些时候是 C 族。他实现了以前所指出的可能性：其他族按照非金属性由强到弱的顺序依次与 Cl 族连接。

从发现的一般发展过程来看，这在某种程度上是一种退步：门捷列夫寻找从 Na 族按照自然顺序向 Na 族之后的金属族过渡的方法，并认为 Ca 族应在 Na 族之后。但是临近解决问题时，门捷列夫突然又回避他所关心的基本问题。他似乎复归到非金属并在为碱土金属甚至碱金属寻找位置之前，着手弄清楚非金属族如何分布。

这种"复归"的结果是扩大了进一步向前推进的基础，这就直接（尽管是从其他方面）接近了所寻求的答案。

在上半部元素小表中还看不到接近所寻求的答案，金属族仍排列在下部。这时和 Cl 族相比较的竟不是 Na 族，而是 Ca 族，其实 Na 族完全远离 Cl 族和 Ca 族。乍一看来，门捷列夫似乎完全放弃了比较 Na 族和 Cl 族的出发点。

这只不过是初看的感觉而已。非金属族的排列（它们的相互关系已被充分研究）提供了更有根据、更连贯地排列缺乏研究的（指弄清楚它们的相互关系）、数量更多的、排列更困难的元素——金属族的可能性。在上半部元素小表中，连续四个非金属族的排列为整个体系形成了稳固的基础。门捷列夫从这个未来体系的稳固基础（或骨架）出发，能够合乎逻辑地、连贯地把编制元素体系的工作继续下去。

这里也表现出了用红线贯穿整个研究的一般的上升法。

确立四个已被充分研究的非金属族构成的体系骨架之后，就弄清楚了下列情况：最初被错当作原始"小细胞"的 NaCl 在进一步研究的过程中完全没有被抛弃，而且好像自然而然地在另一种基础上归入体系。实际上，门捷列夫最初还遵循化合价原则，打算按照基本化学类型排列元素：

（1）与 H 相似的一化合价元素。

（2）与 O 相似的二化合价元素。

（3）与 N 相似的三化合价元素。

（4）与 C 相似的四化合价元素。

首批非金属族和 Cl 族（与 H 相似的一化合价元素）按照原子量进行比较的结果，表明了它们按照原子量排列和按照化合价排列一样：在 F（1）＝19 之后是

O（2）＝16，其次是 N（3）＝14 和 C（4）＝12。（括号内为化合价）

　　这样一来，好像复归到原来的状态，回到似乎是作为不正确的东西留下来的状态。这样的"复归"丝毫也没有否定略晚发现的原则——按照原子量排列元素，而且恰恰相反，是这个新原则的直接结果。这只是证实：按照化合价排列元素不是毫无根据的，只是不应该把它作为唯一原则。

　　化合价原则也有合理的成分，它之所以被发现只是因为与按照原子量排列元素有联系。门捷列夫在第一篇论文的结论里写道：

　　　　元素或元素族按照原子量的比较与它们的化合价相符合……[2]16

　　在决定找出 Na 族和某种还没有彻底弄清楚的金属族之间的比较关系之后，门捷列夫立刻解决的不是这个问题，而是非金属族的排列问题。但是他立刻就发现这不是退步，而是沿着开始的道路顺利地、有根据地向前推进的前提。

　　上面的叙述可通过分析下半部元素小表来证实，门捷列夫从开始编制该表时就把两族靠近作为最初的比较：Na 族（第一个填满的短行）和 Cl 族（上数第二个填满的短行）。显然，这绝不意味着出发点（选择 Na 族和 Cl 族作为整个体系的"小细胞"，并且也是整个发现的"小细胞"）的重新修正。

　　门捷列夫在 Na 族之上排列了 Ca 族，并以此证明能够解决问题。不过这样的解决不是最后的：在上半部元素小表中进行的尝试是绕过 Na 族，使 Ca 族和 Cl 族靠近。在下半部元素小表中，门捷列夫在 Ca 族和 Cl 族之间"插入"了 Na 族，使 Na 族处于最终位置。但是这还不足以证明 Ca 族排列在 Na 族之上的自然性。为了证明这点，还必须检查 Ca 族其他可能的位置，以便按照排除法证明：其他可能的位置与自然的在 Na 族之上的位置相比，或者是完全不自然的，或者是不太自然的。

　　因此，对于 Na 和 Cl 两族来说，可以认为把它们并列就是最后的解决，这是由两个小表的比较推断出来的。但是 Ca 族的位置还需要加以检验和证实。

　　上半部元素小表和下半部元素小表还有一个方面引人注目，它同样证明门捷列夫的创造性思维沿着从低级到高级的道路合乎逻辑、循序渐进地发展。无论在哪张元素小表里，门捷列夫都不局限于金属和非金属的排列，而是寻求从非金属向金属的逐步过渡。这种过渡的寻求（门捷列夫在《化学原理》中指出过，指的是 N 族和 C 族）在元素族比较的整个链条中是最重要的一环。因为这样不仅把包括在 Na 族和 Cl 族中最活泼的、最"强有力"的元素，而且把具有过渡特性的、排列在 Na 族和 Cl 族之间的"过渡"元素都导入循序渐进的联系。而这就意味着形成了体系，虽然只是初步接近，却隐约出现了体系的一般轮廓。

这就是为什么门捷列夫在把 N 族（他称为"过渡"元素的第一个元素族）列入上半部元素小表之后，急于把弱金属族（Cu、Ag 族）和 N 族相比较。只是在这以后，他在两个比较族（N 族和 Cu 族）之间列入了 C 族（他称为"过渡"元素的第二个元素族）。随后在 Cu、Ag 族之下列入 Mg 族，再下面是 Na 族。

门捷列夫大概打算探究能否实现过渡的连续性：从最强的非金属（Cl 族）到较弱的非金属（O 族），随后到更弱的"过渡"元素（N 族和 C 族），接着到弱金属（Cu 族和 Mg 族），最后到最强的金属（Na 族）。换句话说，当最强的元素（卤素和碱金属）排列在体系边缘，而较弱的、具有过渡性质的元素填满体系中心时，实现了前文表述的元素族比较的第（1）条途径。（可能正是这个原因，在上半部元素小表中 Cl 族和 Na 族被分开，Cl 族在表的上面，而 Na 族则在表的下面。）

类似的情景在下半部元素小表中重现，区别只在于最强的金属族留在表的上部，在卤族之上。

现在我们把注意力转向下半部元素小表中的花括号，看来这是编制出此表以后才加上去的。

$$\begin{cases} 7Li & 23Na & 39K & Rb85 & Cs133 \\ 3? & 19F & 35Cl & 80Br & J127 \end{cases}$$

显而易见，这个花括号的含义如下：由于准备借助"牌阵"重新整理元素表，门捷列夫以比较上面两个族为出发点。换言之，他不是打算采用"牌阵"的方法从头创立体系，而是把已成为原始的"小细胞"的 Na 族和 Cl 族作为出发点。这种做法被证明是正确的。

花括号竟然没有包括 Ca 族这一行（即使完全可以这样做），而 Ca 族与 Na 族相邻。这表示对门捷列夫来说 Ca 族与 Na 族的比较还没有达到 Na 族和 Cl 族的比较那样毋庸置疑的程度。

当编制出下半部元素小表时，门捷列夫已经意识到在新的、更高的基础上重复以前路程的必然性。对于新元素表来说，从 Na 族和 Cl 族开始，新元素族的列入顺序达到了最大的逻辑连续性。

从方法论方面概述门捷列夫在编制两个不完整元素小表阶段的创造性思维，可以说这是在上一阶段开始的那种从低级到高级的上升法的直接继续。在发现的这个阶段，其展开过程可以这样表述：

（1）揭示各族之间的外部（对于原始的"小细胞"来说）关系。从按照原子量比较最初两个元素族出发，向揭开 Cl 族和其他非金属族之间的关系过渡，并引向金属族的过渡（上半部元素小表）。

（2）把发现引导到能够在逻辑上更完整地重复整个经过的途径（下半部元素小表），并指出了新元素表的开始（花括号）。

从低级到高级的上升法，在发现开始以后的几个阶段也继续指导了门捷列夫的创造性思维，揭示"牌阵"中"无疑的" 27 种元素的排列过程是非常有趣的。我们的确看到门捷列夫的思想经历了他在上一研究阶段经历过的同一过程。

如果以前他是通过尝试找到了答案，那么现在由于在合理的前后一致的形式下重复逐步发现的东西，他仅仅是确定早已获得的答案。换言之，在找到答案以前（在编写《化学原理》时，在霍德涅夫信上做记载时，在拟订两个不完整元素小表时），不可避免地会出现这样、那样偏离答案的状况。最后，在下半部元素小表中找到答案并确定下来。

现在，从整个发现原始的"小细胞"（Na 族和 Cl 族的比较）的上升应该完全合乎逻辑地实现了。

门捷列夫是由写下 Na 族并将其与 Cl 族相比较拟订完整元素草表的，这点在下半部元素小表中用花括号括出。正如黑格尔所说：

> 凡在科学上是最初的东西，也一定是历史上最初的东西。

对此，列宁指出：

> 听起来倒是挺唯物主义！[1]

随后，由于合理地展开了在两个不完整元素小表阶段获得的并已经概括的结果，门捷列夫连续把 O 族、N 族、C 族以及较弱的金属族（Cu 族和 Mg 族）记载下来。第 3 纵列的末尾直接与第 2 纵列的开头连接起来（即 Mg＝24 紧接着 Na＝23）。结果形成了门捷列夫在《化学原理》中叙述的从强非金属（卤素）经过弱非金属、"过渡"金属和弱金属向强金属（碱金属）的连续过渡。

把两个相邻的纵列连接成一个连续序列第一次表明，大概可以按照原子量把全部元素"拉长"成一个连续的总序列，以后再划分成单独的段（周期）。这种连接显示了元素性质随原子量变化的周期性。

这就是为什么把两个相邻的元素纵列"连接"成一个连续序列给门捷列夫造成

---

[1]　列宁. 哲学笔记［M］//列宁. 列宁全集：第 55 卷. 2 版（增订版）. 北京：人民出版社，2017：88.

了最强烈的印象。因为在这种"连接"下，首次显示了被发现的规律的特点——按照原子量排列的元素其性质的周期重复性（见 ［附 59］）。

这里已经完全突出了门捷列夫在第一篇论文的结论里简要阐明的思想：

按照原子量排列的元素，性质具有明显的周期性。[2]15

在下半部元素小表中，门捷列夫已在两个方向探讨了元素之间的关系，不但沿着横向——各族元素原子量成对比较，而且沿着纵向——在未来周期的纵列内。这发生在为已经列入元素小表的元素写下原子量的时候。尤其是已经指明的元素纵列中两种元素（Mg＝24 和 Na＝23）的连接，像在完整元素草表中一样。

在下半部元素小表中只是暗示周期律，而在完整元素草表中已经表明周期律了。这就是为什么可以认为排列"牌阵"的时刻也就是编制出完整元素表的时刻，才达到发现周期律的决定性阶段。门捷列夫在生前最后一版《化学原理》中证实了这一点。[1]619

我们不准备详细分析门捷列夫完成发现的过程，只是指出它在以后发展了上升法，同最初一样，从低级到高级、从最初已知的到依靠未知知识丰富起来的新知识（"从已知到未知"）。

因为这个缘故，我们仅指出 Ca 族的最后位置是如何确定的。为了检验（"试验"）体系内其他位置对于 Ca 族是否适当，门捷列夫曾认为，应当考虑到 Ca、Sr、Ba 采用的不是原子量，而是当量。在这种情形下，Ca？20、Sr？44、Ba？68 族可以排列到 Cu 族之下，不过显得很不自然，门捷列夫立即把它们从这里取消。

此时留给 Ca 族的唯一位置正是以前曾经在下半部元素小表中排列的位置——在 Na 族之上。门捷列夫最终把 Ca 族排列到了这里。从而终于对发现开始时所提出的问题——应当从 Na 族过渡到哪个金属族？——做出了回答。

过了 8 年，在《化学原理》（第三版）中，门捷列夫历史地概述了发现周期律的整个途径——从最初的 Na 和 Cl 两个元素的比较到最后的 Na 族、Cl 族和 Ca 族的比较。

从这三个族中可以看到问题的本质。

门捷列夫当时这样写道。[2]265

这种对门捷列夫在发现过程中的创造性思维的历史的逻辑概括和在"牌阵"开始时的概括一样，只是现在更加简洁。

为了表述同样的上升法还需要补充的是：门捷列夫在做出这一发现的过程中严

格遵循已制订的顺序——从已知的到未知的和从较熟悉的到不太熟悉的。

上升法在把卡片分成几堆时首先表现出来，而更早以前——把已被充分研究的元素（由这些元素形成了早就确定的元素族）编入两个不完整元素小表时——也表现出来了。门捷列夫在第一篇论文中写道：

> 仅对某些元素族而言不存在疑义，它们构成一个完整的、提供物质相似现象的自然序列。包括卤族、碱金属族、氮族及部分硫族、铂的伴生物、铯的伴生物及少数其他元素。[2]6

门捷列夫首先在表里连接起来的正是这些已被充分研究的族。

把卡片分成几堆的做法反映出各类元素被列入完整元素草表的顺序，这样划分的依据同样是：开始是已被充分研究的元素，然后是较少研究的元素，最后是缺乏研究的、在元素性质方面有疑问的元素。只有铽没有被列入元素表，因为对铽的了解极少，甚至怀疑它是否存在。

关于铈硅石和钇，门捷列夫在《化学原理》第二卷第 5 章写道：

> 到目前为止，它们没有得到充分研究，因此对其属性存在很多怀疑，甚至有时对这些金属中某些化学元素是否存在产生怀疑，因为这些元素的许多化合物的属性极为相似，不经过充分研究就不能确信它们之间的差异。铽即是一例。[4]187-188

从已知的向未知的和从知之较多的向知之较少的连续过渡，是形成元素体系的唯一正确的方法。正是因为按照这种方法向前推进，正在形成的体系从一开始就成为经过最充分验证的、牢固确定的、可靠的核心。因而这个核心能够成为整个体系的稳固基石。

这样处理问题的方法也反映在两个不完整元素小表和两个完整元素表上，即体系的最初形式上。这种形式是：原始的"小细胞"——Na 族和 Cl 族作为体系中心的轴心，在它的周围集聚了已被充分研究的形成体系中心的元素族。

在用元素表表示体系时，关于体系中心的问题可归结为：应当用什么方法围绕体系已指明的部分，即已知部分——轴心，来排列体系其他不太了解的部分。当谈到元素体系第（2）方案时，门捷列夫指出，像 Cl 和 Na 这样迥然不同的元素，倘若排列在体系两端，那么它们之间就得排列化学性质不太强的元素。但是此时元素表的中间部分几乎是空的、非常可疑的，然而现在元素表中排列的许多元素是已被充分研究的，而未经充分研究的元素都写在页边。

1869 年 2 月，门捷列夫是这样记述的。

到了 1869 年 10 月，门捷列夫却转向半年前他认为不完善的那种形式。他在论文《成盐氧化物中氧的数量和元素的化合价》中写道，体系的这种形式适合于元素的自然分组：

> 适合于按照化学性质来区分（一面排列最强的金属，另一面排列最强的非金属）……[2]33

在拟订元素体系方案时，可以发现像在编制元素体系时一样的"上升"。《元素体系的尝试》是最初的形式，这样的元素表可以称为横式长式元素表。其他元素体系方案（到 1869 年 2 月末以前，在门捷列夫那里起码有 11 种）是作为企图改变这一最初形式而产生的。在这些方案中各族的位置做了各种调整。所有这些方案只不过是尝试，尚未形成完善的体系。

其后，门捷列夫在 1898 年写过关于体系的最简单的样式，在原则上重复了最初的尝试：

> 按照周期律排列元素的样式或者形式可以有多种，元素的排列可沿圆柱的表面，沿螺旋线，沿折线或者锯齿线等。这里引用的排列样式是初步的，我认为是最简单的和最直观的。[2]420

可以说，横式长式元素表对于其他元素体系方案来说好像原始的"小细胞"，其他元素体系方案是通过横式长式元素表的变化而发展的。

1869 年 8—10 月，门捷列夫首先探讨了原子量的物理功能（原子体积与原子量的关系），然后探讨了原子量的化学功能（最高成盐氧化物的组成，即元素与氧的化合价及原子量的关系）。受其影响，门捷列夫转向了竖式短式元素表。

又经过一年，在 1870 年 11 月，元素表已经比较完善：根据它可以完全准确地预测未知元素和对可疑元素的原子量做出必要的修正。那时体系的名称已经不是"尝试"，而是"元素的自然体系"。体系方案也已确定为唯一形式。

终于，1871 年 3 月，门捷列夫首次称自己的体系为"周期系"，强调指出了以周期律为体系的基础。

这样，从最初的还未经过检验的《元素体系的尝试》，经过进一步的试验和发展，从大量不同方案的试验中选定一个最能正确表现已发现规律的方案，然后对它进行检验、确定和完善，后来变成现代经典的门捷列夫竖式短式元素表，实现了上升的过程。

　　门捷列夫所运用的上升法能够巩固和确定在发现的每一阶段所获得的成果，以便继续发展自己的思想，更加广阔而深入地展开发现，并将其进行到底——在现有条件下达到最完善的形式。

　　这就是新规律的发现。科学中任何规律都是在概括的结果中确立的，因而上升法直接把我们引向与之有关的探讨方法——综合法。下面我们还将多次指出这两种科学认识方法或手段的内在联系。

第 8 章　在发现过程中怎样运用科学认识方法
——综合法
（发现的途径）

科学在于寻找普遍的东西。

（摘自：门捷列夫的笔记）

应当在周围寻找那些从属于分析但能引导到综合的方面，否则将白费时间和精力。

（摘自：门捷列夫《水溶液比重的研究》）

门捷列夫一直认为，他所创立的元素体系和作为体系基础的周期律是逻辑的综合，或是从大量经验材料中得出的一般性结论。他在《法拉第讲座》（1889）一开始就提出：

周期律作为化学综合，近几年来已引起普遍重视。[2]347

门捷列夫用周期律与思想方法的比较结束了讲座[2]366，他在讲座中给出如下结论：

因此，周期律直接来源于 19 世纪 60 年代末以前就有的相似材料和经过验证的知识，它就是由材料和知识汇集成的系统的、完整的表述。[2]351

后来，门捷列夫经常用综合法来描述周期律的性质。他在 1870—1871 年的笔记中写道：

科学在于寻找普遍的东西。
元素中存在着普遍的东西……但人们通常认为是个别的东西……而用共同的思想把这些个别的东西联系起来，就是我的自然体系的目的。[8]618

他继而指出，带有结晶水的化合物的性能也存在普遍的规律。

过了很久，门捷列夫在论文《物质》中写道：

　　从变化和局部中找出不变和普遍的东西，是认识的基本任务……[2]381

在个体和局部（元素和元素族）中揭示普遍性的这种综合怎样实现呢？在发现周期律的过程中，门捷列夫怎样从理论上应用综合法呢？本章将回答这一问题。

1.从特殊族到普遍体系

（从特殊向普遍的过渡）

历史上任何自然规律的认识过程都必然经过某些阶段，一般情况下可以分为三个阶段：

（1）收集或积累独立的、个别的、与研究的现象有关的事实。在记载单个事实时，我们以个别性的形式来表示所取得的结果。

（2）在积累单个事实的过程中，为避免形成经验材料无法区分的杂乱状态，必须把收集的材料加以分类。为此，我们把单个事实进行比较，找出它们之间的相似点和差异点，然后把相似点结合成一个特殊的范畴或类型，使之区别于其他范畴或类型。据此，我们以特殊性的形式来表示所取得的结果。

（3）根据事物的特殊性，把已知事实分成彼此独立的特殊类型，这是人为分类或形式分类的基础。反之，自然分类必须以找到一般原则或共同基础为前提，一般原则或共同基础以该范围内的所有现象为依据，并把彼此独立的特殊类型结合起来，好像用一根共同轴"贯穿"在一起。这一共同轴通常是现象所遵循的自然规律。与此相应，在特殊性阶段之后总是更高的认识阶段，在这个阶段揭示出自然规律。自然规律就是某种普遍存在的东西，按照门捷列夫的说法，"不容许有例外"。[1]619

对于规律的普遍性，恩格斯强调指出：

　　自然界中的普遍性的形式就是规律。①

因此，当发现自然规律时，我们以普遍性的形式来表示所取得的结果。

认识规律的过程就是科学思维从个别性到特殊性，再从特殊性到普遍性的运动过程。

---

① 恩格斯. 自然辩证法［M］//马克思，恩格斯. 马克思恩格斯全集：第26卷. 2版. 北京：人民出版社，2014：573.

事实上，一切真实的、详尽无遗的认识都只在于：我们在思想中把个别的东西从个别性提高到特殊性，然后再从特殊性提高到普遍性；我们从有限中找到无限，从暂时中找到永久，并且使之确定起来。①

当然，从这些阶段的每个阶段向更高阶段过渡的特点（过渡的内在机制）取决于所研究现象的特点。例如，一个是揭示生物界中物种形成的规律，另一个则是宏观力学中的万有引力定律。尽管它们有差异，但三个认识阶段的循序性却是共同的。恩格斯在描述黑格尔《逻辑学》的第三部分（阐述概念的部分）时写道：

个别性、特殊性、普遍性，这就是全部《概念论》在其中运动的三个规定。在这里，从个别到特殊并从特殊到普遍的上升运动，并不是在一种样式中，而是在许多样式中实现的，黑格尔经常以个体到种和属的上升运动的例子来说明这一点。②

恩格斯的说法表明：认识的发展从确认个别性，确立特殊性，到揭示普遍性，是从低级到高级、从简单到复杂的上升的局部情况。③ 因而可以把综合法看作上升法的局部情况，但综合法在科学认识中是独具特点并起着重要的独立作用的，完全有理由把它作为特殊的科学研究方法、方式或手段。

为证实科学认识的发展确实是按照个别性、特殊性、普遍性的阶段进行的，恩格斯举出能量守恒与转化定律发现史作为典型例子。其实，任何自然规律（包括周期律）的发现史，都可作为例证。

早在 18 世纪末，化学已经历了认识化学元素的个别性阶段。当然，这并不意味着不再研究个别元素的个别性质和个别反应以及发现新元素，却意味着从 18 世纪的后三分之一时期起，化学家把全部化学元素按照化学性质分成特殊的、相互独立的元素族。

首先，把元素分为两大基本类型：与氧化合形成碱性氧化物的金属和与氧化合形成酸性氧化物的非金属（拉瓦锡，贝采里乌斯）。

---

① 恩格斯. 自然辩证法 [M] //马克思，恩格斯. 马克思恩格斯全集：第 20 卷. 北京：人民出版社，1971：577.

② 恩格斯. 自然辩证法 [M] //马克思，恩格斯. 马克思恩格斯全集：第 20 卷. 北京：人民出版社，1971：569.

③ 恩格斯并非偶然地指出：辩证逻辑和旧的纯粹的形式逻辑相反，不象后者满足于把各种思维运动形式，即各种不同的判断和推理的形式列举出来和毫无关联地排列起来。相反地，辩证逻辑由此及彼地推出这些形式，不把它们互相平列起来，而使它们互相隶属，从低级形式发展出高级形式。（参见：恩格斯. 自然辩证法 [M] //马克思，恩格斯. 马克思恩格斯全集：第 20 卷. 北京：人民出版社，1971：566.）

其次，化学元素的特殊性是通过把元素划分为自然族（德柏莱纳的"三素组"等）的形式来体现的。

19 世纪 60 年代初，认识化学元素的特殊性阶段已经基本结束，尽管并非所有元素都被列入各族，甚至许多早已发现的元素也未被列入确定的自然族。然而已被充分研究的族（特殊）的数目已经非常多，使得创立包括全部元素的共同体系成为可能和必要的了。与此相应，发现全部元素（普遍）所遵循的自然规律也就成为可能和必要的了。

从 18 世纪末起，首先是拉瓦锡，其后是贝采里乌斯、德柏莱纳和其他化学家，在认识元素方面实现了从个别性阶段向特殊性阶段的过渡。19 世纪 60 年代末，从逻辑的认识论观点来看，门捷列夫在认识化学元素方面实现了向更高阶段的过渡：把特殊性阶段提高到普遍性阶段。

十分明显，这种向更高阶段的过渡应当借助综合法的广泛而连续的应用来实现，因为实际上已涉及一般元素体系和一般元素规律的发现。

当然，在以前的认识元素阶段，即在揭示其特殊性因素的时候，也曾运用过综合法。但是当时这样形式的综合没有超过普通归纳逻辑方法的范围，这种方法被广泛应用于形式逻辑。为了建立卤族或碱金属族，除了人所共知的"求同"法或"差异"法，实际上不需要别的了。化学性质的同一性和由这些元素组成的化合物的鲜明相似点，使得化学家能够在直接观察经验材料的基础上得出某一元素是否属于某一自然族的结论。

当然，也会遇到困难，特别是当被研究的元素未经充分提纯或未显示出典型化学性质的时候。但是总体上，在建立自然族的过程中，最简单的逻辑综合法能够提供从个别性向特殊性过渡的可能。

当产生向更高阶段（从特殊性阶段向普遍性阶段）过渡的必要性时，在科学认识的这一阶段，问题变得完全不同了。乍看起来，虽然谈的也是综合，但是这种被我们称为"综合法"的综合方式和手段，与通常的归纳法区别很大，犹如辩证逻辑根本不同于形式逻辑。

假如门捷列夫没有使用与科学认识的更高阶段完全适应的更完善的综合法，那么无论是"求同"法、"差异"法，还是"共变"法、"剩余"法，以至所有这些一起用，也不能帮助门捷列夫完成发现周期律的任务。

门捷列夫在编制元素体系时所使用的综合法符合从特殊性中抽取普遍性的任务要求，即符合研究化学元素时从特殊的认识阶段向普遍的认识阶段过渡的要求。正如门捷列夫已证实的那样，他已明显认识到自己的任务：实现从单个的、彼此独立的元素族（特殊）向揭示这些族的相互联系，以及这些族所形成的体系（普遍）的过渡。

1871 年夏，门捷列夫指出，以前的元素体系的主要缺点是没有把元素综合成一个整体：

> 没有揭示不同族之间的相互关系，也就不可能综合，因而这些体系存在着不完备性，甚至缺乏外观的整体性。[6]38

门捷列夫认为，自己的任务是要在这方面走到前辈和同辈前面去。因此我们再次联想起他的一段话：

> 除少数例外，我和我的前人一样，采用了相似元素族，但我的目标是研究各元素族之间相互联系的规律性。这样，我便发现了前面提到的适用于全部元素的一般原则……[2]222

回顾并设想一下 19 世纪 60 年代的情况，我们现在可以说，如果那时已知道所有元素（个别），并且都已列入各自然族（特殊），那么门捷列夫创立元素体系和发现周期律（普遍）就会容易得多。然而那时只发现了占总数三分之二（92 种中的 63 种）的元素，而且这些元素还未被列入各个族，何况某些族本来就划分错了，所以元素之间的联系和关系就没有得到正确的认识或解释。在这种条件下，门捷列夫应当如何找出元素族之间的相互关系，并在化学元素的总结中填补上缺少的环节呢？要回答这一问题就需要弄清楚门捷列夫所运用的综合法的特点。

在元素族组成绝对正确、自然、毫无牵强的情况下，门捷列夫就可以直接把它们一族一族地进行比较。在这种条件下，从特殊性向普遍性的过渡比较容易和迅速。

在元素族组成不能令人满意，并且它们的自然性显得可疑，甚至缺乏自然性的情况下，从特殊性向普遍性的过渡就明显复杂化了。

其实，在发现周期律和创立元素体系的过程中，门捷列夫不可能脱离一连串逻辑推理，出发点并不是直接比较单种元素（个别），而是间接地比较元素族（特殊）。实际上就是在把元素［如铀（Ur）］列入体系之前，必须首先把它列入某一族。这样，就把开始的方法（通过比较各族来寻找规律和创立体系）推进到逻辑的终点。

最初，Ur＝120 作为一种单独的元素，被写在完整元素草表下部的"重"元素表中（见影印件 IV）。为了把它列入体系，必须先确定列入哪一族。那时人们认为它的氧化物是 Ur_2O_3，即 Ur 是三化合价。在这种情况下，可以把它列入三化合价元素（B 和 Al）族。

的确，在 B、Al 族，Sn＝118 和 Cd＝112 之间（纵列）已为 Ur 留出了位置，于是门捷列夫在那里排列了 Ur。为了证明把 Ur 排列在这个位置的正确性，他把 Ur 的原子量从 120 减到 116。

可见，任务是这样解决的：门捷列夫首先确定元素属于哪个族，从而将其列入该族，这个族原已被整个列入体系并在体系中占据了一定位置。

他并没有不经过元素族（特殊）而把 Ur 直接列入体系。恰恰是通过预先把 Ur 列入某一族（特殊）才列入体系。

应当强调指出，Ur 对该族的属性只是在认识的高级阶段（揭示普遍因素的时候）才弄清楚的。在此以前并没有由 B、Al 和 Ur 建立一个特殊族的任务。不仅如此，甚至同一族的 B 和 Al 直到那时还不曾比较过。

因此，特殊性阶段的完成（就建立尚不完整的族而言）是在认识元素的高级阶段——普遍性阶段（创立一般体系和发现一般规律的必然性阶段）的直接影响下进行的。只是由于建立了一般规律才揭示出化学相似性。

关于这一点，门捷列夫在关于周期律的第一篇论文中写道：

> 某些元素的相似性在其原子量上显示出来。铀同硼和铝相似，这点在它们的化合物的比较中得到了证实。[2]16

门捷列夫指出，过去在化学中没有确定的某些相似性，可以说是由体系预测出来的。在这种情况下他常常引用 Ur 来加以说明：

> 这样，铀（不是金，金可能排列在铁的序列中）几乎必须移到硼和铝的序列中，而且这些元素的确具有相似性。例如，铀氧化物同硼酸一样，会由姜黄色变成暗褐色；硼酸钠 $Na_2B_4O_7$ 的成分与铀化合物 $K_2U_4O_7$ 相似。[2]15

不久以后（1871），门捷列夫指出，在他之前的自然体系没有元素分类的牢固基础，即缺乏是否应把某一元素列入某一族的强有力的根据：

> 因而类似这样的元素，如 Tl、Ag、Hg 等，被列入不同族。这样，Na 和 K、Li 和 Rb 被列入碱金属族，Tl 也常常被列入这里……Pb 相对于 Ca、Sr、Ba 的位置与 Tl 相对于 K、Rb、Cs 的位置一样，是极为可疑的。

由于缺乏强有力的分类基础，因而得到的自然体系也就极不可靠。

此外，某些元素似乎没有相似性，如 Au、Al、B、F、Ur 等。[6]38

即它们总是处于自然族之外，作为单独的元素出现。

为了把这些元素列入体系，门捷列夫首先需要把它们列入某一族，以便把它们连同整个族一起列入体系。

在元素族彼此独立的时候，要做到这点是非常困难的，因为还不存在某种元素应列入哪个族的确切准则。门捷列夫曾多次指出这种情况。1871 年夏季，门捷列夫写道：

首先，据我所知，还没有出现一个能把所有已知的自然族连接成一个整体的综合，因而对某些族所做的结论，缺陷就在于其片面性，并且不能得出合乎逻辑的进一步结论……[6]22-23

从周期律（普遍）的观点来看，已经可以检查和校正自然族（特殊）组成的正确性。门捷列夫特别强调指出：

由于周期律为排列元素提供了指导性原则……从而使得相似元素连接成一族。[6]38

1898 年，门捷列夫又指出了同样的情况：

周期律揭示出相似物之间的联系，使它们靠近，以至认清尚未查明的相似元素。这里可作为例证的相似物是：Hg 与 Mg、Zn、Cd，V 与 Nb、Ta，Ce 与 Zr、Ti，Pt、Pd 与 Ni，Pb 与 Sn，等等。[2]421

按照建立元素族的序列，借助于周期律，Ur 成了首批被列入体系的元素之一。

Ur 排列在 Sn 和 Cd 之间很快就被证明是不正确的。1869 年夏季，门捷列夫把它从这个位置取消，而到了 1870 年秋季，在把 Ur 的原子量增加一倍之后，把它调整到体系的最后了。可见，确定的族就是不正确的。在这种情况下，检验元素族建立得是否正确便又落到一般规律上，普遍性检验纠正了特殊性。

同 Ur 一样，在 B、Al 族还列入了 Au，在这以前 Au 也被写在"重"元素表中。对于 Au 来说，这种排列在下半部元素小表中就已着手准备了。然而，门捷列夫在考虑：是否应该把 Au 列入 Fe 族？

哪些特殊的标志或性质可以作为把某种元素列入某一族的根据？也就是说，把元素联合成族是在什么基础上进行的？

在发现周期律之前，至少可以确定以下五个特征：

(1)化学性质的同一性，反应的相似性，化合物的化学相似性。

(2)同一族中原子量变化的规则性：相近或者有规则地递增。在这种情况下，这一族中间元素是两端元素原子量的算术平均值（三合一规则）。

(3)化合价的同一性，只考虑最稳定的化合物。

(4)在游离的单质中（尽管不是经常）以及在化合物中（类质同晶现象）结晶态的同一性。

(5)原子体积的同一性：相近或者有规则地递增。

1869 年 2 月和 3 月，门捷列夫把注意力放在前四个特征上。从 1869 年夏天开始，他集中精力研究原子体积与原子量的关系。1869 年 8 月，在莫斯科召开的俄国自然科学家第二次代表大会上，门捷列夫做了题为《关于单质的原子体积》的报告。关于这点他后来写道：

> 我认为，这个报告在周期律发现史上是非常重要的。虽然有许多问题我后来才弄清楚，但在那个时候单质（而不是元素——这是显而易见的）的比容我是明确的，而这比麦耶尔要早得多……[7]93

用什么方式修正没有按照规则列入 B、Al 族的两种金属（Ur 和 Au）呢？我们可参见影印件 Ⅹ Ⅵ，题为《按照原子大小组成的族》，注明日期 1869 年 6 月。

Ag—J 序列形成了门捷列夫称之为"原子大小"的原子体积的顺序（我们把花括号内的 Ur 也列入）：

$$\text{Ag} \quad \text{Cd} \quad \{\text{Ur}\} \quad \text{Sn} \quad \text{Sb} \quad \text{Te} \quad \text{J}$$
$$10.3 \quad 12.8 \quad \{6.5\} \quad 16.2 \quad 18.1 \quad 20.7 \quad 26$$

显然，Ur 与原子体积连续增长的序列脱节。因此门捷列夫把它从 Cd 和 Sn 之间的位置取消，并在此画了短画线，表示此处是空位。

按照原子体积，最初把 Au 排列在 B、Al 族是不适当的。按照原子体积，Au 应靠近 Ag：这两种金属的原子体积几乎是一样的（Ag 的原子体积为 10.3，Au 的原子体积为 10.2）。因此门捷列夫便把 Au 排列在与 Ag 和 Cu 同一族。

在周期律的影响下，不合规则建立的族解体了，随之建立了更符合同一性要求的自然族。结果，普遍不仅产生了特殊，而且也修正了特殊。

我们再看一个例子，即早已建立的族怎样在普遍的影响下解体，并建立新的、真正的自然族。

在下半部元素小表中，门捷列夫从上面建立了 Al、Fe 和 Ce 族，后来又把 Be

列入该族。这四种金属组成一族是因为它们都被认为是"土族"元素①（这里也包括稀土元素）和与 Al（Al_2O_3）相似的三化合价元素。它们最初被列入完整元素草表，大概首先建立的是 Al、Fe 族，然后是 Be、Al 族。

但是以后在形成的体系的直接影响下，所建立的这些族都解体了：Be 从三化合价（Be_2O_3）变为二化合价（BeO），并被列入 Mg 族；Al 也被列入在下半部元素小表中开始形成的硼族。

结果，最初建立的"土族"完全解体，原来被列入该族的元素或被用来扩大其他两族（B 族和 Mg 族），或被分成两个独立族（Fe 族和 Ce 族）的创始元素。

建立 Cu 族和把 H 列入该族的方式有些不同。与上述情况一样，充分显示了普遍在补充和完成特殊时的作用。H 作为最轻的元素孤立地处于剩下的元素中。卤素和碱金属被认为是它的相似物，这些元素都是一化合价元素。但是 H 未被列入 Cu、Ag 族，因为看来没有任何根据。

门捷列夫在编制上半部元素小表时发现了 N 族和 Cu 族元素的原子量差数，这个差数的平均值原来是 13。在这种情况下，出现了把 H＝1 排列在 N＝14 之下的第 1 纵列的可能性，因为 N 和 H 的原子量差数正好是 13。

由此可见，把 H 列入这一族是由体系（普遍）决定的。比较它们的化合价，好像又证实了把 H 列入 Cu 族是自然的（虽然元素的性质不同），因为 Cu_2O、Ag_2O 和 Hg_2O 在组成上与 H_2O 相似。

可是后来，门捷列夫对 H 在 Cu 族中位置的自然性产生了怀疑。他在第一篇论文中写道：

> 由于氢的原子量小而找不到一定的位置，虽然有可能把它排列在铜族之下的某一个未知序列，但我认为把它排列在铜、银、汞族是最自然的。[2]15

当然，门捷列夫可以在各族之外、在体系开头单独排列 H，就像元素体系第（3）和第（3a）方案那样。由于任务是比较各族，即只有经过特殊才能向普遍前进，为了把 H 列入体系，就需要事先在某一族中为它找到位置。

值得注意的是与此有关的 Li 的排列。在霍德涅夫信上所做的记载中，Li 最初看来与其他碱金属并无联系，而现在却被列入 Mg 族。在上半部元素小表中，它被

---

① 本书中的"土族"元素特指 Be、Al、Fe 和 Ce 这四种元素，并不是指"硼族"元素的废弃名称"土族"元素。

看作 Na 族的成员。在下半部元素小表中，它最初被单独排列在 C 之下，然后被列入排列在这一行的 Mg 族，因而重复了在霍德涅夫信上所做的记载。只是在编制下半部元素小表的最后才调整了 Li，并且把 Li 最终列入 Na 族，从而确定了 Li 在体系中的位置。

从这个例子我们可以看到，要查明个别（元素）在普遍（体系）中的位置，并不是直接进行的，而是要事先确定个别在特殊（族）中的位置。在确定把该元素列入某一族的时候，也就确定了它在体系中的位置。因为体系是通过对不同族进行比较而形成的。

有些元素并未被列入某一族，元素之间又完全独立，把它们列入体系就需要预先建立新的特殊族。然而也可能出现这样的情况：在元素体系形成的过程中，随着族与族的接近而建立未来的族。

例如，V、Nb 和 Ta 族就是这样建立的。在下半部元素小表中，V 作为 P 的不完全相似物最先被列入 N、P 序列。在完整元素草表中，V 起初也排列在这个位置，像在下半部元素小表中一样，排列在 Ti 之上。

由于取消了中间纵列，V 被移到表的下部，排列在 Cr 之下、Ti 之上。这样，在 V 序列便产生了两个空位，在这里可以排列 Nb 和 Ta。在此以前，Nb、Ta 没有被列入体系，属于"可疑的"元素。

Nb 和 Ta 的相似性早已知道了，但只有把它们列入 V 序列（最好是说，因为能够把它们列入 V 序列），才能建立自然族，从而使它们的氧化物（Nb_2O_5 和 Ta_2O_5）的写法变得清楚，这种写法无论是在表的边缘还是在表中都是在把两种元素列入表中之后确定的。这样做就强调了把它们同具有同样氧化物（V_2O_5）的 V 组成同一族的自然性。

另一族（Cr、Mo 和 W）的组成也与此相似。把 Cr 移到体系下部 Fe 和 Mn 之下，在 Cr 序列出现了两个空位（在这以前 Cr 作为三化合价金属与 B 和 Al 在同一序列），在这两个空位排列了 Mo 和 W（在此以前，它们被写在"重"金属表中）。在下半部元素小表中曾把 Mo 列入 B 序列，排列在 Au 之后，但是就如特别试验过的那样，它未必能够再有其他位置。现在，三种完全相似物真正建立了自然族。

上述例子表明，选择形成元素体系的途径、手段和方法，取决于认识元素中的普遍性和特殊性的相互关系。

这种方法论的观点深刻地揭示了为什么门捷列夫在《元素体系的尝试》中最后选择的是横式长式元素表而不是竖式短式元素表，原因就在于元素之间存在双重关系。下面将详细说明这种关系。

事实上，V 同 P、Nb 都有着相似的关系。V 与 P 的物理性质相似，氧化物以及其他化合物的成分也相似。V 与 Nb 的化学性质完全相似。由此产生了同时考虑 V 与它的完全相似物（Nb）和不完全相似物（P）关系的必要性。

因此门捷列夫在第一篇论文中写道：

在许多情况下，那些未经充分研究并且靠近体系边缘的元素，其位置还有很多疑点。例如，根据罗斯科的研究判断，钒应当在氮族，其原子量（51）使得它应该排列在磷和砷之间。物理性质对于确定钒的位置起主导作用。如钒的氯氧化合物 $VOCl_3$ 是液体，它在 14 ℃时比重为 1.841，在 127 ℃时沸腾，这样钒便排列在磷附近。[2]12

在下半部元素小表或在完整元素草表中列入中间纵列的其他元素（Ti、Cr、Zr）时情况也一样。门捷列夫在第一篇论文中也指出了建立中间纵列的可能性。

门捷列夫在第一篇论文中还指出，虽然 Cr 与 S 有某种相似性，但把 Cr 与 S 排列在同一族（在 S 和 Se 之间），导致排列在横行的同一族元素的自然联系被破坏。把 Mn 排列在卤族 Cl 与 Br 之间的情况也是一样的。

在承认 Mg、Zn、Cd 和 Ca、Sr、Ba 这两个金属族时，门捷列夫虽然认为它们有"许多相似之处"，却反对"把这些元素混为一族"：

Mg   Ca   Zn   Sr   Cd   Ba

按照门捷列夫的说法，组成"混合族"就是"破坏元素的自然相似性……"[2]13

由于这个原因，门捷列夫选择了他称之为《元素体系的尝试》的长式元素表。可是正如我们所看到的，在元素体系第（2）和第（3）方案中，门捷列夫开始把 Na 族与 Cu 族，Ca 族与 Mg 族，Si 族与 Ti 族，P 族与 V 族……成对地"混在"一起，而这正是他在第一篇论文中坚决反对的。从 1869 年 8 月开始，他已经完全倾向于"混合族"的方案。

门捷列夫最初反对用更完善的形式表示周期律（普遍），后来又不反对了。从方法论的角度看这是为什么呢？

发现周期律意味着从特殊性阶段过渡到普遍性阶段。但在特殊性内部有着自己的层次——不太发展和比较发展的形式。在认识元素的过程中，特殊性可以把元素区分为不同的等级或族。特殊性不仅把元素区分为金属与非金属，而且把元素区分为自然族。

如果只是局限于把元素区分为金属与非金属，那么虽然已经达到特殊性阶段，但对于实现更高的认识阶段，即向普遍性的过渡来说，并没有得到充分的发展。只有在前一认识阶段得到必要的发展和采用自然族之后，元素体系才能够形成。

把体系编制成最简单形式——长式元素表，前提是建立完全相似物的族（如 Mg、Zn、Cd 族，Ca、Sr、Ba 族）。当把这样的族加以比较和连接时，就能够发现周期律，并用最简单形式表示出来。

但也可以通过较复杂的途径：开始比较的并不是列入体系的完全相似物的所有族，而是成对地连接各族而建立的"混合族"，"混合族"中既有完全相似物又有不完全相似物（如 Mg、Ca、Zn、Sr、Cd、Ba）。结果就建立了 Na＋Cu、Mg＋Ca 族等。

在这种情况下，元素体系归根结底也是通过比较"混合族"而产生的，例如，比较 Na＋Cu 族与 Mg＋Ca 族。但这并不是发现普遍（规律）的最简捷的途径，因为预先必须使前一阶段（特殊性阶段）实现最大可能的发展。其实普遍性在特殊性最低限度发展时便可以实现了。

"混合族"包括原有的、由完全相似物组成的元素族，但"混合族"及组成"混合族"的元素族是元素的"特殊性"。这两种情况下的"特殊性"是不同的。完全相似物的各族是借助最简单的逻辑概括方法组成的，只是考虑物理量（原子量、比重、熔点和沸点等）的差异及质的方面的相似点。在具有质的同一性时，各族元素的数值差异并不妨碍这一族的建立。

由于"混合族"不仅包括完全相似物还包括不完全相似物，就不能借助那些最简单的逻辑概括方法来形成。在这里形成"混合族"的两个元素族之间已经不存在完全的质的方面的相似点，而是存在着明显的质的差异。差异表现在与完全相似物相同的物理量的数值上，只有具备某些化学性质上的同一性，如化合形式（即化合价），才能形成联合的基础。

为了揭示比完全相似物更为复杂的同一性，必须相应地采用更复杂和更完善的逻辑概括方法。只有在认识的更高阶段，当从特殊性过渡到普遍性时才会形成并运用综合法。这就是为什么只有在发现周期律（普遍）之后，在有条理地深入和完善元素的一般体系时，才能建立较为复杂的表达元素特殊性的"混合族"。如果在揭示一般之前，不依靠已经认识的普遍性，而建立"混合族"，就会不可避免地导致不必要的复杂化，妨碍发现普遍性，因而妨碍建立"混合族"。

对下半部元素小表和完整元素草表的方法论分析表明：门捷列夫从一般体系的

最初组成开始，不仅与完全相似物的族（特殊），而且与不完全相似物的族相冲突，这就导致有必要建立"混合族"。当门捷列夫把 $V=51$ 排列在 $P=31$ 和 $As=75$ 之间的时候，实际上是检验能否不直接从特殊性（从完全相似物的各族）出发，就把一个较简单的特殊性包括到另一个较复杂的特殊性中，以发现普遍性（体系）。

把 $Ti=50$ 与 $Si=28$，$Zr=90$ 与 $Sn=118$ 等排列在一起也属于这种情况。

然而，门捷列夫完全拒绝了这一切，只是直接从完全相似物的族（最简单形式的特殊性）出发创立了体系（普遍性）。顺便说一下，门捷列夫的天才也表现在：能够在导致发现普遍性的许多途径中找到最简捷的、能最快达到的途径。

但是达到更复杂形式的特殊，尤其是揭示特殊中的特殊，并不是都可以延伸到已经认识普遍的那个阶段。如果在发现周期律之后，能够借助于这一规律并以此为基础建立"混合族"，那么对于 Fe、Pl 和 Pt 族就不能这样说了。对下半部元素小表（其中的不同位置列入了 Fe 和 Pt），特别是对完整元素草表的方法论分析表明，除非事先使这三个族（特殊）联系起来（特殊中的特殊）形成一个族，否则不可能获得普遍（体系）。

最初在完整元素草表下部的三个族形成局部元素小表，其中每个族都已经单独地作为整体。这表明第一层次的特殊已经找到并确立了。但这些族（第一层次的特殊）与完全相似物的族不同，如果不事先把它们统一在特殊的族（未来第Ⅷ族，第二层次的特殊）中，就不可能列入体系。

事实上，Fe 族最初排列在元素表上部，完全脱离其他两族。然后 Pl 族部分地与之靠近，不久由于把 Fe 族移到表的下部，两族之间已产生的联系被破坏了。

Pt 族最初排列在体系右边，在 C 族中，与前面两个族完全分开。

因而，为了上升到普遍就需要完成特殊。门捷列夫都做到了，他并没有停止在把特殊列入特殊上，像用三个族编制局部元素小表那样。实际上，如果族是原始的"小细胞"（最简单形式的特殊），那么族结合成的族就是包含着另一个较简单特殊的特殊。

由这三个族（未来第Ⅷ族）形成的局部元素小表随后作为一个整体被列入元素体系，是门捷列夫坚持完成特殊（把特殊列入特殊）的一个光辉例证。因为在这种情况下，如果换一种方法就不可能从特殊性阶段过渡到普遍性阶段。

值得注意的是，门捷列夫正好在这些族尚未建立同一族之前，看出它们的共同的特殊性（虽然是不正确的）：这些族的似乎具有同样原子量的两种元素能够排列在一个位置上。于是，他在完整元素草表中对称地写着两个等式：

$$Ni=Co=58.8 \quad Ro=Ru=104.4$$

后来，在元素体系第（2）方案中，他对 Pt 族元素也采用了相似的等式：

$$Os=Ir=198 （见影印件 Ⅵ）$$

现在我们从更一般的方法论的观点来分析发现周期律的创造过程。设想下面的情况：存在着单独的、分散的、未排列的、还没有与任何元素发生联系的元素。这就是纯粹形态中的个别（甚至没有提高到特殊），当认识化学元素的过程已经从特殊过渡到普遍时，如何处理这种个别呢？

门捷列夫从逻辑上发现并做出决定：无论在什么情况下，都不能绕过或跳过特殊而从个别直接过渡到普遍。他从一开始就尽一切可能把这些元素列入特殊（族）。当即将建成特殊时，即个别在特殊（族）中找到了位置时，个别将同特殊一起被列入普遍（体系）。

简而言之，门捷列夫实际上是严格地遵循这样的连续性：从个别性提高到特殊性，再进一步到普遍性。

这一点还可以用把 Pb 和 Tl 列入体系来证明。

如果为个别（元素）在特殊（族）中寻找位置的尝试以失败告终，门捷列夫会暂时放弃把这一个别列入普遍，因为这样的列入不可能通过特殊来实现。排列"可疑的"元素时出现过这种情况：当没有在已知族中为它们找到位置，并且否定了用它们建立新族的想法时，门捷列夫实际上把它们移到体系之外了（放在普遍之外，直到确定它们与特殊的联系为止）。

至于 Pb 和 Tl，它们最初被作为单独的元素写在"重"元素表中。后来门捷列夫把它们分别列入 Ca 族（Pb）和 Na 族（Tl）。那时门捷列夫没有对这些金属取原子量，而取带问号的当量，如 Pb？103。

把 Pb 列入 Ca 族的根据是它的低级氧化物（PbO）。Pb 同碱土金属一样，是二化合价的，而且 PbO 同 BaO 的性质相似。

Tl 的低级氧化物（Tl_2O）与碱金属的氧化物相似。

但是，有关原子体积的数据表明把这两种金属列入上述族的不自然性。例如，门捷列夫在 1869 年夏季编制了如下原子体积序列[8]78：

Ca	Sr	Ba	Pb
25.8	34.3	34.2	18.2

在原子体积递增的序列中，Pb 的原子体积却明显下降。

Tl 的情况亦如此。门捷列夫为碱金属编制了如下原子体积序列[8]80：

$$\begin{array}{cccc} \text{Li} & \text{Na} & \text{K} & \text{Rb} \\ 11.8 & 23.7 & 44.8 & 56.1 \end{array}$$

在这一原子体积迅速增长的序列中，完全不适合排列原子体积为 17.2 的 Tl。这就是门捷列夫在 1869 年 8 月就已经不再把 Tl 列入 Na 族和不再把 Pb 列入 Ca 族的原因。

1869 年 10 月，门捷列夫按照高化合价（而不是低化合价）为上述两种金属找到了另外的位置。根据这一情况，形成 TlX_3 型化合物的 Tl 被列入三化合价元素 B、Al 族，而形成"过氧化物"PbO_2 的 Pb 成了 Sn 的相似物。

因此，Pb 和 Tl 在《元素体系的尝试》中的排列是不确切的，与 Ur 和 Au 的情况一样。然而，对我们来说重要的是：无论在 Ur 和 Au 的情况下，还是在 Pb 和 Tl 的情况下，都不能把个别（元素）直接列入普遍（体系）。必须先在特殊（族）中为它们找到位置，然后才可把它们列入体系。门捷列夫就是这样做的。

以后，可通过已经认识的普遍去确定和校正特殊：把 Pb 和 Tl 从原子体积随原子量（1869 年 8 月）有规律变化的元素序列中取消，根据其氧化物的最大化合价（1869 年 10 月）为其在其他族中找到了最终位置。

从这一观点来看，门捷列夫为 In 寻找位置的尝试特别值得关注。

还是在下半部元素小表中，门捷列夫就认为 In 是二化合价的（InO），并把它排列在 Mg 族。他在完整元素草表中再次尝试这样做，可是这种排列与 In 通常的原子量相矛盾。

随后，考虑到与原子量（已不是化合价）相适应，门捷列夫试图把 In 排列在 B、Al 族，在 Zn 之上（这个位置将留给"类铝"）。

此外，为了寻找 In 在其他族中的可能位置，门捷列夫在元素草表的边缘对原子量为 72（按照最初的认识，In＝72）的未知元素 x 进行了计算。但 x 原来在 C 族中，显然不能把 In 列入该族（x 在 C 族中的位置，门捷列夫后来留给了"类硅"）。

1870 年 In 被证实属于 B、Al 族，并且是二化合价元素。门捷列夫把 In 列入这一族时，使其化合价（等于 2）保持不变，因此 In 按照化合价和确定的原子量（In＝75.6）都无法在这一族找到位置。

为了把 In 排列在 B、Al 族，应当把它的氧化物形式从 InO 变为 In_2O_3。相应地 In 的原子量增加 1/2，即从 75.6 增至 113.4。这样 In 就能够排列在 Cd＝112 和 Sn＝122 之间。

但是，1869 年 2 月 17 日，门捷列夫在这个位置排列了 Ur，因而在发现周期律的阶段不可能把 In 列入 B、Al 族。只是到了 1870 年秋季，门捷列夫才把 In 列入这一族，这是在从上述位置取消 Ur 一年以后。[8]104-107

由于 In 在任何族都没有找到位置，门捷列夫在编制《元素体系的尝试》时，把 In 移到元素体系之外，在 Yt 和 Er 之下，与 Th 并列。这些元素同样在任何族中都没有找到位置，并处于元素体系之外。

这一结果证实了如下情况：既然这样的个别在特殊中找不到位置，那么就不能列入普遍，尽管它对普遍的从属性是毫无疑问的。只是由于缺乏研究，在那时还没有找到具体的方法把这一个别经过特殊列入普遍。

在发现周期律，即在认识元素的过程中，从特殊性阶段过渡到普遍性阶段的时候，门捷列夫就是这样运用综合法的。此时所采用的方法详细揭示了在认识元素的过程中从特殊过渡到普遍的内在机制。

2. 科学思维发展与综合法中逻辑方法的相互关系

（分析与综合）

科学认识从个别经过特殊到普遍的发展，可以按照科学思维发展的各个环节之间的逻辑关系来说明。

如果把一切相互联系的元素看作整体（按照实际情况），那么就可以把元素划分为不同的族，即把整体划分为部分。

在这种情况下，从分散的、孤立的族向体系的过渡便可作为从分析向综合的过渡；反之，由已创立的体系中分出类似于"混合族"Mg＋Ca 的个别元素族，意味着从综合到分析的反向运动。

因此，作为逻辑的、认识的研究方法的分析和综合的相互关系，反映了科学思维和科学发现发展的一个方面，这时思维的运动是从认识部分到认识整体（综合），或者是从认识整体到认识部分（分析）。

实际上，把元素划分为自然族的整个阶段，对于全部元素来讲是分析阶段。对于单种元素来讲，这一阶段就表现为通过把元素合并到一些新单位（族）而为综合做准备。这些族像建筑用的砖块那样，将进一步建成包括全部元素的完整体系的大厦，即实现理论上的综合。

既然把元素划分为简单的族，那么在认识元素的阶段对元素的分析处理方法是主要的。由于它们只是部分地结合在独立的复合体中，所以在分析阶段就开始为综合做准备，为综合创造必要的前提等因素就凸显出来了。

根据这种情况，普遍在分析阶段和综合阶段有本质上的不同。在分析阶段，普遍表现为一组事物不同于其他事物的一般特点或特征，即被看作与另一个普遍相对立的东西。

在综合阶段，普遍则作为结合他物的媒介出现，否则这个"他物"仍然是分散的、孤立的。门捷列夫称之为"黏合的普遍性"。[2]357普遍在这里作为多数的统一出现。门捷列夫在《法拉第讲座》中写道：

> 在自然科学的大量研究工作之后，发现了元素的个性，因此它不仅能分析也能综合，无论普遍、统一或个别，多数都能了解和掌握……化学找到了很多因果问题的答案，化学根据制约于一般规律的许多元素概念，指出了湮没在普遍中的出路，给个别以应有的地位。同时，个别的地位受概括的、全能的普遍所制约，因而不过是理解把多数统一起来的支撑点。[2]356-357

后来，门捷列夫在论文《物质》中强调了这样的想法，即一般（例如，一般自然规律或反映被研究事物的共同方面的理论）把零散的东西联系起来，揭示它们内在的统一性：

> 原子论假设把对化学科学的片段的、经验的认识联系起来，达到确信一般规律的普遍性的高度。[2]383

在发现周期律和创立元素体系的过程中，明显地表现出分析和综合在认识过程中的相互关系：分析的准备作用和综合的终结作用。

在分析不够充分、分析没有进行到底的时候，综合就变得困难，有时甚至是不可能的。如果没有分析或分析做得不对，那么就不可能进行综合，因为综合是整体通过分析分离之后的恢复。分析为综合预备砖块，然后用这些建筑材料按照想象来建造（综合）整体，即把原来彼此分离的定义、特点、性质等联系起来。

恩格斯否定了一种错误的、片面的见解，似乎思维的本质只在于把意识的要素综合成某种统一体：

> ……思维既把相互联系的要素联合为统一体，同样也把意识的对象分解为它们的要素。没有分析就没有综合。①

---

① 恩格斯. 反杜林论［M］//马克思，恩格斯. 马克思恩格斯全集：第20卷. 北京：人民出版社，1971：46.

仔细分析发现元素周期律的过程使我们深信：门捷列夫灵活而敏捷的创造性思维完成了结合两种思维方法或方式的任务。或者最好说，他把研究化学元素的两种方法——分析和综合结合起来了。

最初的任务就是把所有元素综合在一个统一的体系中，这种概括的依据是在认识元素过程中已实现了由特殊性阶段向普遍性阶段的过渡。在这一过程中，门捷列夫仔细验证了预先的分析，在创立元素体系的每一点上，已在何种程度上具备把分散的族综合为统一体（体系）的可能性。

当分析完成得正确而自然，即符合列入该族元素的内在本性以及同一族的元素的原子量关系的时候，前一步分析所准备好的"建筑材料"就会适用于创立元素体系，即适用于已经开始的综合。

假如族建立得不完整，即分析没有切实、彻底，或者族的建立根本不正确、不自然，那么在综合的过程中这个不足很快就会显露出来。如果在发现的某一点上不能实现综合，则证实了这一点的前一步分析未能完成为下一步综合做准备的职能。

在这种情况下门捷列夫应该怎么办？他未中断全部创造性工作，即没有在任何一点上停止已经开始的综合。为了实现这一综合，他把原来不充分的分析进行到底。门捷列夫从这一目的出发，把一直处于元素族外的元素列入元素族。

如果分析进行得不成功，没有揭示出一个族的元素之间的自然联系，而人为或偶然地使它们联系起来，门捷列夫就会依据正在进行的综合和从综合的观点出发，重新审查分析的结果，修改这些结果，甚至从头进行分析。

他这样做不是把分析阶段与综合阶段分开，而是使前者从属于后者，或者把前者包括在后者之中。把分析纳入综合，是补充和修正综合过程的必要的逻辑前提。这些作为综合前提的先决条件，在前一阶段的认识过程中还来不及完善地形成——这是门捷列夫在科学发现中运用综合法的重要表现之一。

很久之后，门捷列夫在《水溶液比重的研究》中指出了在科学研究中的两种方法——分析与综合的相互关系：

> 应当在周围寻找那些从属于分析但能引导到综合的方面，否则将白费时间和精力。[2-1]20

创立元素体系和发现周期律的历史，是列宁关于辩证法特征之一的著名论述的很好例证：

分析和综合的结合，——各个部分的分解和所有这些部分的总和、总计。①

各个部分的分解与总计是同时进行的，况且完成分解正是由于必须把总计进行到底。总计的难度或不可能性直接反映出分解的不完备或不成功，从而迫使门捷列夫经常在完成综合时回到分析上来。

综合的完备性取决于分析的完备性，而综合的成效取决于分析的准确性。

门捷列夫的分析与综合表现出内在的统一：分解正是为了收集分散的东西，为了把它们作为部分纳入整体。因而分析只是作为综合的必要因素出现。

后来，门捷列夫在建立"混合族"的时候，把完全相似物和不完全相似物结合到一起，这时两种方法已经相互交错，难以说出分析在何处结束，而综合又从何处开始。一方面，这是无疑义的分析，因为整体（体系和所有元素的普遍联系）已划分为各个部分（族）；另一方面，这些部分已不是某些独立的、特殊的东西，不是发现周期律之前的单独元素族，而是同整体不可分割的、与整体相互联系的因素。

这里表现出亚里士多德归纳的整体与部分的相互关系。列宁曾记述过亚里士多德的这种观点：

……身体的各个部分只有在其联系中才是它们本来应当是的那样。脱离了身体的手，只是名义上的手（亚里士多德）。②

应特别指出，门捷列夫在任何情况下都不认为分析能够完成认识的全过程。他认为分析只有与综合统一起来，并起到为综合做准备的作用，才可能完成其自身的认识功能。停留在分析阶段，特别是把分析阶段绝对化，就会在综合的道路上遇到严重的障碍，因为这在实质上取消了综合。

假如只见树木不见森林，亦即看不到部分后面的整体，就成了形而上学。门捷列夫在《论个体》一文中的个体是从分解某种整体的总和产生的概念。根本不存在隔离的个体，存在的只是包括在一定的总和及共同体中的个体。

门捷列夫在批评对待事物的形而上学观点（虽然他没有使用这一术语）时写道：

---

① 列宁. 哲学笔记［M］//列宁. 列宁全集：第55卷. 2版（增订版）. 北京：人民出版社，2017：191.

② 列宁. 哲学笔记［M］//列宁. 列宁全集：第55卷. 2版（增订版）. 北京：人民出版社，2017：171-172.

至今人们很少理解个体，对其迷恋是由于只见部分而不见整体……[5-1]243

周期律发现史表明，门捷列夫在科学发现过程中怎样防止和克服了对事物的狭隘观点。他在《法拉第讲座》中指出：

周期性在临近 19 世纪 60 年代时就有了准备好的基础，只是直到 19 世纪 60 年代末才被明确表示出来，依我看，原因应当是局限于比较相似元素。[2]350

这是什么意思呢？化学家否定对所有元素进行一般综合（比较不相似元素族），门捷列夫从中看出了周期律的发现至少推迟十年的原因。要知道只局限于比较相似元素就意味着停留在把元素总和分解成由相似元素组成的族的阶段，即分析阶段。

3. 科学思维发展与综合法中逻辑方法的相互关系

（归纳和演绎）

综合法还有另外一些方面，它们之间的联系和统一在发现周期律的过程中表现得很鲜明，并不亚于分析与综合。这里我们指的是归纳和演绎的逻辑方法。

正如综合法在发现周期律的过程中一直得到分析法的补充，归纳法也一直得到演绎法的补充。认识的途径表现出双重性：既有归纳的一面，又有演绎的一面。这就奠定了门捷列夫立论的基础，即用归纳法得到的结论随后要经过演绎法加工。[1]405

对归纳法应理解为从个体到一般的推理，而演绎法则是从一般到个体的推理。

因而，凡是门捷列夫使分散的元素过渡到族，即用单独的元素组成新族或把单独的元素列入已知族时，用的都是归纳法。通过比较个别组成整体，从而得出一般结论时也属于同样的情况，但只是在某种程度上。换句话说，综合同样离不开归纳。

发现一般规律是在比较个体（族）的基础上做出的，可以在一定程度上把这一发现解释为从个体过渡到一般，不过这并不是归纳式推理，而是更为复杂的东西。因为一般是个别之间合乎规律的联系，而不是个别简单地存在着共性，例如，用归纳法发现某一范畴的所有种属标本（例如，枫树、柞树、桦树和其他阔叶树木的绿叶）的共性。

门捷列夫从个体（族）过渡到一般（体系）并不是简单的归纳式过渡，因为他绝不是为了发现共同特征而简单比较越来越多的个体（族），以揭示结论的同一性

（见［附 60］）。顺便提及，创立周期系时所依据的特征也只有把个体列入一般时才显示出来。

例如，两个相邻（已经比较的）元素族的原子量存在合乎规律的差数便属于这类特征，例如，Ca 族和 Na 族的原子量差数由 1 到 4，Na 族和 Cl 族的原子量差数由 4 到 6，依此类推。

但是要知道，原子量差数的这种特征在个别族里是不存在的。

很明显，归纳（通过"求同"等方法从个体到一般）在这里已经不适用了。实现向一般的过渡应运用更为复杂的逻辑综合手段，这是任何理论综合法、任何从特殊性向普遍性过渡所特有的。

不能把从一般（规律）角度来对待个体（族或元素）的方法称作普通的演绎推理，虽然这是从一般到个体的带有演绎推理形式的认识活动，但是演绎只不过是全部思维活动的一个成分，犹如在发现周期律的过程中归纳只是从个体（族）到一般的思维活动的一个成分。一旦开始依据普遍性（周期律）并通过普遍性校正特殊性（例如，改变族的划分）和个别性（例如，改变元素的氧化物形式及原子量），演绎的手段就会随时出现。从普遍性到个别性和特殊性的任何"反映"都必须以演绎法为前提，正如从个体到一般的任何上升都包括归纳推理，尽管还不能归结于这种方法。

我们来研究一下门捷列夫在 1869 年 2 月 17 日是怎样运用归纳法和演绎法的。

当门捷列夫在上半部元素小表中 N 族之下排列 Cu 族时，便得出了下列原子量差数（Δ）：

$$N=14 \quad P=31 \quad As=75 \quad Sb=122$$
$$Cu=63 \quad Ag=108$$
$$\Delta=12 \quad \Delta=14$$

平均值 $\Delta=13$。

如果只局限于这一对自然族，那就可以说门捷列夫用的是归纳法。他首先比较 Cu 和 As，然后比较 Ag 和 Sb，从而得出结论：每一对元素（一种取自 Cu 族，另一种取自 N 族）的原子量差数约为 13。

但是紧跟这一结论，门捷列夫就诉诸演绎推理了，其目的具有双重性：

（1）验证之前所做的一般推理。

（2）扩大一般推理，把新的个体情况纳入。

当门捷列夫把 H 列入 Cu 族，并在 N=14 之下排列 H=1 时，正是这样做的。此时他的推论过程是：如果用归纳法得出的结论（$\Delta=13$）是正确的，那么它对于其他尚未查明和尚未被这一结论所概括的个体也应该是正确的。而尚未查明的个体是可以推测的，因为 N 族存在开头的各元素(N＝14,P＝31)，为什么 Cu 族没有这些元素呢？

如果允许这样，就可以用演绎法进行初步探索并从 Cu 族找出这些缺位的元素，于是门捷列夫这样做了。他把 Δ＝13 当作一般规律，由此推导出 Cu 族中尚未查明的元素应当具有下列原子量：

$$N=14 \qquad P=31$$
$$\underline{\Delta=13} \qquad \underline{\Delta=13}$$
$$?\ =1 \qquad ?\ =18$$

Cu 族中具有这些原子量的元素是已知的还是未知的，应当决定下一步的研究方向。借助演绎法可以断定的只有一点：如果这些元素确实存在，如果一般规律是正确的，并且在这种情况下 Δ＝13，那么 Cu 族中的两种元素应当具有原子量 1 和 18。

如果能找到这些元素，将证实一般规律是正确的，即 Δ＝13。这样一来，演绎法必将补充并验证归纳法，而且可以扩大应用范围。

原子量为 1 的元素是已知的，就是 H。N 和 H 的原子量差数等于 13，恰好与这两个元素族的其他元素一样。既然 N 属于 P、As 和 Sb 族，并作为该族的开头元素，那就可以认为：H 应该属于 Cu、Ag 族，同样是这一族的开头元素。

这是纯粹演绎性的推论：从一般特征到个体特征，即从确定两族每一对元素的差数到依据这个差数引出又一个体（N－H＝13）。

这里的演绎法实际上补充、验证并扩大了通过归纳法所得到的一般规律。

原子量为 18、可能接近 Cu 族的元素是未知的。在这种情况下，演绎推理保持在从一般规律（Δ＝13）导出的假设水平上。看来这是根据已知一般预言未知个体的初步尝试。

门捷列夫正是在这样的逻辑基础上建立了另一预言，即下半部元素小表中假设的卤素？＝3。

用归纳法查明 Na 与 F、K 与 Cl、Rb 与 Br 的原子量差数约为 4。只剩下 Li 没有配对。由此，用演绎法可推测出应当存在原子量为 3 的卤素，因为应该遵循共同的关系式：

$$Li=7$$
$$\underline{\Delta=4}$$
$$?\ =3$$

　　在两个不完整元素小表中演绎推理做得极不准确，因为在这里取作一般的只是个别元素族的特征，并不是一般规律。因此刚才引用的两个结论（假设？＝18和？＝3）实际上是不正确的。

　　从把周期律作为一般规律时起，演绎思维就能依据更为坚实的基础展示一般对个体的反映。我们在完整元素草表中也能看到这一点。

　　正因为所认识到的一般已变得更加广阔，更加确实可信，相应地从一般得出的推论就更有价值。门捷列夫现在可以根据一般规律用演绎法验证那些仅通过归纳法所得到的一般规律的正确程度。如果发现用归纳法所确定的规则经检验是人为的、偶然的、不符合一般规律的，便可用演绎法将其推翻。

　　于是，归纳法及时导致了三化合价的"土族"元素的形成（见下半部元素小表第一行）：

$$Be＝14 \quad Al＝27 \quad Fe＝56 \quad Ce＝92$$

　　但是周期律排除了把具有 Be 的特征和原子量为14的元素列入一般体系的可能性。在体系中相应的位置已经被下列元素自然地占据了：

$$C＝12 \quad N＝14 \quad O＝16$$

　　从一般规律的观点来看，在元素表中这些位置应当（并且已经）排列非金属，然而 Be 是金属（尽管活性不是很强）。

　　把 Be＝14 排列在 Li＝7 之上，像在完整元素草表中那样，就意味着破坏了原子量变化的连续性，因为此时在 Be＝14 之后排列的不是更重的元素，而是更轻的元素（B＝11，C＝12）。于是这种做法也被放弃了，因为它与已经发现的一般规律相矛盾。

　　同样，根据一般规律不能把 Al＝27.4 直接排列在 Na＝23 之上，但是 Fe＝56 排列在更高的地方也破坏了原子量变化的连续性。

　　最后，这里的破坏导致把 Fe＝56 直接排列在 K＝39 之上，而把 Ce＝92 直接排列在 Sr＝87.6 之上。

　　Be、Al、Fe、Ce 族是用单一归纳法人为建立的，还一直未经演绎法的检验，结果终于解体了，因为它是个体，无论怎样也不能从一般中引申出来。

　　实际上在其他科学（如生物学）领域也有这种情况。恩格斯针对19世纪后半叶的生物学曾指出：

　　　　当归纳的结果——分类法——到处出问题时……当每天都有新的事实发现，推翻全部旧有的归纳分类法时，海克尔恰恰在这个时候狂热地拥护归纳法，这又恰好表明了我们的这些自然科学家的思考力的特色。黑格尔曾经说归纳推理本质上是一种尚成疑问的推理，这个命题多么恰到好处地得到了证明！……

　　……假如归纳法真的不会出错误，那么有机界的分类中接二连三的变革是从什么地方来的呢？这些变革是归纳法的最独特的产物，然而它们互相消灭着。[1]

同样涉及某些归纳推理，例如，把 Ur 和 Au 列入 B、Al 族，而把 Pb 和 Tl 相应地列入 Ca 族和 Na 族。

这些归纳都是在确认这些元素的某些特性具有同一性的基础上进行的。例如，Al_2O_3 与 Fe_2O_3 相似，把 Be 的氧化物写成 Be_2O_3 的形式，PbO 与 BaO 相似，Tl_2O 与 Na_2O 相似，把铀的氧化物写成 Ur_2O_3 的形式，与 B_2O_3 和 Al_2O_3 相似，等等。

从形式方面来看似乎很顺利：首先确认某些特性具有同一性，然后宣告这些同一性为这一族的特征，最后把具有同一性的其他元素也列入该族。

结果是，不经过演绎法（尤其是不以一般规律为依据的演绎法）检验，单一的归纳法绝不能令人信服地得出综合的真实性。

1869 年 2 月以后，当门捷列夫从一般规律转向个别族内部各元素的关系时，他就是用演绎法校正了归纳法的不完善和片面性的地方；并用演绎法明确了一些元素，例如 Pb、Tl、Au、Ur、Hg 等，在各族中以及在体系中的位置。

门捷列夫把归纳法和演绎法结合起来运用是在 1869 年 2 月 17 日，在 Be 的例子中最为明显。正如上文已经谈到，归纳法导致了把 Be 的氧化物解释为氧化铝型，并使 Be_2O_3 与 Al_2O_3 比较。在这种情况下，Be 的原子量为 14。可是，在体系中并没为 Be＝14 留出位置。

然而，在从一般（周期律）向个体过渡时，可以在 Mg、Zn、Cd 族中为 Be 选择 B＝11 与 Li＝7 之间的位置。实际上这也正是门捷列夫起初想要排列 Be＝14 的位置，但是那时他没把它列入 Mg 族，却列入了人为建立的"土族"（Al、Fe 族）（参见下半部元素小表）。

如果根据一般（规律）把 Be 排列在 Mg 族的第一个位置，那么通过演绎法不需要把它的氧化物写成氧化铝型，而是写成氧化镁型——BeO，并使 BeO 与 MgO

---

[1]　恩格斯. 自然辩证法 [M] //马克思，恩格斯. 马克思恩格斯全集：第 20 卷. 北京：人民出版社，1971：570-571.

比较。早在 1842 年，阿伏捷耶夫就曾建议把 Be 的氧化物写成 BeO 型。

假如这样，Be 的原子量应当减少 1/3，从 14 减至 9.4，而 Be＝9.4 就完全适合 B＝11 和 Li＝7 之间的位置了。

门捷列夫在用逻辑方法改变元素的原子量时展示了才干。他善于把演绎推理与归纳推理正确地结合起来，善于运用以一般规律（周期律）为依据的演绎法来补充并校正归纳法。

过了一段时间（对于 Ur 来说是 1869 年秋季，对于 In、Th、Yt、Ce 及其相似物来说是又过了一年），门捷列夫正是用这种方法修正了许多原先凭经验取得的并不准确的原子量。

单纯凭经验，听命于事实，但并未掌握事实，往往使化学家得出错误的结论。与狭隘经验主义有密切关系的单一归纳法是狭隘经验主义的逻辑基础。

于是产生了仓促的结论：最稳定的金属氧化物具有类似 RO 的形式。如果只是已知金属与氧的单一化合物，则其成分便应当是 RO。这种观点来自道尔顿。由此，In、Ce、Yt 采用的也是这一氧化物形式。

凭经验用归纳法得出的结论只有根据演绎法（在 1869 年 2 月 17 日发现的一般规律）才能推翻。这种演绎法表明，如果从一般规律出发，则 In、Ce、Yt 的氧化物应为 R_2O_3 型，这些元素的原子量相应增加 1/2，而 Th 和 Ur 的氧化物应为 RO_2 和 RO_3 型，这些元素的原子量相应增加 1～1.5 倍。

演绎法推翻了归纳法所得出的结论，并从一般规律中推导出上述元素原子量的校正值。从而根据这一个体在一般（体系）中的已知位置来指明个体（元素）在特殊（族）中的正确位置。

Be 的例子即是这种方法的第一步，其意义就在于此。

利用归纳和演绎的逻辑手段与运用假设有密切的联系。

在这一发现的初期，门捷列夫关于一般规律的想法犹如猜测或假设。这并不是归纳式的概括，这时的思想是按照惯例向前展望，向尚属未知事实的帷幕后面窥视。

但是，这种假设一旦产生就提供了据此做出演绎推理的可能，这些推理可以立即（或者经过较长时间）加以验证。这些推理的正确性一旦被证实，即可作为这一假设也正确的证据。

这就意味着，以假设为前提的综合法也包括科学预言的可能性，出现这种可能性是由于承认了普遍性并从中导出了演绎推理。

1869 年 2 月 17 日，门捷列夫做出假设：两个相比较元素族相对应元素的原子量差数应当相等，例如，对于 N 族和 Cu 族来说，相对应元素的原子量差数应等于 13，所以这一假设的结果是指明列入 Cu 族的元素($?=1$)。这一元素原是 $H=1$，尽管在这之前谁也没想到把它排列在这里。如此一来，原来的假设也就得到了证实。

同样，门捷列夫破坏"土族"（Be、Al、Fe、Ce）的想法则是假设存在周期律的结果。另外，如果存在周期律，则应承认在 $B=11$ 与 $Li=7$ 之间有一种原子量为 $8\sim10$ 的弱金属，而在 $Si=28$ 和 $Mg=24$ 之间有一种原子量为 $25\sim27$ 的弱金属。

在 Si、Mg 之间可以很容易排列从已被破坏的"土族"中移来的 $Al=27.4$。在 B、Li 之间则可以排列 Be，但要把 Be 的氧化物形式从 Be_2O_3 变为 BeO，并相应地变更其原子量。一般假设要求用演绎法从中得出这种结果，在编制完整元素草表的过程中证实这种结果能提供意外论据，确信存在一般规律的假设本身的或然性。

一系列检验证实了这一想法，而这一想法是按照下列顺序发展的：

（1）从尚未收集完全的经验材料到这些材料体现出来的一般结论（规律），这种结论最初还停留在假设水平上。

（2）从这一假设返回演绎法，由已做出（或预感中）的概括推导出个别的结论。

（3）在通过检验证实个别结论的情况下，转向证实一般假设，逐步将其变为稳固的、经过验证的、令人信服的规律。

1869 年 2 月 17 日，门捷列夫的科学发现结构，包括思想反复的转变，从事实到假设，然后到结果，再通过对其验证重新回到同一假设，越来越确定并接近具体的规律。

在以后很长一段时间，门捷列夫一直认为周期律并未达到真理的等级，认为它只有逐步从假设转变为规律时才是真理。门捷列夫在《水溶液比重的研究》（1887）中写道：

> 应当明确区分真实的真理与推断出来的真理……例如，根据原子量把元素按照周期律分类是真理，而周期律起初是假设，只是在证实由这一假设引起的意料之中的结果的影响下（例如，校正原子量，改变许多元素的当量，指明尚未发现元素的特性，等等），以及在这一假设所创立并为事实所证明的新观点影响下（例如，元素及其化合物的物理性能的周期性，弄清楚元素的氧化物和氢化物的关系，等等），它才逐渐变成公认的

真理。[2-1]206

让我们来研究一下门捷列夫采用演绎法预言存在未知元素及其性能的结果。当找出一般（规律）之后，可以用演绎法来发现整个链条的不足（空白）。我们已经见到示例，如预言未知元素? =18 在 Cu 族（见上半部元素小表）。

虽然是用演绎法得出预言的，但并不是根据一般规律，而只是比较各族成对的个别元素。在完整元素草表中预言在 C 族存在未知元素 x=72，是根据一般规律做出的。因此与前一预言不同，这一预言深为可信，并在发现锗元素时（1886）为实践所证实。

用门捷列夫的话来说，在这里表现特别明显的是规律对事实的"反映"，或从一般到个体——从普遍（规律）向特殊（元素族数量的增加）和个别（预言个别元素的特性）的过渡。

在完整元素草表边缘的推导表明，门捷列夫找到了变更"混合族"Si＋Ti 原子量的步骤：

$$
\begin{array}{ccccccc}
C & Si & Ti & - & Zr & Sn \\
12 & 28 & 50 & & 90 & 118 \\
& 16 & 22 & 40 & & 28
\end{array}
$$

原子量差数 40 表明在元素族中有遗漏，一般规律要求同一族内部的原子量均匀递增（横向），而这里的差数却几乎比其他差数多一倍。

根据这一点，门捷列夫用演绎法导出 x 的原子量约为 70（50 和 90 的平均值），然后再次将其明确化并导出下列关系式：

$$
\begin{array}{cccccc}
C & Si & Ti & x & Zr & Sn \\
12 & 28 & 50 & 72 & 90 & 118 \\
16 & 22 & 22 & 18 & 28
\end{array}
$$

C 族与 N 族（纵向）的比较便证明了这点：

$$
\begin{array}{ccccc}
N=14 & P=31 & As=75 & Sb=122 \\
C=12 & Si=28 & x=72 & Sn=118 \\
\Delta= \quad 2 & 3 & 3 & 4
\end{array}
$$

门捷列夫通过类似方式用演绎法在《元素体系的尝试》中导出了未来的钪（? =45）、镓（? =68）、锗（? =70）和"类锆"（? =180）的原子量。

在这些情况下，根据从一般转向个体，从普遍（规律）转向特殊（族），并通过特殊到个别（未知元素），门捷列夫用演绎法补充了归纳法未能提供的东西，检验并校正了归纳法提供的错误东西。

对门捷列夫 1869 年 2 月 17 日发现周期律的过程和之后一段时间工作的分析极其形象地表明，他的创造性思维反映了归纳法和演绎法作为逻辑思维相互联系的手段之间的正确关系。这里证实了恩格斯稍后所写的：

> 归纳和演绎，正如分析和综合一样，是必然相互联系着的。不应当牺牲一个而把另一个捧到天上去，应当把每一个都用到该用的地方，而要做到这一点，就只有注意它们的相互联系、它们的相互补充。①

门捷列夫也正是这样做的，当然他不知道自己运用的是辩证逻辑方法。顺便提及，这是辩证逻辑的正确性的又一证明。

演绎法与归纳法不同，它以理论思维的既定作用为前提，克服了经验主义视野的狭隘性。经验主义和归纳法不能提高到事实之上，去伪存真；相反，它们导致盲目地、不加批判地追随事实，做事实的奴隶。

1889 年，门捷列夫在批评对待事情的这种态度时指出，在发现周期律（作为自然界的一般规律）之前，在化学家（如纽兰兹等）的尝试里，只是单纯地屈服于事实："就在那里事实依然居于前沿……"为了发现周期律，纽兰兹式的化学家"所缺少的只是把事实提到可以看清规律对事实反映的应有高度的决断。"[2]351

门捷列夫接着指出：

> 容忍对事实的让步，周期律就立即从另一方面反映出来，很容易把问题扼杀在襁褓之中。在过去 20 年间所提出的要求几乎全部得到满足，事实让位于规律，证明了规律本身是从检验过的事实中抽象出来的。[2]351-352

再往下已经专门涉及原子量：

> 元素的原子量在发现周期律之前提供的是纯粹经验性的数据……即在这方面不得不摸索着走，屈服于事实，而不是占有它……[2]360

门捷列夫对这一认识领域在发现周期律前后的情况做出了比喻性评述（1879）：

> 以前只有略图、分类、服从于事实的资料，其实周期律掌握着事实……[2]279

掌握事实，而不是奴隶似的、无条件地、不加批判地采用凭经验拟订的规则，

---

① 恩格斯. 自然辩证法［M］//马克思，恩格斯. 马克思恩格斯全集：第 20 卷. 北京：人民出版社，1971：571.

这正是门捷列夫创造性方法的特点，它在 1869 年 2 月 17 日发现周期律时已显示出全部威力。

门捷列夫在变更凭经验确定的原子量（对 Be）时曾预言在实验中无论如何也观察不到的情况（$x=72$ 及其他元素），这就在两个方面表现出他的才能：

（1）在理论研究中，牢固依靠经过检验的事实并以此为出发点做出一般推论，这些推论可能成为从中推导出结果的跳板。

（2）与此同时，对那些被错误地当作事实，而实际上是从误解的事实中归纳和推导出的一切，都一一过筛，并批判地重新评价。

善于掌握事实，这是门捷列夫运用的综合法的主要特点之一。这种能力要求与实验、事实、实验材料具有最密切的联系，同时能察觉那些虽被当作事实却牵强附会、背离实际的一切，因为这些是根据经验观察、借助于纯粹归纳式概括做出的。之所以要批判地对待这类"事实"和由此做出的归纳推理，是因为所取用的或当作事实的很可能完全不是事实。

拉科夫斯基对这一问题阐述得极为精辟：

> 毋庸置疑，门捷列夫创立的体系不是盲目追随事实的结果，而是建立在对它们进行批判分析的基础上的。门捷列夫显示出自己的智慧，它把天才和一般才能区别开来。伟大罕见的天赋使他能够透过错误确定事实的外壳，看到隐藏在许多人视野之外的真理。[12]42

门捷列夫用理论思维对直接事实看得较深的能力是借助演绎手段，透过对狭隘的经验主义者和单一的归纳法专家仿佛还紧紧关闭的自然界大门往里窥视。对此，还是他在生前最后一版《化学原理》里说得好：

> 首先，科学像桥梁一样，只有用牢固的桥墩和长梁支承才能建成。我曾经想表明，阐述化学原理像修建桥梁一样，科学早就能够这样做，要依靠固定得很好的绳索的整体。弄断其中一根很容易，而弄断整体联结却很难。于是这种方法为越过深渊提供可能。在科学上也要学会不在渊底苦苦支撑，而要越过未知的深渊，到达坚实的彼岸，去彻底了解整个可见的世界，不过要抓住很好侦察过的岸边桥墩。[1]Ⅲ

把科学发现与修建通过未知深渊的桥梁相比，其哲学深度和艺术形象都很精彩，它也表明了门捷列夫在 1869 年 2 月 17 日发挥出科学发现的特殊才能。

4. 对综合法的简单化理解

（忽略科学认识发展中的特殊性）

"归纳万能论者"（恩格斯这样称呼归纳法的崇拜者）认为，凡是进行综合的一切问题，即从个别过渡到特殊，或者从较少同一性状态过渡到较多同一性状态，似乎永远只能用归纳法来完成。恩格斯批评这种见解时写道：

> 这些人陷入了归纳和演绎的对立中，以致把一切逻辑推理形式都归结为这两种形式，而且在这样做的时候完全没有注意到：（1）他们在这些名称下不自觉地应用了完全另外的推理形式，（2）只要他们不能把全部丰富的推理形式都硬塞进这两种形式的框子中，就把这一切丰富的形式全都丢掉了，（3）因此他们把归纳和演绎这两种形式甚至变成了纯粹的蠢话。①

恩格斯对这种不仅简单化而且有明显错误的观点做了比较。当认识从低级发展到高级时，是从个别提高到特殊，又从特殊提高到普遍。从低级阶段过渡到高级阶段是通过多种方法实现的，而不是像"归纳万能论者"所主张的那样，只有一种方法。对这些人来说，全部问题归结起来就在于：在认识过程中完成了从同一性认识较少向同一性认识较多的过渡。他们认为这种过渡是归纳概括的共同范畴。这样一来，他们就把揭示真理的科学认识活动从同一性认识较少向同一性认识较多的过渡特点都留在阴影中，有时还公开地否定（见［附 61]）。

然而，从个别向特殊的过渡，就其"结构"及采用最简单的逻辑归纳法手段而言，都有利于从特殊向普遍的过渡。要知道，从元素编制元素族有利于从元素族编制元素体系，虽然在两种情况下都可以归结为从个体向一般的过渡。

把比较局限于一般与个体上，就意味着拒绝弄清楚在不同的认识阶段——较低的阶段（个别—特殊）和较高的阶段（特殊—普遍）一般和个体之间关系的特点，而这并非问题的次要方面。

在门捷列夫发现周期律的过程中清楚地显示出这种特点。门捷列夫的创造性思维完全合乎从特殊（族）到普遍（体系）的规律。如果在某一点上没能实现这种过渡，出现的只是分散的元素，那么门捷列夫在任何情况下都不会从个别避开特殊，

---

① 　恩格斯. 自然辩证法［M］//马克思，恩格斯. 马克思恩格斯全集：第 20 卷. 北京：人民出版社，1971：569.

在还未确定该元素在某一族中的位置时就过渡到普遍。

由于这个缘故，门捷列夫经常返回来查明在这种情况下特殊应该是哪一种，以便使它完成本身的认识功能，并成为过渡到普遍的一个阶段。

因而，从个别（元素）到普遍（体系）的思维活动只有通过特殊才能完成，不是直接从个别提高到普遍。试问，门捷列夫的思维发展为何是这样的呢？这一"特殊"环节来自何处？它确实必不可少吗？

对门捷列夫的发现所做的方法论分析证实，这一环节是必要的，并且是逻辑的必然。分析表明，从个别直接到普遍，而不经过中间环节是完全不可能的，也不可能导致周期律的发现，否则就意味着可以不经过作为必要准备的分析就能实现综合。

在特殊性阶段，综合意味着分开，此时进行综合不仅有合并的目的，也有根据客体的特征而将其分开的目的。

相反，在普遍性阶段，即在发现一般规律阶段，综合的目的在于：把那些互不相同、相互对立的元素族联结、合并成一幅完整的图画、一个统一的体系，在这里对立不是相互隔离，而表现为统一和相互渗透。综合克服了原先在特殊性阶段所固有的局限性。现在综合联合的不仅有相似的，也有不相似的，解除了它们原有的相互对立。正是这样，在使孤立的元素族（首先是两个极性对立的卤族和碱金属族）靠近并进行比较时创造出了元素体系。

因此，综合法就其本身逻辑认识性质而论与前一认识阶段有所区别。于是综合法的这种特点（在特殊性阶段分开，在普遍性阶段合并）就与辩证逻辑公式联结在一起，表现出认识从个别经过特殊上升到普遍的循序渐进。

上面曾研究过一种观点，即把科学认识的特殊性阶段同一化，把一种情况归入个别性阶段，把另一种情况归入普遍性阶段。但是此时并未抛掉特殊性阶段，它不再具有某种独立意义，而只是作为个别或普遍的部分。

对综合法简单化理解的另一种情况（包括周期律发现史）是否定特殊性阶段，把发现周期律（普遍）看作从个别到普遍的直接过渡（见［附62］）。

乍看起来可能认为这种论证没有意义，只涉及门捷列夫的工作方法或技术：门捷列夫采用什么方法？他是否比较了元素族或者按照原子量列入总序列的单种元素？然而一经检验就会意外地发现：这种论证具有重大的、原则性的方法论意义。

人们常说，门捷列夫首先似乎把全部元素编制成总序列，并按照原子量递增的顺序排列，在发现性质有重复性之后才把这一序列分成段（周期），并把一段排列在另一段之上。于是他们就用这一点把发现周期律简化为从个别（元素）直接过渡到普遍（规律），而避开了特殊（族）。

正相反，对门捷列夫与发现周期律有关的手稿和言论进行分析，并把发现与比较元素族联系起来，就会发现特殊性阶段的重要性。正是通过这一阶段，完成了认识化学元素及其基本规律的从个别到普遍的思维活动。

门捷列夫与周期律发现史有关的手稿和言论令人信服地证明：在发现周期律之前，门捷列夫并没有按照原子量排列元素总序列。他在原子量方面只是做了两项规定：

（1）在每个特殊族内元素按照原子量排列成行，从最小（在左面，行首）到最大（在右面，行尾）。

（2）在使两个不同族的元素按照原子量靠近时，原子量大的写在上面，原子量小的写在下面，上下对齐，以便求出它们的原子量差数。

这就是为什么与 $K=39$ 相邻的依然不是 $In=36$，而是 $Cl=35.5$，这直接破坏了按照原子量排列全部元素的顺序，因为门捷列夫比较的并不是单独的、分散的、一下子列入总序列的元素，而是元素族。由于在 $Na=23$ 之下排列 $F=19$，因此在 $K=39$ 之下则理应排列 $Cl=35.5$，而不是 $In=36$。

如果当初按照原子量递增的顺序排列元素总序列的假设是正确的，那么这种情况就不会发生了。

Te 的情况也一样，起初确认它属于 O 族。从第（1）项规定来看，此处在原子量方面不存在任何异常：

$$O=16 \quad S=32 \quad Se=79 \quad Te=128$$

此后，O 族作为整体与作为整体的 Cl 族靠近。前三对元素此时连第（2）项规定也符合了。原子量差数分别是：$F-O=3$，$Cl-S=3.5$，$Br-Se=1$。只有最后一对元素的原子量差数是反常的（负数）：$J-Te=-1$。

由此门捷列夫得出结论：很明显，原子量计算错了。可是这一结论是怎样产生的呢？只有把两个元素族（O 族和 Cl 族）作为整体进行比较才行。

在把全部元素列入总序列并按照原子量排列而不预先比较元素族时，绝对不会出现 $Te=128$ 反常或不准确的问题。

正是由于这一原因，在门捷列夫那里，在 $Cs=133$ 之下不是原子量最接近它的 $Te=128$，而是 $J=127$。如果门捷列夫起初按照原子量排列元素总序列，然后又把它划分成横向的族，随后形成纵向的周期，上述情况就不会发生了。事实上，门捷列夫是从比较元素族（特殊）开始的，Te＝128 与其他元素进行比较只是因为它所归入的氧族一方面与氮族进行比较，另一方面与卤族进行比较。门捷列夫在《化学原理》（第三版）中写道：

> 早就知道有很多这样的相似元素……但一经熟识就难免会产生这样的问题：它们相同的原因何在？各族之间的相互关系又如何？[2]264

任何想方设法绕过或否定发现周期律的特殊性阶段的尝试都会导致误解、歪曲发现的真实过程并与门捷列夫的创造方法——综合法相矛盾（见 [附 63]）。要避免这些误解和歪曲，就要承认辩证逻辑观念，其基础是考虑认识过程中个别、特殊与普遍的关系。折中和模棱两可的解决方法不会产生有益的结果，在原则性问题上都如此（见 [附 64]）。

可以援引布特列洛夫《化学结构》的理论创造史作为上述论点的例证。

在把原子论观念引入 19 世纪的化学时，道尔顿（英国）曾把化合物的粒子（"复合原子"）看作直接由单种元素原子组成的，但这样就不能解释最简单情况下分子的真实结构。从个别也没有实现向普遍的直接过渡，而要求通过特殊这一过渡。

在这种情况下，首先是原子键的类型显得特殊，贝采里乌斯（瑞典）据此做出了合乎自己电化学（"双重性的"）理论的解释。稳定的特别原子族 C、H 和 O（有机 "基"）也是特殊，其内部原子键是极其牢固的。那时有机物质的化学转化开始解释为不变基的化合和分解，这一理论是贝采里乌斯所发展和捍卫的。门捷列夫是他的坚定不移的反对者。

另一方面，与 HCl、H_2O、NH_3 及 CH_4 相似的有机物转化的基础类型也是特殊。热拉尔（法国）发展了这种观点。门捷列夫是热拉尔的始终不渝的拥护者。

从类型理论的观点看，基只是烃的分子经过某些化学变化的"残渣"。

特殊很快变得越来越复杂，出现了"双重"类型、"混合"类型，以及基（"残渣"）被导入类型等。

19 世纪 50 年代中期，关于有机分子内部原子键的特殊表现的资料已非常多，已可能向普遍过渡，并且势在必行。

但是这种过渡实现得并不像发现周期律那样迅速和坚定。19 世纪 50 年代中期，富兰克林（英国）引进了化合价的概念；那时，凯库勒（德国）也提出了有机物分子中 C 为四化合价，而且可以相互结合成碳链的思想。

这一切的结果是，那些原来为整个分子及其"残渣"（基）而发展起来的化合价概念被用到组成它们的原子上。这样一来，认识的发展便用尽了它在特殊性阶段能从事实取得的一切，个别（例如，能与其他原子相结合的 H 或 C）与特殊（这一性能的类型及其数值）的相互关系已被完全揭示。

顺便提一下，在这种情况下特殊比在元素分类时级别更多，并可分解，这又证实了［附 61］所论述的思想。

从 19 世纪 50 年代中期起，就完全清晰地显现出了向普遍的过渡，亦即向揭示一般规律的过渡，据此规律可构成任何有机（其后也有无机）化合物。向普遍方向迈出一步的还是凯库勒，可是由于拜倒在不可知论脚下，他依然忠实于类型理论，结果中途停顿了，被绊在特殊性阶段。

在这一化学领域，布特列洛夫在 1861 年首先实现了从特殊向普遍的过渡。他为有机化学所完成的任务与 8 年后门捷列夫为整个（普通）化学所完成的任务相同。

起初编制元素总序列的假说在逻辑方面等于承认：对化学结构（普遍）理论的历史性准备和建立是未弄清楚原子（特殊）键的性质和类型就完成的，并直接来自观察单个原子（H、O、N 和 C）的性能。

实际上，和发现周期律的情况一样，只有通过特殊并且综合在特殊性阶段的所得才能达到普遍。所以不能创立想要证明在科学认识的过程中似乎可以丢开或绕过特殊的简单概念和假设。任何臆想出来的假设一经检验就会暴露出是错误的、与事实矛盾的。由此可见，不能无所顾忌地不理睬甚至否定科学认识活动中从个别到普遍所必须经历的阶段——特殊。

当我们分析发现周期律的过程时，不由得想起马克思的卓越论断：不仅研究结果应该是正确的，而且作为过程的研究本身，其每个环节都应该是正确的。因为在揭示真理的每一个阶段，研究都在同一定的客体打交道，在某种程度和精度上反映它的已知方向、它们的联系和相互关系。只有当所研究的客体的这些方面被正确反映出来时，才能够向前走，更充分、更深刻、更全面地揭示真理。鉴于此，马克思写道：

　　……难道对象的性质不应当对探讨发生一些哪怕是最微小的影响吗？不仅探讨的结果应当是合乎真理的，而且得出结果的途径也应当是合乎真理的。对真理的探讨本身应当是真实的，真实的探讨就是扩展了的真理，这种真理的各个分散环节在结果中是相互结合的。[①]

列宁所做的"真理是过程"[②] 这一著名论断是与这一思想直接呼应的。

发现周期律的过程可以作为刚才引用的马克思主义论断的鲜明论证。

我们在下一节中将要说明，科学方法是怎样帮助门捷列夫批判地分析前人的工作，以发现他们的世界观在认识化学元素中的个别、特殊和普遍之间关系上所存在的缺陷。

5. 接近发现周期律的化学家失败的方法论基础

（在认识化学元素中对个别、特殊和普遍之间相互关系的错误理解）

在本章结束时，让我们指出门捷列夫的方法与前人用于探索元素体系的方法的差别。对这种差别的分析有助于更深入地弄清楚这个问题：在他之前，各个国家的许多化学家在这条路上逗留过，为什么门捷列夫找到了发现周期律的正确途径？

门捷列夫的一些前辈和同辈曾编制出元素体系，使其不越出自然族的框框，亦即停留在特殊性阶段。最清晰又连贯的工作是德国化学家伦逊在 1857 年（在门捷列夫之前 12 年）做的。伦逊从特殊过渡到普遍（从族到体系）中重复相似元素族（从个别到特殊）时实际上采用了相同手段。事实上，当排列族（如卤族与碱金属族，当时把族视作"三素组"）时，中间项属性值等于两端项同样属性值之和的一半。这样，Br 的原子量（"三素组"Cl—Br—J 的中间项）等于 Cl 与 J 的原子量之和的一半：

$$\frac{35+127}{2}=81$$

Na 的原子量也如此，即等于 Li 与 K 的原子量之和的一半：

$$\frac{7+39}{2}=23$$

为了编制元素体系，亦即过渡到普遍，伦逊是这样做的：根据同样原则，由三个"三素组"编制成一个高一级的"三素组"，中间"三素组"的中间项属性值要等于两端"三素组"中间项属性值之和的一半。

例如，下面列出的三个"三素组"构成了高一级的"三素组"，它包括的已不

---

① 马克思. 评普鲁士最近的书报检查令［M］//马克思，恩格斯. 马克思恩格斯全集：第 1 卷. 2 版. 北京：人民出版社，1995：112-113.

② 列宁. 哲学笔记［M］//列宁. 列宁全集：第 55 卷. 2 版（增订版）. 北京：人民出版社，2017：170.

是 3 种元素，而是 9 种元素（伦逊把这样的"三素组"称为"泛组式"）：

第一个三素组　　第二个三素组　　第三个三素组

$$\frac{Li+K}{2}=Na \qquad \frac{Mg+Cd}{2}=Zn \qquad \frac{Ca+Ba}{2}=Sr$$

由此得出"泛组式"：

$$\frac{Na+Sr}{2}=Zn$$

或

$$\frac{第一个三素组＋第三个三素组}{2}=第二个三素组$$

如果按照此方法把三个"泛组式"联合成高一级的"三素组"，则包括的已是 27 种元素。伦逊用这种方法编制出元素体系。

他的方法在方法论上的主要缺陷在于没有从根本上区别普遍和特殊：普遍（体系）竟然是特殊的简单重复，因此从特殊向普遍的过渡表现为从个别向特殊的过渡的放大。这些过渡的基础只有一个编制"三素组"的原则。根据伦逊的方法可得出：一般规律似乎与各族内部各元素的相互关系完全相同。

伦逊体系的矫揉造作正是来自对普遍和特殊的狭隘理解：如果把普遍归入特殊，则特殊只能在"三素组"的框框里解释。这样就不可能将把元素划分成族进行到底，而各族则不完整。因此，这种方法不能实现从特殊向普遍正确过渡的准备，不可能从尚未完成的元素族（特殊）编制出正确的元素体系（普遍）。

这一体系的人为性明显地表现在：它的创立者力求在各元素族（"三素组"）之间按照类似于联结元素成族的那种键提出并推导出共性的键。

门捷列夫在第一篇论文中写道，这些尝试并未对已知的全部元素进行系统排列：

> 我知道伦逊只有一次满足这种自然要求（《利比赫编年史》，1857 年，103 和 104 卷）。但是他的单质"三素组"体系具有某种不稳定的缺陷，因为体系的基础缺乏牢固的起点。伦逊在用"三素组"方法划分元素时力求依靠当量的关系（在每一个"三素组"中，中间元素的当量等于两端元素当量和的一半，如克雷默兹等那样），以及化学相似性和化合物的颜色。但是最后一种属性的对照，会因在钴、铬、铜及其他化合物的颜色中所察觉到的差异，并根据它所处的条件和所组成的化合物，而有频繁的变动。

不过，在伦逊体系中出现的自然族常常与我们的一般概念极其吻合，可作为例子的有下列各族：钾、钠、锂族，钡、锶、钙族，镁、锌、镉族，银、铅、汞族，硫、硒、碲族，磷、砷、锑族，锇、铂、铱族，钯、钌、铑族，钨、钒、钼族，钽、锡、钛族，等等；然而，硅、硼、氟，氧、氮、碳、铬、镍、铜，铍、锆、铀却未必能如伦逊所做的那样排列成族。在他的体系中渴望使元素的自然分类服从于三合一式，尽管难以同自然性相吻合，难以同我们所怀疑的许多已知的普通物质的完备性相吻合。至于新发现的元素，即使能在他的体系中找到位置，也会打乱被认为完备的、封闭的元素族。[2]7

门捷列夫批评伦逊体系中元素族排列得不正确，伦逊把这些族作为完备的、封闭的族来处理。然而实际情况并非如此，因为远不是所有元素都被发现了。如果再发现新的元素，那么在已定形的各族中，以至在体系中，都没有它们的位置。体系的封闭性是由组成体系的各元素族的封闭性决定的。门捷列夫指出了伦逊体系的根本缺陷，指明这种缺陷带有方法论的性质。

虽然伦逊的尝试就其结果来说是不成功的，可是它在把全部元素族联成一体的方法来编制元素体系方面起过很大作用。我们在下文将看到，大致与伦逊同一时期，针对同一课题，杜马完全从另一方面进行研究。1880 年，门捷列夫从这方面评价上述尝试时强调：

在我所列举的所有学者中……他们先于我从事比较元素原子量的研究，我认为主要受益于两个人：伦逊和杜马。我借鉴了他们的研究，是他们激励我探索真实的规律。[2]288

凭经验编制出的元素表（体系）可作为在特殊（族）的框框里寻找普遍的另一个例证。把事情简化成只是比较元素族，而不去揭示其内部有规律的联系。正像伦逊体系那样：避开族，直接从单种元素出发，实际上不能得到体系。但是向普遍的过渡意味着要克服在揭示特殊性阶段产生的认识上不可避免的局限性。在这里却没有克服这些，于是相应的体系，或者最好说是——表，实际上并没使化学家的思想摆脱特殊的界限，即只是单纯追求形式上把元素族一个挨一个地排列起来。

奥德林的元素表就是这样的。俄国化学学会会议通报了发现周期律之后一个月，门捷列夫从萨夫琴科夫那里得知了此表。门捷列夫曾在第一篇论文的注解中[2]15谈到这点。奥德林的元素表纯属凭经验编制，里面把当时已知的全部元素族凑合在一起，但并未揭示出元素间的共性联系。很明显，作者依然未觉察到这种联系，他的认识并未脱离把元素分成族的框架。把元素族合并到一起时，不遵循任何共性联系，而单单出于方便。所以奥德林还没提高到认识普遍（作为规律或元素之间总的内部联系）的程度。

门捷列夫分析奥德林的元素表时写道：

> 然而，奥德林对元素表的含义什么也未谈到，并且据我所知，在任何地方皆未提及。至今我对此表还是一无所知，大概对很多学者也是如此。如果奥德林赋予元素表以理论意义，那么或许会写下据我看来涉及化学基本问题的这一主题。在上述著作里此表的标题很简单：《元素的原子量及符号》。[2]15

两年后，当英国化学家首先提出发现元素周期律优先权归属的问题时，门捷列夫强调了同样的想法：普遍（规律）不是简单地凭经验比较已知的元素族（特殊），而是揭示出它们之间的共性联系，不求助于理论处理方法是不可能的，而奥德林缺少的正是这点。如果奥德林找到了普遍，或自我意识到找到了，那么他就不会完全避开关于这一发现的理论意义的问题。就因为他完全没有触及理论方面，所以由此可见，他不存在关于普遍的想法。门捷列夫的判断过程就是如此，而这完全符合实际。

实际上，奥德林甚至没想过要寻找普遍（体系），而完全停留在特殊性阶段。普遍对他来说没有任何独立的、重要的理论意义。这只不过是用合适的方法来排列元素族，仅此而已。由于实现这种或那种元素族的排列方法可以有不同的途径，奥德林就从一种排列方法轻易地过渡到另一种。在这些相互替换的方法中也偶然出现按照外部特征排列元素的方法（确切地说是排列元素族的方法），类似于门捷列夫在《元素体系的尝试》中所用的方法。但是这并不是奥德林发现普遍（规律）的结果，只不过是在认识化学元素中不经过从特殊性阶段到普遍性阶段过渡的一种盲目实验。

门捷列夫在回答英国化学家时注意到了事情的这一方面。他于 1871 年 3 月写道：

> ……我并非不知道，奥德林先生先后采用了若干元素体系。例如，他在 1857 年比较过……相似元素的属性，像在他以前许多化学家所做的那样……并在已知元素族里补充新的元素族，如 B、Si、Ti—Be、Yt、

Th—Al、Zr，Ce、Ur—Hg、Pb、Ag。这一体系看来是他在 1861 年编写那部众所周知的《化学指南》（第一部）时留下来的。

此外我还知道奥德林的《实用化学》（1867 年由萨夫琴科夫译成俄文）中有一份元素表……里面的元素像在我的体系中一样按照原子量排列，但是对体系未加任何说明。

最后，我这里还有奥德林的最后一部著作《化学概要》（1870），其中全部元素都按照至今通用的化合价原则排列。据此应当断定：如果奥德林先生从前有过与我相同的元素体系，那么他现在放弃了。我的体系的原理不允许像奥德林那样做，例如，把 S、Fe、Mn、Cu、Hg、Te 列入二元素组[①]，因为它们不仅能形成 RX_2（SH_2，SCl_2）型化合物，而且能形成 SO_2、SO_2Cl_2、SO_3、$TeCl_4$、TeK_2Cl_6 等型化合物。

如果奥德林先生的体系是建立在与我发展的原理一样的基础上，那么以他的综合才能，不会如此人为地组合元素族，像他在 1870 年最后一部著作中那样。[2]220-221

门捷列夫批评性反驳的要点归结起来在于：如果奥德林果真发现了作为建立元素自然体系基础的一般规律，那么符合这一规律的各族就不会如此任意地互换位置。出现这种情况只能是因为奥德林没有根据门捷列夫所依据的那些原则，并且意味着奥德林没见过，更谈不到发现一般规律。也就是说，他没有实现从特殊向普遍的过渡，甚至也没给自己提出这项任务。

德国化学家麦耶尔的情况大体相似，他也提出了发现周期律创作权的要求。门捷列夫在谈论奥德林元素表的同一篇文章里答复了麦耶尔：

……我不得不加以评论，麦耶尔先生确认在 1864 年就已经……提出在各种元素族中找到表达规律性的图式，并且说与我的相同。但是只要读完了所援引的地方就足以……得到证实，麦耶尔先生在 1864 年根本就没有提出我所指明的元素之间的相互关系。他充其量只是比较了相似元素族。[2]223

门捷列夫又指出，麦耶尔的研究停留在特殊性阶段，不仅在 1864 年（发现周期律之前），而且直到 1870 年（发现周期律之后）仍然停留在这一阶段。事实上，在从特殊向普遍过渡时，发现了普遍便能够更合理地按照已发现的一般规律划分元

---

① 即二化合价元素。

素族，使特殊明确化。门捷列夫在发现周期律的过程中是如何进行的已在上文述及。

但是主要的明确化工作开始得要晚些，即在 1870 年秋季。门捷列夫按照一般规律调整了"可疑的"元素（In、Ce 及其相似物 Yt、Th）以及 Ur 在周期系中的位置。至于麦耶尔，他不相信普遍的真实性，不是全盘否定就是极端畏畏缩缩地处理普遍对特殊和个别的"反省"，如曾提出把铟列入第 III 族，并变更其原子量——从 75.6 增加到 113。这就证明，直到发现一般规律之后，麦耶尔还不明白特殊（族）和个别（元素）所从属的普遍的真正意义。

由上可见，这类方法论的错误和缺点在于对普遍估计不足，有时把普遍归结为重复特殊（伦逊），或者凭经验把特殊机械地合并到总和（奥德林、麦耶尔）。当人们认清普遍后就会看出，这绝不是揭示普遍，尽管就其表面特征来看，可能与用图表表示的普遍有相同之处。此外，这种方法及与其类似的方法都清楚地证明：19 世纪五六十年代化学家面临着从元素族（特殊）过渡到创立元素体系（普遍）的任务，并且各个国家的许多学者在这方面做了探索。

在认识化学元素的过程中，探索从特殊过渡到普遍的另一个方向似乎更有前途，因为方向本身包含着对普遍（规律）的理解，虽然还不够清楚，但依然像普遍尚未融合到特殊那样，以某种原则上不同于特殊的新面目出现。因此，在这种情况下可以并且应该谈到未来规律的萌芽和对它的预感，甚至预测。然而，与刚才所分析的各种停留在特殊性阶段的观点（及元素表）直接对立，因为在这种情况下有一种越过特殊性阶段直接过渡到普遍的倾向。

实际上这些企图表现为对准备过渡到揭示普遍的特殊要素估计不足，亦即这种过渡是在建立元素族之前开始的。在普遍（规律）的迹象刚刚变得明朗化的时候，特殊就开始人为地去适应，甚至在普遍揭示出基础之前就去迁就它，结果特殊走了形，不再为进一步揭示普遍服务，普遍也就停留在迹象或萌芽状态。

事物的这种状态在英国化学家纽兰兹的著作里定型了。他在 1864 年谈到过模模糊糊类似于周期律的"八音律"，但是纽兰兹盲目遵循经验资料，并且限定自己的规律只容纳当时已知的元素，完全不为将来可能发现的元素留位置。为此，他走上了把明显不同的元素排列到同一元素族（"八音律"）的道路，从而破坏了按照相似元素排列元素族（特殊）的原则。这样一来所得出的元素族好像成了体系的质量低劣的建筑用砖，因此体系也就不能为充分揭示未知规律服务了。结果在纽兰兹那里从特殊向普遍的过渡竟然只成为一种迹象，未能展开，也未能实现。关于这点门捷列夫在晚些时候（1889）写道：

在这些新的企图下，问题很少朝解决方向进展，因为事实依旧摆在面前，规律还不能引起注意，那时在一个"八音"里列入了没有任何有形联系的元素，例如：

第一组"八音"：H、F、Cl、Co、Ni、Br、Pd、J、Pt 和 Ir。

第七组"八音"：O、S、Fe、Se、Rh、Ru、Te、Au、Os 和 Th。

这种靠近似乎是偶然的，尤其是在"八音"里有时竟然不是 8 种，而是 10 种元素，并且像 Co 和 Ni 或 Rh 和 Ru 那样，有时 Ba 和 V 排列在一个位置上。[1-1]43

因而门捷列夫指出，纽兰兹不顾一切地把全部元素族置于"八音律"中的意图导致了破坏这些元素族，夺去其自然性，即毁坏了原来的出发点。只有依据这个出发点才能从族（特殊）过渡到一般规律（普遍）。

法国自然科学家尚古都走的是不同的道路，他从个别（元素）避开族（特殊）直接过渡到普遍（体系）。正如我们在前面所见到的：按照原子量把全部元素排列成一个总序列。尚古都用全部元素编制出一条统一的线系，然后把它"缠绕"在圆柱体表面，使其呈螺旋状。相似元素就在一条垂直线上，一个排列在另一个下面，或者接近另一个下面。

这种做法的结果是使元素的周期性极其明显而呈图表式，但这仅仅是自然规律的一个迹象，绝不是发现规律。尚古都的这种处理方法使得他的体系中形成许多空位，他称之为"碎的螺旋"，以致没有一个族补充完整、彻底建立。纽兰兹的元素族显得过于拥挤，过于屈从于现有的经验材料。尚古都的元素族却显得过于空旷，过于脱离经验材料，各族留给新元素的空地十分宽绰，以致失去了固定性。于是整个体系的基础变得模糊不清，有如渺茫的幻想。

他们的共同点都是越过特殊直接到普遍，并把还很模糊的迹象当成了规律（普遍），随意打破和缩小元素族（特殊），或者打破它们的界限，使之变得无边无际、模糊不定。

德国的元素周期系研究者拉比诺维奇和蒂洛窥破了纽兰兹和尚古都体系的根本缺陷：在解决问题的具体方法上全然对立，却具有共同的缺陷。两位研究者写道：

当纽兰兹把全部已知元素族列入自己的过分拥挤的"八音律"体系时，大约在同一时间（1863），尚古都犯了相反的错误。如果把尚古都论述的别出心裁的形式放下不谈（他的工作带有浓厚的思辨性质，借助于特殊的几何结构，根据缠绕在圆柱体表面的"碲的螺旋"来排列元素），那么对他的假设可以做出断言：把每种元素取整数原子量，每经 16 种元素封闭一个周期。事实上，前面各周期只有 8 个位置，而不是 16 个；虽然有时在相似元素中也有原子量差数等于 16 的情况（参见彼坚柯菲尔元素表），但这绝不是一般规律。①

两位研究者接着谈到周期律的发现：

> 纽兰兹体系的紧密图式是分类学家工作的特色：只善于对已知的东西进行分类，但缺乏对还可能被发现的东西的嗅觉。② 反之，尚古都的"碲的螺旋"是失去对现实的知觉并以幻想为指南的理论家的思辨。从这些例子可见，必须有一种真正的科学直觉，用以在所收集的材料基础上创立元素体系。体系应当既不过窄，也不过宽；既是闭合的，又有足够的伸缩性，以便容纳元素领域中未来的发现。因此门捷列夫和麦耶尔的同时代人是对的，他们认识到了创立周期系是一项重要发现。可是我们却很容易认为：要做出这项发现，只需坐在桌前写出按照原子量排列的元素。③

两位研究者的论述极为正确，正中要害，不是打在某些化学家和化学史家的眉毛上，而是眼睛上。这些化学家和化学史家把周期律发现史简化了，认为门捷列夫只不过是把全部元素按照其原子量写下来，成为连续的序列罢了。对这种肤浅的简单化，只要比较一下门捷列夫的前人和门捷列夫所做的工作，就会坚决地予以否定了。

我们暂且不谈似乎是真正的科学发现的必要条件的"科学直觉"。关于两位研究者指出的："体系应当既不过窄，也不过宽；既是闭合的，又有足够的伸缩性"，这实际上关系到一个客观要求：体系应当完全符合现实，即符合一般自然规律。如果对这一客观要求让步，就会使体系变得没有伸缩性或者没有闭合性，拥挤或者松弛。因此，尽管纽兰兹和尚古都的体系暴露出了偏离这一客观要求的相反性质，但两者却具有共同的缺点：脱离一般自然规律，曲解元素之间的相互关系，错误地反映了体系中的普遍。

---

① 拉比诺维奇 E，蒂洛 э. 元素周期系 [M]. 莫斯科-列宁格勒：[出版者不详]，1933：52-53.
② 纽兰兹最初的图式并不那么狭窄，他在 1864 年甚至预言：在硅和锡之间有一"中间"元素（未来的"锗"），但是他在更晚些的著作（1865）中却得出了紧密的图式。
③ 拉比诺维奇 E，蒂洛 э. 元素周期系 [M]. 莫斯科-列宁格勒：[出版者不详]，1933：53.

两种情况所指出的脱离和曲解实际是由于向普遍（体系）的过渡不正确：对特殊缺乏应有的考虑，未把工作进行完（纽兰兹）；或者完全忽略特殊而按照原子量递增的顺序把全部元素排列成总序列（尚古都）。

从刚刚分析过的例子中可以看出，不负责任地恣意行事，无论如何都不可能避开特殊（族）和不经中介而直接从个别（元素）导出普遍（体系和作为其基础的规律）。特殊是普遍与个别之间的联系环节，如果排除特殊，通向发现周期律的推论逻辑链条就会立即瓦解、破碎。

1889 年，门捷列夫总结了在 19 世纪五六十年代化学中如何形成未来周期律的初期特征。他引用了斯特莱克尔有关下列当量的意见：$Cr=26.2$，$Mn=27.6$，$Fe=28$，$Ni=29$，$Co=30$，$Cu=31$，$Zn=32.5$。对此，斯特莱克尔是这样阐述的：

> 化学性质相似元素的原子量（或当量）之间的上述关系，当然难以归为偶然性。但是我们现在应该提给未来，去寻找上述数字中的规律性。[1-1]43

接着门捷列夫以自己的名义写道：

> 在相似的比较和意见中可看到对周期律的真实暗示和召唤，周期性在临近 19 世纪 60 年代时就有了准备好的基础，只是直到 19 世纪 60 年代末才被明确表示出来，依我看，原因应当是局限于比较相似元素。不过，按照原子量比较全部元素的想法以前在一般思想里是没有的。无论是尚古都的"碲的螺旋"，还是纽兰兹的"八音律"，都不能吸引任何注意，虽然他俩像杜马和斯特莱克尔一样，但在他俩那里看到的比在彼坚柯菲尔和伦逊那里多些，也更接近周期律，甚至有它的幼芽……果实毕竟成熟了，我现在清楚地看到，斯特莱克尔、尚古都和纽兰兹站在发现周期律道路的最前面，他们缺乏的只是把事情放到可看见规律和规律对事实反映的应有高度的决断。[1-1]43

门捷列夫多次谈到这一思想：尽管纽兰兹和尚古都的体系存在着各种缺点，但把只是按照族对元素进行分类的有限概念提得更高，因此在他们的工作中能看到未来规律的闪光。可是，有些化学家把元素分类的任务简化为将其划分成从外形上进行比较的各族，在他们那里就不可能有这种闪光。其原因正在于这些化学家没有走出"特殊"的框框。这就是为什么门捷列夫在 1880 年时就曾写道：

> 纽兰兹先生有可能先于我谈过类似周期的规律，但是对于麦耶尔先

生，我却不能这么说。[2]288

门捷列夫在生前最后一版《化学原理》中曾指出过[1]613，在纽兰兹和尚古都的著作中"看得出周期律的萌芽"。

虽然就其结果来看，纽兰兹和尚古都的工作更有成效，但是并未导致周期律的发现，只不过做了提示，其缘由仍旧在于错误地理解了个别、特殊和普遍的关系。他们把未来规律初现的闪光当作规律本身，并让元素族从属于这种闪光，从而导致特殊不能臻于完善，甚至被曲解。

门捷列夫在前人中特别举出杜马，这位化学家的观点推动门捷列夫的思想走向必要的方向，对发现周期律产生了直接影响。

杜马体系比伦逊体系更有伸缩性。杜马拒绝了把全部元素排列到"三素组"，即在每一族必须纳入 3 种元素（不多不少）。杜马的元素族可以结合 4 种甚至 5 种元素。与此相对应，杜马提出的表示原子量之间关系的数学公式比那时通用的原子量算术平均关系式更为复杂。杜马提出的元素通用公式为

$$x = pa + md + nd'$$

式中，p、m、n 为系数，取整数；a 为列入该族的最轻元素的原子量；d、d' 为每一族特有的原子量经验差数；x 为属于该族元素的未知原子量。

例如，对于卤族来说，当 $a = 19$、$d = 16.5$、$d' = 28$ 时，杜马的元素通用公式为

$$x = 19p + 16.5m + 28n$$

系数 p、m、n 对每种元素都是特有的，由这些系数可计算出各种元素的原子量。于是，对于卤族，杜马得出下列数值：

	p	m	n	x
氟	1	0	0	19
氯	1	1	0	35.5
溴	1	2	1	80
碘	2	2	2	127

对于不同的族，系数 a、d 和 d' 的值不同。这样一来，我们就在杜马那里看到了结合全部元素的某种迹象，其原子量包括在一个通用公式里，普遍因素寓于与特殊因素的相互联系中，用每一族的固定参数 a、d、d' 来表示。普遍因素又寓于与个别因素的相互联系中，用一组为族内每个单项所特有的系数 p、m 和 n 来表示。

尽管杜马反映的只是全部元素之间合乎规律的共性联系的一个方面，即纯属量

的一个方面，然而他把三要素运用于化学元素时，竟能保持三要素——个别、特殊、普遍的正确关系。我觉得，正是这一情况使得门捷列夫高度评价杜马对这个问题所做的贡献。门捷列夫在悼念杜马的笔记里写道：

> ……我承认，在形成化学元素原子量关系问题的现代立论方面，没有任何人的著作和思想能比杜马的贡献更大。[4-1]338

上述情况表明，门捷列夫的科学方法不仅反映在周期律的发现及进一步研究之中，也反映在门捷列夫对前人关于发现周期律的著作所做的批判性评价上。正是从承认个别、特殊、普遍的统一性和从属关系出发的这种科学方法，使门捷列夫有可能看出前人的缺点。造成这些缺点的是这些科学家未能利用严密的、始终一贯的科学方法，而门捷列夫正是运用这种方法做出了发现。

第9章 在发现过程中怎样运用科学认识方法
——比较法
（分类的基础）

要完整地概括，就需要比较法……

（摘自：门捷列夫的笔记）

门捷列夫的比较法的实质在于：不是孤立地研究元素，而是研究它们之间普遍的相互联系和相互关系。

门捷列夫的比较法的特征是要求在事物的内在联系中考察被研究的对象，实质上可以看作具体的历史法，季米里亚捷夫在其专业领域内把这类方法称为"生物学中的历史法"。

这是辩证逻辑的一项要求。列宁写道：

要真正地认识事物，就必须把握住、研究清楚它的一切方面、一切联系和"中介"。我们永远也不会完全做到这一点，但是，全面性这一要求可以使我们防止犯错误和防止僵化。①

当然，门捷列夫并不知道，他在运用比较法时实际上满足了辩证逻辑的这项要求。

确立和运用比较法，像一根红线，贯穿于门捷列夫研究周期律的全部工作。门捷列夫发现周期律以及对周期律的进一步研究，正是与比较法相联系的。他在关于周期律的第一篇论文的结尾写道：

……只要时间允许，我将专注于对锂、铍和硼的比较研究。[2]16

---

① 列宁. 再论工会、目前局势及托洛茨基同志和布哈林同志的错误［M］//列宁. 列宁全集：第40卷. 2版（增订版）. 北京：人民出版社，2017：294.

在另一篇论文《元素自然体系及其在预见未知元素性质方面的应用》（1870）中，门捷列夫特别强调了以这种体系为基础的比较法。[2]161

关于研究化学元素的比较法的思想，门捷列夫在论文《化学元素周期律》（1871）中也有所阐述。他在这篇论文的结尾写道：

> 以前，我并未企图提出一个完整的体系，我深知业已表述的内容还需要修正和补充，但是我认为我所坚持的比较研究这一可靠途径，能使我们更快地达到化学家所竭力追求的目标。[6]81

这种比较法究竟是什么呢？

1. 比较法的出发点

（原子量——比较的基础）

门捷列夫在 1870 年 11 月的笔记中写道：

> 要完整地概括，就需要比较法，而选择的关键只有质量和距离。[8]614

对元素来说，质量表现在原子量上，距离（原子之间）表现在原子体积上。

1871 年年初，门捷列夫阐明了这段笔记的含义。他解释说，在《化学原理》（第一版）最后一章所表述的规律性统领所有元素知识，并把元素知识的：

> 比较研究置于准确概括的基础之上，因为在这种情况下作为出发点的无疑是所考察的并得到精细研究的原子量。[4]805

在《化学原理》（第一版）第二卷的结束语中，在把构成某种形式化合物的能力、原子量称作化学元素的两种可测定的性质时，门捷列夫指出：

> ……剩下的只是通向充分认识它们的途径——在这两种性质的基础上对元素进行比较研究。[4]907

他还指出：

> 原子量的研究和比较应当建立在全面了解元素性质的基础上，我在整个著作中竭力表述的正是这一点，并且我想到，假如不以原子量之间已被发现的比较关系为基础，那么把元素摆放在一起并进行比较是极不可靠的。[4]907

门捷列夫在《化学原理》（第三版）中写道：

通常对化学元素的理解，是把原子看成完全独立的、自成一类的、特有的，它们不能相互转化，而每个原子都有独立的由元素本性所决定的作用。现在应该提出元素质量的概念以代替元素性质的概念，因而需要研究的不是元素自身固有的性质，而是把该元素一方面与质量相近的元素相比较，另一方面与同族但属于其他周期的元素相比较。[2]269

这些论述阐明了化学元素研究中比较法的实质。

按照门捷列夫的说法，原子量的比较是元素研究中整个比较法的出发点和基础。然而这个出发点是借助同样的比较法摸索出来的。

关于不相似元素之间的比较，门捷列夫在第一篇论文中写道：

在这方面进行的所有比较使我得到结论：原子量决定元素的性质……[2]10

在把原子量作为元素比较的基础这一点上，作为化学家，门捷列夫的唯物主义观起了很大作用。他采纳了按照当时的概念构成元素的物质基础的东西，作为比较不同元素和元素族的基础。门捷列夫在第一篇论文中还写道：

……我们都知道，元素在其自由态下有某种东西固定不变，当元素成为化合物时，这个某种东西（物质的东西）就构成含有该元素的化合物的特征。在这方面，迄今所知道的只是一个数据，即元素的原子量。就物质的本质来说，原子量不是属于单质状态的数值，而是属于自由单质及一切化合物所共有的物质部分的数值。[2]8

1869 年 2 月 17 日之前，原子量已经被用来比较同一自然族中元素的相似性。关于这一点，门捷列夫后来写道：

在 19 世纪中叶这段时间里，原子量已经成为比较同族相似元素的标志之一……[2]414

建立在比较不相似元素的原子量基础之上的比较法，最早是门捷列夫在霍德涅夫信上所做的记载中采用的。比较两族（Na 族与 Mg、Zn 和 Cd 族）元素之后，门捷列夫开始寻找不同族相邻元素的原子量差数。

门捷列夫开始或许未能找到原子量差数的常数值，但是在上半部元素小表中比较法已经提供了有益的结果。相邻两族元素的原子量差数在 1（如 Br－Se＝1）到 6（如 Te－Sb＝6）之间变化。隔行两族元素的原子量差数在 4（如 O－C＝4）到

10（如 Te－Sn＝10）之间变化，依此类推。

比较法在应用初期就获得了巨大成功，因为它不仅能够使不同的元素族进行比较，而且可以验证比较的正确程度，因此也就验证了各族组成的正确程度。

把比较法推广到元素序列与由有机化合物组成的同序列之后，考察元素的原子量差数为门捷列夫提供了推广比较法的可能性。这种比较具有类比的性质。（类比的方式是我们所研究的方法中具有更大普遍性的一个成分。）

同一序列的两个相邻成员在分子量①上存在着"同系差"的固定值，这个固定值为 14，它以存在一组 $CH_2＝14$ 作为构成更重（高一级）同系物的先决条件。

门捷列夫不同于过分崇尚类比的化学家，他认为类比是比较法的一个从属成分。虽然存在着表面上的相同点，然而并不完全吻合或类同，因此这种类比不能走得太远。

1871 年夏季，门捷列夫指出：

> 如果其他相似物之间的关系可以与同一序列成员之间的关系相比较，那么典型元素②就可以与低级同系物相比较。对于低级同系物来说，并不重复其他同系物之间的关系。[6]31

门捷列夫在第一篇论文中指出了元素的自然性质及原子量之间存在这类关系之后指出：

> 然而，不要以为这种关系能够提供同系物的相同点，因为对于原子量已经准确测定的元素来说，不存在真正的同系差。而其变化，首先，呈现出一定的准确性；其次，如此大的误差，可以认为原子量测定得不准确。在上述比较中，横行和纵列中原子量变化的严格连续性颇为引人注目。[2]9

作为确立和应用比较法的出发点，原子量的比较直接导致了周期律的表述，其基础是承认：

> 原子量决定元素的性质……[2]10

门捷列夫后来（1871）指出：

> 根据元素的原子量进行比较，可以把化学上对于元素的认识转移到力学知识的基础上，因此我觉得寻找元素与原子量有关的其他性质是最自然

---

① 现称相对分子质量。——译者注
② 最轻的元素。

的和最有成效的……[6]21

他还进一步指出：

　　这类比较很容易激起把所有元素都按照原子量进行比较的
欲望……[6]24

门捷列夫以原子量的比较作为比较法的出发点，转向受原子量制约的元素其他性质的比较上。

1869 年 2 月 17 日发现元素周期律的过程已经表明：原子量的比较与按照原子量排列的化合价的比较，两者是相符的（见［附 65]）。

当时，门捷列夫由此得出结论：

　　元素在数量指标上的比较，在某种程度上既符合化合价又符合同一性的概念。[2]10

门捷列夫在 1869 年 10 月写道：

　　在族中比较元素，主要依据它们的原子量。这种安排符合元素的自然分类，并且也符合由个别族元素形成的更为高级的成盐氧化物的组成。[2]34

比较法在这里具有更广泛的形式，不仅应用于原子量，而且应用于"元素化合物形态"（化合价）。同时，比较法有可能揭示新的、隐蔽的东西。门捷列夫指出：

　　通过各种元素与氧和氢在化合程度上的差别，可以找到解决按照化合能力对元素进行比较时产生的许多问题的契机。[2]35

比较法不仅扩展到了元素的化学性质方面，而且扩展到了物理性质方面。最主要的物理性质就是原子体积——距离（原子之间）：

　　……比较分属不同序列元素的比重和比容，在某种程度上表明体系在这方面的自然性。[2]19

因而，比较法不仅表现在各种元素及元素族之间的比较，而且通过比较能够使元素的易变性质与原子量的变化（递增）联系起来。由此可直接看出周期律的实质及其表征：

　　按照原子量排列的元素，性质具有明显的周期性。[2]15

在 1869 年 2 月 17 日之前，人们从未把元素的性质与原子量按照这种方式进行比较。换句话说，比较法还没有应用到化学现象的这一研究领域。因此门捷列夫在发现周期律多年以后回忆说：

> 在这个意义深远的化学时代，对每一种被精心研究过的元素来说，或多或少突出了两个准确的数量指标或性质：原子量和由元素构成的化合物微粒组成的类型（形态），虽然既没有指明这些特征的相互关系，也没有指明它们与元素的其他性质（特别是固有特性）的相互关系。[2]413

综上所述，我们有充分的理由认为：一方面，比较法促进了周期律的发现；另一方面，周期律的发现又推动了比较法的进一步完善。

2. 比较法的终结点
（体系中的位置——表示元素的联系）

门捷列夫研究元素的比较法在 1869 年 2 月 17 日面临一项具体任务：构成元素体系，并确定每一族以及每种元素在体系中的最终位置。

对于元素族，问题比较容易解决：

第一，必须使另外两族——原子量较大的元素族（在该族之上）和原子量较小的元素族（在该族之下）与该族上下衔接，并且与该族的原子量接近，使得它们之间不能插入任何元素族。

换句话说，原子量差数应当尽可能小。

第二，要求该族在化学关系上对于相邻两族（在该族之上和之下）具有过渡的特征，只有极性对立的两族（Na 族与 Cl 族）例外。

第三，要求化合价同样由 1 到 4 和由 4 到 1 变化（化合价等于 1 的 Na 族和 Cl 族仍例外）。

对于元素，情况就复杂得多：各种元素在周期系中的位置，应该表示该元素在族的方向（横向）和周期的方向（纵向）上与相邻元素（并通过相邻元素与其他元素）的一切联系和关系的总和（见［附 66］）。

由此，被列入体系的每种元素不仅同早已确定的相似族中的近邻具有完全确定的关系，而且与其他（不相似的）族中的近邻也有完全确定的关系。

在体系中心部分通常能比较容易和准确地找到各种元素的位置。例如，$P=31$ 在体系中的位置，通过它在氮族中原来的位置［在 $N=14$（在其左面）和 $As=75$（在其右面）之间］以及新确定的位置［在 $S=32$（在其上面）和 $Si=28$（在其下面）之间］来确定。P 的位置能够表明它的过渡性质：一方面，处于 N 和 As 之间；另一方面，又处于 S 和 Si 之间。这样，P 具有比 As 强但比 N 弱的非金属性，具有比 Si 强但比 S 弱的酸性，等等。

其他元素也是这样。例如，处于 Cl＝35.5 和 J＝127 之间的 Br＝80，也表现出相应的过渡性质：在通常条件下是液体；作为聚集态，表现为从气体（氯）向固态结晶体（碘）的过渡。

但是在体系边缘和体系的许多中心位置，确定元素位置时会遇到严重的困难。门捷列夫有时可以找到元素仅仅符合某一种关系的位置。

例如，门捷列夫曾尝试把 In＝36 排列在 Mg 族，处于 Mg＝24 和 Zn＝65 之间（下半部元素小表）。或者把 In＝72 排列在 Zn 和 Cd 之间（完整元素草表）。或者把 In＝75.6 排列在 B 族的 Al＝27.4 和 Ur＝116？之间（完整元素草表）。

这些位置都只能满足某一种关系。

此后，门捷列夫暂时放弃了在体系中为 In 寻找位置的想法，也就是放弃了弄清楚它在体系中至少与四种可能最靠近的元素的相互联系，而把 In 移到体系之外。

通过这个实例我们看到，门捷列夫怎样把研究化学元素的比较法创造性地运用于发现周期律的过程。比较法能够在该元素与其他已处于最终位置的元素的联系和关系的基础上，特别灵活和全面地判定该元素在体系中的位置。

正是比较法，使得门捷列夫确定了一些新的族。

例如，把 Nb＝94 排列在 Mo＝96 和 Zr＝90 之间，处于 W＝186 之下的 Ta＝182 排列在与它靠近的位置上。无论在横向（V＝51 和 Ta＝182 之间），还是在纵向，Nb 都符合这个位置。这样就建立了 V、Nb、Ta 这一新的自然族，它类似于刚刚建立的 Cr、Mo、W 族。

在作为元素体系初级形式的《元素体系的尝试》中，仅仅反映出表示各种元素相互关系的两个主要方向——横向和纵向。门捷列夫在第一篇论文中指出了这两个方向：

> 原子量差数对每一纵列及横行来说几乎是一样的。[2]11

由于门捷列夫把原子量作为比较的基础，因此原子量也就成为比较法的基础，这也成为应用比较法确定元素在体系中位置的终结点。门捷列夫写道：

> 在拟订的体系中，元素所固有的原子量是确定元素位置的基础。[2]9

除了扩展元素之间的相似点和接近点这两个主要方面之外，在发现周期律的初期，门捷列夫也考虑到了其他较不明显的但并非无关紧要的方面。

其中的一个方面表明了不完全相似物（例如，K 和 Cu，Ca 和 Zn，等等）之间的相似点和接近点，这些不完全相似物后来建立了"混合族"。

这方面在下半部元素小表中已经表现出来，并显现在完整元素草表中。要从所有可能存在的关系中选定两个基本的、主要的并且表现最突出的，而把其他关系暂时放在次要地位，以便推进已经做出的发现时再考虑，就需要具备真正探索者的巨大智慧。

例如，门捷列夫已经指出，P 除了与其完全相似物 N 和 As 有比较关系之外，还与其不完全相似物 V 有一定关系。这个关系表现在尝试把 V＝51 排列在 P＝31 和 As＝75 之间。

不但如此，门捷列夫当时还找到了 V 在纵向与 Ti＝50 也有某种关系，Ti＝50 与 Si＝28 的关系同 V 与 P 的关系一样。

然而门捷列夫在表示元素之间横向和纵向的主要关系时，中止了完全相似物和不完全相似物的初步靠近，并把 P 族与 V 分开，就像把 C 族和 Ti、Zr 分开一样。

因此 P 与 V 的位置同 Si 与 Ti、Sn 与 Zr 以及其他不完全相似物一样，在《元素体系的尝试》中相距很远。只是后来门捷列夫借助于使序列成双和建立"混合族"的方法，才得以编制简略的元素表，在这个元素表中，完全相似物和不完全相似物的位置是靠近的。

采用使序列成双和建立"混合族"的方法，是比较法的一项具体应用。

体系中还出现一种表示元素之间联系和关系的完全独立的方向，可以称之为"斜向"。斜向表明位于相邻族和相邻周期中各元素的相似点。

例如，Li＝7 与 Mg＝24、Be＝9.4 与 Al＝27.4 和 B＝11 与 Si＝28 之间的关系就是这样。

Li 与 Mg 的关系在霍德涅夫的信上已经拟订出来，在那里 Li 被当作 Na＝23（在 Li 之上）和 Mg＝24（在 Li 之右）的连接环节。门捷列夫在《化学原理》中也曾指出过，从 Na 经过 Li 向 Mg 的过渡。

门捷列夫注意到 Be 与 Al 的关系是由于当时 Be 和 Al 组成一个族。但是两种元素的比较关系恰恰表现为斜向，而不是横向。

B 与 Si 的关系直到元素体系形成之后才显示出来。

由此我们看到，元素之间的这些关系比两个主要方向（横向和纵向）更加全面和多样化地表现出来。对元素之间的联系和相互关系考虑和反映得越充分、全面和多样化，体系中每种元素的位置就越确切自然，体系也就越确切自然。

　　反之，在体系中对元素之间的普遍联系考虑和反映得越片面，元素在体系中的位置就越不那么确切自然，整个体系也就越不那么确切自然。

　　费尔斯曼是完全正确的，他在强调门捷列夫元素体系所揭示的元素之间多方面的联系和关系的时候，阐明了体系中存在三个方向：

　　　　横向、纵向和斜向。这些方向确定每种元素周围的"星形"相邻元素，从而把元素表分成若干独立的区域……[12]116

　　元素体系的进一步发展就是越来越充分地反映元素之间联系的过程，因而也是越来越接近自然体系的过程。在这个体系中所有元素都处于最终位置。从过去不曾注意或者不可能注意到的方面统计，使门捷列夫能够核实并校正一些孤立元素在体系中的最初位置。这样，就考虑到了按照元素的原子体积和按照元素与氧结合的化合价而对元素进行比较所揭示的关系。

　　关于如何运用比较法来研究元素和怎样看到这个方法的作用，门捷列夫在1871 年夏季之前的一篇论文中提供了详情（此处指在简略的元素体系中为 In 找到位置）：

　　　　知道了元素及其化合物的当量和某些性质，承认周期性的规律，就能够确定元素的原子量。

　　　　如果给出元素在其最高氧化物中的当量为 E（氧化物形式为 E_2O，氯化物形式为 ECl），那么用 1、2、3、4、5、6、7 乘以 E，即得到该元素原子量的可能数值。其中，该元素的真实原子量将与体系中的空位和元素的原子推理①相符，因为根据已知来判断，在体系的一个位置上只能排列一种元素，并且元素的原子推理在本质上是极其简单的。

　　　　假如一种元素能构成氧化能力不高、氧化性不很强的碱性氧化物，元素在氧化物中的当量为 38（不应忘记，某种不可避免的错误包含在这个数值中），那么试问：该元素的原子量是多少？或者该元素的氧化物是什么形式的？若给定氧化物为 R_2O 型，则 R 的原子量为 38，该元素应排列在第Ⅰ族。但在第Ⅰ族的这个位置上已排列了 K＝39，并且根据原子推理来判断，该元素的氧化物应是可溶的强碱。若给定氧化物为 RO 型，则 R 的原子量为 76，但是具有这个原子量的元素在第Ⅱ族中没有位置，因为

---

①　门捷列夫把元素体系中各种元素在横向和纵向的关系称为原子推理或原子类比。

已经排列了 Zn＝65、Sr＝87，并且这一族中原子量小的元素把所有位置都填满了。若给定氧化物为 R_2O_3 型，则 R 的原子量为 114，该元素应排列在第 Ⅲ 族。这一族在 Cd＝112 和 Sn＝118 之间确实有一个原子量约为 114 的空位。与 Al_2O_3 和 Tl_2O_3，再与 CdO 和 SnO_2 按照原子推理来判断，该元素的氧化物应是弱碱。因此可以在此处排列这种元素。但在此之前，还需要试一试其他形式的氧化物。若给定氧化物为 RO_2 型，则 R 的原子量为 152；但是，在第 Ⅳ 族中没有这种元素的位置。与原子量为 152[①] 的元素相符合的空位，其氧化物应具有很弱的酸性，比 SnO_2 弱，却又比 PbO_2 强。在第 Ⅷ 族中有原子量为 152 的空位，但是这个位置的元素处于 Pd 和 Pt 之间，它应当具有研究物质时必须注意到的性质的总和，如果不是这样，那么这个原子量对该位置就是不符合的。若给定氧化物为 R_2O_5 型，则 R 的原子量为 190，而在第 Ⅴ 族中没有这种元素的位置，因为已经有了 Ta＝182 和 Bi＝210，并且这些位置上的元素形成的 R_2O_5 型氧化物都是酸性的。

同样，RO_3 和 R_2O_7 型氧化物也不适合这种元素，因此，对这种元素唯一合适的原子量就是 114，而它的氧化物为 R_2O_3 型。这种元素就是铟。[6]45-46

借助比较法确定元素在体系中位置的一般方式就是这样。这种方式在 1869 年 2 月 17 日的萌芽时期就已经应用，但是在 1870 年 11 月拟订《门捷列夫元素自然体系》时才得到充分发展。

我们还注意到，在发现周期律的那一天还不能确定所有元素在体系中的位置，这在门捷列夫看来绝不是证明周期律不具有普遍性和在原则上不能包括所有元素。

按照门捷列夫的看法，其原因只是在于当时对某些元素研究得还很不充分，所以当时确定这些元素属于哪一族实际上是不可能的。然而每种元素应当在体系中处于严格确定的位置，这是毋庸置疑的，因此这些暂时还令人迷惑的元素，必将在体系中找到属于它们的位置。

就是在发现周期律的最初时刻，门捷列夫也毫不怀疑这一规律的同一性。门捷列夫坚信，所有在细节上模糊不清和可怀疑的地方将来都会被澄清，并且将证实周期律像一切自然规律那样，具有同样的普遍性，不容许有例外。

① 原书为 162，现据上下文予以改正。——译者注

门捷列夫认为，这方面的证据在于检验和证明那些从元素体系空闲位置的特征中进行理论推测所得到的东西。在某些空闲位置可以排列：

第一，已知的元素。在改变其氧化物形式并相应地改变其原子量的情况下进行排列。1869 年 2 月 17 日对于 Be 就是这样做的。

第二，未知的且可预见的元素。在实验发现它们的情况下进行排列。

按照门捷列夫的说法，这些：

> 恰恰只能说明规律的正确性和普遍性。[2]287

正因为如此，门捷列夫坚信周期律的正确性，他公开宣称：

> 对于那些真正的自然规律，怀疑和检验它们，只不过是巩固它们而已。[2]372

3. 元素自然分类法的特点

（过渡——自然性的特征）

在门捷列夫的著作中多次出现元素自然分类与人为分类的比较。门捷列夫在谈到自己创立的元素体系时指出：

> 在这里原子量是确切的——在确认这一点之后就会得出自然分类和周期律。[8]309

门捷列夫在摒弃人为体系的时候指出，这类体系的根本缺陷是片面性。人为体系任意地、形而上学地从由元素之间多样性的联系和关系中找出一个或几个偶然被选定的特征，而忽视了其他特征，或者使其人为地、强制性地服从于已经选作唯一重要的、本质的特征。

门捷列夫关于周期律的第一篇论文就是从评论人为体系开始的。[2]3-6

门捷列夫在写于 1871 年夏季的另一篇论文中指出：

> 人为体系建立在少数几个特征的基础上。在这类体系中，元素是按照相似性、电化学性质、物理性质（分为金属和非金属）、与氧和氢的关系、化合价等来排列的。这类体系的不充分性是很明显的，然而它们之所以值得注意，是由于具有某种精确性。借助于人为体系，可以从不同方面逐渐确立一些化学概念。[6]38

但是，建立在把元素分为若干自然族基础上的体系（因此得名为自然体系），同样有着根本性的缺陷，因为没有把各个族结合为整体，尤其是缺少各族之间的联系。

门捷列夫借助比较法，揭示了人为体系和自然体系的缺陷。这个方法能够清晰而令人信服地指明，恰恰是因为被忽视的东西而使体系无法确立。

不要说人为体系是片面的、带有形式主义的特征，就是自然体系也具有同样的特征。门捷列夫把它们同生物学中的形态分类做了比较，他在 1898 年写到了发现周期律以前的情况：

> 研究元素时能够得到的仅限于使最相似的元素排列在一起成为一个族，这犹如植物分类法和动物分类法所能提供的知识一样。也就是说，研究工作是盲目的、描述性的，对研究者尚未掌握的元素不能做出任何预言。[2]413

自然体系和人为体系都是在表面上对元素进行处理的结果，因而不可能洞察元素由真实的同一性、真正的统一性所构成的内在本质。

这类体系的创造者和拥护者为元素之间的表面现象和关系所阻止，没有继续深入到这些现象和关系的背后。

就在 1869 年 2 月 17 日之后，这样的处理方法仍然为许多化学家所因袭。

例如，门捷列夫指出：

> 在德国化学家中，麦耶尔先生第一个采用适合周期律观念的外在形式……但是直到我发表第一篇论文（1869），他还没有探究周期的内在本质……[2]287

正如门捷列夫多次指出的那样，周期律开启了洞察化学元素内在本质的大门。正因为如此，这一规律成为真正的元素自然体系的基础。在这个体系中包括了所有人为体系和自然体系。以往的体系，无论是人为体系还是自然体系（族），都脱离了自然联系，并且都随意作为相应分类方法的基础。

门捷列夫在 1871 年写道：

> 周期律……同时也符合人为体系中交替采用的那些原则，因而提供了编制最完善而又毫无随意性的体系的可能性。[6]38

门捷列夫依据研究所达到的深度，把科学划分为描述性科学和体系性科学。[8]623

因而，注意这一点是饶有兴味的：门捷列夫怎样为自己的元素体系精心选择第一个名称，使之能够表现既得发现的本质（见影印件 Ⅴ）。

他起初把俄文本元素表定名为《元素体系的尝试》，而后勾掉了"体系"，在其上面写下"排列"。但是后来又恢复了起初的名称。

他起初把法文本元素表定名为"分类的尝试"，后来用"体系"代替了"分类"。

这就表明，在选择"体系"一词之前，门捷列夫试用并放弃了"排列"和"分类"这两个术语，因为它们不能揭示既得发现的本质。由于以自然规律作为基础，门捷列夫发现的元素之间的规律性联系没有人为的和随意性成分，因而门捷列夫的元素体系与以往称为"元素分类"的体系是根本对立的。所以"体系"是更为合适的术语。

以往的体系，无论是人为体系还是自然体系，除了片面性外，其他根本性缺陷还表现在两极之间的界限过于明显、绝对对立和割裂脱节。一般来说，这个特征是形而上学体系所固有的。

1885 年，恩格斯在阐明旧的形而上学思维方法的特征时写道：

> 可是，正是那些过去被认为是不可调和的和不能解决的两极对立，正是那些强制规定的分界线和类的区别，使现代的理论自然科学带上狭隘的形而上学的性质。这些对立和区别，虽然存在于自然界中，可是只具有相对意义，相反地，它们那些被设想的固定性和绝对意义，则只不过是被我们人的反思带进自然界的——这样的一种认识，构成辩证自然观的核心。①

形而上学观点在化学领域，特别是在元素的研究中表现得也很明显。例如，长期以来人们一直认为，金属与非金属之间是相互分离的。

门捷列夫借助比较法指出了元素的这种划分方法的根本欠缺。他在第一篇论文中写道：

> 对金属和非金属最流行的划分，既依赖于在许多单质中物理特征上的差别，也依赖于氧化物和相应化合物的性质上的差别。但是初次接触研究对象时看起来很明显和绝对的东西，当进一步研究时就会发现并非如此。

---

① 恩格斯. 反杜林论［M］//马克思, 恩格斯. 马克思恩格斯全集：第 20 卷. 北京：人民出版社，1971：16.

一种元素，如磷，既可以归为非金属，也可以归为金属，弄清楚这一点以后，就不能再依赖物理特征上的差别了。碱性氧化物和酸性氧化物的构成同样不能提供确切的证据，其原因在于：碱性氧化物和酸性氧化物之间存在着一系列过渡氧化物……[2]3

1871 年，门捷列夫拟订关于周期律的新论文提纲时再次强调：

……关于金属的体系是不适用的，因为 {元素} 不能严格地分成酸性的和碱性的。[8]310

门捷列夫坚决反对把元素严格地划分为金属和非金属，并且强调在两个对立的类别之间存在着过渡。这些过渡成为联系的基础，使得门捷列夫所创立的元素体系具有内部统一性、整体性和自然性。

关于自己的元素体系，门捷列夫在 1869 年夏季就曾指出：

这个体系适用于金属和非金属的划分以及它们之间渐进的过渡。[8]74

门捷列夫在《化学原理》第二卷中指出：在把元素按照化学上的相似性划分为族与把元素划分为金属和非金属之间存在着明显的矛盾。在列举几种纵向排列的非金属（F、O 和 N）族之后，门捷列夫断言：

真妙啊，这些序列的最上边都排列着明显的非金属元素，而最下边却是具有金属的一般形态和性质的元素，因此我们立即清晰地看到这样的证据：元素应按照化学上的相似性进行分类，完全不适于划分成金属和非金属。[4]537

门捷列夫揭示了金属和非金属之间的过渡。这些过渡存在于以下几个方面：

（1）族的范围内。由最轻的元素向最重的元素过渡，前者金属性较弱而非金属性较强，后者则恰恰相反。

（2）周期的范围内。处于周期（在短式元素表中）开头位置的是最活泼的金属（碱性的）元素，而处于结尾位置的却是最活泼的非金属（酸性的）元素。至于惰性气体，则是很久以后才发现的。

（3）同一种元素形成的化合物中。氧化程度最低的具有较强的碱性（金属性），而氧化程度最高的具有较强的酸性（非金属性）。

在这三种情况下，处于两极之间的元素形成了由一个极端向另一个极端的渐进过渡，因此在它们之间不可能划定严格的、绝对的界限。

　　比较法恰好揭示了元素之间关系的自然性，这种自然性表明存在着由一个对立物经过一系列中间环节向另一个对立物的渐进过渡。

　　例如，还是在《化学原理》第二卷中，门捷列夫指出：

　　　　……把氧化物分成碱性与酸性绝不会是很严格的，我们正是在这里遇到最令人信服的例证：硼和铝的各种氧化物成为接近区分这两类化合物界限的过渡氧化物的不同实例。[4]632

　　在研究化学元素，特别是在拟订元素体系的时候，门捷列夫始终强调在对立的、看来彼此完全不相容的极端之间存在着过渡。因此，他对 Fe、Pl 和 Pt 族给予了极大的关注，这些元素在本质上构成了体系不同部分之间的过渡。

　　门捷列夫在第一篇论文中还写道：

　　　　这时，Cr、Mn、Fe、Ni、Co 序列便成为从第 3 纵列下部（K、Ca、V）向第 4 纵列上部（Cu）的过渡（原子量由 52 到 59）。同样，Mo、Rh、Ru、Pl 成为从第 5 纵列下部向第 6 纵列上部（Ag）的过渡，而 Au、Pt、Os、Ir、Hg? 成为从第 8 纵列下部向第 9 纵列上部的过渡。体系具有螺旋形式。[2]11

　　过了几个月，门捷列夫指出金属向非金属的连续过渡，并且还列举出 Cr、Mn、Fe。[8]74

　　1871 年夏季，门捷列夫又撰写论文论及这种过渡，把相应的元素称为"过渡成员"。[6]28

　　又过了许多年，门捷列夫指出：

　　　　这些元素在各方面具有由偶数序列的末位成员向奇数序列的首位成员过渡的属性，例如，Fe、Co 和 Ni 成为从 Cr 和 Mn 向 Cu 和 Zn 的过渡。[2]421

　　现在让我们追溯一下门捷列夫如何为铁、钯和铂族在正在编制的体系中寻找位置。要知道，指出体系中由一个对立物（金属）向另一个对立物（非金属）的连续过渡，就是为了赋予体系以自然性。不确定过渡元素的位置，就不可能在总体上揭示元素之间的普遍联系和关系。

　　正因为如此，初步编制包括上述三个族的局部元素小表并将其列入元素表，不仅使门捷列夫在元素知识上获得"特殊的东西"，而且使 Cu 与 Mn、Cr、V、Ti

（通过由 Co、Ni、Fe 构成的过渡环节）联系起来，使 Ag 与 Mo、Nb、Zr（通过由 Pl、Ro、Ru 构成的过渡环节）联系起来，以及使 Hg 与 Wo、Ta（通过由 Pt、Ir、Os 构成的过渡环节）联系起来。

分析两个不完整元素小表和完整元素草表反映出来的编制元素体系的整个过程，我们发现门捷列夫在研究化学元素时创造性地运用了比较法，这表现在时时处处比较元素族并使其靠近，而不是按照元素的性质将其划分为金属或者非金属。

在卓有成效和令人信服地运用比较法之后，看来不应当无视元素之间的渐进过渡而把元素划分为完全独立的两类：金属和非金属。但是在发现周期律以后的很长一段时间，化学家还在进行诸如此类的努力，他们既不了解门捷列夫所做出发现的实质，也不了解门捷列夫研究方法的实质（见［附 67］）。

在最广泛意义上理解的比较法，不仅可以摒除严格划分为金属和非金属的观念，而且可以摒除两极之间存在严格的、间断的界限的观念。按照比较法，自然界中的一切对立面都被看作相对的、过渡的，并且彼此渗透的。

这就涉及同一性（相似点）和差异性（差异点）这类概念。门捷列夫摒弃绝对的（完全的）相同的观念，而一些化学家则认为同一自然族成员之间存在绝对的同一性，并将其与不同族成员之间的差异性对立起来。

关于这一点，门捷列夫告诫说：

> 在建立元素族时就很容易陷入迷途，因为关于相同点和相似点的所有概念都是相对的，缺乏鲜明性或精确性。[2]264

使对立物逐步靠近，揭示对立物的内在联系和过渡，揭示对立物的相互制约性和不可分性，这就是研究元素时所运用的比较法的重要特征。

在 1869 年 2 月 17 日这一天，揭示对立物的统一表现在以下几个方面。

第一，不同的元素族。极端对立的族靠近了，因此在对化学元素和元素族的理解上，同一性和差异性都失去了以往抽象的、绝对的特征。

第二，极端对立族（碱金属和卤素）之间的双重过渡：一方面是从卤素向碱金属的直接过渡，另一方面是碱金属经过几个过渡类型的元素族向卤素的渐进过渡。关于前一个过渡，门捷列夫在 1871 年写道：

> 从 Cl 向 K 的过渡以及诸如此类的情况，同样在许多方面符合它们之间的某些相似性，在一个周期中再也没有性质差别这样大的元素其原子量又如此接近了。由于后面这个原因，整个序列的连续性最容易被从 K 开

始到 Cl 结束的周期所割断。实质上（正如我在 1869 年就已指出的），元
素的完整排列具有连续性……[6]34

1869 年 2 月，门捷列夫还产生了在卤素和碱金属之间存在着某些未知元素 x
的想法（见影印件Ⅸ）：元素 x 应当使两个极端对立族之间的过渡变得更自然。在
经过四分之一世纪多的时间之后，这些未知元素被确定为氦、氖、氩。就这一方面
来说，比较法也是科学预见的强有力手段。

第三，显示了在认识元素时被割裂的对立面——质的方面（由元素的化学特性
所决定的）和量的方面（由元素的原子量所决定的）之间的联系。

费尔斯曼以下列方式描述了当时的情况，即门捷列夫在运用比较法时所创造的
东西：

　　……在元素性质变化上，连续性和间断性的紧密联系是每种元素始终
具有金属和非金属、正和负特征的两面性。后面的每种元素似乎都增强了
与前面元素相矛盾的性质。这些性质的渐进变化由于惰性气体的突变而中
止，然后新的序列以同样的方式重新开始。[12]117

总之，摒弃严格的界限，承认过渡和对立物之间的联系，是比较法的一个重要特
点，也是门捷列夫所说的与"人为性"相对立的"自然性"的一个最重要的特点。

门捷列夫认为，并非对立物之间的一切过渡都能满足自然性的要求，从而都满
足比较法的要求，只有同时反映元素之间多方面关系的过渡才能满足要求。例如，
根据贝采里乌斯电化学理论编制的"电序列"就不能满足要求。

门捷列夫认为：按照元素的电化学共性来排列元素是不合适的。他在第一篇论
文中写道：

　　元素之间存在着繁复多样的关系，不可能设想以一种连续序列的形式
确定元素体系。同时，按照共性或"电序列"排列元素，则会不知不觉地
忽略形成化学关系本质属性的反应的逆向性。如果锌分解水，那么氢也分
解氧化锌。氯置换氧，但我们又能看到氯化氢在氧化时得到氯，氧同样与
氯发生反应。这个方面已完全被奢望把元素排成连续序列的人所忽视。[2]4

门捷列夫指的是影印件Ⅵ记载的类型（长式元素表）：

　　……长序列（与由 Li 和 Na 开始的短周期一样）开始于化学性质明
显的碱金属，而终止于化学性质同样明显的卤素。这些族的元素向来被化

学家排列在元素体系的末端，这种按照原子量来合理排列元素与遵循另一种完全不同的想法所得到的排列相吻合，而我在这里列举这种情况作为周期律自然性的一个清晰证明。电化学学说也包含某些进步的成分。[6]33

元素的电化学特征在许多其他属性及其相互关系上能够在元素自然体系中找到确定的反映，因为电化学特征毕竟揭示了元素之间实际关系的某一确定的方面。虽然这种反映造成了由最强的正电性元素（贝采里乌斯认为是 K）向最强的负电性元素（贝采里乌斯认为是 O）连续过渡的印象，但是在"电序列"中对元素这方面的反映是片面的、简单化的、人为的。

这些极性和元素之间的过渡在元素体系中表现得十分复杂，人们称之为分叉性。也就是说，一开始就表现在许多方向，而不是在把元素排列成一个连续的（线性的）序列时的一个方向。

考虑不同类型元素之间的过渡，承认这些过渡能消除突然的、明显的脱节现象，因为脱节现象会破坏可测属性数值的正常、单调的变化（递增或递减），这就是比较法的具体结果。

按照比较法，元素族应当一个紧挨着另一个，使各族之间不出现任何"空隙"，即不出现脱节、间隔和空行。

在上半部元素小表中，门捷列夫把 Ca 族排列在 Cl 族之上，虽然两个族靠近，但是不够紧密：

$$Ca=40 \quad Sr=87 \quad Ba=137$$
$$F=19 \quad Cl=35.5 \quad Br=80 \quad J=127$$

在它们之间还能插入一个族，恰好是 Na 族：

$$Li=7 \quad Na=23 \quad K=39 \quad Rb=85 \quad Cs=133$$

门捷列夫按照比较法，使相邻族的原子量差数达到最小，从而消除了"空隙"。这样一来，从 Ca=40 向 K=39 进而向 Cl=35.5 的过渡，比原先从 Ca=40 向 Cl=35.5 的急剧过渡更加渐进，因而也更加自然。

此后，当从一种元素向另一种元素的过渡需要达到更大的渐进性时，门捷列夫均采用了元素比较的方式。

根据一种元素与同族和同周期的相邻元素的关系来确定元素的性质，是比较法的另一个作用。

在按照周期律排列元素的时候，既然在两个方向（横向和纵向）存在着渐进过渡，那么知道同序列中该元素周围成员的性质，就可以推测该序列"过渡"元素的性质。

1871 年，门捷列夫把这一方法概括为如下规则：

> 为了确定相应化合物的性质，可以拟订比例并求得平均数，因为所有元素都处于密切的依赖关系之中……这样，硒的原子量一方面与 As 和 Br 相比较，另一方面与 S 和 Te 相比较，取它们的平均值：$\frac{75+80+32+125}{4}=78$。同样，$SeH_2$ 的性质取 AsH_3、BrH、SH_2、TeH_2 等的中间性质。[6]39

在比较法所建立的方法论的基础上，能够预测未知元素的属性，这一点我们在完整元素草表中（$x=72$）和誊清的元素表中（？ $=45$、？ $=68$ 等）看到了。

后来，也就是 20 世纪初，门捷列夫对比较法做了如下描述：

> 其实，这些预测在数学中称为插入法，也就是根据端点求得中间点，当规律（或表示规律的曲线）已知时，按照规律，各点就一个连着一个。所以像确立规律性的方法一样，证明所预测的内容没有错误，那么在 1869—1871 年仅仅是可能的东西，现在可以坚定地认为，化学元素及其化合物与原子量有着周期性的依赖关系。要外推，即寻找已知范围之外的点，不能建立在尚不巩固的规律性的基础上。[2]475

对门捷列夫所理解的"自然性"和"人为性"可以做如下综述：

(1) 人为性。在其见解的片面性和强加给自然界的明显界限与脱节的含义上讲，意味着形而上学。它是对被考察现象的肤浅的、表面的和过于僵化的见解的直接结果。

(2) 自然性。必须顾及被考察的联系的全面性和多样性，以承认对立物之间实际存在的过渡为前提。它是对被考察现象的更深刻、更有内容和更灵活的见解的直接结果，这种见解能够洞察被考察现象的本质。

自然性意味着这个体系或者这些概念最大限度地适应客观自然界的"自然"；而人为性则破坏了这种适应，与自然性相矛盾。

这就是门捷列夫在发现周期律和对它进行进一步研究时所运用的科学方法。我们从上升法、综合法和比较法这三个方面对它做了评述。显而易见，这些方法并不是完全孤立和彼此不同的，而仅仅是辩证逻辑方法的不同方面或不同因素。

门捷列夫运用了这种创造性方法，却没有认识到它在哲学方面的含义。尽管如此，门捷列夫在 1869 年 2 月 17 日这一天以及稍晚一些时候，运用这种方法取得了罕见的伟大成就。

第 10 章　发现的一天证明了什么?

(科学发现的途径)

在我的全部生活中有一股诗意般的向往明天的潜流……

(摘自：门捷列夫的笔记)

德米特里·伊万诺维奇，您是怎样想到周期系的? ……

是啊，要知道……我在这上面动脑筋大概有 20 年了，而你们却认为坐着不动突然就……都是现成的了!

(摘自：门捷列夫同记者的谈话)

在根据新发现的档案材料考察周期律发现史的时候，我们曾经指出，关于科学史这一重要事件的许多说法竟然缺乏根据。特别是，我们曾经指出门捷列夫通过什么样的途径在 1869 年 2 月 17 日做出了发现。

同时，我们还提出了下列问题：我们所确认的各个事件的日期是否准确? 门捷列夫为什么没有出席 1869 年 3 月 6 日召开的俄国化学学会会议?

我们在前面所做的推论中已经把这些问题阐述清楚，然而又产生了更为普遍的新问题：

(1) 在门捷列夫发现周期律的过程中是否存在偶然性和意外性因素? 如果存在，究竟是什么?

(2) 幻想在这一发现过程中是否起到了作用? 起到了怎样的作用?

(3) 在这一发现过程中是否显示了学者的民族特征? 是否表现出进行这一发现的历史条件，甚至发现者的天才和科学气质?

(4) 这一发现是否具有革命性飞跃或渐进性特点?

在本书的最后一章，我们来讨论这些问题。

下面的论述将对上述问题给出令人信服的回答。

1. 科学发现中的偶然性和意外性因素

新发现的档案材料无可争辩地证明，在周期律发现史中存在着偶然性和意外性因素。这种因素表现如下：门捷列夫通过长期而艰苦的努力，研究化学元素的性质及相互关系，为重大发现做好了准备，但是这一发现却在这样的一天完成了。按照门捷列夫的计划，在这一天是有其他安排的，这些安排极为平常，而且与化学毫不相干。甚至在发现日前夕，门捷列夫还不知道第二天会发生什么。

1869 年 2 月 17 日，门捷列夫做出了对他自己来说也是极其意外的发现，这就更加显示了他天才的创造性思维。

在发现周期律前 8 年的 1861 年，门捷列夫在笔记中写到了科学发现的性质，这是这一伟大的科学发现的非常特殊的史料。门捷列夫在 2 月 1 日的笔记中写道：

> 在我的全部生活中有一股诗意般的向往明天的潜流，可是我并未意识到有什么确定的东西——不管它吧！[14]123

过了 5 天，即 2 月 6 日，门捷列夫又写道：

> ……看来人生中什么事都会碰到。行啊，无论怎样，有某些不同寻常、不可预料的事情，也有蓦然而来的诗意……[14]124

所以我们可以断定，直到 1869 年 2 月 17 日前夕，门捷列夫根本没有打算在那一天发现某一未知的、基本的化学规律，他正忙于准备去干酪制造厂。

根据这些事实可以得出结论：从门捷列夫拟订的那些天的行动计划来看，他的确是意外地做出了发现。同时还必须指出，从门捷列夫多年来努力探索元素排列的坚实的科学思想发展来看，这一发现显然又不是意外的。这些探索引导门捷列夫始终如一地走向周期律的发现，为这一发现从逻辑上做了准备，并且出色地完成了这一发现（见［附 68]）。

此时，出现了彼此毫不相干的两件事情的巧合：一方面，去干酪制造厂考察；另一方面，把编写《化学原理》的工作引向编制元素体系。

这两件事情互不相干、完全合乎规律地进行着。它们偶然在 2 月 17 日相遇，这一天正是门捷列夫预定从圣彼得堡出发的日子。由于这种巧合，恰好在这一天完成了化学史上最伟大的发现。

毫无疑问，科学发现中有偶然性和意外性。套用马克思的一句名言：

> 如果"偶然性"不起任何作用的话，那么世界历史就会带有非常神秘

的性质。[①]

当然，不应当把偶然性和意外性说成科学家无缘无故出现的某种灵感，假如这种灵感没有出现，那么可能永远也做不出发现。

对偶然性和意外性的这种理解与科学的真实历史格格不入，这同唯心主义者惯用的说法一样，把直觉、下意识、恍然大悟等都说成科学发现中起决定作用的东西，同科学的真实历史毫无共同之处（见［附69]）。

贝尔纳在批判对科学发现的历史所持有的这种观点时写道：

> 关于"大人物"的神话对科学史的影响，比对社会史和政治史的影响更为深远。许多科学史著作事实上只不过是大研究家的事迹而已。对于这些大人物来说，揭开大自然秘密的划时代的种种发明创造，好像是圣徒们神降天启，之后幸运地做出来的。[②]

周期律发现史表明了科学的发展是怎样实现的。门捷列夫对这一规律所做的发现并没有偶然的、随意的、直觉或下意识的东西；相反，这一发现却表现出了门捷列夫对自然界未知规律的自觉探索。因此这种探索从一开始就具有这样的性质：合乎规律地一步一步地接近未知规律，认识这一规律的具体物理形态。这一规律是逐步被揭示出来的：

首先，在一般形式下，被比较的元素族中元素性质及原子量之间的依赖关系（在霍德涅夫信上所做的记载，见影印件Ⅱ）。

其次，以两个不完整元素小表形式表现出来的最熟知的元素的某种周期依赖关系（见影印件Ⅲ）。

最后，所有元素的依赖关系，即全部元素之间的一般联系和一般规律性（完整元素草表、誊清的元素表，见影印件Ⅳ和Ⅴ）。

在门捷列夫发现周期律的过程中，唯心主义者对"偶然性"所赋予的不合逻辑的、无缘无故的、随心所欲的概念根本不存在。

人们有时完全错误地把门捷列夫排列元素卡片的事实解释成粗率地把卡片组合起来，就像碰运气一样，似乎从一副纸牌中抽出单张牌并且计算有多少种可能性，就会碰到所需要的牌。门捷列夫探寻周期律，与这种碰运气的偶然性赌注毫无相似

①　马克思. 马克思致路德维希·库格曼［M］//马克思，恩格斯. 马克思恩格斯全集：第33卷. 北京：人民出版社，1973：210.
②　贝尔纳. 历史上的科学［M］. 北京：科学出版社，1959：17. 译文根据俄文进行了校核。——译者注

之处。

　　恰恰相反，门捷列夫在上半部元素小表及下半部元素小表中清楚地确定了这一规律的基本思想之后，才运用了卡片。其目的在于把当时由已知元素的三分之二所得出的规律推广到剩下的三分之一，即推广到那些缺乏研究，因而也最难了解和捉摸的元素。

　　为了最大限度地节省时间和精力，避免多次抄写元素表，并以最快的方式选择和调整那些单独的元素，门捷列夫采用了卡片和"牌阵"，这只是他的一种最合适的技术手段而已。这就是门捷列夫在《化学原理》一书中强调这种方法"迅速导致"发现周期律的原因。

　　但是元素的选择和调整并不是偶然的、随意的，而是与周期律严格相适应的。

　　费尔斯曼的"牌阵"一词[12]101 颇为恰当地（当然仅仅是比喻）表现了门捷列夫所采用方法的实质（见［附 70］）。门捷列夫在《化学原理》中就谈道：

　　　　已着手选择……相似的元素和相近的原子量。

　　门捷列夫在横行排列了相似元素，即同族元素（"花色"相同、"数值"不同的卡片）；在纵列排列了原子量相近的元素，即同周期元素（"数值"大致相同、"花色"不同的卡片）。因此，"牌阵"意味着卡片不是偶然的组合，而是有严格规定的合理排列（横行按照"花色"，纵列按照"数值"）。

　　门捷列夫获得这一成果绝不是靠偶然的尝试，而是凭借在研究化学元素的比较法基础上细心、不懈的工作。门捷列夫借助比较法，逐步把 63 张化学元素卡片排列到体系中。

　　在卡片排列具有已指明的正确性时，很容易确定在相应的行或列中缺少什么样的卡片（什么样的"花色"和"数值"）。这一点在确定 C、Si、Ti、x、Zr、Sn 行未知元素 x 的性质时看得很清楚（见影印件Ⅳ）。门捷列夫从考察这一行（族）的空位出发，确定 $x=72$ 的时候，他的做法就好像要确定一副完整的纸牌中丢了哪张牌。

　　当某一元素的原子量（"数值"）和化学性质（"花色"）引起疑问、不清楚，从而不知道把它排列在元素表（"牌阵"）中什么地方（把卡片排列在何处）时，困难便出现在门捷列夫的面前。要克服这种困难不是以简单尝试的方式——随便抓一张卡片放到某一位置看是否碰巧适合，而只能深入研究相对应元素的性质，特别是弄清楚它的原子量。

　　门捷列夫就这样排列了 Be、In、Ca、Sr、Ba 和其他一些元素，并且使它们原子量的改变完全符合周期律的要求，而全然不是根据偶然的理由。

如果在"牌阵"的某个地方出现了空位，门捷列夫就会试取某一已知元素，看它是否适合这一位置。在 Mg 和 Si 之间出现了空位之后，他把 Al＝27 排列到了 Mg 和 Si 之间。

门捷列夫对于 Be 的处理更为精彩：为了使 Be 能够按照其相似物（"花色"）和改变后的原子量排列在元素表（"牌阵"）中的空位，他不断地改变 Be 的原子量（"数值"）。

费尔斯曼的"牌阵"一词（当然不是"抽彩"一词）很好地表达了门捷列夫所采用方法的实质，门捷列夫是按照化学性质相似和原子量相近来选配元素的。

唯心主义者所理解的绝对不合规律的偶然性在发现周期律的过程中并不存在，绝不意味着没有偶然性。偶然性和意外性不仅存在，而且以一定方式对门捷列夫 1869 年 2 月 17 日做出发现的过程和速度产生了影响。这种情形对科学史来说具有重大意义。

研究这种意外性，研究 1869 年 2 月 16 日（周期律发现日的前一天）门捷列夫的那股"向往明天的潜流"，是研究门捷列夫科学发现过程的史学家和传记作者的直接课题。

看来，门捷列夫对农业问题的兴趣与周期律发现史有什么关系吧！干酪制造厂和化学元素周期性之间又有什么联系呢？

显然，这只是表面的、偶然的联系。

可能正是由于这一原因，研究者直到现在还没有注意到门捷列夫在霍德涅夫信上所做的记载——这一非常重要的资料。这封信涉及干酪制造厂，所以在资料分类时，被分到门捷列夫关于农业问题的通信集中了。考察门捷列夫与干酪制造厂有关的资料时，找到了隐含着发现线索的霍德涅夫的信：门捷列夫就在准备去干酪制造厂的这一天偶然发现了周期律。

从承认偶然性（对它做科学的、唯物主义的理解）有时在科学研究中起着极其重要的作用这一点出发，被考察的资料必须不是选择式的，而是与所研究事件有关的全部资料——无论是重要的还是乍看起来微不足道的。霍德涅夫询问门捷列夫去干酪制造厂日期的信件，起初就这样被研究者忽略了。

只有在把历史资料与一系列有关该事件及其发生地点、时间和条件的资料进行比较研究时，才能显示出其重要性。所以必须把全部资料进行仔细的比较。

例如，若孤立地看，门捷列夫申请从 1869 年 2 月 17 日开始去特威尔斯基省和其他省考察这件事并不具有特殊的历史意义。但是若把它同恰恰在这一天发现周期律相联系，便具有重大意义，从而能够了解做出发现当天的情况。

门捷列夫在准假凭证上把返回圣彼得堡的日期从 2 月 28 日改为 3 月 12 日，对这件事情似乎很少有人感兴趣。试问：门捷列夫在 2 月中旬或 3 月初去干酪制造厂不都是一样吗？然而，从 1869 年 2 月 17 日做出伟大发现的角度来看，特别令人感兴趣的是：门捷列夫以什么方式、什么时候整理和完善了这一发现，使其具体化为一系列元素体系方案并在论文《元素的性质与原子量的相互关系》中做出了结论？

同样，对门捷列夫 1869 年 3 月有哪些货币开支和他在这个月的哪一天到过特威尔斯基省的干酪制造厂，现在还有谁感兴趣呢？其实，研究门捷列夫的笔记，有助于找到门捷列夫没有出席 3 月 6 日化学学会会议的原因，从而摒除那些由此产生的虚假传说。

关于"在门捷列夫发现周期律的过程中是否存在偶然性和意外性因素？如果存在，究竟是什么？"的情况便是如此，到目前为止仍旧没有完全解决。

2. 幻想在科学发现中的作用

幻想在科学发现中似乎起决定作用的种种说法是众所周知的，此处幻想是按照唯心主义的含义来理解的。在抛弃对这一问题的唯心主义解释的时候，我们要弄清楚：幻想在科学发现中能否起到积极作用？如果能起到这种作用，那么它在门捷列夫 1869 年 2 月 17 日发现周期律的过程中究竟起到了怎样的作用？

幻想作为心理学中的一个要素，与想象类似。从逻辑方面来看，幻想（我们指的是科学幻想）与猜想、假说相近。从某种意义上来说，在一切科学发现中，幻想都起着非常重要的作用，特别是在建立普遍的理论、提出广泛的假说、制订知识的科学体系，或是发现自然界新的基本规律的时候，更是如此。

唯心主义哲学（尤其是直觉主义流派）夸大了幻想的作用，过分吹嘘，使它脱离了现实的物质基础。庸俗唯心主义则把意识归结为物质，总是把幻想当作某种毫无客观科学意义的东西而加以排斥。

在对幻想的肤浅态度的影响下，我们的哲学书籍对弄清楚科学发现中幻想的作用这个问题并没有给予太多关注，因此这个问题实际上充斥着唯心主义观点。同时应当清楚地懂得：唯物主义作为一种哲学学说不应该也没有权利回避科学发现问题，包括幻想在人的思维中，特别是在科学发现中的作用。否则，唯物主义作为哲学学说就会在专门搞这类问题的哲学论敌面前束手无策、无以自卫了。

在转到对发现周期律的分析以前，为了弄清楚幻想在这一发现中的地位，让我们考察一下马克思列宁主义经典作家的著作对这个问题的一般提法。

列宁认为，幻想在科学思维和实践活动中都有非常重要的作用。他指出，富于幻想的人对我们的国家很有益：

> 这种才能是极其可贵的。以为只有诗人才需要想象，这是没有道理的，这是愚蠢的偏见！甚至在数学上也需要想象，甚至微积分的发现没有想象也是不可能的。想象是极其可贵的素质……①

为什么这一品质或者才能在科学发现中，例如在发现自然界的新规律中，起如此大的作用呢？因为无论创立新的自然体系、提出新的广泛的假说，还是发现自然界的新规律，都必须先有理论上的概括。而当所说的问题是关于某种全新的、意外的、未知的，甚至难以猜测的发现时，一切概括都包括幻想的成分，这种幻想的成分甚至能够发展到非常明显的程度。

列宁在《亚里士多德〈形而上学〉一书摘要》中揭示了幻想与抽象、概念及结论的形成过程之间的认识关系。同时，他揭露了唯心主义认识论上的一个根源，这在批判直觉主义的哲学观点和与之类似的唯心主义派别时是特别重要的。列宁写道：

> 智慧（人的）对待个别事物，对个别事物的复制（＝概念），不是简单的、直接的、照镜子那样死板的行为，而是复杂的、二重化的、曲折的、有可能使幻想脱离生活的行为；不仅如此，它还有可能使抽象概念、观念向幻想（最后＝上帝）转变（而且是不知不觉的、人所意识不到的转变）。因为即使在最简单的概括中，在最基本的一般观念（一般"桌子"）中，都有一定成分的幻想。（反过来说，就是在最精确的科学中，否认幻想的作用也是荒谬的：参看皮萨列夫论推动工作的有益的幻想以及空洞的幻想。）②

这一原理使我们能够从新的、非常重要的方面来看待门捷列夫发现周期律的创造性思维活动。实际上，门捷列夫从这一发现的最初，甚至还在 1869 年 2 月 17 日

---

① 列宁. 俄共（布）第十一次代表大会文献［M］//列宁. 列宁全集：第 43 卷. 2 版（增订版）. 北京：人民出版社，2017：126.

② 列宁. 哲学笔记［M］//列宁. 列宁全集：第 55 卷. 2 版（增订版）. 北京：人民出版社，2017：317.

之前，就已经看清了：他所进行的工作是某种重大的理论综合，是把所有化学元素编制成一个体系。门捷列夫认为这种体系是必要的，没有它就不能在圣彼得堡大学教授普通化学。他的这种想法并不是空洞的幻想，而是朝着创立这个体系进行实际准备的推动力，接着也就成为他在 1869 年 2 月 17 日展开的直接寻找这一体系的推动力。

同时，从门捷列夫在霍德涅夫信上所做的记载来看，他把分散的、妨碍统一在一个整体中的元素族进行综合，并使之靠近，这一点是很明显的。

在这种情况下，幻想在门捷列夫科学发现中究竟起怎样的作用？我们将在下面加以阐述。

关于幻想或空想在人们创造活动中的作用这一思想，列宁在《怎么办？》一书中做了叙述。列宁引用了皮萨列夫《幼稚想法的落空》一文中的一段话。鉴于这段话对弄清楚这个问题具有特殊意义，所以我们完整地转述出来。

皮萨列夫在谈到幻想和现实之间不一致的问题时写道："有各种各样的不一致。我的幻想可能超过事变的自然进程，也可能完全跑到事变的任何自然进程始终达不到的地方。在前一种情形下，幻想不会带来任何害处；它甚至能支持和加强劳动者的毅力……这种幻想中并没有任何会败坏或者麻痹劳动力的东西。甚至完全相反。如果一个人完全没有这样幻想的能力，如果他不能在有的时候跑到前面去，用自己的想象力来给刚刚开始在他手里形成的作品勾画出完美的图景，那我就真是不能设想，有什么刺激力量会驱使人们在艺术、科学和实际生活方面从事广泛而艰苦的工作，并把它坚持到底……只要幻想的人真正相信自己的幻想，仔细地观察生活，把自己的观察结果同自己的空中楼阁相比较，并且总是认真地努力实现自己的幻想，那么幻想和现实之间的不一致就不会带来任何害处。只要幻想和生活多少有些联系，那么一切都会顺利的。"[①]

虽然皮萨列夫在门捷列夫发现周期律的半年前就去世了（皮萨列夫于 1868 年 7 月 4 日溺水），然而阅读他的文章使人感到：他所描绘的也适用于周期律是怎样发现的这件事。皮萨列夫对人在创造性、建设性活动中幻想（空想）成分特点的发现和概括非常深刻和正确。

---

① 列宁. 怎么办？［M］//列宁. 列宁全集：第 6 卷. 2 版（增订版）. 北京：人民出版社，2013：163-164.

一切创造都要善于（哪怕是偶尔）"跑到前面去，用自己的想象力来给刚刚开始在他手里形成的作品勾画出完美的图景"。这种看法是非常正确和恰当的。在门捷列夫创造工作的最后阶段，这种情形不是帮助他梦见了"誊清的"发现结果嘛！

但是这在更大程度上与发现周期律的前期工作有关，在门捷列夫在霍德涅夫信上做记载之前就已初见端倪。事实上，当把元素族进行比较的时候，门捷列夫就已经在想象中牢牢地把握他所追求的总画面：所有族，而不只是他最先研究过的那两个族，都严格而有规律地排列在一个体系中。要知道，在《化学原理》中需要阐述的不是两个元素族，而是所有族，这一思路恰好反映在此书几个提纲方案的比较中，特别是第二卷的提纲中。

当门捷列夫开始把两族元素的原子量进行比较的时候，他就已经能够想象出一幅在细节上模糊的元素体系图景。这幅图景真正形成是在 1869 年 2 月 17 日早晨开始的工作总构思中。这一点可以由门捷列夫在霍德涅夫信上做记载以后所编制的两个不完整元素小表得到证明。

如果门捷列夫不是早就考虑过元素体系的问题，那就未必能够在霍德涅夫信上做出极其模糊的草图之后，使元素体系具有如此明确而具体的形式。这种形式清楚地表现在两个不完整元素小表中，特别是下半部元素小表中。面对着这两个元素小表，我们不得不承认，它们并不是突然产生的，而是实现了某种预先拟订的总计划或总构思。

在发现周期律的决定性阶段，门捷列夫使用卡片并摆起了"牌阵"，这时幻想起到了非常独特的作用。使他产生这种念头的毫无疑问是某种幻想，是通常玩纸牌的摆"牌阵"与编制元素表的任务之间的类比。

通常的"牌阵"在洗牌时，这一张与另一张可能偶然排列在一起。不过，摆"牌阵"的人事先在头脑中已经有一个布局，即所有牌都应当有规律地排列，都应当符合两个特征：一个是按照花色（方块、红桃等），另一个是按照数值（两点、三点等）。"牌阵"合乎规律的顺序是预先给定的，玩牌的人要调整那些偶然落在不合既定计划要求位置的牌，使所有牌都各就各位，并且"合乎需要"。

整个游戏同制订完整元素表的具体任务极其类似，这一想法一下子出现在门捷列夫的脑海中，它在 1869 年 2 月 17 日早晨和白天是作为完全确定的任务提出来的。要知道，排列元素同摆"牌阵"时安排纸牌的情况是一样的。

作为原始资料依据的元素族，符合把每一"花色"的纸牌从 2 到大王组合到同一行中。所有元素（"牌"）的数值是已知的，这些数值就是它们的原子量。但是还不清楚的是：元素族之间具有怎样的对应关系；一些元素（"牌"）的"数值"和"花色"（应属于哪个确定的元素族）。

当时的教科书里元素排列得杂乱无章，很像洗牌之后纸牌的排列——偶然、毫无秩序。在霍德涅夫信上做记载之后，特别是在编制出两个不完整元素小表之后，门捷列夫所要完成的任务与摆"牌阵"的目标在表面上特别相似：在门捷列夫之前，人们把每一自然族内各元素按照原子量（或当量）递增的顺序排列起来（每种"花色"排列成行，每行按照"数值"排列）；门捷列夫要做的是把元素族按照原子量进行选配（按照"数值"对"花色"进行选配），斯杰潘诺夫书中第 172～173 页中很好地陈述了这种情况（见 [附 48]）。

由于类比进行得如此深刻，理应使门捷列夫想到，实际上也使他产生了一个念头——采用元素卡片摆"牌阵"。结果这项发现的开端非常顺利，迅速克服了把发现进行到底的路途上的障碍。

列宁曾经讲过：没有想象就不能发现微积分。据此，我们有充分的理由断言：没有幻想门捷列夫就不能发现周期律，也就不能形成元素自然体系。

或许产生了一个问题：既然幻想在发现周期律的过程中使门捷列夫产生了与摆"牌阵"相似的思想，那么不就证明了创造本身具有任意性，它独立于外部条件（独立于自然界，独立于化学物质）吗？须知，纸牌是人想出来的，是人为的、空想的、假设的东西。所以与纸牌有关的一切似乎都具有任意和假设的因素。

事情果真如此吗？首先我们必须指出，玩纸牌的规则，包括摆"牌阵"的规则，像其他游戏规则一样，是任意的、空想的，因而它们脱离客观世界中不以人们的意识为转移的规律。这也就是为什么列宁要坚决批驳：

　　……抹杀近似地反映客体的（即接近于客观真理的）科学理论和任意的、幻想的、纯粹假设的理论（例如，宗教理论或象棋理论）之间的界限。[①]

我们并不是要从纸牌游戏的规则中推导出关于周期律的思想，假如那样，就会把客观规律性同人们所建立的游戏规则混为一谈；而是要弄清楚幻想如何帮助门捷列夫克服在创造道路上遇到的困难。游戏规则是人们想象出来的，在这种情况下其空想性正好为科学发现的幻想提供了具体方式。

---

　　① 列宁. 唯物主义和经验批判主义 [M] //列宁. 列宁全集：第 18 卷. 北京：人民出版社，1988：325.

无论在那时还是晚些时候,门捷列夫都清楚地看到了自然界的客观规律性同人们想象出来的主观性规则之间的原则区别。他在任何时候都不会混淆两者之间的界限,因为他是一个自觉的唯物主义者。门捷列夫在《化学原理》中阐述对周期律的看法时写道:

> 自然规律是不容许有例外的,这显然同语法规则和其他规则以及人们的发明、方法和关系不同。[1]617

"牌阵"同元素体系之间的相似:一方面是任意的、人为的东西,另一方面又是自然界客观规律的反映,怎么会帮助门捷列夫做出这项发现呢?

这是由于尽管人们臆想出来的东西表现形式荒诞无稽,但依然包含着客观实际的某种反映。例如,如果门捷列夫发现的是一些错综复杂的、相互交织的、以各种方式发生作用的过程,就很可能出现认识方面的类似情况。

但是在这种条件下所说的是元素按照两个方面的特征——质的特征(按照族划分元素所表现出来的化学亲和力)和量的特征(原子量所表现出来的量)进行系统化。纸牌恰恰对这种情况给出最一般形式的独特图解。纸牌作为一种臆想反映了自然界真实事物之间的某些一般关系,当依据两个特征把这些事物按照规定顺序排列起来的时候,利用纸牌就能够对这些需要分类的事物进行表格式排列,并通过类比法做出图解说明。沿横向按照一种特征排列,而沿纵向按照另一种特征排列,结果就获得了表格形式。

19世纪中叶,也就是1869年以前不久,有机化合物就这样被正确地进行了分类。这些化合物按照"花色"(化学功能)排列在起源序列(烃、醇、酸等)中,按照"数值"(原子团 CH_2 的数目)排列在同序列中。得到的结果同纸牌的排列完全相似。

化学史家戈耶利特援引了热拉尔的话,这是热拉尔对有机化合物分类所做的说明。热拉尔在《有机化学教程》中写道:

> 把一副纸牌摆在桌子上:第1个纵列由花色相同的牌组成,第2个纵列由第二种花色的牌组成,其他纵列由各种数值的另外花色的牌组成。花色相同、数值不同的牌位于同一纵列,组成不同物质的系;花色不同、数值相同的牌位于同一横行,组成相似物质的系,但分属不同的族(同系)。这一简单的例子成为化学分类的写照。如果全副纸牌中缺少任何一张牌,那么它的位置仍然可以十分明确地指示出来,甚至不必看到这张牌,就能

够想象出来。有机化学中同样会发生这种情况。[1]

尽管这种解释与前面所谈到的有些不同，然而规则都是一样的。

我们必须指出，门捷列夫是热拉尔思想坚定不移的拥护者，他在 1869 年 2 月 17 日以前就能够完全认识到热拉尔提出的化学分类与纸牌在"牌阵"中的相似之处。门捷列夫甚至有可能从热拉尔的那段话中受到了启发，才产生了对元素采用卡片的想法（见［附 71］）。

这样一来，为纸牌所建立的规则的幻想性，同门捷列夫在科学发现中幻想的东西在形式上完全相符。而这些规则恰恰形象地表现出了应当发现的现实事物的某些关系，这种情况也有助于寻找自然界中未知的规律性。

这里所说的幻想不是无效果的、远离实际的和"偏离正题"的空想，而是人脑对现实幻觉的反映，这种反映能够帮助人们找到真实模型，并且把它作为科学概念反映在系统或理论中。

列宁在说明费尔巴哈关于人的意识反映自然界的唯物主义观点时，曾援引这位德国哲学家的一段话：

> 当然，幻想的产物也是自然界的产物，因为幻想的力量，和人的其他一切力量一样，就其基础和起源来说，归根到底是自然界的力量，但是人毕竟是跟太阳、月亮和星辰，跟石头、动物和植物，一句话，跟人用自然界这个一般名称所标明的那些存在物有区别的存在物。因而，人关于太阳、月亮、星辰和其他一切自然物的表象，虽然也是自然界的产物，然而却是和自然界中的它们的对象有区别的另一种产物。[2]

这就是对于创造活动中幻想的作用的唯物主义观点，它已通过分析门捷列夫发现周期律的过程而被证实。

门捷列夫看到了艺术和科学之间的同一性，所以他高度评价了科学发现中幻想的作用。他的外甥女卡普斯钦娜-古布金娜证实，门捷列夫曾经说过：

> 艺术与科学之间存在着密切的联系。艺术与自然科学（数学）之间的联系比后者与语言学之间的联系更密切，然而这并不是由于创造性程度的大小。是为什么呢？大概是由于在幻想方面大自然一视同仁地吸引着

---

[1] 戈耶利特 Э. 有机化学史——从古代到现代［M］. 哈尔柯夫-基辅：［出版者不详］，1937：102-103.
[2] 列宁. 唯物主义和经验批判主义［M］//列宁. 列宁全集：第 18 卷. 2 版（增订版）. 北京：人民出版社，1988：118.

它们。[18]208

门捷列夫在《库因吉的画前》这篇述评中表达了这个思想：

> 面对着库因吉的《第聂伯河的夜晚》这幅画，我想到幻想家会陷入遐想，艺术家会无意间出现新的艺术构思，诗人将赋诗成诵，而思想家则会产生新的概念——它使每个人都各得其所。[5-1]247

因此按照门捷列夫的说法，在绘画艺术方面的幻想能够直接成为学者产生科学概念的刺激因素。换句话说，幻想作为创造的因素，是与我们头脑的联想活动并行不悖的。在人们智力活动的某个领域，产生或正在产生的东西通过联想可以引出某种相似的东西，虽然它们毫不相同，初看起来完全属于不同的领域，但可能以非常意外和离奇的方式取得巨大成就。这种情形被直觉主义派别的唯心主义者加以利用，作为在创造活动中下意识的、偶然的、不合逻辑的纯粹直觉的活动，控制着创作的"证据"。

实际上，各种事实和现象的联系是与幻想相结合并作为非常重要的心理学因素出现的。

3. 科学发现中民族与全人类、个人与社会的关系

刚才探讨的问题与另外一个问题有着十分密切的关系，这个问题同样涉及科学发现的途径和特点。这个问题在科学、技术、文学和艺术历史中（就像在人类的整个文化历史中）占有重要的地位：它关系到对每一位学者、发明家、作家或艺术家所代表民族的民族特征的作用和意义的评价。我们不谈艺术和技术领域的创造，只谈自然科学中的创造。

在资产阶级科学史家中，特别是被民族主义和沙文主义精神感染的人中，普遍而深刻地存在着一种不正确的论点：似乎只有某些确定的"优等"民族才有科学发现的爱好，而且似乎正因如此，他们的自然科学才比其他民族出现得早。当然，这类论点体现的是唯心主义和民族主义。

在沙皇俄国时代也有人传播这类观点，他们不相信伟大的俄罗斯民族的创造才能，从而拜倒在西欧面前。他们认为俄罗斯民族似乎天生没有能力创造科学珍品，只有西欧民族的伟大天才才能创造出来。

从这种观点来看，由一个确确实实是俄国人所发现的周期律，简直是不可理解，无法解释，几乎神秘莫测。

关于这一点，如今在列宁格勒大学（门捷列夫任教的圣彼得堡大学），与门捷

列夫担任同样课程、讲授普通化学和无机化学的休卡列夫有一种特别有意思的观点。休卡列夫在《作为现代化学基础的门捷列夫周期系》一文中叙述了创立这一体系的历史和这一体系对现代物质学说的意义。休卡列夫在文章结尾恰好提出了我们在这一节所要分析的问题：

> 圣彼得堡大学的毕业生屠格涅夫在 1853 年给阿克萨科夫的信中写道："任何一种体系——不管是好的还是坏的意义上的体系——都不是俄国的产物。"临近晚年，谈到斯拉夫主义理论时他仍然说："系统性对俄国人是格格不入的"。
>
> 很难说是什么怂恿了这位大作家如此毅然决然地否定俄国人在系统性方面的才能……有一件事倒是很清楚的，门捷列夫做出榜样推翻了西欧主义者屠格涅夫的论题，并且证明了俄国人能够以何等魄力既收集和系统整理了事实，又创立了（更确切地说，发现了）体系。这一体系不仅成为化学的新基础，而且在很大程度上也成为现代自然科学的新基础，成为"人类思维的新领域"。[16]25-26

休卡列夫的观点是完全正确的。平白无故地否定俄罗斯民族（就像对任何民族一样）有进行系统化整理、理论概括和总结的才能，这是歧视我们民族，是毫无道理的，是与历史事实背道而驰的。为了驳倒对俄罗斯民族的这类诬蔑，除了列举门捷列夫以外，还可列举出很多伟大的俄国自然科学家：

化学家和物理学家罗蒙诺索夫，详尽地研究了自然现象中的原子论和动力学的严谨概念。

数学家罗巴切夫斯基，创立了非欧几里得几何学。

化学家布特列洛夫，提出了"化学结构"理论，综合概括了有机化学。

生理学家谢切诺夫，创立了关于末梢神经反射的著名学说，对生理现象和心理现象这一广阔领域给予了唯物主义的系统解释。

更不要说 19 世纪中叶和下半叶俄国先进理论思想的代表人物了，像赫尔岑、别林斯基、杜勃罗留波夫、车尔尼雪夫斯基。他们是屠格涅夫的同辈或者前辈。他们都以在哲学和自然科学领域的卓越成就证实了俄罗斯民族同其他民族一样，有能力进行科学发现、综合概括，并把知识系统化；有能力把积累的经验材料在理论上概括并总结成科学的学说和体系。

我们在分析 1869 年 2 月 17 日门捷列夫所完成的创造时，确信门捷列夫充分发挥了把事实系统化和进行理论概括的才能，他把元素组成了自然体系。元素的自然体系与人为体系有本质的区别，因为人为体系不能把所有化学元素综合在一个严谨的整体中。

证实这一点的不仅有他做出的研究成果，还有这些研究成果发展过程的每一步：从最初在霍德涅夫信上所做的记载，到最后的《元素体系的尝试》。

更能证实这一点的还有门捷列夫在发现周期律之后的工作，直到他为生前最后一版《化学原理》所做的准备。这一版于1906年问世。

在分析门捷列夫科学发现的一般特征时，我们可以说，这些特征不仅是门捷列夫所具有的，也是所有科学革新家所共有的，他们在科学发现中实现了科学上的革命（见 [附72]）。

由于指出了门捷列夫科学发现的特征与其他伟大学者的相同，我们便提出一个问题：学者的民族起什么作用？如果持屠格涅夫的观点，我们就应当承认，对俄国学者来说，创立任何体系都会陷入困境，因为它"不是俄国的产物"。相反，西方思想家创立任何体系都是轻而易举的。

不过，门捷列夫创立元素体系的历史显而易见地证明：俄国学者能够比他同时代的西欧化学家更迅速、更深入、更完全地编制出元素体系。俄国学者在短期内卓有成效地对大量事实材料进行了理论综合，这就说明创立任何体系似乎都与俄罗斯民族的特性格格不入的论点是完全站不住脚的。

门捷列夫发挥了创立元素体系的才能，作为俄罗斯民族的儿子，他不论在发现周期律的过程中，还是在进一步的深入研究中，都没有遇到无法克服的困难。

相反，承认俄国学者所做出的发现，则提高了学者所代表民族的声誉，这使门捷列夫感到自豪，并激励他去建树新的功勋。

法国的一份杂志发表了门捷列夫的一篇题为《我怎样发现了元素周期律》的文章，在结尾有一段极为值得注意的话：

> 周期律……极为新颖，它深刻地揭示了化学现象的本质。作为俄国人，我引以为自豪的是，参与了它的创造。[2]433

门捷列夫在论文《化学元素的周期规律性》中谈到了他由于参加"法拉第讲座"所受到的礼遇和荣誉：

> 礼遇和荣誉过高了。但这不是属于个人的，荣誉和时代是属于俄国的——这很重要。[1-1]14

如果这种爱国主义情感对门捷列夫从事科学发现有激励作用，那么这种作用对于他的创造过程来说毕竟是外在的，并不涉及内在特征和具体内容。这种情感不仅在化学家身上，而且在生物学家和数学家身上也能够产生；不仅体现在自然科学家身上，而且体现在发明家、诗人、艺术家身上。俄国所有先进人物，包括门捷列夫，都表现出了高度的爱国心，可是这与门捷列夫 1869 年 2 月 17 日所做出的发现并没有特别的联系。

当我们证明科学的理论综合和系统化的才能并不是俄国人的心理性质所不禀赋的东西之后，我们不应当陷入另外一个极端，即不应当认为这种才能是俄罗斯民族所独有的民族特征。这一极端就像否认俄国人的才能一样，同样远离真理并且贯穿着民族主义情绪。

其实，在俄国的文献中已经出现了这样一种看法：似乎以综合科学各个门类知识为基础的许多重大问题的解决，就像结合广泛的哲学概括进行综合，恰好显示了卓越的俄国学者的特征。由于说的是化学，指的当然就是罗蒙诺索夫、布特列洛夫、门捷列夫等俄国化学家的发现。

在这个基础上形成了一种特别的"观念"，即把爱好综合、广泛性理论概括的倾向说成俄国学者有别于其他国家学者的民族特征，因而意味着其他国家学者不具备这种特征。十分明显，在科学发现方面的这种"观念"是违背国际主义和民族平等原则的（见［附 73]）。

然而，不能把这种"观念"的荒谬和严重错误仅仅归结于此。在回答为什么俄国自然科学家在 19 世纪下半叶特别是在 19 世纪 60 年代能够做出众多的重大科学概括和综合性发现的问题时，这种"观念"的拥护者必然要站在唯心主义的立场上：他们解释这一历史事实所依据的不是唯物主义的客观原因，不是当时俄国的社会发展条件及其在精神生活中的反映，而是纯粹从心理上用上述"观念"看问题，这就完全背离了真实的唯物主义基础。

要在某一国家、某一民族的代表人物的民族特征和心理特征方面找到解释科学发现的原因，就意味着走上了明显的错误道路。试问：为什么在一百年或两百年以前，当西欧各国致力于广泛哲学概括进行综合的意向已经成为现实的时候，这种意向在俄国还没有表现出来，而只是在 19 世纪才充分显示出来了呢？

假如上述"观念"正确，那么它所指出的俄国学者的民族特征应当在任何时候都显示出来，而不应只是在一定的历史时期才显示出来。

对于每一个历史事实都需要给予具体的科学解释。例如，为什么俄国在 19 世纪 60 年代能够在许多自然科学分支做出卓越的发现，从而为这些分支奠定了坚实的综合理论基础呢？当然，这是有一定原因的。

这些原因是什么呢？

当时，俄国自然科学的蓬勃发展是因为：俄国已经出现了革命解放运动的高潮，而许多先进的自然科学家都与此有直接或间接关系，而且这一高潮是以迅速、普遍的经济发展为背景在改良后的俄国发生的。俄国社会的经济（物质）生活和社会（政治）生活的变革，对当时先进的俄国人的精神和志向产生了直接影响。

这一切都影响到门捷列夫的世界观，影响到他的科学发现。门捷列夫在青少年时期就曾同一些接近赫尔岑的人有过密切接触：他同杜勃罗留波夫一起学习，受到了赫尔岑思想的影响。后来门捷列夫开始积极参与推进国家工业和整个经济沿资本主义道路发展的事业。与此有关的是门捷列夫致力于管理农业，尤其是干酪制造业的劳动组合形式，而这竟与周期律发现史如此不寻常地交织在一起。

19 世纪 60 年代，俄国自然科学蓬勃发展，具有特别重要意义的是：在这意义重大时代的前夕完成了"三大发现"（按照恩格斯的说法），促进了辩证唯物主义自然观的综合观点的形成。达尔文的《物种起源》正是在 19 世纪 60 年代前夕（1859）发表的。

1842—1845 年发现的能量守恒与转化定律成为自然科学其他分支（包括化学）进行理论概括的先决条件。1886 年，门捷列夫谈到这点时写道：

> ……首先应当认为周期律是自然力统一性规律的应用。[2]311

因此，我国科学界泰斗（首先是门捷列夫）所表现出来的特征，正是对 19 世纪 60 年代前夕其他国家先进学者创造的综合观点的直接发展。许多依赖于知识综合的重大问题是先由英国、法国、德国、意大利和其他一些国家的科学界泰斗解决的。如果不解决这些重大问题，我国学者就未必能够顺利地解决以后的一些问题，而解决这些问题正是依据知识综合。

前面所指出的"观念"完全无视这一重要事实，因而在评述俄国化学家（首先是门捷列夫）的科学发现时难免会陷入不可原谅的片面性。

与此同时，俄国自然科学的发展晚于西欧，这就具有比较年轻的优势，这一优势恰好在 19 世纪 60 年代充分表现出来。如果说西方关于自然界的系统科学到这时已经存在了四个世纪之久，形而上学的思维传统已经形成，那么这个传统还未在年轻的俄国科学界形成。

从另一个角度来看，由于社会发展所处的历史条件，那时在俄国的先进学者中已经形成了"坚实可靠的唯物主义传统"。

　　然而，在资本主义早已取得胜利的那些西方国家，唯心主义和形而上学体系的残余已经形成了传统，例如英国的狭隘经验论和归纳论。

　　这一切都取决于 19 世纪中叶各个国家所处的历史条件。

　　因此，俄国科学的先进代表人物的世界观和创造的特征，首先在于当时俄国社会发展的物质条件，其次在于俄国学者所依据的自然科学内部的基础性质。然而前面所指出的"观念"对此却给出了极端错误的解释，它把俄国学者渴望进行综合，即向往广泛哲学概括的原因，看成纯精神和心理上的性质，看成仅仅由于他们的民族归属是俄罗斯民族。

　　这样，关于卓越学者的科学发现怎样开展的问题便必然涉及这样一些影响因素：社会生活，学者置身的环境和实践、技术、生产的需要，以及当时社会不同阶级思想斗争的需要。

　　不能把科学发现的特点看成脱离历史条件的。从方法论和原则性的观点来说，这种看法更是错误的，是形而上学和唯心主义的。

　　到底应该如何提出这类问题呢？很清楚，天才是个人的天赋。人一生下来就具有某种天赋，他出生在什么时间、哪个国家、什么地方、哪个家庭，从整个社会发展的观点来看，是纯粹偶然的事情。然而未来的天才诞生以后，总是处在一定的历史环境之中。环境是一个人天赋发展和完善的决定性因素。

　　天赋得以发展不是偶然的，而是严格合乎规律的：只有当天赋符合时代的需要，也就是符合所在国家的经济、政治或精神上发展的需要时；或者符合人类活动的某一分支，例如科学分支在世界先进国家的一般发展中所提出的需要时，才能够得到发展。

　　一个伟大的学者，只有当他满足社会已经成熟的需求时，他的天赋才能发挥出来。一个人的能力越强，天赋越高，他对社会发展已经成熟的需求就能把握得越清楚，就越有先见之明。

　　如果一个人不具有音乐家对声音的辨别能力，缺乏音乐家的天赋，那么任何历史条件都不能使他成为作曲家。如果没有好嗓子，那么永远也不会成为优秀的歌手。相反的情况同样是正确的：如果没有相应的历史条件，即使天赋极高的人，其才能也不能得以发挥，因而也就不得不"埋没天赋"。

　　反映一个国家思想发展的特点，形成这个国家的科学、理论和哲学传统，也都属于历史条件之列。虽然它们对科学发现并不起决定性作用，但未来学者的精神面貌的形成和发展过程无不带有这种烙印。由于这些特点和传统在每个学者身上打下了某种烙印，因而在学者创造的历史中能够起到重要作用。

这种影响并不能改变事情的本质，万有引力定律或者能量守恒与转化定律，乃至元素周期律，就像自然界的一般规律一样，并不带有在哪个国家、被哪个学者发现的烙印，所有规律的发现都是不依学者的民族归属为转移的。

然而从形式上看，根据学者做出发现所采用的具体方法，所经过的各不相同的途径，以及表述、论证真理的方法，我们可以在他们的著作中发现独特的东西，找到科学发现的民族因素。

所以，问题完全不在于对广泛的理论概括的爱好是否为某些国家的学者所独有，而在于这种爱好的表现形式取决于每个国家的精神发展特点和文化传统。

例如，牛顿做出的伟大理论综合，就是同否认广泛的假设、片面强调归纳法结合在一起的，这一点在牛顿对其结论的叙述和论证的方法中就有一定的反映。牛顿的传统对后来的英国科学产生了深刻的影响。在《自然哲学的数学原理》出版之后，经过了差不多两个世纪，牛顿的传统继续发挥着影响，虽然形式有所不同。马克思曾高度评价达尔文的著作《物种起源》：

> 粗率的英国式的阐述方式当然必须容忍。①

这种影响到"阐述方式"的反面或正面的传统正是学者科学气质的特殊性。当这些影响是进步的时候，就会促进科学发现；当这些影响是反动的时候，则会阻碍科学发现。但是它们并不能改变或否认一个事实：所有国家的学者都具有为了进行广泛的理论概括和做出综合性科学发现所必须具备的自然条件。

人的天赋、能力和他所处环境之间的相互关系就是如此。

恩格斯在描述文艺复兴时代的情况时写道：

> 这是一次人类从来没有经历过的最伟大的、进步的变革，是一个需要巨人而且产生了巨人——在思维能力、热情和性格方面，在多才多艺和学识渊博方面的巨人的时代……那时的英雄们还没有成为分工的奴隶，分工所具有的限制人的、使人片面化的影响，在他们的后继者那里我们是常常看到的。但他们的特征是他们几乎全都处在时代运动中，在实际斗争中生活着和活动着，站在这一方面或那一方面进行斗争，一些人用舌和笔，一些人用剑，一些人则两者并用。因此就有了使他们成为完人的那种性格上

---

① 马克思. 马克思致斐迪南·拉萨尔［M］//马克思，恩格斯. 马克思恩格斯全集：第30卷. 北京：人民出版社，1975：574-575.

的完整和坚强。①

这段话清楚地表明：社会环境怎样造就了"思维巨人"，怎样培育和规定他们创造活动的方向。

人们时常把俄国 19 世纪 60 年代同文艺复兴时期进行比较。虽然历史的相似总是相对的，但是在这种情况下这种相似是有一定根据的。与资产阶级社会发展初期产生了"思维巨人"一样，在改良后的俄国，时代需要并且产生了"思维巨人"。

写过许多科学史著作的季米里亚捷夫极其准确地发现了这一情况。在涉及 19 世纪 60 年代俄国的化学状况时，季米里亚捷夫确认：

> ……在 10～15 年里，俄国化学家不仅赶上了欧洲老同行，而且有时处于运动的领先地位，因此在我们探究的这一时期终了时②，英国化学家富兰克林能够完全信服地说：化学在俄国的状况比在戴维、道尔顿和法拉第的祖国——英国要好些。在那样一个意义重大的时代，化学成就毫无疑问成了科学复兴总背景上最突出的现象……③

季米里亚捷夫在当时社会发展的特点中完全正确地看到了上面所指出的现象和原因。换句话说，当人们仅仅从纯粹精神方面考察这一事件时，就能够给出唯物主义的而不是唯心主义的解释。季米里亚捷夫强调：

> ……假若我们的社会还没苏醒过来投入新的沸腾的活动，大概门捷列夫和柴可夫斯基只能作为中小学教师在辛菲罗波尔和雅罗斯拉夫尔度过一生……而工兵谢切诺夫只好完全遵照这行的规矩挖堑壕。④

贝尔纳在批判科学史的唯心主义观点时，指出了学者个人（及其天赋）与对学者提出社会要求的社会之间的关系：

> ……已经形成了一种看法，似乎科学的实践必须有伟大人物的特殊天赋作为条件。因而科学在很大程度上脱离了种种社会因素和经济因素的影响……
>
> 伟大人物对科学进步诚然有决定性作用，但如不结合他们当时所处的

---

① 恩格斯. 自然辩证法［M］//马克思，恩格斯. 马克思恩格斯全集：第 20 卷. 北京：人民出版社，1971：361-362.
② 门捷列夫恰好在此时做出了发现。
③ 季米里亚捷夫 K A. 季米里亚捷夫全集：第 8 卷［M］.　［出版地不详］：农业出版社，1939：154-155.
④ 季米里亚捷夫 K A. 季米里亚捷夫全集：第 8 卷［M］.［出版地不详］：农业出版社，1939：144.

社会环境，就无法研究他们的成就。正是由于看不到这一点，在解释他们的发现时，就常常用"不知所云"的"灵感"或"天才"一类字眼。有些人在对伟大人物的认识上过于鼠目寸光或者过分懒于思考，以致大人物被贬低、被低估了。事实上他们是属于自己时代的人，接受这个时代的深刻影响，也承受这个时代的社会驱使，他们和其他人一样，只不过他们的重要性提高了。一个人愈伟大，他浸润的时代精神就愈浓，只有如此，他才能广泛地把握住时代的需要，以便从根本上改变认识和行动的本身形式……人与人的志向迥然不同，爱好性格各异，仅有少数人会对科学有所贡献。不过如今有机会做出贡献的人较以前任何时候都多，而且不久以后或许还会更多。被选入科学界的人或自觉投身科学界的人，除了搞科学以外，在其他特点上，都会各不相同。这样就构成了科学的复杂多样性，但是由于社会施加各种有意识的或无意识的影响，科学仍能具有和多样性同等程度的必要的统一性。①

社会环境的影响，特别是社会舆论的影响，对学者科学发现的发展不仅能起积极的、促进的作用，而且也能起消极的、阻碍的作用。这种影响的一个具体例子是：学者所在的社会圈里起主导作用的各种偏见和成见对其施加的压力。19 世纪中叶，大多数自然科学家存在着狭隘的、片面的经验主义倾向，他们对理论思维所持的否定态度就属于这种偏见。

拉科夫斯基在描述那时化学家的情绪时写道：

> 假如我们是以我们的心理、我们所尊重的实验材料生活在 1871 年，那么设想一下：一位化学家来到这里宣称，他发现了周期律，并依据周期律创立了元素自然体系，但……为此需要在 64 种元素中强行改变 28 种元素，直到它们的原子量有了显著的改变为止。如果我说我们中大多数人对这种发现会持否定态度，并且把这种元素体系叫作反自然的……我未必会弄错吧……

> 门捷列夫的同时代人对待他的思想在最好情况下是沉着审慎，许多化学家根本不理解他所做出的发现的意义……[12]42

门捷列夫的亲密朋友和战友、捷克斯洛伐克化学家勃龙纳十分清楚地描述了化

---

① 贝尔纳. 历史上的科学［M］. 北京：科学出版社，1959：17-18. 译文根据俄文进行了校核。——译者注

学家本生（R. W. Bunsen）对发现周期律的态度。本生是一流化学教师，是当时大多数化学家甚至优秀化学家的典型代表。

勃龙纳写道：

> 对于本生来说，门捷列夫规律并不正式存在。当我在他的实验室研究稀土元素时[①]，我曾提到门捷列夫对这些元素的原子量确定得多么好！他说："请带着这些猜想离开我。在交易所单据的字码里你也能找到这种正确性。"

对周期律的这种态度并不是在发现它的当时，而是已经过了 10 年之后。这时，周期律及从中取得的某些成果已经在实践中得到了证实，特别是 1875 年发现了镓，证实预言中的"类铝"确实存在。不难想象，在发现元素周期律后的最初一段时间，大多数化学家对这一规律抱着怎样的态度。

门捷列夫面临的不是简单地宣布自己的发现，而是要打破和克服同时代人顽固而保守的见解。他们认为严肃认真的学者去搞理论概括而不搞实验研究是很不恰当的，甚至是不成体统的。不理会这种偏见是不可能的，因为它简直无处不在。例如，在发现周期律的那年，门捷列夫收到了俄国著名化学家齐宁的来信，他对门捷列夫抛弃了最初的实验研究而醉心于抽象的推理（齐宁就是这样认为的）表示遗憾。

在这种情况下，学者需要很大的勇气、科学的胆识和决断，去反对当时占统治地位的观念，公开违反在学者中形成的准则和评价，并且敢于反潮流。没有这种勇气和决心就不能把已经开始的发现坚持到底。

当然，来自当时科学准则的辩护者的嘲笑是特别有害的。众所周知，纽兰兹已经接近发现周期律，却成了嘲笑的牺牲品，于是放弃了原有立场，并且不敢继续发展"八音律"思想。这里列举一个非常有代表性的事件：正当纽兰兹 1866 年在伦敦化学学会会议上做关于发现的报告并且演示元素表的时候，物理学家福斯特讽刺性地发问：报告者是否企图把元素按照字母顺序来排列，并且从中也发现了什么规律性呢？

门捷列夫在一开始同极端经验论者争论时，就不像胆小怕事、谨小慎微的纽兰兹那样。他不屈服，不退却，而是勇敢地、坚决地继续探索自己的发现，没有在困难以及科学上的反对者的怀疑和指责面前停滞不前。不怕捍卫真理，永远信仰真

---

① 指 1878—1879 年。

理，为了坚持真理而敢于反对多数人的陈旧观点，反对科学上的权威，这是学者和革新家进行科学发现的必要条件，门捷列夫就具备这样的条件。对于一切真正的学者来说，这是最重要的特征之一。

我们已经以门捷列夫，特别是以周期律发现史为例，研究了科学发现中民族与全人类、个人与社会的关系（见［附74］）。

关于"在这一发现过程中是否显示了学者的民族特征？是否表现出进行这一发现的历史条件，甚至发现者的天才和科学气质？"的情况便是如此。

4.科学发现的革命性飞跃及进化性准备

我们需要阐明的最后一个问题涉及发现的一般性质：这一发现是否具有革命性飞跃或进化性渐进性特点？

前面的论述表明，这是真正意义上的飞跃，是门捷列夫创造性思维的发展，同时也是整个化学发展中的革命性变革。这种飞跃经历了长期而缓慢的进化性准备过程，从门捷列夫在圣彼得堡师范学院高年级读书以及在沃斯克列先斯基（化学家）和库托尔加（矿物学家）那里工作时就开始了。

从那时起，在差不多15年的时间里，门捷列夫坚定地逐渐接近这个时刻，即能够在一天的时间里把为理论概括所积累的丰富经验总结和表述为自然界的规律。这一过程从1853年开始，到1869年2月中旬结束。

这是一个潜在的、量变的、渐进的积累过程，它发展到一定程度便引起了质变，从而导致了门捷列夫周期律的伟大科学发现。

门捷列夫从事科学发现所引起的化学革命，其进化性准备是通过多种途径进行的：

（1）确定原子量。这是表述周期律的依据，是元素体系的基础。未来发现的这方面准备是从门捷列夫1853—1854年作为大学生听沃斯克列先斯基讲授化学时做笔记开始的。后来他按照这一路线继续推进这项工作，特别是在1860年参加了卡尔斯鲁厄化学家代表大会以后，因为在这次会议上通过了采用原子量代替当量。

（2）研究同晶现象。研究结晶形式的相似性，如比重和比容。未来发现的这方面准备是从门捷列夫1854—1855年进行早期矿物学研究，特别是从他1855年撰写学位论文开始的。

（3）系统研究简单物质和复杂物质的比容。这在门捷列夫研究同晶现象时就开始了，特别是门捷列夫于1859—1861年在国外留学时研究了毛细现象。门捷列夫那时就打算寻找物质的物理性质与其质点质量的一般依赖关系，后来门捷列夫采用原子体积作为表述周期律的第一个物理功能。

（4）综合有机化学方面的实际材料。这项工作是同门捷列夫对此进行最初的实验研究一起准备的（1859 年研究亚硫-三硝基甲苯酸），在实验中研究了"原子团"氧与"典型"氧之间的区别。1861 年，未来发现的这方面准备被极大地向前推进了，即门捷列夫建立了有机化合物饱和的新颖理论并编写了《有机化学》一书，认为质点的性质是按照分子量进行转移的。在这里具有接近元素的最高化合价的概念，这一概念对表述周期律起了重要作用。

（5）详细认识新发现的元素（如 Rb、Cs、In、Tl）和已知但未经充分研究的元素（如 V、Nb、Ta、Ce、Yt），以及其他元素。

（6）按照元素的自然族研究它们的排列。

如果没有这种准备，不积累涉及元素之间极为复杂的相互关系的大量材料，显然是不可能发现周期律的。归纳整理这些材料，对它们加以理论概括，用一个正确的科学体系把它们表达出来——这一任务一经展现在门捷列夫面前，发现周期律便不仅成为可能，而且成为必要了。

实际上是在 1868 年，当门捷列夫开始编写《化学原理》，把所积累的涉及化学元素的全部化学和物理学材料进行概括的时候，这一任务才展现在他的面前。门捷列夫正是在编写《化学原理》的过程中对这些材料进行理论概括时发现周期律的，因此这一发现绝不是偶然的，而是完全合乎规律的。

门捷列夫在生前最后一版《化学原理》中对多年来研究周期律的工作加以总结，他以如下方式说明了正确推论元素相似性的先决条件，同时指出为发现周期律进行准备的基本方向：

> ……为了正确地进行推论，不仅需要了解元素的质的标志，而且需要认识元素的量的标志，即可计量的标志。当某些特性能够测量的时候，这些特性就不再带有主观随意性，从而使比较具有客观性。属于元素及其相应化合物的可计量的特性有：
>
> （1）同晶现象，或者结晶形式的相似性及有关构成同晶混合物的性能。
>
> （2）相似元素化合物间的体积关系。
>
> （3）盐类化合物的成分。
>
> （4）元素在原子量上的关系。
>
> 我们简略地考察……这四个方面，对于研究元素的自然而又富有成果

的分类法是极其重要的，这一分类法不仅有利于初步认识元素及其化合物，而且能促使我们更详细地去研究它们。

对于发现由两种不同元素组成的化合物的相似性来说，同晶现象成为有史以来第一个重要的证明方法……[1]246

因此，在周期律发现史上不存在任何毫无准备的"突然性"。按照门捷列夫的说法：

因此，周期律直接来源于 19 世纪 60 年代末以前就有的相似材料和经过验证的知识……[2]351

门捷列夫在这一发现的准备过程中付出了艰巨的劳动。苏联学者的一系列研究性著作反映了这种劳动，例如，多布罗京的学位论文《门捷列夫的早期科学活动是发现周期律过程的一个阶段》（见［附 75]）。多布罗京的这篇论文是在休卡列夫的指导下完成的，并于 1953 年 10 月在列宁格勒大学化学系成功通过答辩。后来，休卡列夫和多布罗京以《门捷列夫的早期科学活动是发现周期律过程的一个阶段》为题，联合发表了这一研究的简明摘要。[17]165-177

正像一些学术性著作所论证的那样，周期律的发现是门捷列夫及很多先驱者和同时代化学家付出艰巨劳动的结果。如果没有数十年的艰巨劳动，那么这一称之为规律的发现是根本不可能的。

门捷列夫在评价自己的科学发现时并不认为这一发现是个人天才的产物，而认为它首先是长时间不间断劳动的产物。无怪乎他在回答奖赏给他的形容词——"天才"时宣称：

得啦！哪里是什么天才，终生努力，便成天才！

门捷列夫的多年同事奥扎罗芙斯卡娅写道：

有人说，天才——不过是来自劳动中突出的不知疲倦。

门捷列夫的一生，就是每日每时都在持续不断劳动的一生……①

门捷列夫和其他学者的劳动是 1869 年 2 月 17 日做出发现的必要前提和准备。这种劳动构成了发现周期律的一切准备的基础。劳动——紧张而方向明确的劳动，完全占据了伟大发现的一天。当门捷列夫在几小时内进行了极度紧张的劳动，综

---

① 奥扎罗芙斯卡娅. 门捷列夫回忆录［M]. 莫斯科：［出版者不详]，1929：120.

合、概括、总结了既是他本人又是他的先驱者所付出的艰巨劳动时，这一发现已成为高度的劳动行为的结果。

忽略或贬低这种劳动的意义就意味着对这一发现的历史毫不了解。

1877 年，门捷列夫在《化学原理》（第三版）中写道：

> 这里，真正的发现并不是个人的智慧做出来的，而是人们所具有的全部力量做出来的，是由于许多人的辛勤努力，虽然有时只由一个人表达出来，然而它是属于很多人的，是很多人共同思维活动的成果。[5-1]6

又过了约 30 年，门捷列夫在生前最后一版《化学原理》中写道：

> 科学发现很少是一下子就做出来的，最早的预言家通常也来不及使人确信所发现的东西就是真理，时代召唤着真正的创造者，他们具有揭晓真理的一切手段。不过，不应当忘记，他们之所以能够出场，只是有赖于很多人的劳动和积累起来的大量资料。拉瓦锡如此，其他伟大真理的发现者也如此。[1]411

周期律发现和准备的历史成为马克思著名原理的光辉例证：

> 一般劳动是一切科学工作、一切发现、一切发明。这种劳动部分地以今人的协作为条件，部分地又以对前人劳动的利用为条件。①

贝尔纳的一段话也表述了这一思想：

> 在任何文化领域，尤其在科学领域，伟大人物都必须依靠先辈的工作，因为若是没有数以百计的不甚重要的和缺乏想象力的科学家的准备工作，就绝不能做出一项有效的发现。大多数科学家甚至并不理解他们的所作所为是为伟大人物进行工作积累必要的资料。②

门捷列夫的先驱者的劳动为发现周期律奠定了基础，甚至接近了这一发现，我们已在第 8 章详细谈到了这一点。

然而，人们有时却把门捷列夫发现周期律说得极其粗浅，这是不正确的。有人说：门捷列夫坐在那里突然就发现了这一规律。还有人说：门捷列夫摆元素卡片，

---

① 马克思. 资本论［M］// 马克思，恩格斯. 马克思恩格斯全集：第 25 卷. 北京：人民出版社，1974：120.
② 贝尔纳. 历史上的科学［M］. 北京：科学出版社，1959：18. 译文根据俄文进行了校核。——译者注

一下子就创立了元素周期系。甚至有些人说：门捷列夫似乎梦见了周期律并创立了元素体系……

某些科学史家喜欢把门捷列夫的科学成就，包括创立元素周期系，解释为轻而易举的成功，或者侥幸的运气。于是事情变得好像抽彩一样，不知为什么参加者之一"走运"了，而其他人都不"走运"。对此，瓦尔登写道：

> 如今已经过去了几十年，我们或许并未完全有意识地考虑到，决定这一体系的成就和它的创造者的荣誉的一个重要因素正是运气，伴随着门捷列夫及其周期系的是偶然的幸运。[①]

门捷列夫对这种"解释"特别反感，因为这种说法降低了学者劳动和才能的作用，而正是劳动和才能使他在科学发现中取得成功（见［附76］）。他像摒弃突如其来的"灵感"一样，也摒弃了偶然的"幸运"。

这些议论就像牛顿的苹果和瓦特的壶盖一样，成为历史上的笑话。这种奇谈和笑话企图把科学发现或技术发明描绘成突如其来的、仿佛"突然地""意外地"发生的独幕剧。

门捷列夫在世的时候，对于发现周期律的这种看法就已经很普遍，门捷列夫对此总是激烈反对。奥扎罗芙斯卡娅在她的《门捷列夫回忆录》中引用了一个有代表性的情节。有一次，圣彼得堡小报的一位记者来找门捷列夫谈论化学问题。门捷列夫会见了这位记者，但坚持请求：

> 快些，不过要快些！我们很忙，您要知道，我们正在写信！

记者问门捷列夫对镭的发现的看法，门捷列夫答复的最后几句话是：

> 怎么样，完了吗？还有什么事？只不过要快些。时间啊，时间在飞跑！

接下来的谈话是这样进行的：

> 记者："德米特里·伊万诺维奇，您是怎样想到周期系的？"
> 门捷列夫："噢！先生啊！"

接着发出了哼哼声，摇了摇头，叹了口气并冷笑几声，最后是果断的回答：

> 是啊，要知道，不像您，我的老兄！不是写一小行就有五个戈比！不

---

① 瓦尔登 П И. 科学与生活：第 2 卷［M］. 圣彼得堡：［出版者不详］，1919：80.

像您！我在这上面动脑筋大概有 20 年了，而你们却认为坐着不动突然就五个戈比一行，五个戈比一行，都是现成的了！事情并不是这样啊！①

门捷列夫之所以被记者的问题所激怒，是因为这个问题明显流露出一种思想：似乎门捷列夫创立周期系并不需要任何准备，只是突然地由灵感造成的。这个问题还意味着：发现周期律完全不是长时间、十分繁重的准备工作之后合乎规律的革命或飞跃，而是不受任何制约的意外行动。

门捷列夫在答复记者时强调：他的发现是 20 年间对元素之间关系的思考和对元素相互关系的各个方面深思熟虑的结果。

这一发现正是作为革命性的飞跃开始的，是在比较短的时间里完成了门捷列夫至少进行了 15 年的进化性准备。

应该强调的是，1869 年 2 月 17 日发现周期律绝不是工作的结束，而只是开始。门捷列夫对周期律进行研究并使其深化的工作持续了近 3 年时间，直到 1871 年年末，他才完成了此项工作。不过，它的发展一直到许多年以后还在进行，特别是根据这一发现得出的合乎逻辑的结果，以及由此取得的卓越发现，如惰性气体和放射性元素的发现。

化学中的革命，即发现周期律，极大地促进了化学的进一步发展，促进了物质理论方面经验材料的积累和系统化工作的进一步开展（对门捷列夫和其他承认这一发现的化学家均如此）。

周期律发现和准备的历史成为马克思主义辩证法著名原理的光辉例证，即进化是革命的准备，而革命是进化的完成。

由于遵循这一原理并用于发展人类思维，日丹诺夫把伟大的科学发现同革命进行比较。他摒弃了把一切问题仅仅归结为量变，归结为平稳的进化过程的形而上学观点：

> 马克思主义的产生是哲学的革命，是真正的发现。当然，像一切发现、一切飞跃、渐进过程的中断、向新状态的转化一样，没有预先的量变的积累，这一发现是不可能发生的……[11]258

世界上最伟大的化学家之一——德米特里·伊万诺维奇·门捷列夫在 1869 年 2 月 17 日做出的化学史上最伟大的发现——周期律，就是这样发生的。

---

① 奥扎罗芙斯卡娅. 门捷列夫回忆录 [M]. 莫斯科：[出版者不详]，1929：110.

附　录

附 1　分析门捷列夫发现周期律的手稿的资料

我们发表过研究门捷列夫发现周期律的手稿的文献，供对该问题有兴趣的读者参考[1]：

(1) 作为《关于周期律发现史的新资料》汇编附件发表的论文《关于门捷列夫周期律发现的历史》，莫斯科-列宁格勒，1950 年，第 87～145 页。[6]

(2) 在 1951 年 4 月第二次全苏化学会议上所做的报告《关于门捷列夫发现元素周期系的过程》，编入《祖国化学史资料》，1953 年，第 119～141 页。[10]

(3) 综述性文章《门捷列夫对元素的自然（简略）体系的发展》，作为《门捷列夫科学档案》第一卷的附录刊印，莫斯科，1953 年，第 771～858 页。[8]

本书是所述资料的直接续篇。由于一些新资料的公布，及其与原有资料的比较，原来几篇文章中阐述的想法和推测在此得到了进一步的明确和发展。

第一篇

第 1 章

附 2　当时发生的与发现周期律无关的事件

1869 年 2 月 6 日，即发现周期律之前的第 11 天，在俄国化学学会会议上推选门捷列夫参加解决"学会闲余资金 836 银卢布的妥善处理"问题的理事会。[9]33 在其后两天，即 1869 年 2 月 8 日，也就是发现周期律之前的第 9 天，门捷列夫获得一枚二级安娜勋章。[7]18 但这些事件与发现周期律是否有某种联系，对其过程是否有

---

① 见书后参考文献索引。

哪怕极微小的影响，我们均一无所知。所以我们不探讨这类事件，虽然其时间与发现周期律的日子（1869 年 2 月 17 日）很接近。

附 3　1867—1868 年编制的元素原子量（或当量）表

我们列出门捷列夫在编写《化学原理》初期（1867—1868 年冬）编制的两张元素表。

第一张元素表包括在石印出版的门捷列夫《无机化学讲义》（现保存在列宁格勒大学门捷列夫档案陈列馆）中。这份讲义是在列宁格勒的高级女子讲习班（当时称"别斯图热夫讲习班"）图书馆里发现的，与门捷列夫 1880—1881 年《农业化学讲义》装订在一起。讲义被发现时没有标题页，也没有任何时间标记。但根据若干特征得以确定，这份讲义极有可能是在 1867—1868 年讲授的。此时门捷列夫刚刚开始主持圣彼得堡大学化学教研室的工作，亦即他开始编写《化学原理》之时或稍早。证据之一是这份石印出版的讲义中的元素表（现复制见表 1）。[4-1]382-383 表中没有门捷列夫在 1869 年 2 月 17 日做出发现时修正的相关数据，据此可以推断这份讲义是 1869 年 2 月以前讲授的。但也不能认为其时间会早于 1867 年，因为有些元素的原子量是直到 1867 年才确定的。据此，讲授的时间为 1867—1868 年。这个表我们在下文还要引用几次。

Ag 108	*Cs 133	*Mo 48	Se 79,4
*Al 13,5	Cu 63,4	N 14	Si 28
As 75	*Di 47,5	Na 23	Sn 118
Au 197	*Er　»	Nb 97,8	Sr 87,6
B 10,9	F 19	Ni 58,8	×Ta 103,3
Ba 137	Fe 56	O 16	Te 128
*Be 4,7	H 1	*Os 99,6	Ti 50
Bi 220	Hg 200	Ph 31	*Th 59,6
Br 80	J 127	Pb 207	Tl 204
C 12	*In 37	*Pd 53,3	*Ur 60
*Ca 20	*Ir 99	Pt 187,4	×Va 68,6
*Ce 46	K 39	Rb 85,4	*Wo 92
*Cd 56	*La 46,4	*Rh 52,2	Y　»
Cl 35,5	Li 7,5	*Ru 52,2	Zn 65,2
Co 58,8	Mg 24	S 32	Zr 89,6
Cr 52,8	Mn 55	Sb 124,3	

表 1　元素的原子量（或当量）（63 种元素）

[1867 年年末—1868 年年初（?）。旧原子量清单。"*"表示当量，"×"表示数据有误。Ph 为磷的旧符号。]

第二张元素表大约完成于 1868 年年中，随即被编入《化学原理》第一册（见表 2）。我们在本章正文还要讨论这个表并探讨其编制原则。在此只想指出，该表与表 1 不同，列出的已经不是当量，而是原子量（Ca＝40，Al＝27.4），只是碳，看来由于疏忽，未写成 C＝12 而写成了 C＝6。[3]342

1)	H ＝1	12)	Mg ＝25
2)	O ＝16	13)	Zn ＝65,3
3)	N ＝14	14)	Cu ＝63,5
4)	*C ＝6	15)	Hg ＝200
5)	Cl ＝35,5	16)	Pb ＝207
6)	J ＝127	17)	P ＝31
7)	Na ＝23	18)	Al ＝27,4
8)	K ＝39	19)	Cr ＝52
9)	Ag ＝108	20)	Mn ＝55
10)	S ＝32	21)	Fe ＝56
11)	Ca ＝40	22)	Si ＝28

表 2　常见元素的原子量（22 种元素）

[1868 年年中（？）。"＊"表示碳的当量。]

附 4　《化学原理》早期提纲之一。影印件 I 的解释

影印件 I 所示《化学原理》提纲被编入门捷列夫私人藏书第 1009 卷，该卷包括《化学原理》第一版第一卷。提纲的第 2 页被编在第 401 页，即第一册最后；提纲的第 1 页被编在第 814 页，即第二册最后。

首先把门捷列夫还未对提纲做调整和补充的最初形式再现（在编写过程中修改的一处例外，见表 3）。

```
H   O   N   C
Cl  J   Br  F
Na  K   Cs  Ag
------------------------------------
S   Ca  Sr[Mv]  Ba  Pb  Hg  Cu
Mg
Al  Cr  Mn  Fe  Co  Ni
Ti  Sn  Si  Pt  Zr  Ni  Ta  V
Au  Bi  Bo  Sb  As  P   V
```

表 3　《化学原理》提纲初稿（41 种元素）

[（见影印件 I）1868 年年中（？）。1868 年早期提纲。Nb（"Ni"）和 W（"V"）与 Ta 并列。方括号内为删去的元素，斜体字为调整到新位置的元素。]

在此（下文同）用虚线把《化学原理》第一卷的元素与第二卷拟订的元素分

开。这个提纲最初只有 41 种元素。①

其后，门捷列夫开始在这份原稿上进行修改。很可能又补充了 1 种元素，使提纲中的元素总数达到 42 种。他在 Ba 与 Pb 之间写下 Zn（见表 4）。新补充的元素用粗体字表示，并加上正、反斜括号。

```
1    2    3    4
H    O    N    C
5    6
Cl   J    Br   F
7    8    9
Na   K    Cs   Ag
----------------------------------------------------
10   11        13      16  15  14
S    Ca   Sr   Ba\Zn/  Pb  Hg  Cu
12
Mg
18   19   20   21
Al   Cr   Mn   Fe   Co   Ni

Ti   Sn   Si   Pt   Zr   Ni   Ta   V
          22
                          17
Au   Bi   Bo   Sb   As   P    V
```

表 4　《化学原理》提纲初稿的第一次补充，标出"常见元素"（42 种元素）

[（见影印件Ⅰ）1868 年年中（?）]

这样，《化学原理》的提纲就与表 2 "常见元素的原子量"一致了。表 2 中各元素的序号标注在表 4 中对应元素符号之上，这样可以看得更清楚。由此可见，两表的元素排列顺序总的来说是一致的，差别只有两处。第一，表 4 中 Pb、Hg、Cu 三种金属的顺序与表 2 相反。第二，表 2 中 P 在 Al 前，而表 4 中 P 几乎位于全表之末。看来第二处是因为门捷列夫在二化合价元素行之后先排列了接近于 Fe 族但无 R_2O_5 型氧化物的三化合价元素，接下来的一行是四化合价元素，然后是与 Fe 族极不相似且有 R_2O_5 型氧化物（至少在一定条件下存在）的三化合价元素。就在这最后一类中有 P，它是与 N 最为相似的元素。

在这个提纲的元素序列中，化合价的变化顺序如下（只列出化合价）：

$$1，2，3，4，3（5）$$

① 看来门捷列夫在 Sr 之后先写 Mg，但还没有写完就用 Ba 把 "Mv" 盖上了，而把 Mg 补充在 Ca 之前（S 之下）。门捷列夫有时把 "g" 写得像花体的 "y"，然后再在其上画一个半圆，把已写下的 "y" 的上端连上（见影印件Ⅰ）。这里看来他已写完 "M"，并开始写 "y"，结果写成了有点像 "Mv"。我们在表 3 中用 Mv 表示。因为 Mg 是在草拟提纲时就调整了位置，我们用斜体字表示。以后我们用粗体字表示新补充的元素，用斜体字表示调整到新位置的元素。

（括号内的数字为该序列三化合价元素的成盐氧化物的氧原子数。）

以后，可能已是 1868 年下半年了，门捷列夫又做了调整和补充，结果就是影印件 I 所示的最终形式（见表 5）。

```
H   O   N   C
Cl  J   Br  F
Na  K   Cs  [Ag]
------------------------------------------------
[S]  Ca   Sr   Ba   \Zn/  Pb  |Hg  Cu|  Ag |
Mg
     S    Se   Te
[Al] Cr   Mn   Fe    Co    Ni   Al   Mo      Ur
     Ti   Sn   Si    Pt    Zr   Ni   Ta   Volfr
     Au   Bi   Bo    Sb    As   P    VVan
```

表 5　《化学原理》提纲初稿的调整和补充（46 种元素）

［（见影印件 I）1868 年下半年（？）。1868 年最后提纲。方括号内为删去的元素，斜体字为调整到新位置的元素，粗体字为新补充的元素。对调符号表示原来的排列顺序后来有了改变。Ni 的符号有两处，后一处的 Ni（在 Zr 和 Ta 之间）表示铌。］

门捷列夫对提纲做了哪些调整呢？首先，把 Ag（一化合价元素）从一化合价金属（碱金属）列中移出，与二化合价金属排列在同一行，靠近 Hg 和 Cu。这两种元素的氧化物不仅有 RO 型，还有 R_2O 型。由于这一调整，原来按照化合价排列元素的原则就有一部分被打乱了。

其次，二化合价元素行中的 S 被移出，结果此行只剩下金属元素了。对 S 及其相似物开辟新的一行：S、Se、Te。这几种元素相对于氢为二化合价，相对于氧为四化合价或六化合价。这样，二化合价元素分为两行，一行（Ca 等）相对于氧为二化合价，另一行（S 等）相对于氢为二化合价，而相对于氧为四化合价或六化合价。这样，二化合价元素也像三化合价元素那样分成两行了。

在这个提纲的元素序列中，化合价的变化顺序如下：

$$1，2，2（4、6），3，4，3（5）$$

接着，门捷列夫又把 Mo 列入与 Fe 族相似的金属行中，位于 Al 之后，Al 则从该行行首移到行末。此外，这行还列入了 Ur。这样就又补充了 4 种元素（Se、Te、Mo、Ur）。提纲中的元素总数达到 46 种。

最后，为了区别钨和钒（最初用同一符号 V 表示），门捷列夫把第一个 V 后增添字母 "olfr"；把第二个 V 重写，成为 VV，并补上字母 "an"。接着改变镍和铌的符号，当时都写成了 Ni。这一修改是门捷列夫在《化学原理》最后提纲中才做出的（见影印件Ⅻ）。

附 5　《化学原理》中几种金属元素排列方案的比较。影印件Ⅰa 的解释

影印件Ⅰa 是写有 7 种金属纵列的一张纸，被编入门捷列夫私人藏书第 1009 卷，该卷包括《化学原理》第一版第一卷。这一手迹经辨识应为

Na　K　　[C]　Hg　Cu　Ag　Pb　　[Ca]　Ba

看来门捷列夫本想在 K 之后写 Cu，但刚写下第一个字母 C 就以 Hg 代替了 Cu，而把 Cu 写在 Hg 之后。同样，在 Pb 之后先写下 Ca，后又用 Ba 覆盖了。

上述 7 种金属的手写纵列可能是门捷列夫在 1869 年年初编制的。可能这个是《化学原理》提纲最后方案的一种准备（见表 7 [附 6]）。不管怎样，它表明了门捷列夫把碱金属从第一卷移到第二卷后，一直努力探索怎样解决从碱金属过渡到另外 50 种元素的问题。

《化学原理》第二卷还有一处（第 2 章）可证明这一点。在此列举了在一定程度上与碱金属相似的一些金属，例如，银、钙、铁、铜等。[4]95-96

表 6 比较了《化学原理》第二卷前 3 章和上述手写纵列（见影印件Ⅰa）中金属元素的排列方案，并特别分出了"过渡"金属。这四种方案只有一点是不变的，即由 Na 及其相似元素作为行排列的开头。在 Na、K 等之后，在三种方案中是 Cu（第 1、3 章）或 Hg 和 Cu（手写纵列），而在第 2 章中 Cu 在 Ag、Ca、Fe 之后。Ag 的位置变化也很大，在第 1 章中 Ag 在最后，在 Cu、Pb、Ba、Ca 之后；在第 2 章中 Ag 在 Na 等金属之后；在手写纵列中 Ag 在 Cu 之后，但在 Pb 和 Ba 之前。碱土金属在第 3 章及手写纵列中均在最后，但在前 2 章中碱土金属之后还有 Ag（第 1 章）或 Fe、Cu 等金属（第 2 章）。

《化学原理》第二卷			手写纵列
第 1 章	第 2 章	第 3 章	（见影印件Ⅰa）
按照生成酸式盐和碱式盐的能力	按照化学性质的相似程度	按照化合价	按照化合价
Na K	Na等	Na等	Na K Hg Cu Ag Pb Ba
Cu Pb		Cu等	
	Ag Ca Fe Cu等		
Ba Ca Ag		Mg Ba等	

表 6　几种金属元素排列方案的比较。表明碱金属和碱土金属之间"过渡"金属的位置

以上这一切表明，被门捷列夫归为碱金属和碱土金属之间的"过渡"金属一直没有确定，在他编写《化学原理》的过程中不断变化。属于这一类的金属，或为 Cu 和 Pb（第 1 章），或为 Ag（第 2 章），或为 Cu 等（第 3 章），或为 Hg、Cu、Ag 和 Pb（手写纵列）。

附 6   《化学原理》提纲的比较。影印件 XII 的初步解释

文中述及的 1869 年最后提纲看来是门捷列夫 1869 年年初编制的，很可能是 2 月 17 日前一天或前几天。不久前公布了这个提纲原稿的影印件及其解释[8]202-203，我们把它列入（见影印件 XII）。首先把门捷列夫还未对提纲做调整和补充的最初形式再现（见表 7），在此只列入在编制该提纲时所做的修改。这些修改包括：删去 Ca（第 3 章）、V（第 11 章）和 Co 等（第 15 章）。第 14 章有一个花括号 {Sn、Th?}，因为只有这两种金属，可理解为 Ti 和 Zr 之后的"等"。

{ 第一卷   H,O,N,C.Cl,F,Br,J}
　　第二卷
　　第 1 章   Na.
　　第 2 章   K. Li. Cs. Rb.
　　第 3 章   Mg. [Ca.]
　　第 4 章   *Ca*. Sr. Ba.
　　第 5 章   Zn. Cd. In. ～
　　第 6 章   Cu. Ag.
　　第 7 章   Hg. Pb. Tl.
　　第 8 章   S. SH.   {第 15 章}[Co 等.] Fe. Mn. Cr.
　　第 9 章   SO 等. Se. Te.   Ni. Co. Ur.
　　第 10 章   P. *V*.   Ni. Mo. Ta. W.
　　第 11 章   Sb. As. Bi. [V.]   Pl. R{h}. Ru.
　　第 12 章   B. Al.   Pt.   Ir. Os.
　　第 13 章   Si.   Au.
　　第 14 章   Ti. Zr 等. {Sn. Th?}

表 7   《化学原理》提纲（55＋ {2} ＝57 种元素）

[（见影印件 XII）1869 年年初（?）。1869 年早期提纲。方括号内为删去的元素，斜体字为调整到新位置的元素，花括号内为作者加的注解。SH 和 SO 分别表示硫和氢、硫和氧的化合物。第二处的 Ni（在 Mo 前）表示铌。]

这个提纲总共包括 57 种元素（连同 Sn 和 Th），比 1868 年最后提纲（见表 5[附 4]）多了 11 种元素。这是过去拟订的提纲中最详细的一个。提纲的最终完成形式包括 63 种元素，只差 6 种元素（Be 及 5 种稀土元素）了。

但是，只有在周期律的基础上才可能把 Be 正确地排列进去。所以这个不包括 Be 的提纲只能是在 1869 年 2 月 17 日之前编制的。不过也不会太早，因为此处金

属排列的情况既不同于表 5 [附 4]，也不同于门捷列夫编写《化学原理》第二卷前几章时所考虑的排列方法。特别是 Fe 族，它几乎移到全书最后一章（第 15 章），而在此之前门捷列夫曾打算把它紧接在二化合价元素之后来阐述。

表 8 比较了《化学原理》1868 年早期提纲和最后提纲与 1869 年早期提纲。

1868 年早期提纲 （表 3）	1868 年最后提纲 （表 5）	1869 年早期提纲 （表 7）
Na K Cs Ag S Mg Ca Sr　Ba 　　　　Pb 　　　Hg Cu	Na K Cs Mg Ca　Sr Ba 　　　Zn Pb 　　　*Ag* Hg Cu	Na K Li　Cs Rb Mg Ca Sr Ba Zn Cd In Cu Ag Hg *Pb* Tl
Al Fe 等	*S Se Te* Fe 等　*Al* Mo Ur	S Se Te *P V Sb As Bi* *B Al*
Ti Sn Si Pt Zr 　　　Nb Ta W	Ti Sn Si Pt Zr 　　　Nb Ta W	Si Ti Zr {Sn Th ?} *Fe ～ Ur* Nb *Mo* Ta W 　　*Pt* 等
Au Bi B Sb As P V	Au Bi B Sb As P V	Au

表 8　《化学原理》三个提纲方案的比较

[1868 年年中（?）—1869 年年初（?）。斜体字为调整到新位置
的元素，粗体字为新补充的元素，花括号内为作者加的注释。]

附 7　预计 1869 年 2 月从圣彼得堡出发对干酪制造厂进行考察

根据门捷列夫的信件及笔记资料[5]225-228，他此行考察了三个干酪制造厂，即大农干酪制造厂、格拉索辅斯基干酪制造厂（在别热兹克附近的谢洛夫庄园内）和米哈伊洛辅斯基干酪制造厂（在魏谢冈斯克县境内）。

门捷列夫 1868—1870 年笔记中的记载证实，1868 年 12 月 29—30 日在谢洛夫庄园：

> 我们（维列沙金和我）给奶牛"年卡"挤牛奶……12 月 29 日晨
> 5：30，我们观察给"年卡"挤奶的情况。[5]254,447

后来，门捷列夫在关于干酪制造厂的报告中写道：

> 在 1869 年的圣诞节假日里，我走遍了诺夫格罗德斯基和特威尔斯基

两省内维列沙金的干酪制造厂，并对此做了报告。我对于研究农业中各个分支并不感到无聊。对于劳动组合，我是颇有好感的。[7]58

接着，得出了"关于谢洛夫的奶牛以及一般奶牛业的收入"方面的评价。

看来，1868—1869 年圣诞节假日期间，门捷列夫没有考察完预定的全部干酪制造厂，因此须在短期内再来一次，以便随后在"自经会"的会议上提出对这些干酪制造厂工作的综合性总结，并进行讨论。

关于第二次出差问题是在"自经会"理事会的次年（1869）第一次会议上提出来的，"自经会"秘书霍德涅夫①参加了这次会议。1869 年 1 月 31 日"自经会"理事会记事簿上（第 1 号记录）有以下一段话：

> 8. 报告：会员门捷列夫受理事会委托就维列沙金先生提出的对干酪制造厂 1868 年年末情况报告进行实地考察，拟于 2 月 20 日左右去特威尔斯基省，请协会承担出差费用，预计约 75 卢布。
>
> 决定……门捷列夫先生出差返回后，应向理事会提交费用报销清单，作为本年度预算外费用处理。此事立即通知门捷列夫先生，并把维列沙金提交的报告随同送达。②

为什么门捷列夫把第二次出差延期到 1869 年 2 月中下旬，其原因还不清楚。除日常教学工作外，可能是《化学原理》第一卷第二册的校对工作使门捷列夫耽搁了（第二册序言签署日期是 1869 年 3 月，显然就是在这一时间前后出版的）；另外，他还在编写《化学原理》的第二卷，如前指出，第二卷头几章正是在 1869 年年初编写的。可能门捷列夫不愿把第 3 章的编写工作中断，在 1869 年 1 月底他已经有时间或准备编写这一章了。尽管完成考察干酪制造厂的任务已十分紧迫，他还是给自己留下了 20 天时间。

到了 2 月中旬，使他停留下来的原因已不存在了；可能他这时已校对完第一卷第二册，并送交印刷厂；也可能他这时已写完了第二卷第 3 章的初稿。

---

① 霍德涅夫（1818—1883）的名字在本书中多次出现，因为门捷列夫恰好在发现周期律那一天与这位"自经会"活动家有过书信往来。［关于霍德涅夫生平请看：自然科学和技术史研究所丛刊（第 2 卷），1954：19-45］

② 原件保存在列宁格勒中央历史档案馆，文中提到维列沙金（1839—1907）。

第 2 章

附 8　"自经会"于 1869 年 2 月 17 日发出的关于干酪制造厂之行的通知及霍德涅夫的信

我们假设，1869 年 2 月 17 日早晨门捷列夫收到了"自经会"秘书霍德涅夫发来的通知和信。霍德涅夫想了解门捷列夫是否已由学校准假去干酪制造厂。看来，门捷列夫是 15 日（星期六）才取得准假凭证的，因而来不及告诉"自经会"和霍德涅夫。霍德涅夫发来的通知如下（见影印件 Ⅱa）：

> 尊敬的德米特里·伊万诺维奇先生：
>
> 我很荣幸地通知您，"自经会"理事会已请您考察特威尔斯基省干酪制造厂，并委托我告知您在出差回来以后向理事会提出此行的开支。
>
> 为完成理事会的委托，我有责任奉上维列沙金先生 1868 年底提交的干酪制造厂情况的报告，以及理事会认为您考察时需要解决问题的说明。
>
> 顺致最崇高的敬意。
>
> 霍德涅夫[①]

在这份通知上有霍德涅夫手写的日期 1869 年 2 月 17 日，说明是在门捷列夫发现周期律那一天发出的。

霍德涅夫还以个人名义给门捷列夫写了一封信，它引起人们极大的兴趣。这封信是作为上述通知的附函发出的（见影印件 Ⅱ）：

> 敬爱的德米特里·伊万诺维奇，请费心告诉我是否需要由"自经会"写一封信给大学校长，谈一谈您将考察干酪制造厂一事以及出行期限。
>
> 顺致敬意。
>
> 霍德涅夫
>
> 1869 年 2 月 17 日。[②]

这封信的里页还有一段附言：

> 如有可能，请您在出发前把土壤化学研究等结果交给我，即便是提要亦可，以便编入"自经会"年度总结。这份总结应于 3 月初做出报告。

---

① 原件保存在列宁格勒大学门捷列夫档案陈列馆。
② 原件保存在列宁格勒大学门捷列夫档案陈列馆。

看来霍德涅夫没有把这封信送到邮局，而是作为急件派专人送去的，因为他急于知道门捷列夫何时离开圣彼得堡。不管怎样，门捷列夫是在临近发现周期律时收到这封信的，这可由他在信上所做的记载来证明。下面还将看出，这些记载只能理解为在他当日做另外一些记载之前写下来的。

当然很难推断门捷列夫收到霍德涅夫的信时正在做什么，但有证据表明这封信是在他吃早饭时送到的。他看了信以后，很可能就把它放在桌上，随后又压上一只杯子或一个碗。影印件上可明显看出一双重痕迹，是一个圆形平底物留下的。很难设想他在信上做笔记以后又用它来垫东西，因为他对于与发现有关的东西一贯是极为重视的，甚至对待一些意义远不如周期律那样重大的发现也是如此。

我们还未能搞清楚他是否给霍德涅夫写了回信，但认为应该写了回信，尤其是有专人送来的话。后来的过程可能是这样：他在收到这封信的时候正在考虑《化学原理》这本书，过了一会儿，他把信纸翻过来，在没有字的一面写下有关《化学原理》第二卷的一些内容。在此可引用门捷列夫的密友伊诺斯特朗采夫教授的说法：

> 门捷列夫常常用他收到的来信中没有写字的半张信纸做一些笔记。[6]137

显然，这次也是如此。

附 9 首次按照原子量比较不相似元素族。影印件 Ⅱ 的解释

表 8a 是门捷列夫在霍德涅夫信上所做记载的辨识结果。

$$
\begin{array}{c}
\text{H} \quad \text{Cl} \,—\, 180 \\
\text{K} \\
\hline
\begin{array}{llllll}
\text{Na} & H & \text{Ba} & & & \\
\text{Sr} & \text{Ca} & \text{Ag} & \text{Pb} & \text{Hg} &
\end{array} \\
\hline
\textbf{Zn} \\
\begin{array}{llllll}
\text{Cu} & \text{Mg} & \text{Co} & \text{Ni} & \text{Fe} & \text{Mn} \\
\text{Ti} & \text{Si} & & & &
\end{array}
\end{array}
$$

{Na} 23	{K} 39	{Rb} 85	{Cs} 133
{2 Li?} **14** [7]	{Mg} 24	{Zn} 65	{Cd} 112
9[16]	15	20	21
{Li} 7	{¹/₂Mg} 12	{¹/₂Zn} 32	{¹/₂Cd} 56
{16}	{27}	{53}	{77}

表 8a 在霍德涅夫信上所做的记载。第一次按照原子量比较不相似元素族（19＋4＝23 种）

[1869 年 2 月 17 日。方括号内为删去的数字，斜体字为调整到新位置的元素，粗体字为新补充的元素，花括号内为作者按照原子量补充的内容，问号表示最为可能的辨识结果。]

看来，最开始是在信纸背面的左上角做记载，这也是一般在一张空白纸上开始写字的地方。这里只写了 HCl—180。

很可能，他最初想写下盐酸的分子量，其组成是 HCl·8H$_2$O＝180，在《化学原理》第一卷曾有此说明。[3]684 这个数字不会是旧制的 KCl 比容。[1-2]283 然后他把 K 写在 Cl 之下，从而比较了两个极性对立（卤素和碱金属）而原子量相近的元素：K＝39，Cl＝35.5。

虽然他没有写下 Cl 和 K 的原子量，但是把两个在化学性质上截然不同而原子量却极为接近的元素（Cl 和 K）中的一个写在另一个之下，必然会导出这个结果。很可能此处是从他原来的想法出发，即 H、Cl 和 Na 在化合价上的相似性，而在此把 Na 代以它的相似元素 K。正是由于这一比较，使得他在这张信纸上写出了头 3 种元素。

接着他基本上按照《化学原理》1868 年早期提纲（见影印件 Ⅰ）连续写下了 16 种元素，第一种是 Na，写在 K 之下，其次是 H。现重写如下：

Na　H　　Ba
Sr　Ca　Ag　Pb　Hg
Cu　Mg　Co　Ni　Fe　Mn
Ti　Si

这个写法在金属排列上与《化学原理》1868 年最后提纲（见表 5［附 4］）相似。这两个表都是以 Na 开始的，接着是碱土金属，然后是 Pb、Ag、Hg、Cu，接下来是铁族，最后是 Ti、Si。只有一处不同，1868 年最后提纲把 Mg 写在二化合价金属行中第一种元素之下，故在 Ca、Sr 等之前，而在霍德涅夫信上 Mg 不仅在这几种元素之后，而且还在 Ag、Pb、Hg、Cu 之后。

如果把 1868 年最后提纲按照行连续读下去，即每一行看作前一行的延续，正是这个结果。1868 年最后提纲中 Mg 写在删掉的 S 之下（见影印件 Ⅰ），看起来并不在一行之首（Ca、Sr、Ba 之前），而是在该行之末，在 Pb、Ag、Hg、Cu 之后，正与信上的写法一致。

最后，无论 1868 年最后提纲还是信上，都在二化合价碱土金属行中列入 Zn。1868 年最后提纲中 Zn 在 Ba 与 Pb 之间，而信上则在 Pb、Hg 与 Cu、Mg 之间。这样，Zn 更靠近 Mg 了。

所有这些表明，除了 Cl 和 K 的比较外，这个表与以前的记载（1868 年年中—1869 年年初）相比还没有什么重大改变。至于 Cl 和 K 的比较，也只有当化合价和原子量均相近时，才具有原则上的创新意义。

这种比较是在霍德涅夫信上做出来的（见影印件Ⅱ和表8a）。这里比较了两个金属族，但没写元素符号。一族是钠及其相似物，一族是镁、锌、镉。首先，门捷列夫在 Na 的原子量之下写下数字 7，可能指 Li 的原子量，也可能指 Be 的原子量（取为 14）的一半。因 Be 的当量是 4.7，所以 7 约是 Be 当量的1.5倍。这样，第 1 纵列头两个数字的差数是 16。

接着，门捷列夫用 14 覆盖了 7，当时认为 Be 的原子量是 14；也可能他写的是 Li 的原子量的 2 倍（2Li＝14）。

此处是 Li 的可能性较大，因如前述，门捷列夫曾认为 Li 是 Na 与 Mg 之间的"过渡"元素。这样即得

$$Na \quad 23$$
$$2Li \quad 14 \quad Mg \quad 24$$

此处是 Be 的可能性较小，因门捷列夫从未使用过 1.5 倍当量。此外，如果他把 Be 视为三化合价 Al 的相似物，就会把 Be 列入 Mg、Zn、Cd 族。后来他在发现周期律的过程中正是这样做的。[6]110-111

Na＝23 之下的数字由 7 增大到 14，从而差数由 16 缩小到 9。

门捷列夫求得了两族（Na 族和 Zn 族）的原子量差数后，又写下了第二族的一些当量，位于所得差数之下。由于在计算碱金属的原子量和 Mg、Zn 等元素的当量的差数时没有得到明显的规律性，可能门捷列夫试图弄明白，不同族元素的当量差数是否有更明显的规律性（碱金属的当量等于其原子量）。但只要一计算就可看出，当量差数更没有规律性。实际所得结果如下：

{Na}	23	{K}	39	{Rb}	85	{Cs}	133
{Li?}	7	{½Mg}	12	{½Zn}	32	{½Cd}	56
	{16}		{27}		{53}		{77}

还有一点也很重要。门捷列夫在比较不同族的元素时，把原子量较小的写在原子量较大的之下，这样容易求其差数。结果，元素的排列（自上而下）不是按照原子量递增的顺序，而是按照原子量递减的顺序。

门捷列夫一直按照这样的顺序来写不同族元素的原子量，直到发现了周期律。在创立了这个元素体系后，他才把元素顺序倒了过来，把原子量大者写在原子量小者之下。[6]131

附 10　发现周期律时已知的元素和元素族

1869 年年初，大部分元素已经按照其化学性质的共同特征而分为几个自然族，同时还有几种零散的元素，不属于任何族。

已经固定下来的族归纳如下：

碱金属族：锂（Li）、钠（Na）、钾（K）、铷（Rb）、铯（Cs）。

碱土金属族：钙（Ca）、锶（Sr）、钡（Ba）。

氧族：氧（O）、硫（S）、硒（Se）、碲（Te）。

氮族：氮（N）、磷（P）、砷（As）、锑（Sb）。此外还常把铋（Bi）列入本族，有时还把钒（V）看作氮和砷的不完全相似物。

碳族：碳（C）、硅（Si）、锡（Sn）。把钛（Ti）和锆（Zr）看作硅和锡的不完全相似物。

卤族：氟（F）、氯（Cl）、溴（Br）、碘（J）。

铜族：铜（Cu）、银（Ag）。

锌族：锌（Zn）、镉（Cd）。

铁族：铁（Fe）、钴（Co）、镍（Ni）、锰（Mn）、铬（Cr）。

铂族：铂（Pt）、锇（Os）、铱（Ir）、钯（Pd）、钌（Ru）、铑（Rh）。后三种金属常被单独划成钯族，此外还常把金（Au）列入铂族。

有些元素比较复杂，既可列入这一族，又可列入另一族：

铅（Pb），其氧化物 PbO 与 BaO 相似，但就其他性质来说与锡更相似。

汞（Hg），一种独特的金属，在通常条件下呈液态，但其化合物有两种类型，与铜的对应化合物相似。

镁（Mg），与钙和锌都相似。

金（Au），与铂族和银都相似。

硼（B），一种独特的元素，部分性质与硅相似。

氢（H），与其他元素均不同，原子量最轻，定为 1。在电化学体系中按照电位顺序可把氢看作正电性元素和负电性元素之间的"过渡"元素。

铝（Al）和铁（Fe），合为一族特殊的"土族"，而且把氧化物为 R_2O_3 型的金属也列入。

铊（Tl），其氧化物 Tl_2O 与碱金属氧化物相似，但在别的方面则无共同处。发现铊的方法（利用光谱分析）和铟相似，铷和铯也是如此。

钼（Mo）和钨（W），二者相似，实际上可形成单独一族。

到 1869 年年初，对上述元素都已进行了充分的研究，测定出来的原子量均相当准确（就数量级而言），其误差在一个或几个原子量单位以下。

在当时还发现了一些元素，但对这类元素缺乏研究，测出的原子量与实际值相差较大：

稀土元素：钇（Y）、"铒"（Er）、铈（Ce）、镧（La）和"钕错"（Di）。这些元素通常被分为两个独立族，即铈族（铈、镧和"钕错"）和钇族（钇和"铒"），有时还把一种假设元素铽（Ter）列入钇族，虽然对其是否存在还有疑问。后来发现，所谓"钕错"和"铒"都不是单一的元素，而是几种没有分离的稀土元素的混合物。至于铈，有时还被列入"土族"。

铌（Nb）和钽（Ta），这两种元素组成一个族，原子量一直被认为尚不能确定（只知道当量）。就已知的、还不大清楚的性质来说，这两种元素部分性质与钼和钨相似。

铍（Be），其氧化物形式与氧化铝相同，因而被列入"土族"。

钍（Th），一种独特的元素，有时被认为与钇族金属相似，有时又被认为与铈和锆相似。

铀（U），一种独特的元素，被认为与铁族元素相似，虽然差别很大。

铟（In），一种独特的元素。部分性质与锌相似，作为锌的伴生物。

以上是 1869 年年初人们对于化学元素各个族的认识的一般情况。

附 11　根据原子量比较已被充分研究的元素族的初次尝试。影印件Ⅲ上半部分的初步解释

影印件Ⅲ的原件保存在列宁格勒大学门捷列夫档案陈列馆，被编在门捷列夫私人藏书第 1009 卷第 69 页，以及《门捷列夫全集》第 13 卷第 77 页。[3]77

表 9 是开头几族元素按照原子量排列的顺序。看来一开始写下的是卤族，然后是氧族和氮族。各族中进行比较的元素都靠近了。

F=19	Cl=35,5	Br=80	J=127
O=16	S=36	Se=79	Te=128
N=14	P=31	As=75	Sb=122
{13}	13	12	14
H=1	? 18	Cu 63	Ag=108

表 9　开始编制上半部元素小表。第一次写下原子量差数（15 种元素）

［（见影印件Ⅲ）1869 年 2 月 17 日。花括号内为作者算出的差数 14－1＝13。］

　　必须指出，有两处违背了这个顺序，从卤族过渡到氧族时可看出：

　　(1) S 的原子量比位于其上的 Cl 大 1，但这只是笔误，因 S＝32 而非 36。

　　(2) Te 的原子量也比 J 大 1。

　　如果说门捷列夫在以后纠正了第（1）处笔误，那么第（2）处直到他去世时仍然是周期律的一个小遗憾。

　　写完 N 族后，本应写 C 族，但门捷列夫没有按照已确定的顺序去写，而是"超前"转到了 H。为此，他首次在表中写下了不相似元素的原子量差数。

　　对第一行（氟族）和第三行（氮族），对应的差数是 5（F－N）、4.5(Cl－P)、5（Br－As）、5（J－Sb）。

　　这样，相间两行的原子量平均约减少 5，而且每对元素的差数都一样。以后这个差数当然可能有所变化，例如更大，但可以设想，两族相对应元素的原子量差数仍会是一样的。

　　在 N＝14 之下写下了 H＝1，这时门捷列夫发现，原子量差数是 13。如上述规律成立，即两族相对应元素的原子量差数为常数，则可以认为：假如 H 有相似物，即属于某一自然族，那么这一族中其他元素的原子量应当与 N 族对应元素的原子量相差 13。这就是说，应在此列入原子量约为 18、62 及 109 的三种元素，这三种元素应当是 H 的相似物，至少在某些重要方面与 H 相似。

　　原子量为 18，性质又与 H 相似的元素还不为人们所知。所以，门捷列夫在 H＝1 之后、P＝31 的下方写下"? ＝18"，并在 31 之下写下数字 13，即 31 和 18 之差。接下去是原子量约为 62 和 109，性质与 H 相似的两种元素。

　　这样的元素实际上是存在的，即 Cu＝63 和 Ag＝108。这两种元素的化合价为 1，和 H 相同。门捷列夫曾把这两种元素归为碱金属和碱土金属之间的"过渡"金属，但还不曾把它们与 H 连成一个自然族。这里他第一次这样做，得出了一个自然族：

$$\text{H、? ＝18、Cu 和 Ag}$$

后来他把 Hg 也列入这一族。

　　门捷列夫用实验的方法求出了两族相对应元素的原子量差数，采用的是纯粹归纳法。由此他得出 F 和 N 两行元素的原子量差数为常数。可以设想，虽然是这两行元素的特殊情况，但可引申出一个大胆的结论：任何两族相对应元素的原子量差数均为常数或几乎为常数。

　　当然，这个结论初看似乎过于草率，不一定总与实际相符。但在当时的情况下，在发现周期律的最初阶段，这个以推测或假设形式出现的结论无疑对门捷列夫的创造性思维起到了推动作用。

这一假设性的结论既已出现，就需要进一步予以验证。这里门捷列夫采用的已不是归纳法，而是演绎法了。他求出原子量差数 N－H＝13，就以此作为统一的准则，看它对于 N 族除 N 以外的元素是否适用。

整个思路可表示如下：

N 族元素的原子量	N＝14	P＝31	As＝75	Sb＝122
N 和 H 的原子量差数（取常数）	—13	—13	—13	—13
H 族预期元素的原子量	H＝1	？＝18	？＝62	？＝109
已知的性质相似的元素	H＝1	—	Cu＝63	Ag＝108

把最终结果重写一遍，并用实际原子量差数取代理论值（＝13），就得出了门捷列夫所拟定的表（见表 9 及影印件Ⅲ）：

N 族元素的原子量	N＝14	P＝31	As＝75	Sb＝122
实际原子量差数	{13}	13	12	14
H 族元素的原子量	H＝1	？ 18	Cu 63	Ag＝108

在此我们和表 9 一样补充了门捷列夫漏掉的 N 和 H 的原子量差数，并用花括号括出。

（顺便指出，影印件在 P＝31 及？＝18 之间有数字 13，在 As＝75 及 Cu＝63 之间有数字 12，说明门捷列夫写下这些数字时，N 行和 H 行之间还是空的，以后才在这里写下 C 族。）

关于在 H 和 Cu 之间假设的原子量为 18 的元素，门捷列夫后来曾三次把它写入 P 列，第一次是在上半部元素小表中，第二次是在下半部元素小表中，第三次是在最后整理此项发现、编制《元素体系的尝试》时。第一次他只是在 H 和 Cu 间画一短画线，第二次打上问号，第三次写下"？＝22"。[6]134-135

还应指出，门捷列夫最初编制的表有四个纵列，即他认为可比较的族各有四种元素。这是他在霍德涅夫信上所做记载的延续，他在那里就是把四种碱金属同四种"过渡"金属比较。因为当时每族被认为有四种元素，所以 H 只能排列在第一纵列，即在 F、O、N 之下。后来他曾三次把 H 排列在这一列，第一次是在上半部元素小表中，第二次是在下半部元素小表中，第三次是在编制完整元素草

表时。[6]111-112

表 10 是上半部元素小表的进一步扩充（见影印件Ⅲ）。首先，在 N 行与 H—Cu 行之间列入 C 族，紧接于 N 族之下。此时在 P＝31 和 Si＝28 之间已有数字 13，在 As＝75 和 Zr＝89 之间已有数字 12，在 Sn＝118 旁已有数字 14。

$$
\begin{array}{llll}
\text{F}=19 & \text{Cl}=35,5 & \text{Br}=80 & \text{J}=127 \\
\text{O}=16 & \text{S}=36 & \text{Se}=79 & \text{Te}=128 \\
\text{N}=14 & \text{P}=31 & \text{As}=75 & \text{Sb}=122 \\
& 13 & 12 & \\
\mathbf{C}=\mathbf{12} & \text{Si}=28 & \mathbf{Zr}=\mathbf{89} & \text{Sn}=118 \quad 14 \\
& & & \\
\text{H}=1 & ? \quad 18 & \text{Cu } 63 & \text{Ag}=108 \\
& \text{Mg}=24 & \text{Zn}=65 & \text{Cd}=112 \\
\mathbf{Li}=\mathbf{7} & \text{Na}=23 & \text{K}=39 & \text{Rb}=85 \\
& 1 & 27 & 27
\end{array}
$$

表 10　继续编制上半部元素小表。第二次写下原子量差数（26 种元素）

［（见影印件Ⅲ）粗体字为新补充的内容。］

C 族各元素（除 Zr 外）的原子量分别与上行 N 族相对应元素的原子量接近。至于 Zr＝89，它的原子量不仅不比上方的 As＝75 小，而且要大 14。这一事实说明，把 Zr 排列在 C 族这个位置是不正常的。不过，把 Zr 列入 C 族还是正确的。

实际上，门捷列夫在此第一次认识到，元素自然族可以有四种以上元素，元素表可多于四个纵列。因此 Zr 可不排列在 Br、Se、As 纵列，而排列在 Br、Se、As 纵列与 J、Te、Sn 纵列之间。把 Zr 排列到这里的根据是其原子量。由于把 Zr 排列在两个基本纵列之间，又需保持在 C 行内，自然就要在元素表中形成一个新纵列。于是这个表除了原来的四个基本纵列外，又增加一个中间纵列。

关于 Na 族和 Mg 族在表内的位置，首先应当指出，未列入 Cs＝133 的原因显然是它应形成新的第 5 纵列，位于原来的四个基本纵列之外。

Li、Na 族紧接在 Mg、Zn、Cd 族之后，这一点很有意义，它证明了表 10 和早些时候在霍德涅夫信上所做的记载之间的继承性。

在霍德涅夫的信上这两族是这样比较的：在上行写下 Na 族各元素，这些元素被认为原子量较大；在下行写下 Mg 族各元素，这些元素被认为原子量较小。所以在 Na＝23 之下写下锂的双倍原子量 2Li＝14，在 K＝39 之下写下Mg＝24，等等。

结果，原子量差数被拉大了，即成为 9、15、20 和 21，而且没有规律性。

现在门捷列夫把这两族的位置颠倒过来，先写下 Mg、Zn、Cd 族，即认识到这些元素的原子量较大，而在其下写下碱金属族，即认为这些元素的原子量较小。结果在霍德涅夫信上 Na＝23 本来在？＝14 之上，现在则在 Mg＝24 之下，其原子量差数是 Mg－Na＝1。

接着把 K＝39 写在 Zn＝65 之下，把 Rb＝85 写在 Cd＝112 之下。但这样一来更没有衔接性了，原子量差数变得很大，虽然这两对元素的原子量差数几乎一样：

$$Zn-K=26（门捷列夫写成 27）$$

$$Cd-Rb=27$$

如果不取整数而取更精确的原子量，则

$$Zn-K=26.2$$

$$Cd-Rb=26.6$$

对应的原子量差数写在表的末行，即 1、27、27。这一事实表明，由于这种情况的存在，在 Mg、Zn、Cd 行和 Na、K、Rb 行之间还有一些元素没有被列入。这些元素是以后才被列入的（见影印件Ⅲ）。

附 12　第一张不完整元素小表。影印件Ⅲ上半部分的最终解释

表 11 是门捷列夫对上半部元素小表所做的最后调整和补充（见影印件Ⅲ），共包括以下几处：

（1）H—Cu 族向下移动两行。

（2）在空出的位置写下 Be。

（3）把碱土金属族列入。

（4）把 Hg 列入。

在移动 H—Cu 族时发现，在 H 和 Cu 之间的假设元素不会是原来所估计的 ？＝18，而应在 Mg＝24 和 Na＝23 之间。所以门捷列夫在此只画了短画线，没有计算出预期的原子量。显然，原来紧靠在一起的 Mg＝24 和 Na＝23 应当拉开一些，以便在二者之间列入某一未知的 H、Cu、Ag 的相似物。他在 H 和 Cu 之间画的短画线就是表示应当把 Mg 和 Na "拉开"。

		Ca=40	[Ba]	Sr=87	Ba=**137**
	F=19	Cl=35,5		Br=80	J=127
	O=16	S=36		Se=79	Te=128
	N=14	P=31		As=75	Sb=122
		13		12	
	C=12	Si=28		Zr=89	Sn=118 14
	H=1 Be?	? 18		Cu 63	Ag=108
		Mg=24		Zn=65	Cd=112
Hg 200	*H=1*			*Cu=63*	*Ag=108*
	Li=7	Na=23		K=39	Rb= 85
		1		27	27

表 11 上半部元素小表的完成形式。元素族第一次移行，
指出第 5 基本纵列和第 1 中间纵列（31 种元素）

［（见影印件Ⅲ）上半部元素小表。方括号内为删去的元素，斜体字为调整到
新位置的内容，粗体字为新补充的内容，折线表示 Hg 转到 Ag 之后的位置
（影印件中为弧线）。］

这样一来，Cu=63 非常适当地排列在 Zn=65 之下了，相应地 Ag=108 排列
在 Cd=112 之下。很清楚，这几个金属彼此相当，即 Cu 对 Zn，Ag 对 Cd。至于
Hg，门捷列夫把 Hg=200 写在表的左侧，与 H、Cu、Ag 在同一行，后来又画了
一个移动符号，即用一长弧线表示 Hg=200 应当转到表的右边，但还是在这一行，
即在 Ag=108 之后。

由于这个表的原件被裁去纸边（门捷列夫装订《化学原理》第一版第一卷时把
这页粘入），Hg 的整个"H"和左半个"g"被裁掉了，长弧线也有一部分被裁
掉了。

门捷列夫在最后时刻把 Hg 列入表中，从而形成了元素表中新的第 5 基本
纵列。

（附带指出，表 11 中调整 Hg 的位置的弧线显然是在写完上方日期以后才画上
的。否则这条弧线就会低一些，而在 Ca=40 的上方通过。由此可以确定，日期
1869 年 2 月 17 日正是在他开始编制上半部元素小表时就写下来的。）

表 12 是一张综合表，归纳了门捷列夫编制第一张不完整元素小表（见影印件
Ⅲ上半部分）的工作，这是编制完整元素草表的一个特定阶段。换言之，从发现周
期律的整个过程来看，表 12 是门捷列夫工作的一个初步总结。

表 12 的长方形框内为元素体系中心部分，共有七行（或七个族）。在中心部分
之外暂时只有两族，却是极为重要的两族，即碱金属族（下方）和碱土金属族（上

方）。它们在体系中心部分之外，是因为这时尚未处于最终位置，即没有按照原子量递增的顺序来排列。

	Ca	Sr	Ba	
F	Cl	Br	J	
O	S	Se	Te	
N	P	As	Sb	
C	Si	Zr	Sn	
Be?				
	Mg	Zn	Cd	
H	—	Cu	Ag	Hg
Li	Na	K	Rb	

表 12　对上半部元素小表的分析。5 个基本纵列和 1 个中间纵列形成元素体系中心部分的初期（31 种元素）

［（见影印件Ⅲ）长方形框内为元素体系中心部分。小号字是尚未处于最终位置的元素。］

如果把 Na 族排列在 Ca 族和 Cl 族之间，那么这两个金属族也就可被列入未来的元素体系中心部分（表 12 中长方形框内）了。这就是说，上半部元素小表中的几乎所有元素（除 H、Li、Zr、Hg 外）均为未来的长式周期表中心部分的元素。

表 12 中这类元素的数目是 31－4＝27 种。

表 12 中用大号字排印的元素的位置一直到发现周期律时都没有改变过。这类元素有 21 种。这类元素后来被归为 27 种"无疑的"元素，在最终排列时它们立即处于最终位置。[6]102-103

在上半部元素小表中尚未处于最终位置的元素在表 12 中用小号字排印。这类元素有 10 种。虽然这个表中列入的元素已占总数的一半左右，但只有1/3（21 种）处于最终位置，其他 10 种元素还有待进一步调整和确定。门捷列夫在编制下半部元素小表时做了这一工作。所以再重复说一次，虽然上半部元素小表已包括 31 种元素，但还不能认为事已过半。实际上这不过只是个开头罢了。

附 13　第一张不完整元素小表的扩充，开始编制下半部元素小表。影印件Ⅲ下半部分的初步解释

我们现在开始解释影印件Ⅲ下半部分。

表 13 是编制下半部元素小表最初阶段的情况。看来门捷列夫最初只写下了元

素符号，而没有写原子量。可以证明这一点的是，元素符号写得很规整，而原子量写得很凌乱。

$$
\begin{array}{ccccc}
 & Ca & & Sr & Ba \\
Na & K & [8]Rb & & Cs \\
F & Cl & & Br & J \\
O & S & & Se & Te \\
N & P & & As & Sb \\
C & Si & & & Sn \\
Li & & & &
\end{array}
$$

表 13　开始编制下半部元素小表。碱金属处于最终位置（23 种元素）

［（见影印件Ⅲ）1869 年 2 月 17 日。方括号内为删去的数字，斜体字为移到新位置的元素，粗体字为新补充的元素（与上半部元素小表相比）。］

门捷列夫在写到第二行的 Rb 时，先写下数字 8，显然是忘了他写的不是原子量而是元素符号，于是用字母 R 覆盖了数字 8。

由于碱金属移到了表的上方，因而可以在该族中补充列入 Cs，而上半部元素小表中是没有 Cs 的。但是 Li 却重新与 Na 族分开，留在表的下方，在 C 之下。

现在门捷列夫没有像上半部元素小表那样把 H＝1 排列在 C＝12 和 Li＝7 之间。看来这一次他决心更严格地遵循按照原子量排列各族元素的原则。显然由于这一原因，表 13 中 Si 和 Sn 之间的 Zr 也被取消了。

表 13 有四个基本纵列，和上半部元素小表原来的四列一样。如果仍想把 Li 与其他碱金属排列在一起，就得在 Na、F、O、N 纵列之前再形成一个新的纵列。当时他还没有做到这一点，但已接近这一步。

表 14 表示下半部元素小表中写下原子量的顺序[①]。可以设想，开始时先写下第 1 纵列从 Na 到 Li 的原子量：

$$23 \quad 19 \quad 16 \quad 14 \quad 12 \quad 7$$

这些数字都是以相同方式写下的，均在元素符号之左（除 Na 旁的数字 23 外），与之并列。只有 Na 旁的数字 23 写得比元素符号低一些。所有数字大小相同（既不大也不小）。

---

① 影印件Ⅲ中的数字均指原子量。

	Ca	87 Sr	Ba 137
	40	85	
23 Na	K	Rb	Cs 133
	39		
19 F	Cl	Br	J 127
	35	80	
16 O	S	Se	Te 128
	32	79	
14 N	P	As	Sb=122
	31	75	
12 C	Si		Sn=118
	28		
7 Li			

表 14　下半部元素小表中元素符号旁写下原子量（23 种元素）
〔（见影印件Ⅲ）小号字是影印件中用较小字写下的数字。〕

接着，写下第 2 纵列从 Ca 到 Si 的原子量，则完全是另一种形式：

40　39　35　32　31　28

这些数字都写在元素符号的左下方，就像符号的下角标，而 Si 的原子量的第二个数字 8 有一部分写在字母 S 之下。这里所有数字大小也相同，但比第一列数字小，正如下角标一样。

第 3 纵列从 Sr 到 As 的原子量写法有些凌乱：

87　85　80　79　75

除 Rb 的 85 外其他数字都写在元素符号的左侧。对于 Rb，则在右上角（标明指数的地方）写上 85。Sr 的左侧写了 87，字号较大，几乎与元素符号处于同一行。再往下几个数字用小号字写在左下角，而且愈来愈靠近元素符号：Se 的原子量的第二个数字 9 在字母 S 之下；而 As 不仅第二个数字 5，连第一个数字 7 的一部分也写在字母 A 之下了。

最后一纵列从 Ba 到 Sn 的原子量写法又是一种形式：

137　133　127　128　122　118

这些数字全用大号字写在元素符号的右侧，与元素符号平行，这个写法和上半部元素小表一样。前三个数字紧靠元素符号，第四个（128）与符号 Te 稍隔开一些，最后两个数字则用等号与元素符号相连。

附 14　下半部元素小表的进一步扩充，发现编制完整的元素体系时列表法的不妥之处。影印件Ⅲ的最终解释

表 15 是下半部元素小表（见影印件Ⅲ）的进一步调整和补充。这是指两个金

属族：Mg 族和 Cu 族（门捷列夫已把 H 列入 Cu 族）。这两族的写法与上半部元素小表不同（比较表 15 和表 11［附 12］）。门捷列夫试图把 Mg 列入碱土金属，排列在 Ca 之前、Na 之上。但这样一来就会把新建立的 Mg、Zn、Cd 族破坏了。所以门捷列夫把 Mg 排列在 Ca 之前，打上问号。

Al! 27	Fe 56	Ce 92	
[Mg ?]	Ca 40	87 Sr 85	Ba 137
23 Na	K 39	Rb	Cs 133
19 F	Cl 35	Br 80	J 127
16 O	S 32	Se 79	Te 128
14 N	P 31	As 75	Sb=122
12 C	Si 28		Sn=118
7 Li	Mg 24	Zn 65	Cd 112
H	?	Cu 63	Ag 108

表 15　下半部元素小表的补充（32 种元素）

［（见影印件Ⅲ）方括号内为删去的内容，斜体字为调整到新位置的内容，粗体字为新补充的内容（与上半部元素小表相比）。］

门捷列夫在列入 Mg 以前，很可能在 Na 的上方已列入 Al，正如他当天晚些时候所做的那样。[6]107这样，原子量为 24 的 Mg 恰好排列在 Al 和 Na 之间，彼此紧密衔接。

看来门捷列夫不想破坏新建立的 Mg、Zn、Cd 族，所以他把 Mg? 又从 Ca 前的位置勾掉了（表 15 中 Mg? 加了方括号）。

这样就产生了一个问题：Mg、Zn、Cd 族究竟应当排列到何处呢？显然，可以按照上半部元素小表的位置处理，即排列到 C 族以下第二行。当天晚些时候，门捷列夫就这样做了。[6]103

但是这一行的第一个位置（元素表第 1 纵列）已经有了 Li，它已重新和碱金属其他元素分开。所以门捷列夫试图再把 Li 和 Mg、Zn、Cd 排列在一族，正如他在霍德涅夫信上所做的记载那样。这样，在 Li、Mg、Zn、Cd 族之下可以很容易列入 H—Cu 族，与上半部元素小表一样，但有一点不同，原来 Li＝7 排列在 H＝1 之下是不适当的，而现在则很自然地排列在 H 之上。

在把 H—Cu 族列入下半部元素小表时，最初 Cu 在 Zn 的右下方，离 Zn 较远；

Ag 在 Cd 的右下方，离 Cd 也较远。门捷列夫用移动符号把 Cu＝63 移近 Zn＝65，把 Ag＝108 移近 Cd＝112（见影印件Ⅲ）。

在 H 和 Cu 之间、Mg 之下有一个问号，相当于上半部元素小表中同族同处的短画线。

H—Cu 族和 Mg 族元素符号及原子量在下半部元素小表中的写法表明，这些元素是沿横行而不是沿竖列写下来的，而且原子量也是同时写下来的，不是先写符号再写原子量的。

到这个阶段下半部元素小表仍然只有四个纵列。进行比较的元素族从原来的 6 个（编制元素小表初期）增加到了 9 个，元素由 23 种增加到 32 种。

这样，下半部元素小表中已列入全部元素的一半（比上半部元素小表多 1 种）。上半部元素小表的 31 种元素只有 21 种处于最终位置，而下半部元素小表中处于最终位置的元素数（即与《元素体系的尝试》一致）已达 28 种（除 Al、Fe、H、Li 外）。这时的下半部元素小表形式见表 15。

表 16 表示下半部元素小表中进一步补充新元素来扩充元素体系。可以设想，扩充首先是通过形成新的第 5 基本纵列来进行的，正如在上半部元素小表中把 Hg ＝200 列入 H—Cu 族那样。

Al 27	Fe 56			Ce 92		
	Ca			87 Sr	Ba 137	
		40			85	
23 Na	K			Rb	Cs 133	
19 F	39 Cl			Br	J 127	
	35			80		
16 O	S			Se	Te 128	
	32			79		
14 N	P	**V**		As	Sb＝122	**Bi 210**
	31	51		75		
12 C	Si	**Ti**			Sn＝118	Pt
	28	50				
	B					**Au Mo**
7 Li	Mg	**In**		Zn	Cd 112	
	24	36		65		
H	?			Cu 63	Ag 108	*Hg*

表 16　下半部元素小表的进一步补充。形成第 5 基本纵列和第 1 中间纵列（41 种元素）

［（见影印件Ⅲ）斜体字为移到新位置的元素，粗体字为新补充的内容（与上半部元素小表相比）。］

然后，在 Fe、Ca 纵列和 Ce、Sr 纵列之间形成一个中间纵列，使体系得到扩充。

最后，又在 C 族和 Mg 族（包括 Li）之间建立一个新族（行），使体系又一次得到扩充。

要再现补充新元素的顺序是相当困难的。我们假设先从第 5 基本纵列开始。无疑，这一纵列是在把原子量写在元素符号右侧以后才形成的（见表 14 ［附 13]），否则 Bi 将比影印件 Ⅲ 中的位置更为靠近 Sb。换言之，Bi 和 Sb 的距离将与 N 和 P，P 和 As，As 和 Sb 的距离一样，而实际上前者的距离要大。

这是因为先在 Sb 旁写下大号字的"＝122"，而后才把 Bi 210 列入。在 Bi 之下与 C、Si、Sn 同行的 Pt 也如此。

应当指出，在《化学原理》1868 年早期提纲（见表 3 ［附 4] 和影印件 Ⅰ）中，Bi 与 P、As、Sb 列入一族（还有其他几种三化合价金属），而 Pt 与 Si、Sn 列入一族（还有其他几种四化合价元素或假设为四化合价的元素）。后来，在《化学原理》第二卷的提纲（见表 7 ［附 5]）中，Bi 仍与 P、As、Sb 同族，而 Pt 则与 Si、Sn 族分开了。

门捷列夫在 Pt 之下写下了 Au 和 Mo，这两种元素在 1868 年最后提纲中是在三化合价元素序列中的（见表 5 ［附 4]）。很可能他在把 Au 和 Mo 列入第 5 纵列的同时，又把 B 列入该行第 1 纵列。B 的原子量是 11，恰好满足了排列在 C＝12 和 Li＝7 之间的条件。

但是对于 B、Au 和 Mo，都和 Pt 一样，没有指出它们的原子量。Mo 的当量是 48（见表 1 ［附 3]），这表明 Mo 不可能排列在 Au 的后边，因 Au 的原子量是 197（见表 1 ［附 3]）。这就是说，把 Mo 排列在这里是假设的、暂时的，可能只是为了说明应当把 Mo 列入刚刚建立的 B—Au 族而已。

接着，就在那一天，门捷列夫再次考虑把 Pt（连同其相似物）列入 C、Si、Sn 族，排列在 Bi＝210 之下[6]117，而把 Au 排列在 B 及其相似物的一行[6]113。至于 Mo，门捷列夫再也没有把它与 B 和 Au 列入同一族。

最后，在 Au 之下隔一行写下了 Hg，与 H 和 Cu 在一行，这与上半部元素小表一样。Hg 很可能比第 5 纵列其他元素更早就写在这里了，甚至 Hg 有可能是与整个 H、Cu、Ag 族一起写下来的，因为在 Hg 旁边和 Cu＝63 及 Ag＝108 旁边有着严重磨损的、已被裁去的朝向左边的迁移标记。如果是这样，则第 5 纵列的形成可能是从下面开始的，而不是从上面开始的。无论如何，这一纵列集中了最重的元素，原子量在 200 左右（除 Mo 外）。

　　表 17 是下半部元素小表编制的最终阶段（见影印件Ⅲ）。此时门捷列夫列入了 Be，把它排列在其他元素之左，作为一个新纵列的第一种元素。然后，在 Be 之下，把 Li 列入碱金属序列，并在其下写下 3?，表示一种假设的卤素。门捷列夫把这两族用花括号括出（碱金属和卤素），7Li 和 3? 写在花括号之右。在装订成册时，门捷列夫把写有两个小表的这张纸也粘于其中，从而把花括号切掉了一部分。可能他还在花括号旁写了什么内容，因为切下的纸条是相当宽的。

```
   Be           Al 27      Fe 56              Ce 92
                       40 Ca        87 Sr   Ba 137
                                        85
 ⌠ 7 Li    23 Na        K            Rb    Cs 133
 ⌡ 3 ?     19 F         Cl           Br    J 127
                  39
                        35           80
           16 O         S            Se    Te 128
                  32           79
           14 N         P   V        As    Sb=122 Bi 210
                  31        51    75
           12 C         Si  Ti              Sn=118 Pt
                  28         50
            B                               Au Mo
       ? [7 Li]  Mg In       Zn      Cd 112
                  24 36      65
            H       ?        Cu 63  Ag 108 Hg
```

表 17　下半部元素小表的完成形式。形成"轻"金属纵列（42 种元素）

［（见影印件Ⅲ）下半部元素小表。方括号内为删去的内容，斜体字为移到新位置的内容，粗体字为新补充的内容（与上半部元素小表相比）。］

　　表 18 是门捷列夫编制下半部元素小表（见影印件Ⅲ）工作的总结。表 18 和表 12 一样，是门捷列夫在发现周期律的特定阶段工作结果的分析。我们看到，门捷列夫比编制上半部元素小表（与表 12［附 12］相比）时大大扩充了元素体系中心部分（在表 18 中用长方形框表示）。与上半部元素小表相比，下半部元素小表中新补充的元素有 12 种，调整到新位置的元素有 8 种。

　　有 28 种元素处于体系中心部分的最终位置，有 4 种元素是暂时排列在那里的，后来又被移出体系中心部分。表 18 和表 12 一样，把尚未处于最终位置的元素用小号字表示，这样的元素有 9 种。

```
 Be      Al  Fe      Ce

             Ca       Sr  Ba
 Li      Na  K        Rb  Cs
 ?       F   Cl       Br  J
         O   S        Se  Te
         N   P   V    As  Sb
         C   Si  Ti       Sn       Bi
         B                         Pt
         ?   Mg  In   Zn  Cd       Au Mo
         H   ?        Cu  Ag       Hg
```

表 18　对下半部元素小表的分析。包括 6 个基本纵列和 1 个中间纵列（42 种元素）
〔（见影印件Ⅲ）长方形框内为体系中心部分，斜体字为调整到新位置
的元素，粗体字为新补充的元素（与上半部元素小表相比）。〕

附 15　发现周期律第一阶段的总结。影印件Ⅱ和Ⅲ的分析

现在我们比较一下这三个文件，即在霍德涅夫信上所做的记载（见影印件Ⅱ）
和两个不完整元素小表（见影印件Ⅲ）。

表 19 表示元素周期系逐步形成的过程，从门捷列夫在霍德涅夫信上所做的记
载开始，到完成下半部元素小表为止。

项目	在霍德涅夫信上所做的记载	上半部元素小表			下半部元素小表			
	表 8a	表 9	表 10	表 11	表 13	表 15	表 16	表 17
元素族数	2	4	7	8	6	9	10	10
其中位于未来短周期中的族数	2	3	5	6	6	6	7	7
纵列数								
基本纵列数	4	4	4	5	4	4	5	6
中间纵列数	—	—	—	(1)	—	—	1	1
元素数	8	15	26	31	23	32	41	42
处于最终位置的元素数	—	12	18	21	22	28	32	32
后经调整位置的元素数	8	3	8	10	1	4	9	10

表 19　编制两个不完整元素小表过程的分析和比较。列入表中的元素族数、纵列数、元素数的增加情况
（括号内是尚未形成的中间纵列。）

分析和比较从三个方面进行：

（1）元素族数。

（2）基本纵列（周期）数和中间纵列数。

（3）元素数。分为处于最终位置的元素数和后经调整位置的元素数。最终位置指《元素体系的尝试》（门捷列夫在 1869 年 2 月 17 日送交印刷厂排印）中元素排列的位置。

由表 19 可见，元素族数从 2 个（在霍德涅夫信上所做的记载）分别增加到 8 个（上半部元素小表）和 10 个（下半部元素小表）。

在形成元素周期系的各个阶段，门捷列夫一直遵循一个原则，即按照原子量进行比较。上半部元素小表曾比较 8 个族，而下半部元素小表一开始只有 6 个族，这是因为最初并没有把上半部元素小表中所有族都写入下半部元素小表，只写了一部分。这时他的注意力在碱金属和碱土金属两族排列的正确性上，在上半部元素小表中这两族的排列是不对的。

下半部元素小表的 10 个族已经包括了全部 7 个基本族，后来形成元素周期系的短周期，即 Li—Na 族、Mg 族、B 族、C 族、N 族、O 族、F—Cl 族。这 7 个族的顺序也和后来的周期系一样。

所以在下半部元素小表中短周期的初步轮廓已经确定下来了。

这 7 个基本族在上半部元素小表中还只有 6 个，而且只有 4 个族的顺序与周期系一致。从上半部元素小表过渡到下半部元素小表，正好是从如何正确排列 6 个基本族开始的。在上半部元素小表中，它们没有按照自然顺序排列，即没有按照原子量排列。

在这三种情况（在霍德涅夫信上所做的记载和两个元素小表）中开始的基本纵列数都是 4 个，包括未来的两个短周期和前两个长周期（只是没有"过渡"元素）。

所以门捷列夫在霍德涅夫信上所做的记载已经产生了未来周期系中 4 个周期的雏形。以后又由于越来越多的新族列入而不断扩大。最后，两个短周期已完全形成，而两个长周期则只有两端已充实完整。这个元素周期系基本思想的形成过程在下半部元素小表中已达到了顶点。

接着，在上半部元素小表中又产生了一个长周期，它包括最重的元素。但这个周期不像前几个周期那样从一端开始，而是从中间部分开始的，在此列入了 Hg。

在下半部元素小表中，第 5 纵列（周期）已经有 4 种元素（除 Mo 外），其中 1 种（Bi）处于长周期的末端，另外 3 种（Pt、Au、Hg）则处于长周期的中部。

这样，在下半部元素小表中已经形成了三个长周期。另外还分出一个周期，最初把 Li 和 Be 列入这个周期，以后又列入 Li 和 H，而往后一些时候，在形成短周期元素表时，这一列只保留了 H。

　　至于中间纵列，在上半部元素小表中实际上还不存在，因为把 Be? 排列在第
1、2 纵列之间是不对的。在下半部元素小表中，确定了第 1 中间纵列，并列入未
来第一长周期的"过渡"元素（V、Ti）。当时只发展到这一步。长周期的另外一
些"过渡"元素（未来第一长周期的 Fe、Cu、Zn，未来第二长周期的 Ag 和 Cd）
都排列在基本纵列。

　　最后应该指出，表中的元素数在周期系形成过程中一直是在不断增加的，最初
是 8 种（在霍德涅夫信上所做的记载），然后是 31 种（上半部元素小表），最后是
42 种（下半部元素小表）。

　　这里需要特别提到的是，处于最终位置的元素所占比例一直在增加：最初为
0；在上半部元素小表中有 21 种，占总数的 2/3 以上；在下半部元素小表中有 32
种，占总数的 3/4 以上。相应地，在这两个元素小表中位置还不确定的元素所占的
比例愈来愈小。

　　处于最终位置和尚未处于最终位置的元素数目的比例，不仅可以看作元素体系
形成过程中数量上扩大的标志，而且可以看作质量方面的特征，即更接近于其最终
形式——《元素体系的尝试》。虽然这个比例有所改进（上半部元素小表中约为
2∶1，下半部元素小表中约为 3∶1），但尚未处于最终位置的元素就其绝对数目来
说上半部元素小表和下半部元素小表中是一样的，都是 10 种。

　　表 20 是元素周期系形成过程的三个阶段（在霍德涅夫信上所做的记载和两个
元素小表）中体系中心部分的分析和比较。

项目	在霍德涅夫信上所做的记载	上半部元素小表			下半部元素小表			
	表 8a	表 9	表 10	表 11	表 13	表 15	表 16	表 17
元素数	7	14	23	27	22	28	29	30
处于最终位置的元素数	—	12	18	20	22	27	28	28
后经调整位置的元素数	7	2	5	7	—	1	1	2
需从体系中心部分移出的元素数	1	1	2	2	1	5	5	4
需移入体系中心部分的元素数	24	17	8	4	9	3	2	1

表 20　编制两个不完整元素小表时体系中心部分形成过程的分析和比较

　　在最终形式（《元素体系的尝试》）中，体系中心部分列入了 31 种元素。

　　在霍德涅夫信上所做的记载中，体系中心部分只列入 7 种元素（除 Li 外），而
且排列都是不正确的。

　　在上半部元素小表中，体系中心部分已增至 27 种元素，其中 20 种元素已处于
最终位置，7 种元素（Na、K、Rb、Ca、Sr、Ba、Be）需要调整位置。离最终形

式的体系中心部分只差 4 种元素（B、Al、Ur、Cs）。

在下半部元素小表中，体系中心部分已增至 30 种元素，其中 28 种元素已处于最终位置，2 种元素（Be、Al）需要调整位置。离最终形式的体系中心部分只差 1 种元素（Ur）。

未来元素体系中心部分逐步形成还有一个标志，即偶然列入中心部分而需移出的元素数仅稍有增加，这就是上半部元素小表中的 H 和 Zr，以及下半部元素小表中的 H、V、Ti 和 In。

由于形成了第 1 纵列（Li—Be），H 自然被移到 Li 之下，后来门捷列夫就这样处理了。

编制下半部元素小表的结果，使得未来元素体系中心部分已初步形成，只需做极少量工作即可。

这时，外围部分（未经充分研究的元素）的情况要差得多。未来周期系有 32 种外围元素，在上半部元素小表中只有 4 种元素（H、Li、Zr、Hg），其中只有 Hg 处于最终位置；在下半部元素小表中有 12 种元素，其中只有 4 种元素（Ce、Bi、Au、Hg）处于最终位置，且 Ce 还未完全确定。

所以我们可以认为，在两个元素小表中，实际上还没有形成完整的元素体系，只有中心部分已初步形成。外围部分不仅没有填满，甚至还未受到注意。其实，编制元素周期表的难点恰恰是在外围，而不是在中心部分。

第 3 章

附 16　原子量清单的修正。影印件Ⅲa 的解释

影印件Ⅲa 所示元素清单在《化学原理》第一册的开头，其中的原子量是门捷列夫手写在页边空白处的。这份清单被编在门捷列夫私人藏书第 1009 卷第 69～73 页。清单中的全部数据都与两个元素小表（见影印件Ⅲ）有直接关系，这可由下述事实证明。门捷列夫把记有这两个元素小表的那张纸也粘入私人藏书这一卷中，而且正好粘在用铅笔写下修正的原子量的那一页（第 69 页）的对面。这些铅笔记载甚至在记有两个元素小表的那张纸的左边留下了印痕（见影印件Ⅲ）。

这一点可以直接证明两个元素小表的记载（记在粘入的纸上）和原子量的记载（记在《化学原理》页边空白处）彼此有着直接联系，而且是同时写下来的。更确切地说，是先写在两个元素小表上，然后又在《化学原理》页边空白处写下了原子量。

关于这一假设的更有说服力的证据是对两个元素小表、元素清单，以及完整元素草表中的原子量进行的分析和比较，关于这一点我们将在后面谈到（见［附 55］、［附 56］）。

表 21 是门捷列夫在《化学原理》第一册页边所做记载的解释。与表 1［附 3］相比，有以下几处改变。

原子量							
			58,8	Co	24	Mg	122 Sb
			52,2	Cr	55	Mn	79,4 Se
108	Ag		133?	Cs	96	Mo	28 Si
27,4	Al	**Al₂O₃**	63,4	Cu		N	118 Sn
75	As			Di	23	Na	87? Sr
197	Au			Er		Nb	Ta
11	B		19?	F	58,8	Ni	128 Te
137	Ba		56	Fe		O	50? Ti
9,3?	Be			H	199	Os	Th
					31	P	204 Tl
210	Bi		200	Hg	207	Pb	120? Ur
80	Br		127	J			51 Va
			72	In	106,6	Pd	罗斯科
12	C		[36?]				184 Wo
40	Ca				197,4	Pt	Y
	20?		198	Ir	85,4	Rb	65,2 Zn
		Ce	39,1	K	104,4	Rh	89,6 Zr
112	Cd			La	104,4?	Ru	**ZrO₂**
	Cl		7	Li	32	S	

表 21　修正的原子量清单

［（见影印件Ⅲ a）新原子量清单。1869 年 2 月 17 日。正粗体字是用铅笔写在《化学原理》原书上的，斜粗体字是用钢笔写的，方括号内为删去的数字。］

首先，有 13 种元素写下两倍当量，即 Al、Be、Ca、Cd、In、Ir、Mo、Os、Pd、Rh、Ru、Ur 和 Wo。其中，Ca 除了写下两倍当量 40 外，还写下当量加问号"20?"；In 先写下当量加问号"36?"，后又删掉而改为两倍当量 72。可以认为，In72 [36?] 的记载要比下半部元素小表中把 In 排列在 Mg 和 Zn 之间（In36）的记载晚一些。

Be 旁写下"9.3?"，即当时没有把 Be 看作三化合价元素，而看作二化合价元素。但"9.3?"也可能因为门捷列夫把表 1［附 3］中所有当量都增加了一倍。门捷列夫没有保留原来的当量，也没有增加三倍当量。后来他在确定 Be 的原子量时，经重新计算，确定其原子量为 14，即承认 Be 是三化合价元素。

应该指出，在这个新原子量清单（表 21）中，门捷列夫打上一些问号，除了已指出的 40Ca20？、72 ［36？］In 和 9.3？Be 外，还有 5 处，即 133？Cs、19？F、87？Sr、50？Ti 和 120？Ur。这 5 个问号的意思还没有完全弄清楚。此外，在两种元素旁边写下了其氧化物，即 Al_2O_3 和 ZrO_2，用以表示元素的化合价。

弄清楚元素清单中哪些元素旁边没有任何记载，是很有意义的。

在元素清单中没有写下原子量的元素可分为两类。一类是在《化学原理》第一卷已经叙述过的，即 H、O、N、Cl。可以设想，门捷列夫在修正原子量以前就开始编制元素卡片了。

他很可能按照《化学原理》第一卷元素的顺序，首先写 H＝1 的卡片，并在卡片上写下 H 的基本性质（按照第 5 章数据）。然后写 O＝16 的卡片，写下 O 的基本性质（按照第 6 章数据）。接着写 N＝14 的卡片，写下 N 的基本性质（按照第 11 章数据）。

到此为止，门捷列夫都是直接在卡片上写下原子量，没有编制元素表。下一种元素是 C，它在第 10 章（表 1 ［附 3］）中的原子量（C＝6）是错的。可能就是这个缘故，他在元素清单中 C 的旁边写下了真实原子量 12。

下一种元素是 Cl＝35.5，门捷列夫直接在卡片上写下 Cl 的基本性质（按照第 21 章数据），没有在元素清单中写下它的原子量。总之，上述 4 种元素（H、O、N、Cl）没有写下原子量。

这样也许可以解释为什么在元素清单中有几种元素没有写下原子量（见影印件 Ⅲa），当然这只是一种假设。

以后（从 F、Br、J 等元素开始）门捷列夫开始在元素清单中写下原子量，但有 6 种稀有元素（Di、Er、La、Nb、Ta、Tl）当时缺乏研究，没有写下原子量；还有两种属于同一族的稀有元素（Ce 和 Yt）也没有写下原子量。

要强调指出的是，和两个元素小表（见影印件 Ⅲ）不同，在元素清单中门捷列夫写下的原子量不是用整数表示，而是用更精确的数值，即写到一位小数。

例如，Al 写为 27.4 而不是 27，Cu 写为 63.4 而不是 63，K 写为 39.1 而不是 39，Rb 写为 85.4 而不是 85，Se 写为 79.4 而不是 79，Zn 写为 65.2 而不是 65，Zr 写为 89.6 而不是 89。Va 的原子量以前取为 68.6（见表 1 ［附 3］），这里写下更精确的值 51，与罗斯科的数值一致。

附 17　关于"牌阵"的元素卡片

库勒巴托夫在他的书中引用了这种卡片，其样子大致同我们推想的一样。但不知他为什么只写下化合物的分子式，而没有说明其物理性质和在水中的溶解度。库勒巴托夫写道：

> 为了寻找维系当时已知的 60 种元素的顺序和规律，门捷列夫在卡片上写下每种元素的名称、元素及其化合物的性质、化合物的主要化学特性，特别是分子式。

$Na = 23$ $NaCl$;　$NaOH$;　Na_2O Na_2SO_4;　Na_2CO_3	$Mg = 24$ $MgCl_2$;　MgO;　$MgCO_3$ $MgSO_4$;　$MgNH_4PO_4$
$K = 39$ KCl;　KOH;　K_2O KNO_3;　K_2PtCl_6;　K_2SiF_6	$Ca = 40$ $CaSO_4$;　$CaOnSiO_2$ $CaCl_2$;　CaO;　$CaCO_3$
$Cu = 63$ CuX;　CuX;　CuH Cu_2O;　CuO $CuKCy_2$	$Zn = 65$ $ZnCl_2$;　ZnO;　$ZnCO_3$ $ZnSO_4$;　$ZnEt_2$

> 他首先把那些与氧生成同样化合物形式的元素放在一起，然后按照原子量排成列（族）。
>
> 出现了这样的情况：如果各纵列（门捷列夫称"族"）按照元素的平均原子量排成上下形式，就发现各族内性质的相似性；而如果沿横向（门捷列夫称"周期"）按照原子量排列，则得出性质的差异性。
>
> 但是，在已知的 60 种元素中当时有十几种是不符合这些规律的。[①]

在推论中有许多不确切之处。第一，当时已知的元素是 63 种，而不是 60 种。第二，门捷列夫并非把同族元素排成一列（垂直纵列），而是排成一行（水平序列）。（附带说一下，库勒巴托夫自相矛盾，他断言各族"排成上下形式"，因而是垂直而非水平排列。）第三，没有什么地方说到门捷列夫把各个列"按照元素的平均原子量"来排列，这完全是库勒巴托夫的臆想。第四，实际上直到 1869 年 10 月门捷列夫才"选择"生成同一氧化物的元素"列"，以便以后再按照原子量顺序进行排列，这是因为他此时首次注意到元素的高价成盐氧化物形式的相似性。1869年 2 月门捷列夫从来没有像库勒巴托夫所说的那样把 Cu 与碱金属排列在一列，把钙与锌排列在一列。

[①]　库勒巴托夫 В Я. 门捷列夫［M］.［出版地不详］：儿童文学出版社，1954：71-72.

库勒巴托夫的书中还有其他不确切的地方，我们将在下边谈到。虽然如此，但在库勒巴托夫的论述中有一个看法却很重要，亦很正确，尽管阐述得并不妥当。这个看法就是，门捷列夫首先是按照元素的化学性质的同一性来建立族，其中包括化合价（主要是相对于氢的化合价），然后才按照各元素原子量的顺序进行族与族的比较。这个看法本来已由所有证据和档案材料得到证实，但现在却对它提出了怀疑，有关情况将在下面详细叙述。库勒巴托夫所阐述的发现周期律过程的主要思路还是应予支持的。

附 18　在纸上的记载所反映的"牌阵"排列顺序

情况可能是这样的：门捷列夫在一张纸上把元素符号写在当时卡片排列的位置。如果卡片还没有列入"牌阵"，那么就把这种元素的符号写在页边。如果卡片已经列入"牌阵"，那么就把这种元素的符号写在元素表中。

当门捷列夫从一堆卡片中抽出一张并列入"牌阵"时，在这张纸上的记载就这样反映出来：从页边的记载中勾去这种元素，并把它列入元素表中的对应位置。

当门捷列夫把已列入"牌阵"的卡片从一处移到另一处时，该元素符号就从原来的位置删去，而写在新的位置。

这样，在每一时刻每个元素符号只写在一个位置，亦即当时卡片所在的位置。所以不会重演在上半部元素小表中所出现的情况（见影印件 Ⅲ），即有几种元素（H、? ＝18、Cu、Ag）同时写在两个位置。

附 19　在编制不完整元素小表时得到的结果在"牌阵"中再现

门捷列夫几乎原封不动地把下半部元素小表（见影印件 Ⅲ）的主要部分移入了"牌阵"（见影印件 Ⅳ）。这时下半部元素小表的 42 种元素已有 33 种处于最终位置，这些元素在表 21a 中被列在实线框内。其中有 27 种元素立即处于最终位置（没有"＊"标记的元素），我们称这些元素为"无疑的"元素，这些元素的卡片组成第一堆。另外 6 种元素最初写在页边，后来才移入元素表，用"＊"标出，其中有 4 种进入第二堆（"轻"元素堆）。

下半部元素小表中的其他 9 种元素，有 6 种开始在牌阵中与在下半部元素小表中的位置相同、后来移到其他位置，一直保留到"牌阵"结束。这些元素在表 21a 中被列在虚线框内。其中有 3 种最初写在完整元素草表的页边，用"＊"标出。这 6 种元素中有 5 种进入第二堆（"轻"元素堆）。

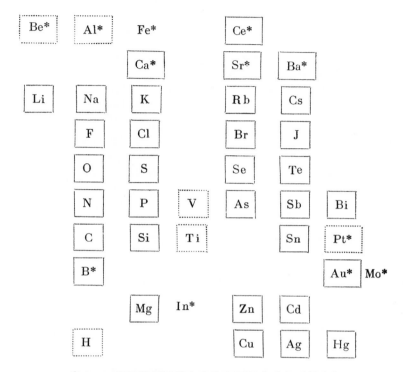

表 21a　把下半部元素小表的主要部分移入"牌阵"

〔（见影印件Ⅳ）最后在"牌阵"中与在下半部元素小表中位置相同的元素列在
实线框内，开始在"牌阵"中与在下半部元素小表位置相同、后来移到其他位
置的元素列在虚线框内，"＊"表示最初写在完整元素草表页边的元素。〕

　　最后，下半部元素小表中还有 3 种元素完全没有根据它们在下半部元素小表中
的位置列入"牌阵"。这几种元素在表 21a 中没有加框。不过它们在"牌阵"中的
位置与它们在下半部元素小表中的位置相距不远。例如，Fe（第二堆）与 Al 并
列，In 与 Zn 并列，这都是在下半部元素小表中的位置，只是稍有不同（见影印件
Ⅲ和Ⅳ）。至于 Mo，它在下半部元素小表中被列入三化合价元素 B、Au 序列，稍
往后，在排列"牌阵"的过程中 Cr 移到了这里，后来 Cr 又下移，与 Mo 和 W 一
起形成特殊的序列。

　　附 20　完整元素草表中第一堆元素的排列。影印件Ⅳ的初步解释

　　表 22 表示采用"牌阵"编制的完整元素草表中第一堆 27 种元素（"无疑的"

元素）的排列。前两族元素（碱金属和卤素）在"牌阵"中是按照下半部元素小表中用花括号括出那样排列的。因为门捷列夫写入卡片的仅是已知元素，所以在 Li＝7 之下就不会出现假设卤素3?的卡片了。

Li 7	Na 23	K 39	Rb 85,4	Cs 133
	F 19	Cl 35,5	Br 80	J 127
	O 16	S 32	Se 79,4	Te 128
	N 14	P 31	As 75	Sb 122	Bi 210
	C 12	Si 28		Sn 118
		Mg24	Zn 65,2	Cd 112
			Cu 63,4	Ag 108	Hg 200

表 22　第一堆"无疑的"元素卡片的排列（27 种元素）

[（见影印件Ⅳ）1869 年 2 月 17 日]

在发现周期律的这一阶段，问号或表示对原子量有怀疑，或表示对元素排列的位置有怀疑。

这里可能产生疑问，为什么门捷列夫没有把碱土金属连同"无疑的"元素一同列入表内，尽管碱土元素在下半部元素小表中已处于最终位置。这可以解释为门捷列夫对它们的原子量有怀疑，对此他在编写《化学原理》第二卷第 3 章时曾提到过。

虽然取 Ca、Sr、Ba 的两倍当量作为原子量是有充分根据的，但在最终解决这个问题之前门捷列夫还是打算先用元素的当量，看看是否能比用两倍当量更好地确定 Ca、Sr 和 Ba 的位置。

所以门捷列夫在元素清单中元素 Ca 旁写了 40，在其下又写了 20?，而在元素 Sr 旁写了 87?（见影印件Ⅲa），这不是没有原因的。

但是，如果以 Ca、Sr、Ba 的当量作为原子量，那么这些元素就不应该排列在 K、Rb、Cs 之上，而应该排列在 Mg、Cu 之下，即不应该在元素表的上部而应在元素表的下部，所以门捷列夫把这些元素卡片列入了第二堆。

表 22 表示排列"牌阵"（编制完整元素草表）的初始阶段的情况。

表 23 表示排列"牌阵"的第二阶段的情况（开始把第二堆"轻"元素列入体系）。要确定这些卡片列入"牌阵"的顺序是很困难的，只能做出大概推测。先把与在下半部元素小表中位置相同的元素卡片排列进去，再把与下半部元素小表相比位置有变化的元素卡片排列进去，最后是新增加的元素卡片。

需要{知道}Ca、Sr、Ba的热{容}

		CoNi 58,8				
	Al 27,4	Fe 56				
Li 7	Na 23	K 39		Rb 85,4	Cs 133	
	F 19	Cl 35,5		Br 80	J 127	
	O 16	S 32		Se 79,4	Te 128	
	N 14	P 31	V 51	As 75	Sb 122	Bi 210
	C 12	Si 28	Ti 50		Sn 118	
	B 11		Cr 52,2			
		Mg 24		Zn 65,2	Cd 112	
	H 1			Cu 63,4	Ag 108	Hg 200
		Ca? 20	Sr? 44	Ba? 68		

[Bo 11?]

$$\begin{bmatrix} \text{Ni } 58,8 \\ \text{Co } 58,8 \\ \textbf{Fe } 56 \end{bmatrix}$$ 　　　　　　　　　[Al$_2$O$_3$K$_2$O]

表 23　第二堆"轻"元素卡片的排列。形成第 1 中间纵列（39 种元素）

[（见影印件Ⅳ）上线上方和下线下方为原来写在完整元素草表页边的内容，方
括号内为删去的内容，粗体字为排列了"无疑的"元素后新补充的内容。]

据此，在 H、V、Ti 之后理应是 B＝11，它排列在 C＝12 之下，与在下半部元
素小表中位置相同。这时 C 族与 Mg 族之间的空行开始排列元素了。

由于硼的卡片列入了"牌阵"，门捷列夫就勾掉了完整元素草表页边的硼，我
们用［Bo＝11?］表示。随着 Al 和 Fe 卡片列入"牌阵"，在完整元素草表页边的
Al 和 Fe 也勾掉了，因此在表 23 中也用方括号表示。

附 21　把 Co 和 Ni 的原子量取为等值是否意味着预见到同位素？

由于 Co 和 Ni 的化学性质相似，而且当时二者的原子量被视为相等或几乎相
等，门捷列夫一时不能决定这两种元素排列的顺序。此外，他本来也想把这两种元
素同时排列在 Fe 之上，以强调二者是 Fe 的同系物，或更确切地说是 Fe 族的
成员。

所以原来在页边与 Fe 写在一起的两种元素 Co 和 Ni 被一笔勾掉。我们在表 23
中用一个方括号把这两种元素括在一起以表示是同时删掉的（Ni、Co 等元素首次
列入元素表，故用粗体字印出）。

因为 Co 和 Ni 的原子量取为等值，使得一些学者得出某些奇怪的、甚至完全
错误的结论，指出这一点是很重要的。例如，库勒巴托夫指出，门捷列夫把 Co 和
Ni 的原子量取为等值，并用一个别出心裁的方式来解释这一事实。

对待像 Ni 和 Co 那样性质近似、原子量又几乎相等的两种元素，门捷列夫把它们排列在一个格内作为同位素。他正确地提出过一个假设，即一种元素可以具有几种质量相同、性质几乎一样的原子。在这里，这个假设得到了证实。[①]

这段话当然全是误解。同位素是原子量不同的同一种元素的几种类型。但门捷列夫从来没有认为 Ni 和 Co 是一种元素。所以，取 Ni＝Co＝59 和预见到同位素毫无联系。

从影印件 Ⅳ 和下面的分析可以看出，门捷列夫完全没有坚持要把 Co 和 Ni 排列在一处。他一开始就在表的下方把二者排列成一上一下，并写明各自的原子量等于 58.8（见表 23［附 20］）。当把这两种元素移入表中时，他又把二者并排排列在 Fe 之上，并取原子量为整数 59（见表 24［附 22］）。

从影印件 Ⅳ 和表 24 可见，他重新把 Co 和 Ni 移到表的下部，排列在 Cu 之下，并重又上下排列：Co＝58.8 排列在 Ni＝58.8 之上，并恢复原来的原子量（见表 23［附 20］）。接着，他把二者排列到未来第Ⅷ族的局部元素小表中，仍然是分开写的，Co 在 Ni 之上（见表 26［附 23］）。在把局部元素小表列入总表时，排列方式一直如此。而且门捷列夫为了证明 Co 在 Ni 之上，取二者原子量为整数：Co＝60，Ni＝59。这种写法一直保持到"牌阵"的最终形式（见表 27［附 23］～表 29［附 24］）。

此时在 Mn 的同一行内有两个空位（见表 28［附 24］～表 30［附 24］）。这就是说，在此本应立即预见到锰的相似物还有两种尚未被发现的元素。但门捷列夫在这个阶段还不能肯定地预见到这一点，于是他采用下面的方式来"消灭"这两个空位：在誊清这张元素表时（见影印件 Ⅴ 和表 33、表 34［附 26］），他把 Mn 所在纵列减少了一个位置，又把 Co 和 Ni 取为相同原子量 Ni＝Co＝59，并把它们排列在一个位置上。

根据同样的技术上的考虑，当时门捷列夫按照与 Co 和 Ni 同样的方式，把钌（Rh）和铑（Ro）也排列在一起，并取其原子量相等，Ro＝Rh＝104.4（见影印件 Ⅳ 和表 25［附 23］）。不过，他很快就放弃了这种做法。在编制未来第Ⅷ族局部元素小表（见表 26［附 23］）并把它们列入完整元素草表时，Ro 和 Rh 已排列在不同的位置上，Ro 在 Rh 之上，但二者原子量还保持一样（见表 26［附 23］～表 29

---

① 库勒巴托夫 В Я. 门捷列夫［M］.［出版地不详］：儿童文学出版社，1954：71-72.

［附 24］及以后各表）。

1869 年 2 月底，门捷列夫撰写第一篇关于周期律的论文时，不仅把 Co 和 Ni 的原子量取为等值并排列在一起，而且对 Os 和 Ir 也这样处理，Os＝Ir＝198（见影印件Ⅵ和表 39 ［附 28］、表 40 ［附 28］，影印件Ⅶ和表 43 ［附 29］、表 44 ［附 29］）。不久他又放弃了这种排列方法，不再把它们的原子量取为等值，并且不仅 Os 和 Ir，而且 Co 和 Ni 也都被排列在不同位置。[8]86-87 这是 1869 年 6 月的时候。在以后的元素表中门捷列夫再也没有把这些元素排列在一起了。

所有这些都证明，门捷列夫多次采用的元素排列方法并非关于同位素现象的预见。否则他不会在同一天内如此频繁地更改他的"预见"。实际上，这一切都说明门捷列夫根本不曾想到 Co 和 Ni 或 Os 和 Ir 是同一种元素的变形，而只不过是他在元素排列过程中技术上的考虑罢了（见《元素体系的尝试》）。他所考虑的是尽量减少空位，因为每一空位都意味着必须预见一种未知元素，而且这种预见的根据还不充分。所以为了尽量减少空位，门捷列夫在自己的"尝试"中采用了上面所说的方法，即把一些元素的原子量取为等值。

由此可见，要做出关于门捷列夫预见的任何假设都必须十分慎重。如果不曾对所有相关问题的材料做过周密的研究，决不可轻率地做出这类论断。

附 22 卡片在完整元素草表中重新排列。影印件Ⅳ的进一步解释

表 24 表示元素卡片列入"牌阵"（完整元素草表）以后的第一次重新排列。从原来位置移出的元素列在方括号内，调整到新位置的元素用斜体字表示。例如，Ca、Sr、Ba 列在铜族之下的方括号内，这是它们的原来位置；斜体字 Ca、Sr、Ba 在钾族之上，是它们的新位置。

把 Ca＝40 排列在 K＝39 之上，"挤"走了 Fe＝56。在下半部元素小表中 Fe 排列在 Ca＝40 之上，也就是应在这一纵列的更上一行。但现在这个位置已被 Ni＝Co＝59 所占，所以门捷列夫把 Fe＝56 再往上移，以便在 Fe＝56 和在 Ca＝40 之间还可以排列元素。

从 K＝39 之上移走 Fe 而代以 Ca，那么 Al＝27.4 在 Na＝23 之上也就失去意义了，因为 Al 排列在这里只是把它作为 Fe 的相似物。因此，取消 Al 在 Na 之上的位置，把它上移一行但仍排列在该纵列内，这样它恰好处于和在下半部元素小表中一样的位置（见表 17 ［附 14］）。

```
                        Fe  56
                        Mn  55

          Al 27,4      [NiCo 59]
          [Al 27,4]    Ca 40 [Fe 56]         Sr 87,6    Ba 137
Li 7  Na 23            K 39                   Rb 85,4    Cs 133
      F 19             Cl 35,5                Br 80      J 127
      O 16             S 32                   Se 79,4    Te 128
      N 14             P 31    V 51           As 75      Sb 122  Bi 210
      C 12             Si 28   Ti 50                     Sn 118
      B 11                     Cr 52,2
H 1  [H 1]             Mg 24                  Zn 65,2    Cd 112
                                             Cu 63,4    Ag 108  Hg 200
                      [Ca?20   Sr?44          Ba?68]
                                             Co 58,8
                                             Ni 58,8
```

表 24　第二堆"轻"元素卡片的重新排列和进一步补充（40 种元素）

［（见影印件Ⅳ）方括号内为删去的内容，斜体字为调整到新位置的内容，
粗体字为新补充的内容。］

这个阶段在"牌阵"中所做的其他调整见表 24 ［附 22］：把 Mn 列入元素表，用粗体字表示；把 Co 和 Ni 自表的上部移到下部（在 Cu 之下），用斜体字表示。

附 23　编制含有未来第Ⅷ族元素的局部元素小表并列入完整元素草表。影印件Ⅳ的进一步解释

表 25 是编制完整元素草表的下一阶段，主要是把第三堆"重"元素列入元素表。门捷列夫把这一堆的全部元素写在元素表的下方，称为"重"元素表，有待依次列入表内。从"重"元素表里删去的元素（列入元素表）列在方括号内，调整到新位置的元素用粗体字表示。其中 Ir＝198 和 Os＝199 是与 Pt 一起从"重"元素表中删去的，这三种元素列在一个方括号内。与 Pt 族相似，Pl 族也是同时从"重"元素表中删去的，故列在一个方括号内。

表 26 表示把第一批"重"元素从"重"元素表列入"牌阵"后，"牌阵"发生的变化。从原来位置移出的元素（Be、Al 和 Fe 族、Pl 族、Pt 族的全体成员）列在方括号内，而在新位置，以及在未来第Ⅷ族局部元素小表中都用斜体字表示。

表 27 表示把局部元素小表列入元素总表和把 Ce 族元素列入元素总表之后的情形。"重"元素表中 Ce 族元素只有 Ce，所以把它删去等于删去整个 Ce 族。

```
                        Fe 56
                        Mn 55
                                        Pl    106,6
        Be 14 Al 27,4                   RoRh 104,4
                    Ca 40           Sr 87,6      Ba 137
        Li 7 Na 23   K 39           Rb 85,4      Cs 133  Tl 204
             F   19  Cl 35,5         Br 80        J 127
             O   16  S 32            Se 79,4      Te 128
             N   14  P 31   V 51     As 75        Sb 122 Bi 210
             C   12  Si 28  Ti 50         Zr 90 Sn 118 Pt (Ir Os)
             B   11         Cr 52,2        Ur 116? Au 197
                    Mg 24              Zn 65,2   Cd 112
        H  1                          Cu 63,4    Ag 108 Hg 200
                                                 Pb? 103
                            Co 58,8
                            Ni 58,8
```
_____

```
72   [197]   {LaDi}   [198 199 197,4   96  [204]   [106,6 104,4 104,4
In?O [Au]    [Be] Ce  [Ir  Os   Pt ]   Mo  [Tl]    [Pl    Rh    Ro
                      [120] 184 [89,6
                      [Ur   Wo  ZrO2]  [Pb]
```

表 25　第三堆"重"元素卡片的排列。形成第 2 中间纵列（52 种元素）

［（见影印件Ⅳ）横线下方为原来写在完整元素草表页边的内容。方括号内为删去的内容，花括号内为作者加的注释，粗体字为新补充的元素。由于技术原因，Pt 族没有标明原子量。］

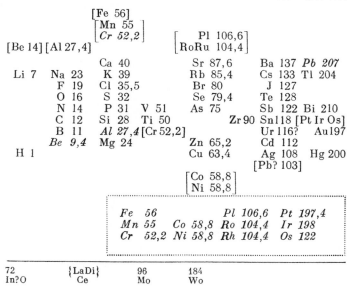

表 26　第二堆"轻"元素和第三堆"重"元素卡片的排列。外围元素
全部清除，形成 3 个族的局部元素小表（52 种元素）

［（见影印件Ⅳ）未来第Ⅷ族的局部元素小表列在虚线框内，记在完整元素草表的旁边。横线下方为原来写在完整元素草表页边的内容。方括号内为删去的内容，花括号内为作者加的注释，斜体字为调整到新位置的内容。］

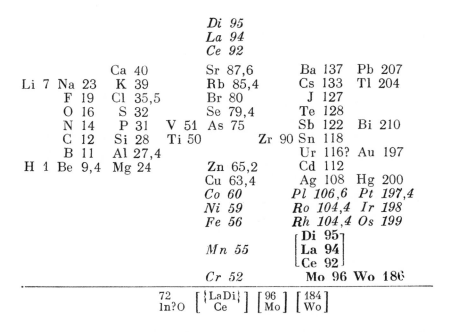

表 27 　第三堆"重"元素卡片的重新排列和补充。把 4 个族列入元素总表外围（57 种元素）
[（见影印件Ⅳ）横线下方为原来写在完整元素草表页边的内容。方括号内为删去的内容，斜体字为调整到新位置的内容，粗体字为新补充的内容。]

门捷列夫在"重"元素表 Mo、W、Ur 之上画了斜线（见影印件Ⅳ），似乎想表明 Mo 和 W 与 Ur 一样，是三化合价金属。所以它们应当与 B 同族，或与 Cr 同族。但是，B 族的两个"重"金属位置已被 Ur＝116？和 Au＝197 所占，而且 Mo 和 W 排列在这里从原子量来看也不合适，所以应该排列在更低的地方。最下端 Cr 族的位置正符合这个条件。

下半部元素小表中的 Mo 已排列在三化合价元素 B、Au 序列（见表 17 ［附 14]），而此时 W 是第一次列入元素表。在《化学原理》的 1868 年最后提纲中，Mo 和 W 是彼此分开的，Mo 排列在三化合价金属序列，其中还包括 Cr（见表 5 ［附 4]）；而 W 则与 Nb 和 Ta 一起同属四化合价元素序列。

但在 1869 年早期提纲中，Mo 和 W 连同 Nb 和 Ta 建立一个特殊族，直接排列在 Fe 族之后（见表 7 ［附 6]）。

至于 In，原则上应属于"可疑的"元素，因当时测得的原子量远不足信。在 1867—1868 年的旧原子量清单（见表 1 ［附 3]）中，门捷列夫把它的原子量定为 37，在下半部元素小表（见表 17 ［附 14]）中为 36，在新原子量清单（见表 21

[附16]）中门捷列夫最初写下 36?，后又改为 72，即把 In 的当量乘以 2，而最后在"重"元素表（见表 27）中在 In? O 之上写有 72?。

由此可见，在 1869 年 2 月 17 日这一天里，门捷列夫就把 In 的原子量做了一次调整，而且最终还打上了问号。

附 24　"牌阵"的完成。影印件Ⅳ的最终解释

表 28 表示"可疑的"元素的初步排列。

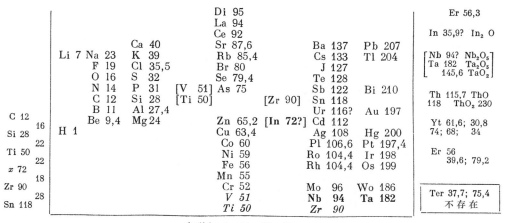

表 28　第四堆"可疑的"元素卡片的排列。消除中间纵列（59 种元素）

［（见影印件Ⅳ）横线下方为原来写在完整元素草表页边的内容。方括号内为删去的内容，斜体字为调整到新位置的内容，粗体字为新补充的内容。］

在"可疑的"元素表中，最初还有一种元素铽（Ter），当量为 37.7，原子量为 75.4。但是门捷列夫对这种元素非常怀疑，以致对于它是否存在也不予肯定，所以写下了"据布恩杰的观点不存在"。

因此，Ter 最终没有列入"可疑的"元素表，尽管这个元素表中的元素是"可疑的"，但迟早会列入元素体系。可能由于这个缘故，Ter 没有出现在"牌阵"中。

铌的符号有一处没有写成 Nb 而写成了 Ni。在此以前的《化学原理》提纲中门捷列夫亦曾这样写过（见表 5［附 4］及表 7［附 6］）。

无论是在这些提纲中，还是在"可疑的"元素表中，Ta 和 Nb 都是并列的。在 1868 年的提纲中这两种元素列入四化合价元素族，氧化物为 RO_2 型；1869 年早期提纲中这两种元素与 Mo 和 W 排列在一起，很难确定当时对它们所取的化合价。

最后，在"可疑的"元素表中写出了两个氧化物形式：RO_2 和 R_2O_5。

门捷列夫选择了后一形式，在 Mo＝96 之下写了 $\dfrac{Nb＝94}{Nb_2O_5}$，在 Wo＝186 之下写了 $\dfrac{Ta＝182}{Ta_2O_5}$。

门捷列夫在下面写下了高级氧化物的化学式，可见他最后选用了这种形式。

表 29 表示排列"牌阵"的最后阶段。首先，他挑出 3 个"可疑的"元素卡片，写成：

Yt 61.6　　Er 56.3　　Th

相应地又自"未列入"的 4 种元素中删去了 Er、Th、Yt。

			In 75,6	Th 118?		
			Yt 60?	Di 95		
			Er 56?	La 94		
				Ce 92		
		Ca 40	Sr 87,6	Ba 137	Pb 207	
Li 7	Na 23	K 39	Rb 85,4	Cs 133	Tl 204	
	F 19	Cl 35,5	Br 80	J 127		
	O 16	S 32	Se 79,4	Te 128		
	N 14	P 31	As 75	Sb 122	Bi 210	
	C 12	Si 28		Sn 118		
	B 11	Al 27,4	[In 75,6]	Ur 116?	Au 197	
	Be 9,4	Mg 24	Zn 65,2	Cd 112		
H 1			Cu 63,4	Ag 108	Hg 200	
			Co 60	Pl 106,6	Os 199	
			Ni 59	Ro 104,4	Ir 198	
			Fe 56	Rh 104,4	Pt 197,4	
			Mn 55			
			Cr 52	Mo 96	W 186	
			V 51	Nb 94	Ta 182	
			Ti 50	Zr 90		

In 75,6　　　　　　　　未列入　In [Er Th Yt]

In$_2$O　　InO　　　　　　　　　　　　　　　　Yt 61,6
InO　　InO$_2$　　　　　　　　　　　　　　　　Er 56,3
　　37,8　　　　　　　　　　　　　　　　　　Th

表 29　第四堆"可疑的"元素卡片的排列。完整元素草表的形成（63 种元素）

[（见影印件Ⅳ）完整元素草表。横线下方为原来写在完整元素草表页边的内容。方括号内为删去的内容。斜体字为调整到新位置的内容，粗体字为新补充的内容。]

然后，把 Yt 60? 和 Er 56? 排列在 Ca＝40 之上，把 Th＝118? 排列在 Di＝95 之上。这 3 种元素第一次列入元素表，用粗体字表示。

现在只剩下 In 了。门捷列夫把它的当量从 36（见表 17［附 14］）改为 37.8。这个数据与早期所取当量 37（见表 1［附 3］）接近。

然后，门捷列夫打算把 In 75.6（?）列入 B 序列（硼族），排列在 Al 和 Ur 之间、Zn＝65.2 之上。但是把确定为二化合价的元素排列在三化合价元素序列是不适当的。

最后，门捷列夫又把 In 移到元素表最上端的 Yt 60? 之上。

这样，在 Ca 和 Sr 之上的两纵列排列了 7 种缺乏研究的元素。

门捷列夫看到 Pt、Ir、Os 纵列没有按照原子量递减的顺序排列，所以把整个铂族画了一个圆，表示这些元素的顺序需要颠倒。

表 30 是完整元素草表最终形式的分析，也就是"牌阵"结果的分析，和我们对上半部元素小表（见表 12 [附 12]）和下半部元素小表（见表 18 [附 14]）的分析相似。

表 30　完整元素草表最终形式的分析（63 种元素）

[（见影印件 Ⅳ）包括 6 个基本纵列，体系中心部分列入方框内。正粗体字是不曾列入下半部元素小表的元素，斜粗体字是下半部元素小表中没有的元素，白斜体字是在"牌阵"中与下半部元素小表中位置不同的元素，白正体字是在"牌阵"中与下半部元素小表中位置相同的元素。]

表 30 中用正常字体（白正体字）表示已在下半部元素小表中处于最终位置的元素（33 种），其中 28 种处于体系中心部分，5 种（Li、Ce、Bi、Au、Hg）处于外围部分。

由此可见，在排列"牌阵"之前，门捷列夫主要对未来体系中心部分做了探讨；而在排列"牌阵"期间则把全部精力放在体系外围部分，尤其是外围下部，此处有 18 种元素，几乎占总数的 1/3。外围上部集中了"可疑的"元素（7 种），这些元素当时尚未处于最终位置。

不曾列入下半部元素小表而在排列"牌阵"时列入体系的元素共 21 种。其中 6 种（属 Fe、Pt、Ce 族）元素在表中的位置已事先确定，因为下半部元素小表已列入这几族元素的代表（Fe、Pt、Ce）。

所以与下半部元素小表相比，新确定位置的元素是 15 种。

有些元素从下半部元素小表转到完整元素草表时位置有了改变。这样的元素共 9 种，即 H、Be、Al、In、V、Ti、Fe、Mo 和 Pt。

63 种元素中仅有 21 种（总数的 1/3）是在编制下半部元素小表后写入的，而其中只有 15 种（约占总数的 1/4）与下半部元素小表中的其他元素毫无关系。

在排列"牌阵"之前，下半部元素小表中包括 48 种元素（约占总数的 3/4），其中 35 种（即总数的 3/5）处于最终位置。

附 25　发现周期律的决定阶段的总结。影印件 Ⅳ 的分析。采用"牌阵"编制完整元素草表过程的比较分析

表 31 表示编制完整元素草表过程中元素数量逐渐增加的过程，同时也反映了已列入表中元素的位置逐步调整的过程。

项目	第一堆卡片	第二堆卡片		第三堆卡片			第四堆卡片	
	表 22	表 23	表 24	表 25	表 26	表 27	表 28	表 29
列入"牌阵"的卡片数	27	39	40	52	52	57	59	63
其中处于体系中心部分的卡片数	24	29	29	31	31	31	31	31
处于最终位置的卡片数	27	28	34	37	38 (11)	54	59	63
其中处于体系中心部分的卡片数	24	25	28	29	31	31	31	31
需要调整位置的卡片数	—	11	6	15	3 (11)	3	(1)	—
其中应从体系中心部分移出的卡片数	—	3	3	4	3	3	(1)	
未列入"牌阵"的卡片数	36	24	23	11	11	6	3 (1)	—

表 31　采用"牌阵"编制完整元素草表过程的比较分析。列入表中的元素数和处于最终位置的元素数的逐渐增加过程

[（11）表示当时编制的局部元素小表中有 11 种元素，（1）表示有一种元素（In）重新返回第四堆。]

第一堆的 27 张卡片立即处于最终位置，其中大部分（24 张）处于体系中心部分，几乎把中心部分填满（只差 7 种元素）。

随着新的卡片列入"牌阵"，表中元素数不断增加，依次为 39、40、52、57、59 和最后的 63 种。

在把第三堆卡片列入时，体系中心部分的所有元素（31 种）均已排列好，但其中有 2 种（Be 和 Al）尚未处于最终位置，而是排列在元素表的上部。它们理应移入体系中心部分，下一步就这样做了。

此后，距离体系中心部分形成只差一步，就是取出 3 张卡片（V、Ti、Zr），它们的最终位置应是表的下部。这一步是门捷列夫排列第四堆卡片时做出的。这样，体系中心部分形成。

门捷列夫把表的外围元素全部清除，三个族（11 张卡片）形成局部元素小表。在表 31 中有两处"（11）"，一处表示已处于最终位置，另一处则表示这 11 种元素需重新排列。

在排列第四堆卡片时，In＝72 先是排列在体系中心部分（Zn 与 Cd 之间），后又被取回，返回到第四堆。表 31 用"（1）"表示，写在"表 28"一列。

排列"牌阵"的过程就是元素体系不断充实和完善的过程。表 31 从两个方面进行了说明：

(1) 在数量上逐渐扩充。元素总数和体系中心部分的元素数均在增加。

(2) 在质量上，元素的位置得到调整和校正。体系和体系中心部分处于最终位置的元素数均在增多。

门捷列夫编制完整元素草表时最大的困难在于已经列入元素表但位置需要调整的卡片，尤其是需要从体系中心部分移出的卡片。第三堆中这类卡片最多（15 张），第二堆中这类卡片数量也不少（11 张）。

我们特别感兴趣的是完整元素草表与下半部元素小表的继承关系，故在此专门讨论这个问题。表 32 表示采用"牌阵"编制完整元素草表过程的分析和比较。

首先，计算列入"牌阵"的元素中有多少已列入下半部元素小表，又有多少是首次列入的。

其次，统计有多少种元素立即处于与下半部元素小表一样的位置，又有多少元素是在调整后位置与下半部元素小表一样的，其中也包括 Fe、Pt、Ce 族的相似物，它们的位置已由同族的主要元素所排列的位置隐含指出。

项目	第一堆卡片	第二堆卡片		第三堆卡片			第四堆卡片	
	表 22	表 23	表 24	表 25	表 26	表 27	表 28	表 29
已列入下半部元素小表的元素数	27	9	—	3	—	2	(1)	1
首次排列位置与下半部元素小表一样的元素数	27	4	—	3	—	(1)	(1)	—
调整后位置与下半部元素小表一样的元素数	—	—	4	—	—	1		
新增元素数	—	3	1	9	—	3	2	3
其中所处位置已隐含在下半部元素小表中的元素数	—	2	—	2	—	2		

表 32　采用"牌阵"编制完整元素草表过程的分析和比较。已列入下半部元素小表或
隐含在其中的元素数，以及元素位置调整情况
〔（1）在"第三堆"栏中指铌，在"第四堆"栏中指铟。〕

从这种分析可以看出，在编制元素体系的现阶段是以怎样的速度和难易程度来推进"牌阵"的。

第一堆卡片中的元素都已在下半部元素小表中出现过，而且一列入"牌阵"就排列在一样的位置。虽然这类元素很多（27 种），但它们都是"无疑的"元素，所以比较容易列入表中。

第二堆卡片有 13 张，只有 9 张是下半部元素小表中出现过的元素。其中 4 张立即处于与下半部元素小表一样的位置；还有 4 张在调整后排列在与下半部元素小表一样的位置；1 种元素（Fe）的卡片开始十分靠近 K（与下半部元素小表相比），后来又远离 K 了。

在新列入的 4 种元素中，有 2 种属于 Fe 族（Co 和 Ni），另外 2 种（Cr 和 Mn）与 Fe 相似。Co 和 Ni 的位置隐含为在 Fe 旁边，所以把 Fe 列入表中也就预示着把 Co 和 Ni 列入与 Fe 相邻的位置。

后来 Cr 和 Mn 也调整到这里。这样，下半部元素小表中排列在 Ca 之上的 Fe 好像一个结晶中心，与 Fe 同族或与 Fe 相似的元素都围绕它排列下来。

由此可见，第二堆 13 张卡片的位置都是由下半部元素小表中对应元素的位置所确定的。所以"牌阵"中这些卡片的排列还是比较容易和迅速的，虽然不如排列第一堆卡片那样快（开始时有一些困难，但当即就克服了）。

下一步是元素位置的进一步调整，即从它们在下半部元素小表中的位置移出，因为有些还不是元素的最终位置。这是指 H，还有曾与 Fe 分开的 Co 和 Ni。

　　列入第三堆卡片的第一批时，其中有 3 种元素（Be、Pt、Au）是下半部元素小表中的元素，它们立即处于与下半部元素小表一样的位置。

　　有 2 种元素虽未在下半部元素小表中明显写出，但它们与 Pt 同族，所以排列在 Pt 旁边。这是事先就可以料想到的。

　　如果不算已在上半部元素小表中出现过的 Zn，第三堆卡片的第一批中另外 7 张卡片是首次列入的元素。当然，一下子列入这么多新元素，是需要对它们与表中其他元素的关系以及它们之间的相互关系进行审慎和全面考虑的。

　　这样，难免就使得排列"牌阵"的过程大为减慢了。为了从本质上进行分析并克服在编制完整元素草表过程中遇到的一个个困难，门捷列夫不得不时常停下来进行审查和考虑。第三堆卡片的第二批的排列也是如此，其中 Ce 和 Mo 这 2 张卡片在下半部元素小表中出现过，在 3 张首次列入的卡片中，La 和 Di 作为 Ce 的相似物最初就和 Ce 排列在一起。

　　严格说来，只有 W 是首次列入的元素。

　　Ce 及其伴生元素一开始并没有排列到与在下半部元素小表中一样的位置，但后来还是移到了这个位置（在 Sr 之上），但与下半部元素小表不同的是，它不再与 Be、Al、Fe 同序列。所以，Ce 在表 32 中"表 27"栏内记了两次，带括号的写法指它排列在与下半部元素小表中一样的位置，不带括号的写法指它是从别的地方移过来的。

　　第三堆卡片的第二批的排列仍然相当缓慢而困难，虽然比第三堆卡片的第一批容易和迅速些。可以认为，第三堆卡片的第一批的排列是整个"牌阵"最困难、最复杂的阶段。

　　最后，第四堆卡片中只有 In 引起了很大的困难和停顿，虽然它在下半部元素小表中已经出现过。门捷列夫在元素草表的页边写下 In 的符号达 12 次（见影印件 Ⅳ）。他亦改变过 In 的原子量，挑选过它的不同形式的氧化物，而且 2 次将 In 列入表内，又 3 次改变其位置。由于 In 曾 2 次列入表内，所以在表 32 中"表 28"栏内记了 2 次，用括号表示，这是第一次列入，而"表 29"栏是指它的后一次列入。

　　附 26　《元素体系的尝试》的誊清稿和校正。影印件 Ⅴ 的解释

　　表 33 表示门捷列夫按照相反的顺序誊清完整元素草表时所做的调整，这一次把原子量大的元素写在原子量小的元素之下，这是与以前不一样的（比较影印件 Ⅴ 与 Ⅱ、Ⅲ、Ⅳ）。

$$
\begin{array}{lllll}
 & & & \text{Ti}=50 & \text{Zr}=90 & \textbf{?}=\textbf{180} \\
 & & & \text{V}=51 & \text{Nb}=94 & \text{Ta}=182 \\
 & & & \text{Cr}=52 & \text{Mo}=96 & \text{W}=186 \\
 & & & \text{Mn}=55 & \text{Rh}=104,4 & \textit{Pt}=\textit{197,4} \\
 & & & \text{Fe}=56 & \text{Ro}=104,4 & \text{Ir}=198 \\
 & & & \text{Ni}=\text{Co}=59 & \text{Pl}=106,6 & \textit{Os}=\textit{199} \\
\text{H}=1 & \text{?}=8 & \textbf{?}=\textbf{22} & \text{Cu}=63,4 & \text{Ag}=108 & \text{Hg}=200 \\
 & \text{Be}=9,4 & \text{Mg}=24 & \text{Zn}=65,2 & \text{Cd}=112 & [\text{?}=] \\
[\textit{H}=\textit{1}] & \text{B}=11 & \text{Al}=27,4 & \textbf{?}=\textbf{68} & \text{Ur}=116[?] & \text{Au}=197? \\
 & \text{C}=12 & \text{Si}=28 & \textbf{?}=\textbf{70} & \text{Sn}=118 & \\
 & \text{N}=14 & \text{P}=31 & \text{As}=75 & \text{Sb}=122 & \text{Bi}=210? \\
 & \text{O}=16 & \text{S}=32 & \text{Se}=79,4 & \text{Te}=128? & \\
 & \text{F}=19 & \text{Cl}=35,5 & \text{Br}=80 & \text{J}=127 & \\
\text{Li}=7 & \text{Na}=23 & \text{K}=39 & \text{Rb}=85,4 & \text{Cs}=133 & \text{Tl}=204 \\
 & & \text{Ca}=40 & \text{Sr}=87,6 & \text{Ba}=137 & \text{Pb}=207 \\
 & & \textbf{?}=\textbf{45} & \text{Ce}=92 & & \\
 & & \text{?Er}=56? & \text{La}=94 & & \\
 & & \text{?Yt}=60? & \text{Di}=95 & & \\
 & & \text{?In}=75,6? & \text{? Th}=118? & &
\end{array}
$$

表 33　誊清完整元素草表时所做的调整。预言 6 种尚未发现的元素（63＋｛6｝种元素）

〔（见影印件 Ⅴ）1869 年 2 月 17 日。誊清的元素表。方括号内为删去的内容，斜体字为调整到新位置的内容，粗体字为新补充的内容。〕

门捷列夫誊清完整元素草表（见影印件 Ⅳ）以便付印，并在元素表下方做了几点说明（见影印件 Ⅴ）：

（1）左侧：请速校对，并把初校样给我。

（2）右侧：印刷用的纸应当可以写字，但要薄，使之轻便。

（3）下面：星期一发排，6 平十点铅字，不空铅。

第（1）条说明是因为门捷列夫当天准备离开圣彼得堡去考察干酪制造厂，所以急于把《元素体系的尝试》印出来。

第（2）条说明是因为门捷列夫打算把《元素体系的尝试》邮寄给各地化学家（所以要求纸张要薄），并考虑到可能在表上做一些笔记（所以要用可以写字的纸来印刷）。

第（3）条说明指出，《元素体系的尝试》是在星期一交付排印的，亦可以认为，元素周期律是在 1869 年 2 月 17 日那一天发现的。

表 34 表示门捷列夫校正《元素体系的尝试》时所做的修改。后来门捷列夫从影印件 Ⅴ 和 Ⅺ 的元素表开始，沿着几个方向前进（见影印件 Ⅵ、Ⅸ、Ⅹ 和表 46〔附 34〕及第一篇论文）。

[Д. Менделеева]

$$
\begin{array}{lll}
\text{Ti}=50 & \text{Zr}=90 & ?=180 \\
\text{V}=51 & \text{Nb}=94 & \text{Ta}=182 \\
\text{Cr}=52 & \text{Mo}=96 & \text{W}=186 \\
\text{Mn}=55 & \text{Rh}=104,4 & \text{Pt}=197,4 \\
\text{Fe}=56 & \text{R[o]u}=104,4 & \text{Ir}=198 \\
\text{Ni}=\text{Co}=59 & \text{Pl}=106,6 & \text{Os}=199 \\
\end{array}
$$

$$
\begin{array}{lllll}
\text{H}=1 & [?=8] & [?=22] & \text{Cu}=63,4 & \text{Ag}=108 & \text{Hg}=200 \\
& \text{Be}=9,4 & \text{Mg}=24 & \text{Zn}=65,2 & \text{Cd}=112 & \\
& \text{B}=11 & \text{Al}=27,4 & ?=68 & \text{Ur}=116 & \text{Au}=197? \\
& \text{C}=12 & \text{Si}=28 & ?=70 & \text{Sn}=118 & \\
& \text{N}=14 & \text{P}=31 & \text{As}=75 & \text{Sb}=122 & \text{Bi}=210? \\
& \text{O}=16 & \text{S}=32 & \text{Se}=79,4 & \text{Te}=128? & \\
& \text{F}=19 & \text{Cl}=35,5 & \text{Br}=80 & \text{J}=127 & \\
\text{Li}=7 & \text{Na}=23 & \text{K}=39 & \text{Rb}=85,4 & \text{Cs}=133 & \text{Tl}=204 \\
& & \text{Ca}=40 & \text{Sr}=87,6 & \text{Ba}=137 & \text{Pb}=207 \\
& & ?=45 & \text{Ce}=92 & & \\
& & ?\ \text{Er}=56 & [?] & \text{La}=94 & \\
& & ?\ \text{Yt}=60 & [?] & \text{Di}=95 & \\
& & ?\ \text{In}=75,6 & [?\ ?]\text{Th}=118? & & \\
\end{array}
$$

$\left[18\dfrac{\text{II}}{17}69.\right]$　　　　　　　　　　　　　　　　　　　　Д. Менделеев.

表 34　门捷列夫校正《元素体系的尝试》时所做的修改

[（比较影印件 V 与 XI）1869 年 2 月末。元素体系的尝试。方括号内为删去的内容，粗体字为新补充的内容。]

第 4 章

附 27　第一篇论文的标题：《元素的性质与原子量的相互关系》

门捷列夫关于周期律的第一篇论文的标题一定会体现所发现规律的内容，已送交排印的表的标题也是如此。送交排印的表中元素体系被称为"以原子量与化学相似性为基础的元素体系"。

元素的化学相似性就是它们化学性质的相似性。因此，假如元素原子量和它们化学性质的相似性是元素体系的基础，则在元素原子量及性质之间应该有一定的依赖性、一定的比较关系，否则原子量及化学性质不能作为元素体系的普遍或唯一的基础。

门捷列夫从这里合乎逻辑地形成了论文的标题。

附 28　使序列成双并从体系中删去"可疑的"元素。影印件 VI 的解释

影印件 VI 的原件保存在列宁格勒大学门捷列夫档案陈列馆。

表 35 从《元素体系的尝试》出发（与影印件 V 比较），揭示出使序列成双的总原则和顺序，并从元素体系中把"可疑的"元素及 H 删去。在使序列成双的过程

中改变了元素体系中心部分。直接进行比较的极性对立的元素族——卤素及碱金属被分开了，并且根据本身固有的极性处于体系外围。

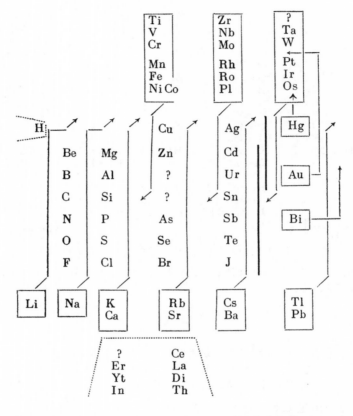

表 35　在《元素体系的尝试》中使序列成双。形成 3 个中间纵列及 1 个边缘纵列

［（见影印件Ⅴ和Ⅺ）元素由体系外围部分转移到体系中心部分的方向用箭头表示：从上面向左向下及从下面向右向上。在体系中未找到位置的元素用虚线分开，垂直粗线指新形成的纵列缺少上部或下部。］

　　表 36 表示把 3 种元素（Ti、V、Zr）从元素体系上部（在《元素体系的尝试》中的位置）转移到它们原来所在的元素体系中心部分（见影印件Ⅲ和Ⅳ），这是使序列成双早期阶段的方式。（应当注意，这种转移是向左向下进行的。）

　　下一步可能是这样（见表 37）：门捷列夫删去了由 8 种元素组成的元素体系整个下部外围。这 8 种元素中有 4 种（In、Yt、Er、Th）原子量可疑，有 4 种（Ce、La、Di、H）在体系中未找到位置。这 8 种元素并未被列入元素体系第（2）方案。

```
                              [Ti]   [Zr]    ?
                              [V]    Nb      Ta
                              Cr     Mo      W
                              Mn     Rh      Pt
                              Fe     Ro      Ir
                              NiCo   Pl      Os
                              Cu     Ag      Hg
H
    Be   Mg               Zn      Cd
    B    Al               ?       Ur      Au
    C    Si   Ti   ? Zr   Sn
    N    P    V    As      Sb      Bi
    O    S               Se      Te
    F    Cl              Br      J
Li  Na   K                Rb      Cs      Tl
         Ca               Sr      Ba      Pb
         ?                Ce
         Er               La
         Yt               Di
         In               Th
```

表 36　拟订元素体系第（2）方案的开始。还原 2 个中间纵列（63 种元素）

［（见影印件Ⅵ和Ⅺ）1869 年 2 月末。由体系外围部分转移到体系中心部分的元素用折线分开，方括号内为删去的元素，斜体字为调整到新位置的元素。］

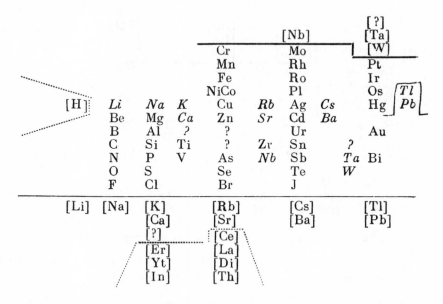

表 37　拟订元素体系第（2）方案的继续。填满中间纵列及形成 3 个新纵列（55 种元素）

　［（见影印件Ⅵ和Ⅺ）由体系外围部分转移到体系中心部分的元素在上面用折线分开，在下面用直线分开；暂时从体系中删去的元素用虚线分开；方括号内为删去的元素，斜体字为调整到新位置的元素。］

接着，门捷列夫把元素表下面几行转移到元素表上部，这样一来，Li 及 Na 排列在 Be 及 Mg 之上，K、Ca 及？＝45 排列在第 1 中间纵列的 Ti 及 V 之上，Rb 及 Sr 排列在第 2 中间纵列的 Zr 之上。

Cs 及 Ba 组成了第 3 中间纵列的上部，而 Tl 及 Pb 组成了最后一个纵列的上部，但这已不是中间纵列，而是在边缘的纵列，位于元素表的右边（元素是向右向上转移的）。

原来与 V 排列在同一序列的 Nb 及 Ta 被向左向下转移：Nb 被排列在第 2 中间纵列 Zr 之下，在 As 及 Sb 之间；Ta 被排列在与 Nb 同一序列，但不在第 3 中间纵列的 Ba 之下，而是更向右一些，靠近 Bi。这样，在 Sb 与 Bi 之间有两个中间纵列，问号（？＝180）与 Ta 一起被转移了，排列在 Ti 及 Zr 序列。

在 Ta 之下排列了原先就在它下面的 W，这时 W 排列在 O、S、Se 及 Te 序列。

[注意：中间纵列按照共同的方法形成：元素向右向上或向左向下转移，而且转移的元素被排列在一个纵列（上下排列）或者两个纵列（在同一行）。]

门捷列夫继续把元素向左向下转移，把 Cu 之上的 5 种元素（Fe 族）排列到第 1 中间纵列最底部，在卤族之下（见表 38）。

```
                [Cr]        [Mo]                    [Pt]
                [Mn]        [Rh]                    [Ir]
                [Fe]        [Ro]                    [Os]
                [NiCo]      [Pl]
        ───────────────────────────────────────────────────
Li  Na  K    Cu    Rb    Ag    Cs          Hg   Tl
Be  Mg  Ca   Zn    Sr    Cd    Ba               Pb
B   Al  ?    ?             Ur               Au
C   Si  Ti   ?     Zr    Sn          ?
N   P   V    As    Nb    Sb          Ta    Bi
O   S        Se          Te               W
F   Cl       Br          J
        Cr          Mo                      Pt
        Mn          Rh                      Ir
        Fe          Ro
        NiCo        Pl                      Os
```

表 38　元素体系第（2）方案中 2 个中间纵列的建立（55 种元素）

[（见影印件 Ⅵ 和 Ⅺ）由体系外围部分转移到体系中心部分的元素在上面用直线分开，方括号内为删去的元素，斜体字为调整到新位置的元素。]

同样，把 Ag 之上的 4 种元素（Pl 族）转移到了第 2 中间纵列最底部，把 Hg 之上的 3 种元素（Pt 族）转移到了 W 之下。

这样一来，未来第 Ⅷ 族的三个族排列在表的下部，它们之间的相对位置没变，和在表的上部时完全一样。

最后，门捷列夫把《元素体系的尝试》中的最后一个基本纵列完全取消。把 Pt 族向下转移以后这一纵列还剩下 3 种元素：Hg、Au 及 Bi。门捷列夫把它们一起移走：把 Au 排列在 Pt 之上，亦即 W 原来排列的位置；把 Bi 由 N 族移出，排列在 Pb 之下的 B、Al 族；把 Hg 转移到最后中间纵列的底部，并排列在 Ir 之下；而 Os 向上转移，与 Ir 排列在一起（见表 39）。

```
Li  Na  K       Cu  Rb  Ag  Cs              [Hg]  Tl
Be  Mg  Ca      Zn  Sr  Cd  Ba                    Pb
B   Al  ?       ?   Ur                  [Au]  Bi
C   Si  Ti      ?   Zr  Sn      ?
N   P   V       As  Nb  Sb          Ta  [Bi]
O   S           Se      Te          W
F   Cl          Br      J
            Cr      Mo          Au
            Mn      Rh          Pt
            Fe      Ro          OsIr
            NiCo    Pl          Hg[Os]
```

表 39　元素体系第（2）方案中最后中间纵列的建立。整个元素表的完成（55 种元素）

［（见影印件Ⅵ和Ⅺ）方括号内为删去的元素，斜体字为调整到新位置的元素。］

表 40 表示拟订元素体系第（2）方案的最终情况，这是影印件Ⅵ的最终解释。门捷列夫从这张表出发在两个基本方向继续前进（见影印件Ⅶ、Ⅷ和表 47［附 35］）。

```
Li          K           Rb          Cs          Tl
    Na          Cu          Ag          ?
Be          Ca          Sr          Ba          Pb
    Mg          Zn          Cd          ?
B           ?           ?           ?           Bi
    Al          ?           Ur          ?
C           Ti          Zr          ?
    Si          ?           Sn          ?
N           V           Nb          ?
    P           As          Sb          Ta
O           ?           ?           ?
    S           Se          Te          W
F           ?           ?           ?
    Cl          Br          J           ?
        Cr          Mo              Au
        Mn          Rh              Pt
        Fe          Ro              OsIr
        NiCo        Pl              Hg
```

表 40　元素体系第（2）方案中元素的最终排列（55 种元素）

［（见影印件Ⅵ）体系中的空位用粗体问号表示。］

附 29　从已使序列成双的横式长式元素表过渡到竖式短式元素表。影印件Ⅶ的解释

影印件Ⅶ的原件保存在列宁格勒大学门捷列夫档案陈列馆。[8]24-25

表 41 表示竖式短式元素表形成的基础。如果把表 40 转为横向，则第 1 纵列 Li—F 变成新表的第一行：

$$\text{Li \quad Be \quad B \quad C \quad N \quad O \quad F}$$

H

Li	Be	B	//C	N	O	F
Na	Mg	Al//\	Si	P	S	Cl
K	//Ca	?	//Ti	//V	//?	[?] |
Cu	Zn	[?]//\	[?]	As	Se	Br
Rb	//Sr	[?]	//Zr	//Nb	//[?]	? |
Ag	Cd	Ur//\	Sn	Sb	Te	J
Cs	//Ba	[?]	[?]	//[?]	[?]	? |
?	?	?//\	?	Ta	W	? |
Tl	//Pb	Bi				

表 41　元素体系第（2）方案（横向）是拟订元素体系第（3）方案（纵向）的基础。列入了 H，把序列分为偶数序列（//）及奇数序列（\\）（42 种元素）

［（见影印件Ⅶ）1869 年 2 月末。H 在元素体系第（2）方案中未列入过，用粗体字表示；元素体系第（2）方案中的问号放在方括号内；右边三条竖线表示序列未完。］

此序列下面是原来的 Na—Cl 纵列，这一纵列变成新表的第二行，依此类推。表 41 与表 40 ［附 28］ 的不同点在于，表 40 中高半行的元素在表 41 中用 "//" 表示，而低半行的元素在表 41 中用 "\\" 表示。

如果在表 40 ［附 28］ 中除了把 H 列入而不做其他改变，在将其转为横向后，则成为表 45 ［附 30］ 的形式（In 及 Ce 除外）。

门捷列夫不能满足最后两个纵列（第 6、7 纵列）中还有许多空位：K 序列有两个空位，Rb 序列有两个空位，Ta—W 序列有一个空位。

由于这个原因，他产生了用紧跟这几族之后的元素（表 40 ［附 28］ 中卤族下面的元素）把这些空位填满的想法。在表 41 中它们必须在卤族纵列之右，在竖线之后（与表 45 ［附 30］ 比较）。

换句话说，门捷列夫产生了把那些元素行 "推" 入体系中心部分的想法。这些元素行特别凸出，与体系中心部分相比似乎飞出去了。

于是，门捷列夫把 Cr、Mn、Fe、Ni、Co 这一行 "前推" 到元素表中，使得 Cr 排列在 S 及 Se 之间，而 Mn 排列在 Cl 与 Br 之间；把 Mo、Ro、Ru、Pl 这一行 "前

推"到元素表中，因而 Cr 及 Mo 重新和 W 排列在同一族（同一纵列），和在《元素体系的尝试》中一样，但 Mo 之后的位置（在 Br 及 J 之间）到现在为止尚未填满（见表 42）。

			H			
Li	Be	B	C	N	O	F
Na	Mg	Al	Si	P	S	Cl
K	Ca	?	Ti	V	?Cr	Mn
Cu	Zn	—	—	As	Se	Br
Rb	Sr	—	Zr	Nb	Mo	?
Ag	Cd	Ur	Sn	Sb	Te	J
Cs	Ba					?
?	?	—?	— ?	Ta	W	?
Tl	Pb	Bi				

表 42　把 3 种元素列入体系第（3）方案中心部分。偶数序列中有 23 种元素，
奇数序列中（不计 H）有 21 种元素（45 种元素）
〔（见影印件Ⅶ）粗体字为新补充的元素。〕

在拟订元素体系第（3）方案的这一阶段，门捷列夫计算了偶数序列及奇数序列中元素总数（不计 H）。偶数序列中有 23 种元素，奇数序列中有 21 种元素，共 44 种元素。他在表的下部做了相应的记载（见影印件Ⅶ）。

但是 Ta 应该是 Nb 的完全相似物，而不是 Sb 及 As 的完全相似物。由于这个原因，门捷列夫在 Ta 旁边写下记号（∥），在 V 及 Nb 旁边（在 Cr 及 Mo 旁边亦如此）写下了相同的记号。

这样一来，在元素体系中由"?"开始的倒数第二序列实现了由开始时的奇数序列向偶数序列的转变（见表 43）。

			H						
Li	Be	B	C	N	O	F			
Na	Mg	Al	Si	P	S	Cl			
K	Ca	?	Ti	V	?Cr	Mn	Fe	Ni	Co
Cu	Zn	—	As	Se	Br				
Rb	Sr	—	Zr	Nb	Mo	?	Ro	Ru	Pl
Ag	Cd	Ur	Sn	Sb	Te	J			
Cs	Ba					?			
?	?	— ?	— ?	Ta	W	?	Ir = Os		
					Hg				
Tl	Pb	Bi							
	Au								

表 43　把体系第（3）方案中倒数第二行由奇数序列转变为偶数序列。把汞列入体系中心部分，
把其他元素（除了铂）列入体系外围部分（55 种元素）
〔（见影印件Ⅶ）粗体字为新补充的元素。〕

但是在这一序列中最早写下的记号（\\）并未被划去（见影印件Ⅶ）。

与此同时，Hg 被"推"入 Mn 以后的卤族，稍低于 Ta、W、Ir 及 Os 序列。

未来第Ⅷ族（Fe 族、Pl 族和 Pt 族）紧紧地连接到体系中心部分，使得元素表编制成最后一个纵列（按照顺序为第 8 纵列）。铂正好在这一纵列，但尚未写上。

至于 Au，门捷列夫将其重新转到 B、Al 族，并排列在 Bi 之下。

最后，门捷列夫在第 3 纵列 Bi 的旁边写下"硼的相似物??"。

在这以后，门捷列夫继续把 2 种元素（Ro 及 Pt）列入体系中心部分（见表 44）。这样在最后一个纵列内已经不是 9 种元素，而仅有 7 种元素：Fe、Ni、Co；Ru、Pl；Ir＝Os，而 Ro、Pt 和 Mn 排列在卤族中。

```
                          H
Li      Be      B      //C    N      O      F
Na      Mg      Al\\    Si    P      S      Cl
K       //Ca    ?      //Ti  //V    //?Cr  Mn     Fe  NiCo
Cu      Zn      ——————————————— As   Se     Br
Rb      //Sr    ————————  //Zr  //Nb  //Mo [?] Ro  [Ro]  RuPl
Ag      Cd      Ur\\     Sn    Sb     Te     J
Cs      //Ba    ————————————————————   ?
?      [//]?  —?\\      //? [//]Ta //W [?] Pt        Ir＝Os
                                       [Hg]
Hg  Tl  //Pb   Bi  ——————————— Bi? ———— ?
Au          Au
```

表 44　继续把 2 种元素列入体系中心部分，元素体系第（3）方案的完成（56 种元素）

［（见影印件Ⅶ）方括号内为删去的内容，斜体字为调整到新位置的元素，粗体字为新补充的元素，把手稿中的圆改为虚线方框。］

与此同时，门捷列夫把 Hg 从卤族中删去，同时写道："这一元素的位置是不对的"。

同样，门捷列夫把写在 Bi 之下的 Au 用圆圈圈上了，大概指出了 Au 在这一位置的可疑性。把两种金属（Hg 及 Au）写在表的边缘，在 Tl 之左。

同时，门捷列夫又试图把 Bi 与 N、P 排列在同一族，但在 Bi 之后打上问号，然后用圆圈圈上，指出它在这一位置的可疑性。

最后，门捷列夫又在 Ta—W 序列改变了标记：在? ＝170（在 Ba 之下）和 Ta 那里删去了"//"，在? ＝175（在 Bi 之上）那里写下了"\\"。

门捷列夫是这样解释这一改变的："W＝186，应该与 S、Se、Te 相似"（见影印件Ⅶ）。因此，不能认为 W 是 Cr 及 Mo 的相似物。这在《元素体系的尝试》中已经提过。

换句话说，在拟订元素体系第（3）方案的总结中，门捷列夫重新得到了他在拟订第（2）方案时所得到的结论，即 W 应与 S、Se 及 Te 排列在一个序列，而不是与 Cr 及 Mo 排列在一个序列。

就在稍晚一些时候，门捷列夫在体系的这一部分恢复了元素的正确排列，并重新编制了 Cr、Mo 及 W 序列（副族）。在表下面放置了暂时从元素表中删去的 7 种元素。

附 30　带有原子体积的第一个元素体系。影印件 Ⅷ 的解释

影印件 Ⅷ 的原件保存在列宁格勒大学门捷列夫档案陈列馆。

在表 45 中所做的改变（与影印件 Ⅵ 比较）是这样标记的：在表 40 中不存在的元素用粗体字表示，而调整位置的元素用斜体字表示。

				H						
Li	Be	B	C	N	O	F				
Na	Mg	Al	Si	P	S	Cl				
K	Ca	?	Ti	V	?	?	Cr	Mn		Fe
							NiCo			
Cu	Zn	—	—	As	Se	Br				
	In									
Rb	Sr	—	Zr	Nb	?	?	Mo	*Rh*	*Ru*	Pl
							Ce			
Ag	Cd	Ur	Sn	Sb	Te	J				
Cs	Ba	—	—	—	—	—				
—	—	—	—	Ta	W	—	Pt	Ir	Os	
							Hg	*Au*		
Tl	Pb	Bi	—	—	—					

表 45　把铟及铈列入元素体系，元素体系第（3）方案的初步调整（58 种元素）

[（见影印件 Ⅷ）1869 年 2 月末或 3 月初（?）。斜体字为调整到新位置的元素，粗体字为新补充的元素（与表 40 相比）。]

与影印件 Ⅵ 比较，Rh 及 Ru 改变了位置，而 Au 排列在 Pt、Ir、Os 及 Hg 之后。此外，表 45 中没有指出序列的交错。与影印件 Ⅵ 比较，这里进行了把 H，以及 Ce、In 列入体系的试验。

影印件 Ⅷ 表明，在周期律发现的最早阶段，门捷列夫不仅试图在元素体系中引入原子量，还试图引入作为原子量函数的原子体积。在这一影印件上所记载的表带有标题：比重和比容。（元素的比容或原子体积是通过元素原子量除以元素比重的方法

得到的。）

　　本表编制的大致日期可通过把比重、原子体积的数值与其他来源的数值相比较来确定，这些数值和来源的时间是已知的（见［附 29］、［附 40］，特别是［附 53］）。

　　附 31　把"轻"元素分为偶数化合价元素和奇数化合价元素。影印件 Ⅸ 的解释

　　影印件 Ⅸ 的原件保存在列宁格勒大学门捷列夫档案陈列馆。

　　表 45a 是由按照原子量排列的元素总序列分为偶数化合价元素（形成 RX_2、RX_4 以及 RX_6 形式的化合物）和奇数化合价元素（形成 RX、RX_3 以及 RX_5 形式的化合物）而形成的。

奇数化合价元素		偶数化合价元素	
H $= 1$		$H_2 = 2$	
	-6		-7
Li $= 7$　　$-6?$		Be $= 9$	
	-4		-3
B $= 11$　　$10?$		C $= 12$	未得到 $x = 20$ F？
	-3		-4
N $= 14$		O $= 16$	
	-5		-8
F $= 19$		Mg $= 24$	
	-4		4
Na $= 23$		Si $= 28$	
	-4		-4
Al $= 27$		S $= 32$	未得到 $x = 36$？Cl？
	-4		-8
P $= 31$		Ca $= 40$	
	-4		
Cl $= 35$		Ti $= 50$	
	-4		
K $= 39$		Fe $= 56$	Cr_2O_3

表 45a　把"轻"元素分为偶数化合价元素及奇数化合价元素。
预见未来第 0 族的 3 种元素（20 种元素＋3 种假设元素）
［（见影印件 Ⅸ）1869 年 2 月末］

　　很可能，门捷列夫把下列"轻"元素卡片排列到了一个序列中：

H Li Be B C N O F Na Mg Al Si P S Cl K Ca Ti ［V Cr］Fe

　　在这以后，所有奇数化合价并有特别记号的元素被移到一边，形成第 1 个纵列；而无特别记号的元素仍在原有位置，形成第 2 个纵列。

　　V 完全不见了。Cr 以 Cr_2O_3 形式写在页边，表明了它是奇数化合价元素（因此 V 及 Cr 放在方括号内）。门捷列夫很可能是从影印件 Ⅴ 和 Ⅺ 记载的表出发直接进行这项工作的。

门捷列夫对影印件Ⅶ中前三个序列以及 Ag—J 序列中的偶数化合价元素及奇数化合价元素交替出现做了分析以后，编制了如下示意图（见影印件Ⅸ和表 45a）。

这一示意图表明，在每一序列中有 4 个奇数化合价元素及 3 个偶数化合价元素，并且化合价由 1（Li、Na、K、Ag）增加到 4（C、Si、Ti、Sn），然后又减少到 1（F、Cl、J）。

这里我们不停留在门捷列夫关于"未得到"元素极为有趣的预见上：$x=20$（未来的氖），$x=36$（未来的氩）和通过 $H_2=2$（未来的氢）[①] 所表示的元素。

附 32　使长序列成双的示意图。影印件 Ⅹ 的解释

影印件 Ⅹ 的原件保存在列宁格勒大学门捷列夫档案陈列馆。

记载这张小表的纸被编在门捷列夫私人藏书第 1010 卷第 7 页前面。这一卷包括了《化学原理》第一版第二卷。[8]20-21

表 45b 表明，Cu 应排列在 K 及 Rb 之间，Ag 应排列在 Rb 及 Cs 之间，Zn 应排列在 Ca 与 Sr 之间，而 Cd 应排列在 Sr 与 Ba 之间。

	F	Cl	Br	J		
{Li}	Na	K	Rb	Cs		Cu Ag
	[Li]	[Na]				
	Mg	Ca	Sr	Ba	Zn Cd	

表 45b　在体系中使长序列成双的示意图（17 种元素）

［（见影印件 Ⅹ）1869 年 2 月末。被折线分开的元素应该排列在表的其他位置（纵列 Cl—Ca、Br—Sr 和 J—Ba 之间）；删去的或被其他元素覆盖的元素放在方括号内；Li 放在花括号内，它在装订书时被切去。］

附 33　按照原子量把所有元素排列到连续序列中的"第一次试验"

发现周期律以后，门捷列夫觉察到可以这样表达这个规律：把各元素按照原子量排列到一个总序列中。这时可以看到，在这一序列中，相似元素经过一定间隔以

---

① 我们的论文《门捷列夫周期律及惰性气体》叙述了这一问题。[21]95-114

后便周期性地重复着。在有关周期律的第一篇论文中，门捷列夫谈到"第一次试验"。

很容易表明，"第一次试验"并非在发现周期律之前，亦不是在发现周期律的时候，而是在发现周期律之后。因为在发现开始时，把原子量 14 硬加到铍上，Be 并非排列在碱土金属族的 Li 和 B 之间，而是与 Al、Fe、Ce 排列在一起（见影印件Ⅲ和Ⅳ）。由于这个缘故，Li 与 B 之间、Mg 与 Si 之间起初留下了空位。稍晚一些时候，当门捷列夫做了不少元素排列的试验以后，才把 Be 排列到了 Li 与 B 之间，把 Al 排列到了 Mg 与 Si 之间。仅仅在周期系（见影印件Ⅳ）创立的末期，Ur＝116 才被排列在 Cd＝112 及 Sn＝118 之间，而在这以前，这一位置是空着的，并且门捷列夫把 Ur 的原子量取为 120，而不是 116。

所有这些证明，在门捷列夫论文中列举的 4 个元素序列和在元素表中一样（见影印件Ⅵ、Ⅶ和Ⅷ），它们取自元素表，不是在 1869 年 2 月 17 日以前，而是在这以后。

这样，门捷列夫的"第一次试验"应该这样来理解：这是在周期律发现之后第一次试图按照原子量递增的顺序把元素排列成单一连续的序列。

附 34　带有小周期的长式元素表

表 46 表示如何从《元素体系的尝试》（见影印件Ⅺ）得到元素体系第（4）方案。K 族及 Ca 族转移后依然保持原来两行的形式，在表的最上面有：Li 在 Be 之上，远高于 Be；Na 在 Mg 之上，远高于 Mg；K、Ca（或 K、Ca 及？＝45）直接与 Ti 连接，在 Ti 之上；Rb、Sr 在 Zr 之上；Cs、Ba 在？＝180 及 Ta 之上；而 Tl、Pb 形成一个新纵列。

在有关周期律的第一篇论文中，门捷列夫列举了与表 46 相似的元素体系方案。[2]10 与表 46 相比，这里显然漏掉了 Ca：在其位置上既无元素符号，亦无短画线。后来门捷列夫修改了这一遗漏。[2]283

此外，Cr、Mo 行应该与 V、Nb、Ta 行交换位置。这说明在完整元素草表（见影印件Ⅳ）中，Cr、Mo、W 排列在 V、Nb、Ta 之上而不是之下。

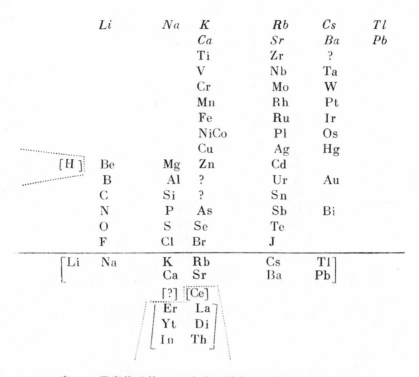

表 46　元素体系第（4）方案：带有小周期的长式元素表

［（见影印件Ⅺ）1869 年 2 月末—3 月初（？）。暂时从体系中删去的元素用虚线
分开，直线以下元素调整到其他位置。方括号内为删去的元素，斜体字为调整
到新位置的元素。］

最后，门捷列夫用短画线来代替 W，说明 W 从这里转移到别处了。但是对 W
的转移，仅在编制使序列成双的元素短表时才有可能（见影印件Ⅵ和Ⅷ），而在长
式元素表中 W＝186 只能排列在 Cr、Mo 序列，在 Ta＝182 之下。

附 35　未分出小周期的长式元素表。体系方案总示意图

表 47 表明，通过把一个周期排列在另一周期之上，形成长式元素表。据此，
Li—F 纵列完全排列在与它相邻的 Na—Cl 纵列之上，K—V 纵列（不包括该纵列
的下端，即不包括 Fe 族）排列在 Cu—Br 纵列之上；Rb—Nb 纵列（不包括该纵列
的下端，即不包括 Pl 族）排列在纵列 Ag—J 之上；Cs—Ba 纵列（不包括 Pt 族）排列在
端，即不包括 Pt 族）排列在 Ta—W 纵列之上。

Li	K	Rb	Cs	Tl
Be	Ca	Sr	Ba	Pb
B	?	?	—	Bi
C	Ti	Zr	—	
N	V	Nb	—	
O	—	—	—	
F	—	—	—	
	{|*|}	{*}	{*}	
		{*}	{*}	
Na	Cu	Ag	—-	
Mg	Zn	Cd	—	
Al	?	Ur	—	
Si	?	Sn	—	
P	As	Sb	Ta	
S	Se	Te	W	
Cl	Br	J	—	

	Cr		Mo		Au
{|*|}	Mn	{*}	Rh	{*}	Pt
	Fe		Ro		OsIr
	NiCo		Pl		Hg

表 47　未分出小周期的长式元素表（一个叠一个放置的小周期）

［（见影印件Ⅵ）1869 年 2 月末。与表 40 相比，斜体字为向上移动的元素序列；
花括号内为论文《元素的性质与原子量的相互关系》中的元素表所指出的部分
长序列。］

保留在原来位置的、三个向上转移的纵列中每个纵列的末端用星号（放在花括
号内）标出，并用一条直线与表的其他部分分开。这些"末端"应该排列的位置可
用同样的星号标出，这就是表内部的 Fe、Pl 及 Pt 三族：Fe 族（用 * 标出）排列
在 Cu 之上，Pl 族（用 ⁑ 标出）排列在 Ag 之上，Pt 族（用 ⁂ 标出）排列在 Ba 及
Ta 之间。这一例子证明，对门捷列夫来说，在发现周期律以后，排列上述三族
（以及与之紧随的元素）多么困难。

在表 47 中由这些族形成了同样类型的局部元素小表（这种小表我们在影印件
Ⅳ中已见到），同时把 Mo 列入 Pl 族，把 Au 及 Hg 列入 Pt 族。

总结已做过的工作，以前元素表的每一行最后分成两行，并且只有完全相似物
才能被列入两行中的任一行，例如，Be、Ca、Sr、Ba、Pb 在第二行，而 Mg、Zn、
Cd 在倒数第六行（从直线算起）。

体系方案总示意图表明，门捷列夫从元素体系第（1）方案（在影印件Ⅴ和Ⅺ
提出的）出发，在以后的两周内主要按照三个方面进行工作：

第一方面，通过使长序列成双得到横式短式元素表［元素体系第（2）方案，

见影印件Ⅵ；元素体系第（8）方案，见影印件Ⅹ］，然后由横式短式元素表（见影印件Ⅵ）出发，按照两个不同方向发展：

竖式短式元素表［元素体系第（3）方案，见影印件Ⅶ；元素体系第（3a）方案，见影印件Ⅷ］。

序列按照逆向排序，重新得到横式长式元素表［元素体系第（7）方案，见表47］。

第二方面，通过极端分离，即把卤族和碱金属族分开排列到体系两端，得到完善的横式长式元素表［元素体系第（4）方案，见表46［附34］］，然后把铈列入表中［元素体系第（9）方案］。

第三方面，通过把所有元素延伸为一个［元素体系第（1a）方案］或两个［元素体系第（1b）方案，见影印件Ⅸ］纵列或序列，并进一步由单一纵列或序列［元素体系第（1a）方案］变为之字形线［元素体系第（11）方案，见影印件Ⅹa］或螺旋形式［元素体系第（6）方案］。

还有两个方案：立体的［元素体系第（5）方案］，或按照横向及纵向比较相似性的方案［元素体系第（10）方案］，具体方法尚不清楚（见《体系方案一览表和总示意图》）。

附36　第一篇论文的结论草稿。影印件Ⅹa的解释

为了更深入地研究门捷列夫在关于周期律的第一篇论文中的结论，我们把结论草稿（影印件Ⅹa的解释）与已发表的结论相比较。门捷列夫原来用钢笔写的结论用浅色字[①]排版，后来用铅笔补充的内容用斜体字排版。被门捷列夫删去的内容（见影印件Ⅹa）列在方括号内。

草稿[8]28-29：

我希望，把论文中需要表达的实质性内容表达在下列结论中：

1）［简单物质］按照原子量排列的元素具有周期性从属关系，因此假如能用数字把每一元素（自己的……）的化学性质表达出来，并且假设横轴是原子量，而纵轴是性质，则可得到之字形线（开始时类似）。

2）Ni、Co、Pt、Ir等是相似元素，或者具有相近的原子量，或者具有明显不同的原子量。

［2］相似元素族在原子量上具有相似的变化，为了看到这种情况，只

---

① 文中为正仿体排版。——编者注

要充分地比较〔……〕。这种相似性至今没有被从事这个问题的观察者们所发现。同样的原因，在比较原子量时，他们没有注意到关于热拉尔和康尼查罗的真实原子量概念的定律。

3）按照原子量对元素所做的比较局部地对应于元素的化合价及元素在化学序列中的位置。

〔3〕在自然界具有独立化学功能的分布最广泛的单质具有较小的原子量。不存在同系的差别。

4）原子量决定元素的性质，正如局部质量决定物质的〔相似〕物理性能以及化学反应中物质的化学关系和定量关系。

5）有最小原子量的氢，究其〔组成〕正确性应该承认……

可以〔最大〕，可能期待得到更多新的元素。

6）如果现在努力测定复杂物质的性质：

a）通过复杂物质的元素〔组成〕的性质。

b）通过微粒中的原子数。

c）通过组成中元素的相互作用和影响。所有结构的概念都属于这一方面，所以现在我觉得更应该引起注意。

d）进入组成中的元素本身的质量，总的物质的数量方面，它们在这些最后关系中的结论，努力在以后召开的任何一次会议上通知协会。

7）〔某些〕元素的原子量可以修正。如果知道其相似性，如碲的原子量可能小于128，具有不大于126的数值。

8）从元素的原子量可提供某些元素的相似性，这样，根据原子量，铝及铀应该与硼相似〔见7〕，假如承认周期性定律1），这一点可通过它们化合物的比较来证实。

假如我能注意到这种简单物质中明显的数值关系和在其同一性（据我所知，以前尚无人指出过，亦无人注意过）方面的明显的数值关系，那么我的论文的目的就完全达到了。

印刷出版的发表稿[2]15-16：

作为结论我认为列举上述结果并非是多余的：

（1）按照原子量排列的元素，性质具有明显的周期性。

（2）化学性质相似的元素，或者具有相近的原子量（类似于 Pt、Ir、Os），或者具有按照顺序单调递增的原子量（类似于 K、Rb、Cs）。在以前的观察中这一递增的单一性在不同族内未被发现，因为在比较中并未应用确定元素真实原子量的热拉尔、雷诺、康尼查罗等人的结论。

（3）元素及其族按照原子量做的比较相应于元素的化合价，在某种程度上，相应于化学性质的差异。这可清晰地在序列 Li、Be、B、C、N、O、F 中看到，并在其他序列重复。

（4）在自然界分布最广泛的元素具有较小的原子量，而具有较小原子量的元素具有明显的特性，因此它们实质上是标准的元素。作为最轻元素的氢是最典型的元素。

（5）原子量的大小决定元素的特性，好像粒子可决定复杂物质的性质一样。因此，在研究化合物时，不仅应该注意元素的性质和数量、元素的相互作用，而且应该注意元素的原子量。所以，像 S 及 Te、Cl 及 J 等的化合物在相似情况下具有很多明显的差异。

（6）还应该期待许多未知元素的发现，例如，与 Al、Si 相似的原子量为 65～75 的元素。

（7）知道元素的相似性，其原子量有时就可以修正，因而 Te 的原子量必定不是 128，而是 123～126？。

（8）元素的某些相似性可以根据原子量来发现。这样，铀成为硼及铝的相似物，可通过它们化合物的比较来证实。

如果我能使研究者的注意力集中在不相似元素的原子量上，那么我的论文的目的就完全达到了。（这一点，据我所知，至今尚无人注意到）假如在这一类任务中存在着解决科学重要问题中的一些问题，那么只要时间允许，我将专注于对锂、铍和硼的比较研究。

把草稿与发表稿比较，我们发现下列情况：

门捷列夫把草稿第 3）、5）点合并为发表稿第（4）点。

发表稿第（5）点，在"粒子质量可决定复杂物质的性质"这一句中去掉了"质量"两个字。在草稿中对应位置的内容是："局部质量决定物质的物理性能以及化学反应中物质的化学关系和定量关系"。如果把"粒子质量"说成"粒子的大小"，则会认为门捷列夫所讲的不是分子量（事实上是如此），而是分子的大小，这是不对的。

发表稿第（6）点所说的是两种未知元素：第一种（? =68）在 B 序列，在 Al 及 Ur 之间；第二种（? =70）在 C 序列，在 Si 及 Sn 之间。当计算第二种元素的原子量时，门捷列夫首先得到 $x=72$（见影印件Ⅳ）。目前并不能更准确地计算未知元素的假设原子量，门捷列夫仅指出了一个范围，其原子量应在 65～75。因此，它们应该排列在 Zn＝65 及 As＝75 之间。

更为可疑的是另外两种未知元素，这些元素在《元素体系的尝试》中并不排列在体系中心部分，而排列在体系的下面，在 Ca 之下（？＝45），或在右上角（？＝180）。

草稿第 7）点指出，Te 的原子量不大于 126。在发表稿中，其原子量在 123 和 126 之间。在影印件Ⅵ和Ⅶ中，Te＝125。

在草稿第 8）点及发表稿第（8）点中，当指出 Ur 与 B、Al 相似取决于其原子量时，所指的是两种情况：

（1）Al 开始并不排列在 B 序列，而排列在 Be、Al 序列（见影印件Ⅳ），甚至在 Be、Al、Fe 及 Ce 序列（见影印件Ⅲ）。根据其本身原子量（Al＝27.4），应该排列在 Mg＝24 和 Si＝28 之间，这样就列入了 B 序列。

（2）Ur＝120 不能在体系中找到位置，因为合适的位置已被占：Sb＝122，Sn＝118。但是在同一个 B 序列中，在 Sn＝118 及 Cd＝112 之间有空位。为了把 Ur 排列到这里，门捷列夫把它的原子量由 120 减到 116（见影印件Ⅳ）。

由于这个原因，在草稿中对原先第 7）点做了引证，其中说明，在知道元素相似性的情况下，可以修正其原子量。这里对第 1）点做了引证，并且第一次把发现的依赖关系称为周期性定律。

在草稿下一结束段，"ПР"第一次被解释为"以前"。但是把草稿与发表稿相比较就会发现，应该解释为"简单物质"。在发表稿中，"元素"一词即相当于这一点。[8]867

在草稿第 1）点，开始同样写着"简单物质"，然后改为"元素"了。这就表明，"ПР"实际上指"简单物质"，门捷列夫在最终校阅结论时改为"元素"。恰好，在影印件Ⅶ的记载中，与草稿结论同时写出"简单物质"这个词，门捷列夫缩写为"ПР"。

第 5 章

附 37　1869 年 3 月 1 日分发《元素体系的尝试》

门捷列夫在校对《元素体系的尝试》清样时做了几点关键性的调整：

第一，把铑的符号由 Ro 变更为 Rh，把钌的符号由 Rh 变更为 Ru，并交换了这两种元素的位置。实际上，做了把 Ro 中的字母"o"修改为字母"u"的工作。

第二，删去了 Er、Yt、In 那里的第二个问号及 Th 那里的第一个问号，可能因为它们妨碍印刷工人把这些元素排布在纵列里。

第三，在法文本中把俄历 1869 年 2 月 17 日改为公历 1869 年 3 月 1 日；而在俄文本中删去了日期，代之以签名"门捷列夫"。

《元素体系的尝试》大概是在 1869 年 2 月底印好的，因为门捷列夫已经在 3 月 1 日分发给化学家了，因此 3 月 1 日以前应该进行了校对，并且印好。由此得出了另一个结论：门捷列夫在 3 月 1 日以前不可能离开圣彼得堡去干酪制造厂，只有在 3 月 1 日以后才最有可能去考察干酪制造厂。

关于分发这个表的问题，门捷列夫在《我的著作目录》中关于 43 号手稿写了如下内容：

> 关于周期的最初思想我写在 43 号手稿中，这张表已在 1869 年 3 月 1 日分发给许多化学家。[7]53-54

附 38　1869 年 2 月 17 日以后完成《化学原理》第二卷的提纲。影印件ⅩⅡ的进一步解释

影印件ⅩⅡ的解释是从 1869 年 2 月 17 日前所做的部分记载的表 7［附 6］开始的。现在，门捷列夫在表 48 中指出了，在 1869 年 2 月 17 日后，亦即从已经发现的周期律出发，记入原先提纲中的一些调整。这些调整如下：

（1）原来的第 3 章（Mg）和第 4 章（Ca、Sr、Ba）被合并成第 4 章。

（2）新的第 3 章被定名为"热容"。

（3）在新的第 4 章里补充了作为碱土金属族元素的 Be。只有在 1869 年 2 月 17 日以后才有可能做出此补充，因为那是 Be 第一次与 Mg 排列在同一序列。

（4）在第 5 章（Zn、Cd、In）里补充了"硅铈石族"（Ce、La、Di）及"矽铍钇矿族"（Yt、Er），这些元素第一次排列在靠近 In 的地方（在《元素体系的尝试》的下方）。

（5）原来的第 7 章（Hg、Pb、Tl）被调整到提纲的末尾，把 Hg、Pb、Tl 与 Au 合并在一起。门捷列夫在论文中指出了这一点。但 Bi 目前仍留在第 11 章（与 Sb 及 As 在一起），直到最后才被调整到提纲的末尾，与 Au、Hg、Pb、Tl 合并在一起。

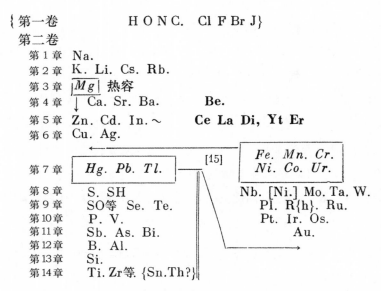

{第一卷　　　　　　H O N C.　Cl F Br J}

第二卷

第1章　Na.

第2章　K. Li. Cs. Rb.

第3章　|Mg| 热容

第4章　↓ Ca. Sr. Ba.　　　　　Be.

第5章　Zn. Cd. In.～　　　**Ce La Di, Yt Er**

第6章　Cu. Ag.

第7章　Hg. Pb. Tl.　　[15]　　Fe. Mn. Cr. Ni. Co. Ur.

第8章　S. SH　　　　　　Nb. [Ni.] Mo. Ta. W.

第9章　SO等 Se. Te.　　　Pl. R{h}. Ru.

第10章　P. V.　　　　　　Pt. Ir. Os.

第11章　Sb. As. Bi.　　　　Au.

第12章　B. Al.

第13章　Si.

第14章　Ti. Zr等 {Sn. Th?}

表 48　《化学原理》提纲的调整和补充（61＋〔2〕＝63 种元素）

［（见影印件ⅩⅡ）1869 年 2 月末—3 月（?）。1869 年最后提纲。与表 7〔附 6〕中的 1869 年早期提纲相比，粗体字表示新补充的内容，方框内的斜体字表示调整到新位置的元素，方括号内表示删去的元素，花括号内表示作者补充的元素。］

（6）在原来的第 7 章引入了原来的第 15 章，并分为两章：第 7 章（Fe）及第 8 章（Mn、Cr、Ni、Co、Ur）。

和以前一样，门捷列夫没有把 Ur 排列在 B、Al 族而排列在 Fe 族。这可能说明了提纲中该位置改变的日期不是 1869 年 2 月，而是 5—6 月，当时门捷列夫取消了 Ur＝116 在 B、Al 族、Cd＝112 与 Sn＝118 之间的最初位置。

（7）最后，门捷列夫把铌的不正确符号 Ni（见影印件Ⅰ）变更为 Nb。

留下了未变更的铑的符号（R）及第 14 章中 Ti、Zr 后的"等"。正如我们认为的，门捷列夫所指的"等"是把 Sn 及 Th 排列在此。在这种情况下，《化学原理》1869 年最后提纲中包括了 63 种元素，而 1869 年早期提纲中包括了 57 种元素（同样计入了 Sn 及 Th）。

以上就是门捷列夫在发现周期律以后在《化学原理》第二卷的提纲中所做的调整和补充。

附 39　在《化学原理》中按照顺序叙述二化合价金属的示意图

假如以影印件Ⅶ和Ⅷ为出发点，那么可以通过下面的方式叙述元素：最初是与

Mg 相似的元素；其后是与 Mg 稍微相似的元素，而且它们只有 *RO* 型化合物；最后是与 Ba 相似的元素。

与 Mg 相似的元素族用一个星号（＊）表示，置于垂直的实线框中；与 Mg 稍微相似的元素族用两个星号（＊＊）表示，置于水平的虚线框中；Ba 及其相似物（Pb）用三个星号（＊＊＊）表示，置于垂直的实线框中。在化合物中表现为二化价的金属用两撇（″）表示。

结果得到了表示上述三族关系的示意图。Pb 在其 *RO* 型化合物中可看作 Ba 的相似物。

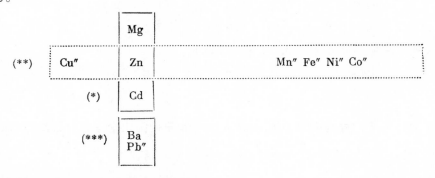

附 40　记载比重及原子体积的顺序

表 49 表示元素的比重及原子体积的变化，由此可以判断编写《化学原理》对应章节的时间。

	项目	J	Na	K	Li	Rb	Mg	Ca	Sr	Ba	Be	Zn	Cd	Cu	Ag	Pb	Hg
比重	第一卷第22章 第二卷第1、2章	4.9	0.98	0.865	0.59	—											
	影印件Ⅷ	5.0	0.97	0.86	0.59	—	1.74	1.58	2.5	—	2.1	7.0	8.6	8.8	10.5	11.4	13.6
	第二卷第4、5章						—	1.58	—	3.6	2.1	6.8 ~ 7.2	8.65				
	第二卷第6章开头	4.93	0.95	0.87	0.594		1.74	1.58	2.5	3.6	2.1	7.1	8.61	8.8	10.5		
	第二卷第6章结尾													8.9	10.5		
原子体积	影印件Ⅷ	25	24	45	12	—	14	25	35	—	4.5	9	13.0	7.2	10		15
	第二卷第6章开头	26	24.2	44.8	11.8		13.8	25.3	35.0	38	4.5	9.2	13.0	7.2	10.5	18	15

表 49　在《化学原理》和影印件Ⅷ中比重及原子体积的变化

开始是 J（第一卷第 22 章）及碱金属（第二卷第 1、2 章）的数据。

其次应该是在影印件Ⅷ上记载的，在 1869 年 2 月 17 日以后立即编制的元素小表（见［附 30］）。这时门捷列夫还不知道 Rb 和 Ba 的比重，故未列入表中。同样，他也未将 Rb 列入第 2 章。

在第二卷第 4～5 章第一次引用了 Ba 的比重(3.6)。[4]164

接下来，应该是在第二卷第 6 章开头引用了原子体积和比重。

最后，应该是在第二卷第 6 章结尾引用了 Cu 及 Ag 的比重。

第 7 章名为"铁"，第 8 章名为"铁的相似物——钴、镍、锰、铬（及铀）"，编写这些章节时已是 1869 年夏秋时节。

门捷列夫在第 8 章引用了比重及原子体积[4]300：

	Cr	Mn	Fe	Co	Ni	Cu
原子量	52	55	56	59	59	63.4
比重	6.8	8.0	7.8	8.5	8.6	8.8
原子体积	7.6	6.9	7.2	7.0	7.0	7.2

这些元素在影印件Ⅷ上的比重及原子体积：

	Cr	Mn	Fe	Co	Ni	Cu
比重	6.8	7.2	7.8	8.5	8.8	8.8
原子体积	8	8		7	7	7.2

附 41　关于门捷列夫未参加 1869 年 3 月 6 日俄国化学学会会议原因的谣传

Ъ. Н. 门舒特金在 1934 年①再版的化学史书和 1937 年②的书中多次一字不差地重复他的谣传。

Ъ. Н. 门舒特金很幸运，关于门捷列夫生病的谣传为某些化学家和化学史家所附和。到现在为止，没有人去检查它的正确性。

无论从专门的历史——化学性质的专题科学作品，还是从科学普及作品中都可以举出许多例子。首先我们要指出的是，化学史家著作中的每一情节都应该建立在确切的、经受检验的事实基础上。

卡普斯钦斯基的著作是通过如下方式阐述这一问题的：

1869 年 3 月 6 日，由于门捷列夫生病，Н. А. 门舒特金按照门捷列夫的请求，在俄国化学学会会议上做了门捷列夫的工作报告……

但门捷列夫发现周期律的报告并未引起化学家的注意，几乎受到了冷遇：既没有问题，又没有争辩。又过了一年左右，经过进一步完善，1870 年 12 月 3 日，门捷列夫亲自在学会会议上做了报告，这一次几乎得到了

---

① 门舒特金 Ъ Н. 150 年来化学发展中的重要阶段［M］. 2 版. 列宁格勒：苏联科学院出版社，1934：63.

② 门舒特金 Ъ Н. 化学及其发展道路［M］. 列宁格勒：苏联科学院出版社，1937：229.

同样的结果。①

从以上叙述可以看到，卡普斯钦斯基完全没有批判地接受门捷列夫在俄国化学学会会议上要宣读论文的那一天被臆想生病的谣传。如果卡普斯钦斯基正确地转述了 H. A. 门舒特金的证据，说 1869 年 3 月的报告没有引起听众的兴趣，差不多过了两年之后的 1870 年 12 月他们又表现出同样的态度，就大错特错了。因为恰恰相反，保存的资料及活生生的证据说明的是另外的情况。如 1870 年柏林《报道》刊登了从圣彼得堡寄来的利赫赞尔的一篇很长的通讯，它证实了听众对门捷列夫所做的报告产生了极大的兴趣。[8]188-191 会议不是一般的例行会议，而是特别的会议，并且不仅化学家和学会会员对报告表现出了兴趣，而且大学校长，物理、数学系主任以及相近专业（包括矿物学及地质学）的代表也对报告产生了兴趣。[8]186-187

在其他场合下，关于门捷列夫被臆想生病的谣传，卡普斯钦斯基用稍加修改的方式做了叙述：

> 1869 年 3 月 6 日在俄国化学学会会议上，H. A. 门舒特金依正在生病的门捷列夫的请求而以门捷列夫名义做了工作报告，报告内容后来以《元素的性质与原子量的相互关系》为标题问世。
>
> 既没有问题，又没有争辩。
>
> 我们注意到：门捷列夫在 1868 年年底拟订了元素周期律以后，把它印了简短的、差不多是提纲性质的若干份，并附有注解，1869 年 2 月发给了一些俄国化学家……[13]26

这里许多说法是不确切的。按照卡普斯钦斯基的说法，门捷列夫的周期律不是在 1869 年 2 月而是在 1868 年年底发现的；分发《元素体系的尝试》不是在 1869 年 3 月 1 日，而是在 1869 年 2 月。可是"简短的、差不多是提纲性质的若干份，并附有注解"仿佛在 1868 年年底出版的元素周期律的出版物，是根本不存在的。

后来，卡普斯钦斯基断言，似乎已经在《元素体系的尝试》中"采用了与氧反应的最高价"，这也是不正确的。

门捷列夫在 1869 年 10 月 2 日（在《元素体系的尝试》发表后 7 个月）的俄国化学学会会议上所做的报告中首次指出：

> 元素的最高化合价与原子量的周期性存在依赖关系。[2]30-37

---

①　卡普斯钦斯基 A Φ. 从罗蒙诺索夫到伟大的十月社会主义革命期间俄国无机化学和物理化学史概论 [M]. 莫斯科：苏联科学院出版社，1949：54.

假如化学史家不加批判地接受了门捷列夫被臆想生病的谣传，那么这种谣传很容易在科普著作中传播。例如，柯列斯尼可夫写道：

那时门捷列夫生病了，著名的俄国化学家 H. A. 门舒特金为他宣读了论文。门捷列夫写道，他创造了所有化学元素的自然体系……元素的性质通过一定的、确定的间隔得到重复，周期性地重复，学者称自己的体系为元素周期律。[1]

除了门捷列夫生病的谣传之外，这里混淆了门捷列夫从事体系工作的不同阶段：在 1869 年 3 月他只称体系为"元素体系的尝试"，在 1870 年 11 月称之为"元素体系"，在 1871 年 3 月才称之为"周期律"。

阿里特舒列尔写道：

3 月 6 日，由于作者病了，在俄国物理-化学学会会议上 H. A. 门舒特金教授宣读了门捷列夫的《基于原子量和化学同一性基础上的元素体系的尝试》的论文。[2]

除了门捷列夫被臆想生病的谣传之外，在这短短的叙述中有四点是不确切的：

(1) 那时不称物理-化学学会，而称化学学会。

(2) H. A. 门舒特金那时还不是教授，一个月后才成为教授。

(3) 门捷列夫的论文题为《元素的性质与原子量的相互关系》，并非这样命名的。

(4) "同一性"代替了门捷列夫的"相似性"，阴性结尾的"基于"代替了门捷列夫用阳性结尾的"基于"。

斯杰潘诺夫写的也是一个腔调：

门捷列夫由于病了而未参加这个历史性的会议。圣彼得堡大学 H. A. 门舒特金教授以门捷列夫名义宣读了门捷列夫所写的《元素的性质与原子量的相互关系》的报告。[3]

同样的谣传在许多著作中流传着。[4]

库勒巴托夫教授赋予了这个谣传更为详尽（假如可以这样表示的话）的艺术形

① 柯列斯尼可夫 A Л. 门捷列夫定律 [M]. 莫斯科：国立技术理论出版社，1954：9.
② 阿里特舒列尔 C. 门捷列夫怎样发现了周期律 [M]. 莫斯科：国家化学出版社，1949：66.
③ 斯杰潘诺夫 Б. 伟大规律的历史 [M]. 莫斯科：青年近卫军出版社，1952：189.
④ 库兹涅佐夫 Б Г. 德米特里·伊万诺维奇·门捷列夫 [M]. 莫斯科：军事出版社，1957：17.

象，他的《门捷列夫》一书是这样开头的：

最伟大的发现

　　1869 年 3 月 6 日晚上 8 点，两个学者——化学家和物理学家坐着一辆马车向坐落在圣彼得堡大学 12 个学会的长长的大楼驰来，他们来参加刚成立不久的俄国化学学会举行的例会……出席者急躁地等待着会议的开始，因为听到年轻的化学教授门捷列夫将要做非常重要和有趣的报告。

　　遗憾的是，门捷列夫不能出席会议，他因重病而卧床不起。

　　H. A. 门舒特金教授代替门捷列夫走上了讲台，并以门捷列夫的名义做了简短的报告。①

库勒巴托夫在结论中写道：

　　H. A. 门舒特金教授所做的报告引起了热烈的争论。门捷列夫的预见和在自然界存在着尚未发现元素的断言激怒了科学院的元老们。

　　其他人，特别是参加会议的年轻学者及化学专业的大学生们坚定地相信门捷列夫不可能错，他的科学预见迟早会得到证实。②

　　这里，除了关于门捷列夫生病的谣传之外，还提出关于由 H. A. 门舒特金代门捷列夫所做报告如何进行讨论的臆想。作者想引起年轻读者的兴趣并为此而违背事实，这种臆想未必是正确的，要知道这并非艺术作品。在艺术作品中允许有虚构之词，而这是学生们读的科学家传记，在这种作品中最重要的就是要把握住真实性，不管作品如何华丽与引人入胜，都不应存有谎言。

　　关于成为谣传的门捷列夫生病的说法甚至充斥于电影界。例如，关于门捷列夫的电影剧本在戈列勃涅尔的笔下描绘得更为明显。门捷列夫由于什么原因而得了病和得了什么病？戈列勃涅尔在叙述中说，在发现了周期律之后，门捷列夫由于刚刚做出了发现而十分激动，为了凉快一些而站在通风口，因此而得了严重感冒。③

　　这种谣传之所以滋生并确立，是由于写门捷列夫及其发现周期律的作者不加批判地对待这种谣传。

　　另一个谣传已经完全不可思议了，它来自与门捷列夫一起工作过的莫拉金契夫 (1872—1941)。莫拉金契夫捏造的谣言说，门捷列夫 3 月 6 日不出席会议并非外部

---

①　库勒巴托夫 B Я. 门捷列夫［M］.［出版地不详］：儿童文学出版社，1954：3-4.
②　库勒巴托夫 B Я. 门捷列夫［M］.［出版地不详］：儿童文学出版社，1954：6.
③　电影导演给我介绍了电影剧本的内容，他打算按照戈列勃涅尔的电影剧本处理影片并请我解释该问题。

的原因，而是内在的动机。

设在列宁格勒度量衡科学研究所的门捷列夫纪念馆由莫拉金契夫长期主持管理，其中有莫拉金契夫用门捷列夫相关资料所编写的纪念册。莫拉金契夫在纪念册中做了说明，对于刊登在《俄国化学学会学报》上的门捷列夫的论文《元素的性质与原子量的相互关系》的单行本，莫拉金契夫做了如下说明：

> 1869 年 3 月 6 日 H. A. 门舒特金教授以门捷列夫的名义在俄国化学学会会议上做了第一个报告（42 号）。显然，因为门捷列夫很激动，虽然他明白该发现的伟大意义，但决定不做报告。①

所有这些丝毫不符合门捷列夫做出的伟大发现的真实历史。按照莫拉金契夫的说法，门捷列夫虽然知道自己所做出发现的意义，但没有力量和勇气去说服别人这个发现是正确的。其实很清楚，门捷列夫从未表现出如纽兰兹和麦耶尔所描述的那种胆怯。

恰恰相反，门捷列夫强调指出：

> 正确性并不要求对谁第一个阐述了有名的真理，并被给予科学上最大的荣誉；而要求能够使别人相信它，证明它的正确性并使它应用于科学。[1]411

门捷列夫一贯遵循这个原则，不只是提出某种假设和推测，而会用各种方式去捍卫它们，并通过多方面的研究去论证它们，直到这些假设和推测在科学上取得公认的地位。

莫拉金契夫有什么理由可以声称：当门捷列夫在俄国化学家面前，捍卫和论证他所做出的 19 世纪化学史上最伟大的发现，在他科学活动最重要的时刻而变得胆怯？很清楚，这样的理由是不存在的，而且不可能存在。

因此，这种谣传与事实没有任何相符之处。

附 42　1869 年 3 月初门捷列夫去干酪制造厂出差

正如前面叙述的，门捷列夫于 1869 年 3 月 1 日分发了《元素体系的尝试》。这一天是星期六，两周之前正好是 1869 年 2 月 15 日，当时门捷列夫得到了离开圣彼得堡的准假凭证。可以设想，当时门捷列夫预计在 3 月 3 日星期一动身。谢肉节周的最后一天是 3 月 2 日（星期日），而从 3 月 3 日开始"大斋"。

---

① 文件保存在度量衡科学研究所门捷列夫纪念馆。

如果是这样，门捷列夫 3 月 6 日怎么也不可能为了在化学学会会议上做报告而回到圣彼得堡。就是说，必须有人代他做报告，即宣读《元素的性质与原子量的相互关系》论文。因为门捷列夫的论文原稿已经交给了《俄国化学学会学报》的主编，而学报的主编正是 H. A. 门舒特金，故很自然地请求 H. A. 门舒特金代之宣读论文。而之所以给 H. A. 门舒特金论文，是为了在定期出版的学报上刊登。

这就是说，大概在这些日子里（2 月末或 3 月的头两天），门捷列夫与门舒特金见过面，把论文的原稿给了他，并请求他在 3 月 6 日的学会会议上宣读。

就在那时，很可能是 3 月 1 日（星期六）的前一天，门捷列夫请求修改从大学校长那里取得准假凭证的有效期限。准假凭证的副本保存在列宁格勒中央历史档案馆，准假凭证的原件保存在列宁格勒大学门捷列夫档案陈列馆。[①]

在准假凭证的原件上有门捷列夫的亲笔修改：勾去了最初日期"到 2 月 28 日"，并在其上面写下了另外的日期"到 3 月 12 日"。（见影印件 XIII）

既然门捷列夫要离开大约 10 天，可以认为 3 月 2 日，最迟 3 月 3 日（星期一），他必须离开圣彼得堡，以便在 1869 年 3 月 12 日之前回来。但门捷列夫不可能早于 3 月 1 日离开，因为 3 月 1 日他刚把《元素体系的尝试》分发给化学家。

还有其他证据证实 1869 年 3 月 6 日门捷列夫不在圣彼得堡，而在特威尔斯基省的干酪制造厂。

在《皇家自由经济协会丛刊》1869 年第 2 卷第 6 期的关于干酪制造厂的考察报告中，门捷列夫写道：

> 关于获得牛奶的事，从 3 月 4 日起我在那里，从柯尔辅获得 13 普特[②]，从劳动组合获得 13 普特，在其他日子里劳动组合成员已获得了 25 普特。在此日子前后计算了一下，劳动组合成员数目增加了。斋期的来临终归有助于这种计算。[5]232

根据全部资料，门捷列夫在第一个（伊琴诺辅斯基）干酪制造厂至少逗留到 3 月 5 日或 6 日，以便在 3 月 4—5 日收到牛奶的清账。

后来门捷列夫写道：

> 苏舍辅斯基的劳动组合成员抱怨尼古拉·华里耶维奇[③]临斋期的那些

① 文件保存在列宁格勒大学门捷列夫档案陈列馆。
② 1 普特≈16.38 千克。——编者注
③ 维列沙金。

日子不给他们派干酪制造专家来。[5]233

因此当时门捷列夫应该在第二个（苏舍辅斯基）干酪制造厂，那时斋期最初日子（即 3 月 3—5 日）已经过去，已到了 3 月 7—8 日。

谈到第三个（维图格斯基）干酪制造厂，门捷列夫写道：

> 在我到达的时候，干酪制造厂在斋期已经开工了。[5]234

最后，门捷列夫还参观了第四个（谢尔鲍辅斯基）干酪制造厂。

在门捷列夫去干酪制造厂之前，收到维列沙金寄来的一封信，在信中有上述干酪制造厂的平面分布图（见影印件 XIV）①。

从这封信中可以看到，门捷列夫必须骑马行进 176 俄里②，并在四个不同地方逗留。

总之，门捷列夫在这次行程中总共考察了四个干酪制造厂。假设门捷列夫 3 月 3 日左右离开圣彼得堡，那么 3 月 4—6 日他可能在第一个干酪制造厂，3 月 7、8 日在第二个干酪制造厂，3 月 9、10 日在第三个干酪制造厂，3 月 11 日在第四个干酪制造厂。在这种情况下，3 月 12 日他能回到圣彼得堡。

门捷列夫 1861—1871 年③的笔记证实了他去干酪制造厂的确在 1869 年 3 月而不在 2 月。在 94 页记载了 1869 年 2 月的开支之后，在 95 页记载了：

> 1869 年 3 月出差到干酪制造厂及盐村……80—。④

门捷列夫向"自经会"申请的去往特威尔斯基省的出差费恰巧是这个总数（75 卢布）。

回到圣彼得堡之后，门捷列夫在"自经会"第一分会会议上做了出差报告，该会议在 1869 年 3 月 20 日召开，由索维托夫主持。

在寄给门捷列夫参加会议的正式请帖⑤（见影印件 XV）上，门捷列夫做了记载：

70——第一册

140——第二册

---

① 文件保存在列宁格勒大学门捷列夫档案陈列馆。
② 1 俄里≈1.066 8 千米。——译者注
③ 文件保存在度量衡科学研究所门捷列夫纪念馆。
④ 这份材料是由门捷列夫以前的私人秘书斯科沃勒卓夫提供给我的。
⑤ 文件保存在列宁格勒大学门捷列夫档案陈列馆。

这里指的是已经出版的《化学原理》第一版的第一册和第二册。门捷列夫 3 月 18 日收到请帖，由此可以得出结论，即 3 月 18 日前后《化学原理》第二册已经出版。

在这之前三天，索维托夫寄给门捷列夫一张关于会议的便条：

> 我通知您，关于干酪制造厂的第一分会会议将在星期四开始，并将登在报上。届时将有速记员。

3 月 17 日

索维托夫[①]

因此，在所引证文件的基础上可以认为，关于门捷列夫被臆想生病和被臆想胆怯的谣传被完全揭穿了。而门捷列夫不能参加 1869 年 3 月 6 日的会议及由 H. A. 门舒特金代他做报告的真正原因，完全是另外一回事。

附 43　1868 年 12 月到 1869 年 3 月事件经过的叙述

我们把门捷列夫从 1868 年 12 月末到 1869 年 3 月末的三个月中在生活及创作中所经历的事件按照时间顺序梳理一下。这里指的是与 1869 年 2 月 17 日发现周期律有联系的事件。

事件经过的叙述

从 1868 年 12 月末到 1869 年 3 月

1868 年 12 月

门捷列夫写完了《化学原理》第一卷第 22 章（F、Br 与 J）。

20 日后　在圣诞节受"自经会"的委托开始考察在特威尔斯基省的干酪制造厂（见《我的著作目录》）。考察了凡列柯西里斯基干酪制造厂（见 1869 年 3 月 20 日关于干酪制造厂的报告）。

29—30 日　考察了格拉索辅斯基干酪制造厂（见 1869 年 3 月 20 日关于干酪制造厂的报告、1868—1870 年的笔记，以及 1869 年 4 月 10 日关于奶类畜牧业收入额的谈话）。

考察了米哈伊洛辅斯基干酪制造厂（见 1869 年 3 月 20 日关于干酪制造厂的报告）。

---

①　便条保存在列宁格勒大学门捷列夫档案陈列馆。

1869 年 1 月

月初　第一次出差到干酪制造厂后回到圣彼得堡，开始编写《化学原理》第二卷，从叙述 Na 的第 1 章开始。

拟订了《化学原理》第二卷早期提纲（见影印件 XII）。

31 日　在"自经会"会议上呈报：为了继续考察干酪制造厂，打算在 2 月 20 日左右再去一次特威尔斯基省（见"自经会"会议记录）。

1869 年 2 月

上半月　编写《化学原理》第二卷的前面章节。在写完第 2 章之后，面临着决定在碱金属后叙述哪一金属族的问题。

停留在碱土金属上，但不能为此找到理论上的根据。

月中　基本上写完了《化学原理》第二卷第 3 章。

15 日　写了从 2 月 17 日开始为期 10 天出差去干酪制造厂的申请书。

取得了到 2 月 28 日的准假凭证。

17 日　发现周期律的一天。

早上收到了"自经会"秘书霍德涅夫发来的考察干酪制造厂的通知和私人信。

在信上首次按照原子量比较不相似元素族（见影印件 II）。编制了不完整元素小表（见影印件 III）。

在排列 Fe 族、Pl 族、Pt 族及 Ce 族和未经充分研究的金属族时遇到了困难，采用了"牌阵"，为此制作了元素卡片，并把卡片分为四堆。

在《化学原理》中元素清单的页边列出修正的原子量（见影印件 IIIa）。借助"牌阵"编制 63 种元素的完整元素草表（见影印件 IV），并誊写清楚，取名为《以原子量与化学相似性为基础的元素体系的尝试》（简称《元素体系的尝试》，见影印件 V），把誊清稿送交印刷厂排印，要求尽快送来校样。

18 日或稍晚些时候　着手撰写论文《元素的性质与原子量的相互关系》。在撰写论文的过程中拟订了一系列元素体系方案：17 种元素的小表（见影印件 X），55 种元素的横式短式元素表（见影印件 VI），56 种元素的竖式短式元素表（见影印件 VII），以及按照化合价划分元素的方案（见影印件 IX）。

20 日　校对《元素体系的尝试》（见表 34 [附 26]），做了几处修改，以比重及原子体积编制了 58 种元素的元素体系方案（见影印件 VIII）（可能这个方案编写得要晚一些，大概在 1869 年 3 月）。

完成《化学原理》第二卷的提纲（见影印件 XII）。（可能这个完成得要晚一些，

在 1869 年 3 月）

月末 撰写完论文《元素的性质与原子量的相互关系》的结论草稿（见影印件 Ⅹ a）。

完成论文，将其交给 H. A. 门舒特金，并请求 H. A. 门舒特金代他在俄国化学学会会议上宣读。

拟订对 Li 和 Be 比较研究的计划。（可能此计划是稍晚一些时候拟订的）

2 月 28 日 把假期结束时间从 2 月 28 日延至 3 月 12 日（见影印件 ⅩⅢ）。

1869 年 3 月

1 日 把印好的《元素体系的尝试》（见《我的著作目录》和影印件 Ⅺ）分发给许多化学家。

1—4 日 离开圣彼得堡去特威尔斯基省考察干酪制造厂。

4—6 日 考察伊琴诺辅斯基干酪制造厂。（见 1869 年 3 月 20 日关于干酪制造厂的报告）

6 日 在俄国化学学会会议上，H. A. 门舒特金宣读了门捷列夫的关于周期律发现的论文，在此时门捷列夫考察了苏舍辅斯基、维图格斯基及谢尔鲍辅斯基干酪制造厂。（见 1869 年 3 月 20 日关于干酪制造厂的报告和影印件 ⅩⅣ。）

12 日 回到圣彼得堡。

12 日后 对《化学原理》第一卷做了增补（见《化学原理》第二版的序言）。开始编写《化学原理》第二卷的后继章节——第 4 章（Mg、Ca 等）。

做关于去干酪制造厂出差开支的记载。（见 1861—1871 年的笔记）

熟悉圣彼得堡仓库合作社的工作。（见 1869 年 3 月 20 日关于干酪制造厂的报告）

17 日 收到索维托夫的关于举行"自经会"第一分会会议的便条。

18 日 收到"自经会"第一分会会议的正式请帖，在请帖上做了关于已经出版的《化学原理》第一册、第二册的记载。

20 日 在"自经会"第一分会会议上做了关于在 1868 年 12 月及 1869 年 3 月考察干酪制造厂的总结报告。

月末 按照元素周期律继续编写《化学原理》第二卷。

第二篇

第 6 章

附 44　间接证实伊诺斯特朗采夫说法的证据

门捷列夫在编制完整的元素体系时遇到了困难，完全可能产生沮丧、郁闷的情绪。关于变得沮丧和郁闷的缘由，门捷列夫在 1861 年 2 月 6 日的笔记中写道：

> 我的天哪，这是什么日子，看来人生中什么事都会碰到。行啊，无论怎样，有某些不同寻常、不可预料的事情，也有蓦然而来的诗意，欢乐而宁静，某种冷漠情绪伴随着异常坚毅精神的时刻取代了痛苦——忍受这一切，以后再放声悲鸣。[14]124

很可能，伊诺斯特朗采夫正是在这样的时刻见到了门捷列夫。

关于门捷列夫喜欢站在他的斜面写字台旁工作的问题，还保存了不少证据，其中就有画家雅罗申柯创作的肖像画，该画的影印件见本书前面插页。门捷列夫的女儿特里洛高娃-门捷列娃（1868—1950）也证实了这一点："门捷列夫在青年时代总是站在斜面写字台旁工作，很少坐在桌前。"①

附 45　1869 年 2 月 17 日大事记

粗略估算门捷列夫发现周期律的每一阶段可能用多长时间，以及这一发现的过程共用多长时间，是基于如下设想：

假如门捷列夫收到霍德涅夫的信是在上午 9 点，而编制出《元素体系的尝试》送交印刷厂排印是在晚上 9 点，那么他几乎连续 12 小时倾注于元素体系的工作。在这一整天中，他在伊诺斯特朗采夫到来时中断片刻（大约一刻钟），而躺下来睡觉已是晚上，并且只睡了约半个小时。其他时间可能按照如下方式分配②：

（1）在霍德涅夫的信上记载用了 15～20 分钟，编制上半部元素小表用了 30～40 分钟，编制下半部元素小表并对此思考用了约 1.5 小时，总计 1.5～2.5 小时。

（2）编制新原子量清单用了 20～30 分钟，编制 63 种元素的卡片用了 2～2.5 小时，总计 2.5～3 小时。

（3）排列"牌阵"用了 4～5 小时，誊清完整元素草表用了 30～40 分钟，总计

---

① 特里洛高娃-门捷列娃 О Д. 门捷列夫及其一家. ［出版地不详］：苏联科学院出版社，1947：36.

② 关于时间分配的原文如此，只是概算。——编者注

4.5～5.5 小时。

看来，像我们假设的那样，全部工作是用 8.5～11 小时完成的，在上午 9 点到晚上 9 点之间完全安排得下，期间只有伊诺斯特朗采夫的到来和编制完整元素草表结束后休息的短暂中断。

我们在《1869 年 2 月 17 日大事记》里列出了门捷列夫创立元素周期系时可能的时间分配。诚然，这个大事记特别概略，它的唯一目的在于：指出门捷列夫完全可能在一天内完成同发现周期律有关的全部工作。

1869 年 2 月 17 日大事记
（根据推测编成）

早晨　准备出发去干酪制造厂。（门捷列夫在 1869 年 2 月 15 日就计划 1869 年 2 月 17 日从圣彼得堡出发）

上午　收到霍德涅夫的信，并在信上做了有关元素的记载以及原子量差数的计算。（注明日期 1869 年 2 月 17 日的影印件Ⅱ）

编制上半部元素小表。（注明日期 1869 年 2 月 17 日的影印件Ⅲ）

编制下半部元素小表。（注明日期 1869 年 2 月 17 日的影印件Ⅲ）

向来访的伊诺斯特朗采夫诉说编制元素表的困难。（伊诺斯特朗采夫的第一个证据）

下午　编制新原子量清单。（见影印件Ⅲa，无日期）

编制 63 种元素的卡片。（门捷列夫在《化学原理》中的证据）

把卡片分成几堆，开始排列"牌阵"。首先把"清楚的"元素（27 种），而后把不太清楚的元素［"轻"元素（13 种）和"重"元素（17 种）］，最后把"可疑的"元素（6 种），依次列入表中。（见影印件Ⅳ，无日期）

完成"牌阵"，编制出完整元素草表，工作告一段落。（见影印件Ⅳ，无日期）

躺下来睡觉（伊诺斯特朗采夫的第二个证据）。

深夜　醒来后，按照相反的顺序誊清完整元素草表，并加上标题《元素体系的尝试》，为印刷厂写了几点说明。（见影印件Ⅴ，注明日期 1869 年 2 月 17 日）

把誊清的元素表送交印刷厂排印。（见影印件Ⅴ，注明日期 1869 年 2 月 17 日）

附 46　关于在梦中发现周期律的传说

关于门捷列夫在梦中发现周期律的传说，涅恰耶夫在关于化学元素发现史的儿童读物中曾叙述过。[①]

其后，类似说法得到了许多人的支持。例如，伊奥尼基在博士论文《门捷列夫的世界观》中论述过这种说法。[②]

同时应该指出，这种非常错误的说法实质上是建立在与柏格森直觉主义相一致的唯心主义原则基础上的。在确凿地证明了门捷列夫在梦中做出伟大发现的传说毫无根据之后，伊奥尼基却毫无根据地论述已被推翻的曲解门捷列夫创立元素周期系真实历史的唯心论者的说法。特别奇怪的是，这是在我们国家的主要哲学机构所做的哲学博士学位论文中。

同样应当指出，还有利用巴甫洛夫学说为这种传说提供证据者。科钦柯和列缅卓娃在为少年儿童写的科普读物中也是这样提出问题的。

书中"在梦中创造"一节写道：

> 人们在睡眠时，脑细胞停顿了，但大脑的工作却没有停止……夜间睡梦里可能产生对白天生活来说很有价值的思想。有过这样的情况：发现者在梦中解决了困难的问题……伟大的化学家门捷列夫曾说过，他的化学元素周期律最终是在睡梦中完成的。

> 白天，在寻找规律的过程中，学者排列那些写有化学元素符号的卡片，把它们排列成特殊的样子。他每天工作很长时间，却没有把化学元素排列成应有的样子。一次，他躺下来睡着了，大脑却继续着白天的工作，竟然出乎意料地完成了。周期律突然以明晰的形式呈现出来，全部元素都处于最终位置。

> 这些异乎寻常的情况并不奇怪，也不像唯心论者至今还认为的"神灵的启示"。这可以用巴甫洛夫学说解释。

> 伟大的人物——普希金、但丁、门捷列夫，都是以极大的灵感来创作的。他们成年累月地构思自己的观点，以至带着有关思考睡着了。

---

① 　涅恰耶夫 И. 元素的故事. 莫斯科-列宁格勒：[出版者不详]，1944.
中文版见：涅恰耶夫. 元素的故事. 2 版. 滕砥平，译. 上海：少年儿童出版社，1978. 据 1960 年俄文版翻译，在梦中发现周期律的内容已删去。——译者注
② 　伊奥尼基 Л Л. 门捷列夫的世界观：第 2 卷. 莫斯科：[出版者不详]，1948：384. 考取哲学博士学位的论文保存在莫斯科国立图书馆。

　　在睡梦中，大脑从白天可能分心的种种刺激下解脱出来。大脑皮层大部分都停顿了，只有那些尚未疲倦的细胞继续工作，它们忙于思考最主要的东西。这时，没有什么能够妨碍它们了。

　　就这样，入睡者的知觉中贯穿了主要的思想，并且逐渐变得非常清晰和简练。通过很多天紧张准备而没有完成的一切，蓦然闪现出光辉、可洞察的亮光，获得了完善的形态。剩下的只是公之于众。①

　　在科钦柯和列缅卓娃看来，门捷列夫在白天没有把化学元素卡片排列成应有的样子，因此不可能在白天发现周期律，以及在此基础上创立元素周期系。这些探索是在梦中、在夜晚继续白天工作的大脑下意识活动的过程中"蓦然"完成的。周期律"突然"以完善的形态呈现出来，于是全部元素各就各位。

　　从这个例子我们可以看到，虚假的传闻是多么有生命力，甚至在揭穿这些传闻之后还会有一批又一批拥护者。在这种情况下，科钦柯、列缅卓娃的目的在于"解除"拉普申唯心主义说法的唯心主义，并提出唯物主义的形态。然而这样并未解决问题，因为这一切全是臆造，即使引证巴甫洛夫学说也于事无补。

　　我们曾写信②驳斥科钦柯和列缅卓娃的科普读物所下的断言。这封信发表之后，我收到了一位读者的来信。

　　这位读者认为，我似乎全然否认了睡梦中完成创造性行为的可能性。我从未有过这类主张，而且，我一直认为，应当根据门捷列夫的言论来证实发现周期律最后阶段的情况。在某种程度上伊诺斯特朗采夫可能是对的。

　　但是我反对过并且现在也坚决反对门捷列夫在梦中发现周期律或者可能在梦中发现周期律这种不正确的断言。至今所发现的全部材料完全推翻了这一断言。

　　推翻在梦中发现周期律的传说已经得到某些最近出版著作的论证，例如，在讲述门捷列夫事迹的皮萨尔热夫斯基的书里就有。③

附 47　关于周期律和周期系分别被发现的传说

　　前不久公布的新档案材料[6]139-140,[8]推翻了虚构的在创立一般元素体系之前发现周期律的传说，而莫斯科大学化学系教授霍缅柯夫仍然出面支持这个传说。他在论文《关于门捷列夫周期律发现史》中写道：

---

①　科钦柯 Э，列缅卓娃 A．大脑生命的故事．莫斯科-列宁格勒：国立儿童出版社，1953：163-164．
②　见《传说代替历史》，载于《共青团真理报》，1954 年 2 月 25 日。
③　皮萨尔热夫斯基 О Н．门捷列夫——他的生活和活动．莫斯科：国立技术理论出版社，1953：71．

总结我们已知的全部材料，说明门捷列夫的创造活动时期（1868—1871）应分为三个阶段：第一阶段，关于普遍、统一的元素体系的思想，寻求解决这一问题的方法，发现周期律；第二阶段，探讨和创立元素周期系；第三阶段，由元素周期律和周期系得出全部结果的结论……随着新材料的公布，我们现在充分认识到了第二阶段和第三阶段。至于第一阶段，很可惜，新材料不能对我们所掌握的信息做任何补充。[15]20-21

霍缅柯夫在谈到影印件Ⅳ记载的完整元素草表时断言：

实际上，这一文献提供了元素体系第（1）方案，即第二阶段工作的开始，门捷列夫在已发现周期律的基础上着手创立周期系的工作。[15]21

当然可以提出各种假设，然而要使这些假设富有科学意义，必须遵守两个基本要求：

首先，要用实际材料证实所提出的假设。在这种涉及科学历史的情况下，主要就是档案材料和门捷列夫刊载在报章上的声明。

其次，要使这些假设不与已知的事实抵触，并能解释这些事实。

很遗憾，霍缅柯夫没有遵守上述要求。霍缅柯夫在宣称门捷列夫首先发现周期律（第一阶段）、然后在此基础上创立周期系（第二阶段）的假设中，没有提供任何事实作为证据。

这一假设是建立在带有非常一般的、极抽象性质的单纯臆想基础上的。

况且很容易证明，霍缅柯夫的假设同早已知道以及最近知道的有关周期律发现史的情况截然相反。

霍缅柯夫的论文发表时，影印件Ⅳ和Ⅴ已经公布。而且那时已经知道了下列材料，并由我们公开报告过：

（1）1868年《化学原理》早期提纲和最后提纲（见影印件Ⅰ和表3［附4］、表5［附4］）。

（2）1869年《化学原理》早期提纲和最后提纲（见影印件Ⅻ和表7［附6］、表48［附38］）。

（3）霍德涅夫的信（见影印件Ⅱ）。

（4）两个不完整元素小表（见影印件Ⅲ）。

（5）新原子量清单（见影印件Ⅲa）。

霍缅柯夫忽视了这些补充发现的材料，这就降低了其论文的科学价值。

　　问题的实质，也就是霍缅柯夫的根本错误就在于：第一阶段（按照他的术语）不可能独立，也不能与第二阶段分开。它们是一个统一的阶段，而不是两个不同阶段。

　　把发现周期律与创立周期系人为地分割开是不正确、不符合事实的。

附 48　确认在发现周期律时比较元素族的事实

　　很有意思的是，在勃龙纳的祖国——捷克斯洛伐克，我所做的解释得到了完全的理解和支持。例如，捷克斯洛伐克化学史家泰赫在《关于门捷列夫周期律产生和编制的历史》这篇论文中指出，门捷列夫首先把"无疑的"元素列入了元素表：

　　　　从这个毋庸置疑的体系核心可以一目了然地看出，并列地排起两行化
学性质差别最大的元素：碱金属（Li、Na、K、Rb、Cs）和卤素（F、
Cl、Br、J）。

　　勃龙纳在引用完整元素草表时指出，苏维埃工作者成功地找到了新材料，"结束了传说并澄清了某些至今尚存的模糊不清的地方"。当时作者引证了我们在 1950 年出版的著作。[6]136-145

　　近来许多苏维埃作者也同意我们提出的有关周期律发现史的假说。可以列举出下列名字：霍达柯夫、皮萨尔热夫斯基、麦津采夫、阿里西、斯杰潘诺夫、马尔凯维奇①等。他们都接受了我对问题解决的推测。这就是说，门捷列夫首先不是在各种元素之间进行比较，并把它们合并到元素总序列；而是像比较 Cl＝35.5 和 K＝39 那样，比较靠近的成对元素的原子量，进而比较整个元素族。

　　同样很有意思的是，早在 1952 年，前文提到过的门捷列夫电影剧本作者、已故的戈列勃涅尔就持发现周期律的陈旧观点。在戈列勃涅尔的剧本里，门捷列夫趴在地板上，把 63 张元素卡片排列成一个总序列。

　　按照戈列勃涅尔的描绘，门捷列夫把这些卡片一个接一个地排列在地板上，然后发现相似元素在总序列中周期性地重复。

　　应当指出，戈列勃涅尔对伟大化学家的科学发现如此随心所欲描绘的剧本并未

---

　　①　霍达柯夫 Ю В. 普通化学. 教师参考书. 莫斯科：俄国联邦共和国教育科学院出版社，1954：40.
　　皮萨尔热夫斯基 О Н. 门捷列夫——他的生活和活动. 莫斯科：国立技术理论出版社，1953：68-74.
　　麦津采夫 В А. 物质之谜. 莫斯科-列宁格勒：儿童出版社，1951：66.
　　阿里西 С М. 伟大的自然规律. 莫斯科-列宁格勒：儿童出版社，1953：26-27.
　　斯杰潘诺夫 Б. 伟大规律的历史. 莫斯科：青年近卫军出版社，1952：176-178.
　　马尔凯维奇 С В. 对门捷列夫元素周期系研究的最新观点. 明斯克：[出版者不详]，1957：8-10.

被拍成电影，也未出版。

1956 年被搬上银幕的科普电影《物质的秘密》（格里亚兹诺夫的剧本）展示出门捷列夫发现周期律的真实情景。这部影片表明，门捷列夫开始怎样把碱金属卡片排列成一行，然后在这行下面排列卤素卡片，于是发现从碱金属到卤素，原子量有规律地递减，每次都接近同一个值。

影片拍摄了某些文献材料，其中包括门捷列夫编制的某些元素表（见影印件 V 和 IX）。因此可以断言，影片《物质的秘密》对化学和整个自然科学的历史上最杰出的发现之一，做了真实的、科学的描绘。

附 49　关于不是按照族而是在一个连续的总序列中比较元素的传说

前不久，霍缅柯夫为这一传说进行辩护。他坚决反对如下假设：门捷列夫起初只是从比较元素族着手，而不是按照元素原子量一下子排列成一个总序列。

霍缅柯夫写道：

> 承认我们阐明的发现周期律过程的观点是正确的——这就似乎等于认为，门捷列夫不知道当时关于相似元素中规律性问题的状况……但这是不正确的。门捷列夫知道得很清楚，（例如，他在论文中就引证了杜马著作中的内容，因此不可能不知道。）很早就窥破了相似元素原子量之间的简单关系，包括原子量差数为常数。譬如，钠和钾、氟和氯、镁和钙、氧和硫的原子量差数为 16～16.5；钾和铷、氯和溴、钙和锶、硫和硒的原子量差数为 44.5～47.4；等等。门捷列夫在关于元素周期律的第一篇论文中就指出，原子量差数十分接近；同时指出，这种接近绝对不是同系物的相似，因为真正同系物的差别在这里并不存在。因此门捷列夫不会因为卤素的原子量比对应碱金属的原子量小些的事实而惊讶。这不是发现，而是门捷列夫已经知道的相似元素原子量差数恒定的结果。[15]19-20

这些推论都是建立在误解基础上的。

门捷列夫非常熟悉从德柏莱纳开始的先驱者的著作。但是在这些著作中只是对纳入同一个自然族的相似元素的原子量进行比较，例如，碱金属：

$$23 \text{ (Na)} -7 \text{ (Li)} =16$$
$$39 \text{ (K)} -23 \text{ (Na)} =16$$

或者卤素：

$$35.5 \text{ (Cl)} -19 \text{ (F)} =16.5$$

等等。

实际上，在门捷列夫之前都已在自然族内做过这类比较了。也就是说，在这些族之内，而不是在族之间。

门捷列夫跨出的原则性一步在于：比较了不同族内不相似元素的原子量。

从关于周期律的第一篇论文（1869）开始，到生前最后一版《化学原理》（1905—1906）为止，门捷列夫用大量言论证明了这种比较的重大意义。

门捷列夫看到，自己的体系与先驱者的体系之间的区别在于：先驱者是比较同一族内相似元素的原子量，而自己则比较不同族的相似元素的原子量或使之接近。

难以理解的是，霍缅柯夫怎么能忽视门捷列夫这么多次直接声明呢？让我们来引证一下其中的某些言论。

门捷列夫在关于周期律的第一篇论文结尾写道：

> 如果说我得以把研究者们的注意力集中在不相似元素的原子量方面，而据我所知，在这方面至今几乎尚未引起人们的注意，那么我的论文的目的就达到了。[2]16

门捷列夫在此强调指出，他把注意力集中在先驱者和同时代人所摒弃或忽视的问题上。因此当他使不相似元素的原子量接近并建立元素总序列的时候，就做出了名副其实的科学发现。

怎么可以认为这些不是发现，而是门捷列夫早已知道的相似元素中原子量差数的"恒定性"关系的简单结果呢？难道否定不正确的意见，就得解释为门捷列夫对当时的问题一无所知吗？1871 年 3 月，门捷列夫再次强调指出：

> ……不相似元素及其化合物的性质与元素原子量的周期性关系，只有在被相似元素证明之后，才能够确定下来。我的体系同先驱者的体系之间的根本差别，在于比较不相似元素。除少数例外，我和我的前人一样，采用了相似元素族，但我的目标是研究各元素族之间相互关系的规律性。这样，我便发现了前面提到的适用于全部元素的一般原则……[2]221-222

更晚些时候（1871 年 7 月），门捷列夫又一次回到了这个问题上：

> ……据我所知，还没有出现一个能把所有已知的自然族连接成一个整体的综合，因而对某些族所做的结论，缺陷就在于其片面性……。在不相似元素之间还未找出原子量上的任何一种精确的、简单的关系，而只有用这种方法才能知道元素原子量的改变与其他性质之间的正确关系。片面性

　　　　结果对于化学理论进步的作用很小……[6]22-23

　　我们还能够举出门捷列夫很多类似的言论，但暂限于此。从这些言论可以清楚地看出，门捷列夫在探寻周期律过程中所遵循的基本思想，或者用他自己的话来说，目标在于按照原子量比较化学性质不相似的元素。

　　在门捷列夫之前，$Cl=35.5$ 和 $K=39$ 被截然分开，并且把两者对立起来，作为极端对立的元素族——卤素和碱金属的代表。

　　在门捷列夫之前，原子量差数被确定为 Cl 和 F、K 和 Na 的原子量差数（约为16），或者 Cl 和 Br、K 和 Rb 的原子量差数（约为45）等，而不是 Cl 和 K 的原子量差数（约为4）。

　　其原因是在门捷列夫之前，化学家只考虑到相似元素之间的相互关系，因此元素的相似点与差异点（不相似点）被截然割裂开来。把元素划分为自然族的旧元素分类法就是建立在抽象地考虑元素单一相似性的基础上的。

　　在门捷列夫之前，没有人想到去计算 K 和 Cl 的原子量差数，因为要这样做就必须在方法论方面迈出决定性的一步，并且与占统治地位的、只按照元素的化学共同点比较元素和把元素靠近的传统决裂。

　　门捷列夫打破了这种陈旧的、不正确的传统，并且探讨了化学性质不相似元素的原子量的关系。

　　这就是为什么按照原子量（$K=39$，$Cl=35.5$）把 K 和 Cl 靠近，绝不是在门捷列夫之前所做的大量计算的重复和继续（像霍缅柯夫认为的那样），而是在科学上真正崭新的、不曾采用的方法。在这方面，门捷列夫是以坚决打破科学旧传统的勇敢革新家、真正先进学者的姿态出现的。

　　从那时起，研究元素就要同时考虑两个方面的内在联系：既要注意在相似元素中把元素靠近时其化学性质上的相似点，又要注意按照原子量把元素靠近时其化学性质上的差异点。

　　在我看来，霍缅柯夫的根本错误在于他不了解发现周期律过程中的这个主要因素，不了解门捷列夫提出的且实际上成为他做出发现的目标。

　　霍缅柯夫还存在与这个基本错误相关的其他错误。他从《化学原理》中援引了我在前面引证的同一个地方[2]265：

　　　　这些话第一次出现在《化学原理》（第三版）中，却表达了在门捷列夫发现周期律的年代所具有的，以及生命结束之前经常感受到的思想和信念。根据门捷列夫的这些证据，不改变他的思想过程，而只是加以详细说明，可以表述如下："原子量决定元素的性质"的基本原理是可以证明的，因而只有用唯一可能的方式——比较按照原子量排列成不间断序列的元素的性质——才能建立起以这个原理为基础的元素体系。只有用这样的比较方式，才可能解决元素性质的规律性改变与原子量规律性改变的关系问题。然而这种方法是不可能在全部范围内实现的……[15]21-22

霍缅柯夫随后写道：

但是，不间断元素序列对解决所提出的问题是必要的吗？只研究进行比较的、对整个序列来说是分散的片段，难道还不够吗？碱金属自然族的元素是不间断元素序列的成员，在这个序列中它们之间的距离相当远。它们在化学性质方面的相似点可以表示出来：元素原子量与其他性质之间不存在任何规律，或者已经暗示出周期性的规律。问题在于是否知道在这个序列中与碱金属并列或者很接近的元素，以及这些元素的化学性质。在我看来，正是从这里展现出比较相似元素的思想。在不间断元素序列中，原子量极其相近，因而在碱金属左面的竟然是性质截然不同的卤素，而在碱金属右面的则是碱土金属。目前，已得到这些不间断元素序列的片段，并且在这些片段中比较了不相似元素的性质：

……F，Na，Mg……Cl，K，Ca……Br，Rb，Sr……J，Cs，Ba……

而且已估计到，在这些片段之间间隔排列的元素，其性质不论怎样复杂变化，都不是门捷列夫所做的如下结论："按照原子量排列的元素具有明显的周期性"。

应当特别强调指出，所有片段都有同样的规律性。在包含3种元素的片段中，头一个差不多是不间断元素序列的开端，末一个则差不多是序列的终端。这令人信服地说明，性质的周期性变化实际上适用于全部元素。[15]22

于是霍缅柯夫断言，门捷列夫一开始就把全部元素按照原子量排列成一个总序列，然后在这个总序列中确定重复性的"片段"或者由分属三个族的三种彼此相连的元素形成的"结点"。

尽管门捷列夫尚未注意到填补这些"结点"之间的"过渡"元素，却仿佛是在"结点"周期性重复的基础上做出了存在周期律的结论。

然而霍缅柯夫从《化学原理》（第三版）中列举的用以证实他的假设的引文，

没有对这种推断提供丝毫帮助。这些引文只是说，门捷列夫直接比较三个元素族（卤素、碱金属和碱土金属），但霍缅柯夫却按照自己的意思随意地加以解释，似乎门捷列夫在这里说的不是比较三个元素族，而是从元素总序列中任意分割出各个"片段"，每个片段有三种元素。无论什么样的论据都得不到有利于霍缅柯夫的结论，他的全部论述是纯粹思辨结构的产物。

虽然霍缅柯夫的见解没有任何证据，也没有任何基础，他却认为自己的见解不是猜想或假设，而是某种牢固确定下来的东西：

> 在我阐明所推测的门捷列夫创造性思维过程中，除了门捷列夫的"从这三个族中可以看到问题的本质"这句话，实际上没有什么推测。我们认为这句话是在临近发现周期律时说的，正是此时他看到了"问题的本质"。[15]22

当然，霍缅柯夫的见解不仅是假设的，而且是错误的，是与事实相矛盾的。在门捷列夫发现周期律的过程中，并没有由分属三个族的三种彼此相连的元素形成的重复性"结点"。

尽管如此，霍缅柯夫发表论文的事实应当受到欢迎，这是因为它能吸引读者探讨这个尚未彻底弄清楚的涉及周期律发现史的问题，促使对此类问题感兴趣的读者更深刻、更全面地研究科学的历史。

附 50　同臆造的跳过元素族而组成元素总序列的说法有联系的错误假设

忽视事实，试图用思辨方法创造出与事实相矛盾的种种"假设"，结果出现了多么严重的错误！这可以通过下列例子来证明。

1954 年，柯列斯尼可夫发表了支持霍缅柯夫假设的意见，但他为这一假设做辩护不是公开进行的。柯列斯尼可夫是从把门捷列夫的元素分类法与"按照原子量递增的顺序"①　排列全部元素的序列联系起来开始的。在这种情况下，在 Ca＝40 之后理应直接排列 Ti＝50，但是在 Mg＝24 之后是 Al＝27，这样一来 Ti 就应当成为 Al 的相似物，可是 Ti 与 Al 从来就不相似。

柯列斯尼可夫以此为出发点写道：

> 由于按照周期研究元素的性质，门捷列夫看到元素性质变化的周期性顺序在个别地方被破坏了。这样，与铝（Al）靠近的位置，按照原子量

---

① 　柯列斯尼可夫 А Л. 门捷列夫定律［M］. 莫斯科：国立技术理论出版社，1954：10.

应当排列钛（Ti），但是这种元素具有全然不同的性质。如果把钛排列在这个位置，就会破坏其他元素性质的周期性顺序。

门捷列夫深信自己的规律正确无疑，他认为在这一位置应当排列某种其他元素。但究竟排列哪一种呢？在原子量同钛接近的已知元素中是没有这种元素的。[①]

柯列斯尼可夫描绘了预见"类铝"的历史，在他的说法中没有任何不符合实际情况的地方。柯列斯尼可夫的论述完全是误解的结果。首先，门捷列夫从来没有在后来"类铝"的位置排列 Ti＝50，因此也就不需要把它从这个位置取消。其次，门捷列夫从来没有做出过在 Ti 的位置应当排列某种其他元素的推测。再次，柯列斯尼可夫把"类铝"与"类硼"混为一谈，门捷列夫在紧接着 Ca＝40 之后为类硼留下了空位。门捷列夫也从来没有在这个位置排列过 Ti。这种误解是与事实相矛盾的、是在假设中形成的错误思想，似乎门捷列夫是从按照原子量编制元素总序列开始了发现。如果柯列斯尼可夫不坚持这种毫无事实根据的错误观点，就不会犯如此明显的错误。

阿加弗申不久前出版的阐述物质结构问题一书，可以作为维护错误观点的另一个例子。他支持霍缅柯夫的一般观念：

> 为了创立元素体系，门捷列夫工作的第一步是按照原子量递增的顺序把当时他所知道的全部元素（63 种）排列在不间断序列中，并且在分析了这个序列之后，看出这个序列呈现出每经过一定的不同间隔之后，元素性质的明显重复性现象……
>
> 门捷列夫工作的第二步是把不间断元素序列分为不同长度的片段，并且把这些片段做了比较，把性质相似的元素卡片排列在同一水平线上。
>
> 然而，完成这一工作并不简单：在元素序列方面，他不得不怀疑它们的原子量（如钍）；另外，他不得不违背原子量递增的顺序，只按照元素的化学性质排列（如碘）。他还必须从不间断序列的"片段"中"拔出"意外落入其中的元素，插入其他片段。[②]

摆在我们面前的是对这一发现历史的臆造证明的样板。按照阿加弗申的说法，全部元素一开始就按照他所认为的原子量递增的顺序排列到总序列中。这就是说，

———————————

① 柯列斯尼可夫 А Л. 门捷列夫定律［M］. 莫斯科：国立技术理论出版社，1954：17.
② 阿加弗申 Н П. 普通化学选编［M］. 莫斯科：教育出版社，1956：36.

Be＝14 和 N＝14 在同一位置，Th＝118 和 Sn＝118，以及 Nb＝94 和 La＝94，Fe＝56 和 Er＝56 也一样。

在这个虚构的序列中，Te 不是在 J 之前，而是在它之后。在 Cl＝35.5 和 K＝39 之间就得插入 In＝36，或者 In＝72 应当排列在 Zn＝65.2 和 As＝75 之间，或者 In＝75.6 应当使 As＝75 和 Se＝79.4 分离等。

我们不禁要问，阿加弗申究竟在哪里找到的材料和事实，以证明如此大胆的断言呢？须知，他所阐述的一切完全不是个人的假设，而是某种完全确定的东西，其说法是绝对肯定的形式。然而无论什么样的材料——字据也好，档案也好，一般证明也好——都没有在他的书中引证出来作为论据。

特别奇怪的是，阿加弗申断言门捷列夫必须从不间断序列的"片段"中"拔出"某些元素，插入其他"片段"。可是在已发现的门捷列夫手稿和门捷列夫发表的文献中都未发现类似的东西。总之，阿加弗申的假设是在完全无视众人皆知的事实情况下的臆造。

附 51　元素族是怎样进行比较的——是整个比较还是通过开头的元素进行比较?

还有一个与我们讨论的问题有关的看法。我们指的是卡尔波维茨的学位论文《门捷列夫的哲学观点对其发现化学元素周期律的意义》，这篇论文是 1954 年在苏联科学院哲学研究所进行答辩的。

卡尔波维茨在谈到我们用来阐明发现周期律过程的著作时写道：

> 凯德洛夫教授的假设正确地阐明了门捷列夫编制第一张元素表之后学者们思考问题的进程，但这毕竟不是开始阶段。凯德洛夫没有考虑到……门捷列夫曾指出他是在卡片上记载元素符号以及挑选出"最小原子量"的元素做"第一次尝试"的。[①]

实际上并非完全如此，把元素符号写在卡片上恰好也是我解释完整元素草表的基础。至于"第一次尝试"，前面已经说过，它不是发生在发现周期律和编制完整元素草表之前。把元素按照原子量排列成总序列的"第一次尝试"，是在编制完整元素草表和誊清的元素表之后立即进行的。可能是发现周期律之后的那一天，即 1869 年 2 月 18 日（星期二），或者是在紧接着的以后几天。

---

① 卡尔波维茨 Э. 门捷列夫的哲学观点对其发现化学元素周期律的意义［M］. 莫斯科-里加：［出版者不详］，1954：21.

无论是对卡片的说明还是对"第一次尝试"的引证，都没有改变我们以前所做的推测，事情应该发生在编制完整元素草表之后。

诚然，卡尔波维茨绝对正确地推断：编制完整元素草表绝不能是创立元素体系的最初阶段。补充发现的、已公布的门捷列夫新档案材料无可争辩地证实了这一点。同时，这些材料不是推翻了而是证实了我们在 1950—1952 年发表的推测性意见。

卡尔波维茨却完全走向另一条道路，他做了如下判断：

> 至于凯德洛夫教授所描绘的那个阶段，并不是开始阶段，方法论观点首先指明了这一点。在门捷列夫之前，没有人比较过不相似元素，因此在把最边缘的元素族靠近之前必须找出不相似元素族中哪些是边缘的，根据什么把它们靠近……

> 为了确立比较正确的假设，应当注意到门捷列夫在发现周期律时所奉行的一般原则。

卡尔波维茨认为不相似元素族之间的联系就属于这一类原则，他据此断定：

> 门捷列夫从这些原则出发，形成了存在联结所有元素的一般规律的假设。他认为原子量的规律性变化是这一规律的定量表示。没有表明门捷列夫认为这个规律是周期性的，因此他不可能直接从按照原子量排列元素着手。由于遵循所有元素相统一、定性与定量相一致的原则，门捷列夫从已知的相似元素族着手，按照原子量排列元素。为什么要这样做？这可以从完整元素草表以及分发给某些化学家的第一张元素表中看出来。为了找到排列这些元素族的顺序，他选择"最小原子量"的元素（元素族开头的一些成员），并按照同样顺序排列元素。这就向他初步暗示了周期性。但是，在显示出周期性之前，他应该让对立的元素族靠近以达到多样性的统一。按照原子量排列"轻"元素之后，他觉察出两个对立的元素族——碱金属和卤素的相似处：原子量接近，化合价相同。只是在此之后，他才动手编制第一张元素表——草稿①，后来的思考过程就是凯德洛夫教授所阐明的。

在这个说法中很多内容值得怀疑。第一，在编制完整元素草表之前，门捷列夫

---

① 指完整元素草表。

不可能知道存在的一般规律及其表现形式是非相似元素原子量有规则的变化。这一切只能在编制完整元素表的过程中发现：从在霍德涅夫信上所做的记载开始，进而通过作为"牌阵"前奏的两个不完整元素小表，到最后的完整元素草表和誊清的元素表。

第二，引证"方法论观点"，如果它不是确凿的事实，就是毫无意义的。卡尔波维茨未引证任何事实，因此他的全部假设只不过是一种猜想。

第三，为了发现两个化学性质完全相反的元素族的一致性，门捷列夫完全不必预先按照原子量单独排列"轻"元素，因为对照《化学原理》第一卷的最后几章和第二卷的前几章自然会得出这种结论。卡尔波维茨在建立"比较正确的假设"时，却回避了门捷列夫关于其在编写《化学原理》过程中做出发现的说明。如果卡尔波维茨考虑到了这一说法，就不会做出如此牵强附会的假设。

第四，门捷列夫不需要查明元素族中哪些是边缘的，因为这是化学家早已确定和承认的，正如他不必预先按照原子量递增的顺序排列一个元素族的成员那样，这也是化学家早已做的，并且也是门捷列夫在《化学原理》中叙述卤素和碱金属时采用的。

最后，卡尔波维茨根本没有对"第一次尝试"——按照原子量把"轻"元素排列成一个序列——发生在门捷列夫编制完整元素草表之前做任何证明。

因此，卡尔波维茨所提出的假设绝对不比我们所提出的假设更正确、更有根据。

让我们分析一下卡尔波维茨的反对意见：

(1) 卡尔波维茨首先写道：

> 绝不能同意凯德洛夫的那种意见：当排列到金属镁时，似乎门捷列夫就看到了周期性。他在把对立的元素族靠近之前就看到了周期性。

试问：这是从哪里得出的结论呢？所有文献材料都证明了相反的意见：正是从比较对立的元素族和一般的不相似元素族，才产生了关于元素性质随原子量变化而周期性变化的思想。

在正在形成的元素表中由上到下排列元素族时，Mg 把两个纵列（第 2、3 纵列）结合成一个不间断的序列。无论是在下半部元素小表中，还是在完整元素草表中，只有在最下面一行写完 Mg、Zn 和 Cd 族时才初次完成这种结合。第一行中已有 Na 和 K，但 K＝39 不会与 Zn＝65 衔接，而 Mg＝24 同 Na＝23 紧连，从而真正把两个纵列结合成一个不间断的序列。

当然，很可能我们在这方面弄错了。但为了严肃地证明这一点，并推翻我们所提出的论据，就必须把比它们更有根据的事实与同文献和证据相符合的材料加以比较，而不是靠单纯的口头声明，说门捷列夫在这之前就已经看出周期性。如果这种假设未被任何事实所证明，又怎能令人信服呢？

（2）卡尔波维茨继续写道：

> 同样，也绝不能同意凯德洛夫的那种意见：在编制元素草表图样[①]的下一阶段，只是按照相反顺序誊清完整元素草表，同时只做了某些修改……为了寻求元素表的合理形式，门捷列夫把所有元素排列成一个序列，并按照周期律加以"切割"。这点已为他所讨论的元素表各种可能形式所指明。排列卡片上的元素和"梦见"元素表的故事就属于这个假设。

这里，正确的东西与明显错误的东西、实际情形与臆想掺杂在一起。卡尔波维茨再次毫无证据地声称：门捷列夫在编制影印件Ⅴ记载的誊清的元素表时，应当预先把所有元素排列成连续序列，以便把这个序列划分（"切割"）成周期。这是从哪里知道的呢？能够有力地证实这个假设的材料不是都没有被发现吗？令人费解的是，在誊清影印件Ⅳ时，为什么要按照原子量把所有元素排列成一个序列？这对于要获得影印件Ⅴ记载的誊清的元素表来说是不需要的。在这个元素表中，所有元素和元素族都处于在这以前就得出的相互关系之中（仅仅顺序相反），而只有极少数例外（见影印件Ⅳ和Ⅴ）。因此，无论从事实方面看，还是从逻辑方面看，卡尔波维茨的假设都是经不住推敲的。

至于第一篇论文中的各种元素体系方案，除了《元素体系的尝试》外，都是从1869年2月18日起10～12天之内拟订的。说它们是在誊清完整元素草表之前做出的没有任何根据。

同样，也不可能接受卡尔波维茨的那种看法：不是在排列"牌阵"并把结果记载在完整元素草表上之前编制卡片，而是在编制完整元素草表之后编制卡片。若真如此，那么这些卡片就不需要了。要知道，誊清的元素表不同于完整元素草表，其全部改变所涉及的细节没有卡片予以阐明还是可能的。

门捷列夫在《化学原理》中写过：排列卡片导致他很快发现了元素性质与原子量存在周期性依赖关系。但卡尔波维茨却根据自己的假设断言：只是当周期系已经建立，把它誊清并在若干地方使其明确化的时候，门捷列夫才采用了卡片。

---

① 指影印件Ⅳ。

试问：怎么可以这样明显相互矛盾的断言呢？这与《化学原理》中门捷列夫的观点直接相抵触。

（3）最后，卡尔波维茨宣称：

> 同样，不能同意凯德洛夫教授关于下列问题的意见：为什么门捷列夫分发给某些化学家的第一张元素表①是按照长周期原则编制的，然而在1869年同一年他采用的又是短式元素表呢？凯德洛夫处理这个问题太简单了，认为对门捷列夫来说这是一个最简单的方法。要解决这个问题就应当注意到：为什么门捷列夫在第一张元素表中把周期写成纵列，而把族写为横行，可是后来经常按照相反的顺序。这是由于从熟悉的东西开始，只有比较不相似的、已经研究的自然族，门捷列夫才能够发现周期律。为了使别人信服，他应该在第一张元素表中证明：周期表"按照原子量排列元素的方法与元素间存在的天然相似性并不矛盾，并且直接指出了这种天然相似性。"如果门捷列夫指的是短式元素表，他就会指明已看出的双重关系，正如他自己所说："依我看，这意味着破坏元素的自然相似性。"因而，门捷列夫认为第一张元素表只是过渡性质的、作为论证其发现的证据。

卡尔波维茨不满意我们的解释：门捷列夫为了寻找不同元素族的原子量差数，把原子量小的元素写在原子量大的元素之下。我们曾指出，这样便得到了影印件Ⅳ记载的元素表。

接着我们曾说明，长式元素表以最明晰、简单的形式表示刚刚发现的规律，会因完全相似物和不完全相似物的更发展、更详细的关系（"双重"关系）而使规律复杂化，而短式元素表则表明了这些关系。

卡尔波维茨不接受这种解释，实际上得出了下面的结论：门捷列夫一开始就看出元素之间的"双重"关系，但他不想惊动化学家，因为这种关系违背了元素的自然相似性。所以他延迟公布所发现的且颇为自信的东西，一直等待更为有利的时机，那时化学家将相信长式元素表（此处尚未违背自然相似性）所展现出来的周期律。

卡尔波维茨教授考据的实际过程就是如此，但是没有任何根据。

实际情况是这样的：1869年2月，门捷列夫考虑到未来的短式元素表违背了

---

① 指《元素体系的尝试》。

元素的自然相似性或完整的相似性，因为在完全相似元素（如 Cl 和 Br）之间，插入了不完全相似元素（Mn）。在门捷列夫看来，这种插入似乎中断了元素间的自然联系，于是摒弃了，因而也就摒弃了短式元素表。回避短式元素表就是要使化学家相信：周期律不是违背了而是证实了元素的自然相似性。

应当补充的是：在科学思想方面，门捷列夫从未从暂时的或权宜的观念出发，写过他不相信的内容，也从未说过他不相信的内容。

至于门捷列夫在 1869 年采用过短式元素表的问题，卡尔波维茨没有说清楚这是在 1869 年 8—10 月，而不是在撰写第一篇论文的 1869 年 2 月或 3 月，也不是印刷第一篇论文的 1869 年 5 月。因此，绝不能认为门捷列夫在同一年内不合逻辑地用了两种元素表。而从卡尔波维茨那里看来，似乎门捷列夫已承认短式元素表，但当时公开介绍的却是长式元素表。

在《元素体系的尝试》（1869 年 3 月）和第一篇论文《元素的性质与原子量的相互关系》（1869 年 5 月）完成以后，1869 年 6—8 月，门捷列夫研究了元素的原子体积对原子量的依赖关系；1869 年 9 月，门捷列夫探查了元素在高价成盐氧化物中的化合价对原子量的依赖关系。

正是在有关周期律的第一批材料公布之后所进行的这些研究，使门捷列夫放弃了最初看起来要好些的横式长式元素表，而转向竖式短式元素表。

总的说来，卡尔波维茨的假设不仅毫无事实根据，而且违背了已知的周期律发现史，包括门捷列夫的证据。尽管如此，卡尔波维茨的著作还是很有意思的，它吸引读者去更深刻地探讨周期律的发现究竟是怎样完成的，以及门捷列夫的创造性思维的具体发展过程等问题。

附 52　事实和假设在历史研究中的作用

前面叙述的关于周期律发现史的说法为一般方法论性质的某些结论提供了材料。这些结论涉及事实和假设在历史著述中应当起着怎样作用的问题。

历史研究像科学研究一样，事实及其解释占有决定性的地位，而解释在研究初始时一般带有推测、假设的性质。在一般情况下，首先需要收集和确定事实作为研究的基础；事实汇集得越多、越准确，整个研究的基础就越牢固。

恩格斯的如下著名论断完全适合于历史（包括科学史）研究：

> 在下述这一点上我们大家都是一致的：在自然界和历史的每一科学领域中，都必须从既有的事实出发，因而在自然科学中要从物质的各种实在

形式和运动形式出发；因此，在理论自然科学中也不能构想出种种联系塞到事实中去，而要从事实中发现这些联系，而且这些联系一经发现，就要尽可能从经验上加以证明。①

如果不遵循这个要求，就不是也不可能是科学的研究，而只能用一种人为的、虚构的旧自然哲学的精神去做出空洞抽象的推论，并借助这些推论去做填补自然过程或历史过程所缺失的环节的叙述。

但是收集和确定事实并不是目的本身，而只是进一步前进的出发点。研究的任务不能归结为简单地堆积描述事实的材料，这是纯粹的经验主义，而不是严格的、名副其实的科学。科学包括汇集材料和对材料的理论阐明、概括和解释，而这要求研究者采用更深刻的、要富有内容的科学认识方法。在收集事实之后，研究的任务在于以收集和检验过的事实为基础，探寻事实之间的联系，揭示每一事实的性质。换句话说，确定每一事实在所探讨事件中的地位，从而解释它们。这种必要的解释开始时带有推测的性质，因为还不能满怀信心地断定，事件发展恰好像研究者想象的那样。因此，出现了证实所做的推测和假设有效的任务，把假设从可能的变为概然的，再变为或多或少可靠的，也就是使科学中的假设成为符合真实历史的某种真理。

从上面所述可见，历史研究不能没有假设，提出假设有助于揭示所探讨事件的真正原因。对这种假设的最基本要求是：第一，符合已知的全部事实；第二，只包括有可能检验的那种推测。（如果臆断地排除验证的可能性就不是假设，而是空洞的臆想。）因此假设应当能够经受新事实的检验，并且有助于发现新事实。总之，假设的价值及其合理性在于它符合事实，否则假设就失去了科学性而变成毫无根据的幻想。

简言之，科学研究，包括科学史的研究，其途径是从事实到假设，再由假设经过事实的检验从而确定为真理。

在研究与门捷列夫发现周期律有关的材料时，我们也尽可能地使用这种方法。1949 年年初，当与这个问题有关的第一批门捷列夫手稿（见影印件 Ⅳ 和 Ⅴ）被发现时，许多著作不仅对这些材料详加解释、全面研究，而且加以阐述，当然属于推测性的。其中，值得注意的是对这些材料的评述（见附 [6]）、对这些文献的注释[8]49-58，以及在 1951 年第二次全苏祖国化学史会议上的报告[10]。根据门捷列夫

---

① 恩格斯. 自然辩证法 [M] //马克思，恩格斯. 马克思恩格斯全集：第 26 卷. 2 版. 北京：人民出版社，2014：503.

所发表的意见，并同刚刚发现的材料比较之后，我们提出了在我们看来最可能发现周期律的途径的假设。这个假设的中心是门捷列夫按照原子量比较不相似元素族，这种比较是从两个极端对立的元素族——卤素和碱金属开始的。这时，他不是拿这个元素族或那个元素族的单个代表，而恰恰是整体的族，按照原子量把一个元素族写在另一个元素族之下，成对比较元素族的成员。

这个假设开辟了一步一步地追索发现周期律的整个途径的可能性，其根据是门捷列夫所做的并反映在影印件Ⅳ上以及部分地反映在影印件Ⅴ上的调整。

当我们提出这个假设时，还没有满怀信心地确认它完全或者基本上符合发现周期律的真实历史。为了检验这个假设，也就是为了证实或推翻它，就要找到新的材料，抑或证明无误，使之明确化；抑或相反，证明它毫无根据，与事实相矛盾。从1950 年开始，我和琴卓娃一起把注意力集中在探寻这类材料上。当时在列宁格勒大学门捷列夫档案陈列馆，以及列宁格勒和莫斯科的其他历史档案馆中，发现了两种材料：第一种是门捷列夫后来继续修改和发展 2 月 17 日做出发现的材料，这些材料主要被编在《门捷列夫科学档案》第一卷[8]；第二种是更早些时候，临近发现周期律时，即 1868 年或 1869 年年初，特别是 1869 年 2 月 17 日之前，门捷列夫已开始他的发现的材料，这些材料都是首次公布。

所发现的两种材料，特别是后一种，在我看来，证实了以前的假设：门捷列夫确实是首先按照原子量比较两个不相似元素族（见影印件Ⅱ），然后比较更多的元素族（见影印件Ⅲ上的两个不完整元素小表），最后是所有元素族（见影印件Ⅳ）。这样，在影印件Ⅳ的基础上所做出的推测性结论得到了新公布材料的检验和证实。

另一方面，1869 年 2 月末，门捷列夫修改有关发现的材料，证明了按照原子量排列的元素总序列只能是在发现周期律之后编制的，可能是在门捷列夫寻求简明地陈述这个规律的时候。在门捷列夫材料中能证明组成这个总序列的唯一记载一定是在 1869 年 2 月末（见影印件Ⅸ）。更晚些时候（例如同年 6 月），门捷列夫编制出带有原子体积的相似元素序列。[8]84-85

我们对已发现的门捷列夫档案进行研究的方法，包括对材料的解释，简单说来就是如此。但是我们并不认为我们的结果是最终的，只是想强调新发现的档案材料的意义。

我们想顺便提醒人们注意的是，反对者对我们提出的有关周期律发现史的解释和假设给以批评，我们是抱欢迎态度的，但是批评要依据已知的全部事实，而不是靠随意抽出的某种材料或个别意见。

由于这个缘故，我们认为霍缅柯夫和卡尔波维茨对我们提出的一系列原则进行批评性分析，并对所分析的材料做另一种解释，对我们来讲是很重要的。众所周知，争论出真理。

这些作者提出的与我对立的假设，并且是在门捷列夫新的手稿和元素表已经被发现和公布之后提出的，在我看来是站不住脚的，至少他们发表的那种形式是站不住脚的。这些假设的基本缺陷在于不符合已知的事实。其实，要求与事实相符合，对一切知识领域（包括化学史），都是必需的。这是显而易见、毋庸置疑的。

譬如，倘若哪位化学家阐述这种或那种化学过程，没有用实验数据来证实，不以事实为根据，那就是非常奇怪的事。这种阐述立刻就会受到怀疑，它的作者就会由于倾向思辨而受到公正的批评。

但是对化学史不知为什么形成了另一种风气，竟容忍各种思辨、抽象的自然哲学推论。在这里却认真地提倡和支持没有任何确证的、没有检验的臆想，而它的作者却不曾费力气去论证自己的推测。这一切与真正的科学毫无共同之处。过去、现在和将来，科学的基础都不是思辨、臆想，而是事实、事实和事实。

我们想起门捷列夫就有关其他问题所讲的：

> 在科学共和国里全是各行其是的"贵族"，除了杂志文章的长短以及某些科学史册（编年史）所不容许的题材外，不应当给幻想的自由以别的限制……[2]438

当然，不会禁止去幻想和猜测这样的问题：

> 譬如，门捷列夫是否用过某种方法，或者不曾用过某种方法呢？

从抽象的可能性观点来看，当然可以认为门捷列夫也可能用霍缅柯夫和某些作者所认为的那种方法。但任何臆断的不可能的事当然是没有的。

研究者（包括化学史家）首先应注意的不是抽象的可能性，而是实在的现实性。也就是说，不是门捷列夫可能用什么方法，而是他实际是怎样做的。化学史家的任务首先就在于查明这点。

要弄清楚该项发现的实际方法，必须面向事实，面向现有的档案材料——各种手稿和表格。

不知道霍缅柯夫、卡尔波维茨和其他作者为什么没有这样做。他们不仅有影印件Ⅳ和Ⅴ[6]，还有本书提到的影印件Ⅵ、Ⅶ、Ⅷ、Ⅸ、Ⅹ、Ⅹa和Ⅻ[8]。

1953年2月，我在化学家和化学史家大会上做了有关在列宁格勒档案馆发现涉及这类问题的门捷列夫的新材料的报告，在这之后，霍缅柯夫、柯列斯尼可夫和阿加弗申发表了他们的假设。我的反对者与批评者在刊物上公开发表他们的假设之前完全可以亲自到列宁格勒档案馆去了解。然而很遗憾，他们没有这样做。

　　更早些时候，1952 年 12 月，在莫斯科大学化学系方法论讲习班会议上，预先讨论了前面提到的霍缅柯夫的论文，我做了以发现的新材料驳斥这篇论文所提出的假设的报告。很遗憾，论文作者没有注意我的报告。

　　在同一次会议上，一位参加者宣称：把所有元素排成一个统一序列表明了门捷列夫方法的独创性，区别于他的先驱者（麦耶尔等），所以不应该否定这种说法；否则将模糊门捷列夫的创造与外国学者的创造之间的区别。这种观点无论是同历史科学，还是同唯物主义，都毫无共同点，是一种对待问题的主观主义态度。历史科学（包括化学史）的任务不是坚持既定的公式和概念，无论出于多么良好的愿望；而是阐明真实的历史，还其本来面目，不加任何渲染与夸张，也不要些许修饰。如果新发现的事实驳倒了过去所采用的原则，那么历史学家就没有权利出于更好、更简单地叙述这个问题的愿望来维持原来的原则。这里的标准，同一般科学中的标准一样，是概念与现实相一致，即它们的客观准确性。把愿望当作现实，尤其是由于现实不符合愿望就摒弃现实，这就是为了主观的目的和愿望而牺牲科学。因此我在报告中批评了上述毫无根据的观点。

　　总之，绝不能随便推出涉及周期律发现史的新假设，也不能因循守旧，坚持旧法，忽视新发现的档案材料。只有不相矛盾地解释这些材料的假设，才能够促进科学认识的发展。

附 53　根据元素符号的变化确定档案材料的时间顺序

　　我们不深入评述细节，只指出元素符号的变化顺序（见表 50），以确定门捷列夫编制各个元素表的时间顺序。

　　例如，在《元素体系的尝试》之前，门捷列夫有时把铌写为 Ni（见影印件 I 和修改前的影印件 XII，后者在表 50 中以"早期提纲"标出），有时又同时写为 Nb 和 Ni（见影印件 IV 上删去的）。在元素表上最后写为 Nb 之后，门捷列夫再未改变过其符号，所以影印件 IV 栏中的 Nb 用粗体字。与此相应，门捷列夫在《化学原理》最后提纲中把 Ni 修改为 Nb（见影印件 XII 上的修改，在表 50 中以"最后提纲"标出）。

元素	元素符号									
	影印件 I	影印件 XII（早期提纲）	影印件 III	影印件 IV	影印件 V	影印件 VI	影印件 VII	影印件 XI	影印件 VIII	影印件 XII（最后提纲）
铌	Ni	Ni		［Nb Ni］**Nb**	Nb	Nb	Nb	Nb	Nb	［Ni］Nb
钨	Volfr	W		［Wo］Wolf	**W**	W	W	W	W	
硼	Bo	B	B	［Bo］**B**	B	B	B	B	B	
钒	Wan	**V**	V	V	V	V	V	V	V	
铑	—	R	—	Ro	Ro	Ro	Ro	**Rh**	Rh	
钌	—	Ru	—	［Rh Ru］Rh	Rh	**Ru**	Ru	Ru	Ru	
时间	1868	1869.1		1869.2.17	1869.2.17—1869.2.28			1869.3.1 之前	1869.3.1 之后（?）	

表 50　1868 年年中—1869 年 3 月某些元素符号的变化顺序
（方括号内为删去的元素，粗体字为以后再未变化的元素。）

钨有时写为 Volfr，有时写为 Wo 或 Wolf（见影印件 I 和 IV），有时写为 W（见影印件 XII）。只是从《元素体系的尝试》（见影印件 V）开始，才只写为 W。

硼在 2 月 17 日以后才写为 B，而钒更早一些就写为 V。

钌从影印件 VI 开始写为 Ru。铑的元素符号由 Ro 修改为 Rh，是 1869 年 2 月末在《元素体系的尝试》的印刷校样上第一次做的。根据这点可以推测，凡是用 R 或 Ro 表示铑的元素表都是 1869 年 2 月末以前的（即在《元素体系的尝试》的印刷校样上校对之前），而凡是用 Rh 表示铑的元素表都是晚一些时候的。[8]39-43

我们只是举出一种确定门捷列夫手稿的日期和时间顺序的方法，当然，也可以采用其他方法。

附 54　五个主要档案材料时间顺序的确定

上面列举的档案材料一部分注明日期 1869 年 2 月 17 日，另一部分未注明日期（见影印件 IIIa 和 IV）。如何证明门捷列夫是按照我们所排列的顺序记载的呢？

用比较的方法可以很容易确定。影印件 V 为誊清的元素表，其编制时间应该紧接在影印件 IV 的完整元素草表之后，因为誊清的元素表实际上是同一元素表的完成形式，只不过是按照原子量相反的顺序重新誊写一下而已。

在我们看来，也很容易确定在霍德涅夫信上所做的记载（见影印件 II）和两个不完整元素小表（见影印件 III）是在完整元素表（见影印件 IV 和 V）之前。同时，合乎逻辑的结论是：在霍德涅夫信上所做的记载比两个不完整元素小表要早些。因为在编制两个元素小表之后还把两个金属族进行比较是不合理的，并且也无法解释：

$$Na=23 \qquad K=39 \qquad Rb=85 \qquad Cs=133$$
$$\underline{2Li=14} \qquad Mg=24 \qquad Zn=65 \qquad Cd=112$$
$$9 \qquad\qquad 15 \qquad\qquad 20 \qquad\qquad 21$$

在上半部元素小表（见影印件Ⅲ）中，两个族起初是以很自然的形式进行比较的：

$$Mg=24 \qquad Zn=65 \qquad Cd=112$$
$$Li=7 \qquad \underline{Na=23} \qquad \underline{K=39} \qquad \underline{Rb=85}$$
$$1 \qquad\qquad 27 \ \{6\} \qquad\quad 27$$

然后在它们之间列入一个族：

$$H=1 \qquad — \qquad Cu=63 \qquad Ag=108$$

使以前紧挨着的两个族分开了。

在下半部元素小表中，Na 族与 Zn、Cd 族分离，而且从那时起两个族一直是分开的（见影印件Ⅳ和Ⅴ）。

在编制完整元素草表的过程中，开始紧挨着的元素族（Na 族和 Mg、Zn 族）逐渐彼此分离。这样，影印件Ⅱ所记载的使两个族最不自然地靠近，只能是在两个族以更自然的形式排列在元素表中之前。

在霍德涅夫信上所做的记载更是如此：它们若是在编制两个不完整元素小表，尤其是两个完整元素表之后做的，就毫无意义了。否则，门捷列夫在致力于周期系工作的过程中，不是接近而是偏离了自己的发现，从逻辑观点看来，是极为荒谬的。

因此可以得出如下结论：在霍德涅夫信上所做的记载不会比 1869 年 2 月 17 日更早，因为信上注明了日期；但也不会更晚，因为这些记载是在注明同一日期的其他记载（见影印件Ⅲ和Ⅴ）之前。就是说，可以认为它们都是在同一天记载的（因为霍德涅夫在信上注明了日期），并且在同一天制订其他元素表——两个不完整元素小表和两个完整元素表之前。

附 55　原子量改变的类型顺序

假如对任意元素 R，在两个文献上原子量接近，等于 A，而在其他三个文献上原子量更加精确，等于 B。在这种情况下，很自然地会做出如下推测：

（1）门捷列夫在发现过程中只改变了一次元素 R 的原子量。

（2）这个数值变得精确了，而不是变得粗略了。

事实上，对于门捷列夫非常概略的、试验性的初稿来说，可能局限在原子量的粗略值上，因为首先应当确定两个紧挨着的元素族成员的原子量差数是一位数还是两位数。当弄清楚这点后，就产生了进行更精确计算的必要性，因此就要求用更精确的原子量代替最初采用的粗略的原子量。

对于有些情况，看上去同一种元素的原子量在发现过程中改变了两次或三次——从精确到不精确，再到精确，又到不精确，最后成为精确的。

因此，在所有可能的组合中，例如，由五个数值——两个 A 和三个 B 组成的最简单、最自然的序列如下：

$$A, A, B, B, B$$

这种情况称为类型 I。其局部情况是更简略的序列：

$$A, B, B, B$$

这种情况称为类型 I a（见表 51）。

正常顺序		回旋顺序	
类型	类型公式	类型	类型公式
I	A, A, B, B, B	III	A, A, B, A, A
I a	$A, \cdots, B, B, B$	III a	$A, A, B/A, \cdots, A$ $A, \cdots, B/A, A$
II	$A, A/B, B/C, C$	III b	$\cdots, A/B, \cdots, A$
II a	$A, \cdots, B/C, C$	III c	$A, A/B/C, B$
II b	$A, A/B, B, \cdots$	IV	$B, B/A, A/B, B$
II c	$A, A, \cdots, B/C, C$	IV a	$B, \cdots, A/B, B$

表 51　从粗略的原子量（A）到精确的原子量（B）与更精确的原子量（C）变化的类型顺序
（分数表示该情况下在连续序列中修正或原子量取整过程中所采用的某些数值，
省略号表示缺少相应的环节。）

现在让我们考察复杂一些的情况。

在第一个材料上有一元素 R，其原子量为 A。在第二个材料上同样有 A，同时还有精确的 B，我们记为分数形式 A/B。在第三个材料上有 B 和更精确的 C，我们记为 B/C。在第四个材料上有 C。在这种情况下，原子量改变的顺序如下：

$$A, A/B, B/C, C$$

这种情况称为类型 II。

当上面列出的连续序列减少一个或几个环节时就是类型 II 的局部情况。例如

A，B/C，C　　（类型Ⅱa）

A，A/B，B　　（类型Ⅱb）

A，A，B/C，C　　（类型Ⅱc）

这里所考察的情况都是创造性思维正常展开的实例。

当然不排除存在思维的曲折：既有偶然性的曲折，又有与更正确地解决涉及该元素问题有关的曲折。此时可能有一种回旋顺序：对原子量（B）做了适当的修正，后来在继续编制元素表的过程中认为不需要，又将之摒弃，回到最初采用的原子量，结果得到序列：

A，A，B，A，A（类型Ⅲ）

其局部情况可以认为是下面的序列：

A，A，B/A，A　或　A，B/A，A（类型Ⅲa）

A/B，A（类型Ⅲb）

还有更复杂的情况，例如

A，$A/B/C$，B（类型Ⅲc）

最后，可能还有一种情况：从精确的原子量到取整的原子量，然后回到最初采用的原子量，结果得到序列：

B，B/A，A/B，B（类型Ⅳ）

其局部情况是：

B，A/B，B（类型Ⅳa）

在原子量的记载中存在一定顺序的论述是建立在下列原则基础上的：相同的原子量一个接一个，像彼此"勾住"一样。

在这种情况下，按照编制时间确定材料顺序是最有可能的。在这个材料顺序下，上述原则多数都经得住考验。违背这个原则的情况应当是最少的，而且这种违背应当有它的原因。

附56　根据原子量的改变确定档案材料的时间顺序

用上述方法能够确定与1869年2月17日有关的5个主要材料的时间顺序，其中2个材料（新原子量清单和完整元素草表）没有日期。为此，按照表51［附55］编制了详细的表格，其中包括18种已知元素和1种未知元素（见表52）。表52展现出5个主要材料最有可能的时间顺序。

元素	影印件II (1)	影印件III (2)	影印件IIIa (3)	(3a)	影印件IV (4)	(4a)	(4b)	(4c)	影印件V (5)	类型
Zn	65	65	65,2		65,2				65,2	I
Rb	85	85	85,4		85,4				85,4	I
Se		79	79,4		79,4				79,4	Ia
Cu		63	63,4		63,4				63,4	Ia
Al		27	27,4	Al_2O_3	27,4	(Al_2O_3)			27,4	Ia
Zr		89	89,6	ZrO_2	89,6	$Zr(O_2)$	90		90	IIa
Ur			120?		120		116?		116	IIb
W			184		184		186		186	IIb
Cr			52,2		52,2		52		52	IIb
Ni			58,8		58,8		59		59	IIIc
Co			58,8		58,8		59	60	59	IIIb
x							70	72	70	
In		36	36	72		72	75,6		75,6	II
Ca		40	40	20?		20?	40		40	IV
Sr		87	87?			44?	87,6		87,6	IIc
Ba		137	137			68?	137		137	IIIa
Pb		207	207			103?	207		207	IIIa
Be		?	9,3?	9,3?		14	9,4		9,4	IVa
K	39	39	39,1		39				39	III
日期	1869.2.17	1869.2.17			1869.2.17				1869.2.17	

表52　1869年2月17日记载的原子量比较

（实线框内为相同的、彼此"勾住"的原子量，双实线框内相同原子量之间"涌入"的原子量。）

相同的、彼此"勾住"的原子量用实线框表示。在相同原子量之间"插入"的原子量用双实线框表示。最上面一行括号内的序号表示时间顺序。最下面一行指出了材料上注明的日期。

表 52 最引人注意的是：新原子量清单（见影印件Ⅲa 和表 21［附 16］）就是从在霍德涅夫信上所做的记载和两个不完整元素小表（见影印件Ⅱ和Ⅲ）上粗略的原子量（A），到两个完整元素表（见影印件Ⅳ和Ⅴ）上精确的原子量（B）的过渡。

因而这里有类型Ⅰ（对于 Zn 和 Rb）和类型Ⅰa（对于 Se、Cu 和 Al）。

对于 Al 和 Zr，除了精确的原子量（B）符合外，影印件Ⅲa 和Ⅳ还记载了其氧化物的组成以及确定原子量的方法。这可以作为编制新原子量清单的时间与编制完整元素草表的时间直接相连的补充证明。

这样一来，比较表中前 6 种元素可以得出结论：

（1）影印件Ⅱ和Ⅲ应当是相邻的，其编制时间应在影印件Ⅲa、Ⅳ和Ⅴ之前。

（2）影印件Ⅲa 和Ⅳ应当是相邻的。

元素 Zr、Ur、W、Cr、Ni 和 Co 的原子量分别属于类型Ⅱa（1 种）、Ⅱb（4 种）、Ⅲc（1 种），证明影印件Ⅲa 和Ⅳ应当是相邻的，并且在影印件Ⅴ之前。这有利于说明下列情况：在完整元素草表（见影印件Ⅳ）中，开始是元素清单（见影印件Ⅲa）中的原子量，后来改变了，并且作为最终的精确值列入《元素体系的尝试》（见影印件Ⅴ）。

除 Zr 外，另外 5 种情况都可以说明新原子量清单不可能是在完整元素草表之后编制的，同时也可以说明它不比两个不完整元素小表（见影印件Ⅲ）更早。

因此，根据对表 52 中前 11 种元素的考察可以得出结论：门捷列夫编制新原子量清单是在编制下半部元素小表（见影印件Ⅲ）之后，在编制完整元素草表（见影印件Ⅳ）之前。

Co 的原子量从 59 改变到 60，未知元素 x 的原子量从 70 改变到 72（见影印件Ⅳ），随后又分别回到 Co＝59，x＝70（见影印件Ⅴ）。这种改变是由于 Co 和 x 在体系中的位置调整引起的，不能作为反对誊清的元素表（见影印件Ⅴ）按照时间顺序应在完整元素草表（见影印件Ⅳ）之后的理由。

分析接下来的 5 种元素可进一步证实上述结论。In（类型Ⅱ）、Ca（类型Ⅳ）即是最好的证明。Sr（类型Ⅱc）、Ba（类型Ⅲa）也不例外。

这 4 种元素都证明，新原子量清单（见影印件Ⅲa）和两个不完整元素小表

（见影印件Ⅲ）相邻。此外，In、Ca 还从另一方面证明，新原子量清单与完整元素草表（见影印件Ⅳ）相邻。

这就是说，新原子量清单的编制时间在两个不完整元素小表和两个完整元素表的编制时间之间。换言之，新原子量清单的编制时间在影印件Ⅲ和Ⅳ的编制时间之间，正如表 52 所指出的那样。

对于 Ca，可以说还有 Sr，在编制新原子量清单（见影印件Ⅲa）时，门捷列夫注意到了不仅有采用原子量的可能，而且还有采用当量的可能。虽然门捷列夫也容许这种可能性，但仍然认为这是令人怀疑的，因而他写下"Ca20?"。

开始编制完整元素草表（见影印件Ⅳ）时，门捷列夫把这种可能性推测性地推广到了整个碱土金属族，就把 Pb 列了进去。

但是，在把这些元素（Ca、Ba 和 Pb）排列在 Mg、Zn 族之下失败之后，他又回到原子量上，而且对 Sr 的原子量取精确值，用 87.6 代替 87。

至此，表 52 中所列 19 种元素中有 17 种（除 Be、K）从各个方面同时证实，我们所采用的门捷列夫 5 个主要材料的时间顺序如下：

（1）在霍德涅夫信上所做的记载（见影印件Ⅱ）。

（2）两个不完整元素小表（见影印件Ⅲ）。

（3）新原子量清单（见影印件Ⅲa）。

（4）完整元素草表（见影印件Ⅳ）。

（5）《元素体系的尝试》（见影印件Ⅴ）。

表 52 中尚未考察的两种元素（Be 和 K）有些例外。

对于 Be（类型Ⅳa），起初采用了精确的原子量，虽然是带问号的（9.3?）。后来改变为错误数值（14），此后又改变为精确数值（9.4）。

对发现周期律过程中的这种反常可以做如下解释：门捷列夫编制新原子量清单时，对旧原子量清单（见表 1 [附 3]）中某些元素的当量加倍了。例如，Cd＝112（代替 56），Ir＝198（代替 99），Mo＝96（代替 48），Os＝199（代替 99.6），Pd＝106.6（代替 53.3），Rh＝Ru＝104.4（代替 52.2），Ur＝120（代替 60），Wo＝184（代替 92）。

大概 Be 的当量（4.7）也纯属自然加倍而得到 9.3?，代替 14.1，而 14.1 应当是当量增至 3 倍时得出的。

对表 1 [附 3] 中某些元素，门捷列夫采用当量代替了原子量。编制新原子量清单时，门捷列夫认为 Be 的氧化物形式是 Be_2O_3 而不是 BeO，但由当量计算原子量时，门捷列夫将其与其他元素一起顺便加倍了。

当制作元素卡片时，门捷列夫发现，Be 的原子量应该采用 14，而不是 9.3？（因为那时门捷列夫认为 Be 属于 Al 族）。

但在以后，考虑到 Be 在 Mg、Zn 序列中的新位置，门捷列夫改变了 Be 的氧化物形式，由 Be_2O_3 改为 BeO，因而 Be 的原子量由 14 减少到 9.4（即当量加倍 Be ＝2×4.7）。

因此，这里不是简单地返回新原子量清单上 Be 采用的数值 9.3？，而是根据已经发现的周期律，改变 Be 的氧化物形式并相应地改变其原子量。

因此，新原子量清单上的 Be＝9.3？与后面的 Be＝9.4 没有任何联系，并不能证明新原子量清单是在完整元素草表之后编制的。并且，把 Be 调整到 Mg 和 Zn 族、将其原子量从 14 改变为 9.4 之后，门捷列夫已经不再怀疑其原子量，也就不会在这以后表示为 Be＝9.3？。

至于 K（类型Ⅲ），虽然在新原子量清单中明确规定为 39.1，但在其他材料中采用 39，变化很小，并不能说明任何问题。在《化学原理》第二卷第 1、2 章中 K 的原子量是 39 而不是 39.1，也不足为奇。

从整体上分析原子量的改变，使我们有根据地做出结论：与 1869 年 2 月 17 日发现周期律有关的 5 个基本材料的时间顺序就是表 52 所呈现的顺序。

附 57　发现新材料的可能性

可以推测，门捷列夫去世后所保存下来的与发现周期律有关的档案材料大部分已被发现和研究。

1952 年夏，根据苏联部长会议的决议，成立了门捷列夫科学遗产研究和著作出版委员会。更早些时候，列宁格勒大学门捷列夫档案陈列馆就已开展了相关科学研究工作。

此后，有关人士曾对列宁格勒大学门捷列夫档案陈列馆、列宁格勒中央历史档案馆、莫斯科中央历史档案馆、国立列宁格勒省历史档案馆和其他档案馆中所保存的全部档案的精华，进行了详细考察和研究。

据我们看，与门捷列夫发现周期律时间有关的材料，最主要的已被发现、分析查明并系统整理出来，未必还能找到新材料，能够对已经查明的这项发现进行的图景做出重大改变。

与这一发现有关的门捷列夫自传性笔记[6-8]已经被研究并公布。当然，由于门捷列夫曾就自己的发现同其他学者进行了通信和口头交流，可以期待在研究这些学者的档案时会发现某些新材料。因此为了发掘与周期律发现史有关的新材料，应该极力赞助研究伊诺斯特朗采夫、霍德涅夫、H. A. 门舒特金、维列沙金和其他人的私人档案（如果这些材料保存下来的话）。同样，找到论文《元素的性质与原子量的相互关系》和《化学原理》第二卷的手稿和校对本以及《元素体系的尝试》的校对本，无疑也是令人关注的。可惜，在这方面进行的探索暂时还未取得期望的结果。

曾经出现能发现有关这个问题的新材料的希望，并且大有希望。这指的是库勒巴托夫为 1934 年出版的《门捷列夫选集》第二卷所写的编者跋语，该卷汇集了门捷列夫关于周期律的著作。

库勒巴托夫写道：在这一卷中，"只有一篇比较像自传性的论文《我怎样发现了元素周期律》① 未刊载"。[2]519 他没有提到所引证的这篇论文是在哪里发表的。

这篇论文自然极为令人关注，因为从标题来判断，它对化学家所关心的门捷列夫是如何发现周期律的所有问题会做出相当详尽的回答，并且这个回答还是从他本人那里直接得到的。

引证说，这篇论文未被库勒巴托夫选入，似乎是因为它的自传性，这种说法看来完全没有根据。如果真有这样的论文，那么正因为它具有自传性特点，肯定应该列入门捷列夫关于周期律的著作集。

通过寻找这篇论文发现：1899 年，法国《纯粹化学和实用化学》杂志确实刊印了标题令人好奇的门捷列夫的论文《我怎样发现了元素周期律》。

杂志编者在这篇论文的注解中写道：编辑部在巴黎科学院于 1899 年选举门捷列夫为外国通讯院士之际，请求他就周期律问题为杂志撰写一篇文章。门捷列夫愉快地答应了并把他用俄文写的文章寄送给编辑部。这篇著作的法译文是编辑部完成的。

最近了解到这篇论文并不是门捷列夫的新作，其准确译名为《化学元素周期律》，是门捷列夫在法文杂志编辑部向他约稿之前不久，为《布罗克豪斯百科全书》撰写的，刊印在 1898 年版第 23 卷。

显然，法文杂志编辑部或译者为使文章更吸引人，便把显得过于枯燥的标题《化学元素周期律》改为能引起好奇心的标题《我怎样发现了元素周期律》。

文章内容保持原样，并且门捷列夫并未在文章中添加任何"自传性"的文字。

---

① 原书中此标题为法文。——译者注

这篇文章并未像《门捷列夫选集》第二卷编纂者库勒巴托夫教授在跋语中写的没有刊载，而是全文刊载，但标题是《化学元素周期律》。[2]409-433

附 58　关于怎样寻找和解释门捷列夫档案材料的问题

门捷列娃-库兹米娜在列宁格勒大学门捷列夫档案陈列馆任馆长时，为了从有关她父亲的科学发现，包括发现周期律的文献中寻找新材料，做了大量工作。1952年 2 月，在她去世前不久，曾在列宁格勒学者之家做纪念门捷列夫逝世四十周年的报告。这篇报告在她去世后以《关于门捷列夫的短评》[20]为题发表，其中谈道：

> 档案的化学部分是特别困难的任务。当你着手研究时，就会立即走进琐碎的、零散的、乍一看来是不相关的材料迷宫之中，书中有亲手写在页边的补充、注解和小表。要想搞清楚这些材料的来龙去脉，需要研究者有极高的洞察力，对档案的敏锐的"嗅觉"和钢铁般的意志。这些材料整理后汇集成篇幅较大的《门捷列夫科学档案》第一卷。

1949 年，当发现注明 1869 年 2 月 17 日的两个元素表手稿①之后，更完满地阐明周期律发现史就成为主要任务。现在，《门捷列夫科学档案》第一卷公布的材料告诉我们，门捷列夫关于周期律的概念是如何形成的，表明他是如何为这一规律得到认可而奋斗的，表明这个规律的发现及进一步研究与门捷列夫的主要创作——《化学原理》有着不可分割的联系。

下面援引了门捷列夫的笔记：

> 这本《化学原理》是我的爱子。在《化学原理》中有我的方法、我的教学经验和我内心的科学思想。[7]35

门捷列娃-库兹米娜指出："在档案中发现的手稿是这些内心的科学思想的试验场所……"

门捷列娃-库兹米娜就是这样评价了所发现材料的意义，本书对部分材料进行了探讨，认为她的这种评价是完全符合实际的。她在调查她父亲在周期律发现日排列"牌阵"的元素卡片问题上表现出巨大的积极性。一天，她给我们看她发现的写有各种元素数据的卡片。据她推测，这些卡片正是长期寻找的 1869 年 2 月 17 日制作的那套卡片。可惜并不是原来的那套卡片，这些卡片出现得较晚。所有可能与这一天有关的材料只有这套卡片尚未找到。

---

①　指影印件Ⅳ和Ⅴ。

为什么门捷列夫如此珍惜地保存下来有关周期律的一切材料，甚至一些不太重要的材料，却未保存那些在这一发现中起到重要的、决定性作用的卡片呢？可以推测，这些卡片曾被他用来为《化学原理》第二卷编制题为《门捷列夫元素自然体系》的元素表。[4]6 门捷列夫在编制这个元素表时，很可能把这些卡片贴到表上相应的地方，结果卡片随着整个元素表被一起寄往印刷厂，在那里制作锌版后失落了。当然，这只是我们的推测而已。遗憾的是，尽管列宁格勒大学门捷列夫档案陈列馆的工作人员竭尽努力，至今仍未发现这套元素卡片，恐怕连找到卡片的希望也不存在了。

应当指出，某些门捷列夫档案的公布做得不能令人满意，比如《门捷列夫全集》第13、14卷的附件[3-4]就是如此。门捷列娃-库兹米娜对这些材料做了注释，但在排印时却出现了严重的随意曲解。特别是对周期律发现史具有重大意义的材料，如影印件Ⅲ、Ⅹ和Ⅻ，都是带有严重错误发表的，某些材料也是这样。影印件Ⅰ中的提纲看来只印了一半，而且不是最主要的部分，缺少了《化学原理》第二卷的提纲。提纲的另一半就这样没有公之于众，虽然提纲被编入门捷列夫私人藏书第1009卷，而《门捷列夫全集》第13卷[3]的全部附件一般说来是取自于此的。一些重要材料同样被漏载了，如影印件Ⅰa和Ⅲa，而它们也同样被编入门捷列夫私人藏书第1009卷。

门捷列娃-库兹米娜在世时是坚决反对对她父亲的科学遗产抱这种态度的，这点我们曾在对《门捷列夫全集》的评论中详尽论述过。①

第7章

附59 把两个相邻的元素纵列初次"连接"成一个连续序列

霍缅柯夫曾经嘲笑我们的见解：

> 假如按照原子量递增（或递减）的顺序排列连续的元素序列，那么在第2纵列开头和第3纵列末尾之间的连接就显得有些不合规律。[6]105

霍缅柯夫的见解是幼稚的，其实只需要确认下列非常重要的情况，其他什么也不需要：在门捷列夫面前初次呈现出被发现规律的性质，表明在按照原子量把元素排列到一个序列中的时候，元素性质具有周期性。

---

① 参见论文《严重的错误与疏漏——论〈门捷列夫全集〉》[19]122-123。

第 8 章

附 60　发现周期律的非归纳性质

拉科夫斯基（1879—1941）在《元素周期系的发现》这篇极好的论文中阐明过这个问题。[12]37-46拉科夫斯基在论文的开头写道：

> 在化学文献中有时透露出一种意见，认为元素周期律的创立是严格的归纳思维的成果，是完全跟随事实的结果。然而对门捷列夫在这方面的调查表明，上述意见是不正确的。[12]37

附 61　使特殊同一化是认识的一个阶段

关于认识的特殊性阶段的特点问题，我们来参考一下科利斯托斯图里扬的论文《一般与个别在认识中的关系》。

在阐述恩格斯关于科学认识的分阶段的观点时，科利斯托斯图里扬随后表达了自己对这个观点的不同意见，把它作为黑格尔体系的残余来解释：

> 如果唯物地对待事情，恩格斯在黑格尔公式中揭示出其中存在的真实内容。但这个公式（个别、特殊、普遍）按照以往整个哲学的传统（"属""种""个体"）出现在黑格尔那里，完全不是必需的。实际上，在现实的现象中，在其个体和一般的特征之间能找到一系列不同程度同一性的其他特征。因此认识的发展实际上是由阶段组成的，每一个阶段对下一个阶段都是个体对于一般或较少的一般对于较多的一般。把"摩擦是热的源泉"这一判断看作个体形式的判断，只是由于有更一般形式的判断："一切机械运动都能借摩擦转化为热"。其实，如果考虑到第一个判断是由于从摩擦生热的许多个体经验事实中分解出的一般，那么显而易见，它本质上也是一般形式的判断。
>
> 所引证的实例表明：在认识发展的过程中，一般与个体范畴的关系归结为从一个到另一个，从个体到一般，从较少的一般（本质的）到较多的一般（本质的）过渡的过程；同时，认识一般给予认识由开始的个体以更深刻的认识。[11-2]39-40

接着，科利斯托斯图里扬引用了门捷列夫《化学原理》中的叙述。[1]405科利斯托斯图里扬论述的从个别向特殊和从特殊向普遍的过渡，是从个体向一般或从较低级的一般向较高级的一般的过渡。

在个别与普遍之间存在的特殊有两个甚至更多的层次，这点也是正确的。如由Fe、Pl 和 Pt 族（第一层次的特殊）组成的、后来建立的第Ⅷ族（第二层次的特殊），从个别（元素）过渡到普遍（体系）经历了两个层次的特殊（族和由族组成的族）。

但不能认为一般与个体的关系比个别与特殊、特殊与普遍、个别与普遍的关系更为广泛，否则一般与个体的关系在个别、特殊、普遍之间关系的形式下展开和具体化的问题似乎就无须探讨了。

当谈到任何过程都可以看作从个体向一般的过渡时，科利斯托斯图里扬只抓住了这些过渡都具有的共同点，然而，坚持一般地、抽象地提出问题时，他从具体的、特殊的形式和表现中找到了一般原则。

实际上，我们很少说从个体、局部过渡到一般，还应当弄清楚这一过渡在每个具体或典型的情况下是用什么方式和方法实现的。这里就显示出按照个别性、特殊性和普遍性的特征对思维形式（概念、判断、推理）进行分类的深刻意义。可惜这点却被科利斯托斯图里扬忽略了。

按照科利斯托斯图里扬的说法就会得出：为了逻辑地表现综合，只运用从个体过渡到一般的概念就够了。此时，科利斯托斯图里扬忘记了在认识的不同阶段运用的逻辑综合法的特点，忘记了它们不同的目的性。

综合在特殊性阶段是为了区分通过特殊形式建立的族，使之特殊化，甚至把它们彼此对立起来。综合在这里有局限性，它只是把相同点结合起来。这样做是为了使相同点与不同点对立起来，并把它们区别开来。正是这样，最初形成了独特的卤族、碱金属族以及其他元素族。

科利斯托斯图里扬在这方面的态度意味着使各个认识阶段同一化，把一般公式"一般—个体"变为纯粹的抽象。假如他企图由恩格斯的原理向前进，特别是发展从个别到普遍的中间环节（特殊）的可分性和多级性原理，那就可以理解了。但在这个方向走了一步，当觉察到在个别和普遍的特征之间的现实现象中"能够找到一系列不同程度的同一性的其他特征"时，他没有继续向前走就得出了结论：既然比恩格斯提出的问题更复杂，那么从根本上否认科学认识的特殊性阶段岂不更好？因而他对于各个认识阶段相互关系的看法更简单化，也是不太有头脑的观点。

周期律发现史的方法论分析驳倒了这种观点。

顺便提一下，科利斯托斯图里扬在引用列宁《哲学笔记》，特别是《谈谈辩证法问题》片段中关于一般与个体的相互关系的观点时，表现出在这个问题上恩格斯的观点同列宁的观点的某些不同。

但一个不能同另一个相矛盾，也不能取代另一个。当列宁论述作为对立统一的个体与一般的相互关系时，为了分析才举了最简单的例子（"哈巴狗是狗"等）。因为能够（而且应当）用最简单的例子揭示一般和个体的辩证法。

但这完全不意味着列宁因而放弃揭示在认识的各个阶段一般和个体相互关系的具体、特殊形式，或者把这些各不相同的形式都归结为无个性特征关系的一般和个体。

因此应强调指出，列宁在《哲学笔记》中反复论述了个别、特殊和普遍的相互关系问题。例如：

> 黑格尔对推理的分析（E.—B.—A.，即个别、特殊、普遍，B.—E.—A.，等等），令人想起马克思曾在第 1 章中模仿黑格尔。①②

关于黑格尔的一种说法列宁在另一个地方写道：

> 绝妙的公式："不只是抽象的普遍，而且是自身体现着特殊的、个体的、个别的东西的丰富性的这种普遍"（特殊的东西和个别的东西的全部丰富性！）!! 很好!③

因此，在这个问题上，把列宁与恩格斯置于对立面是没有根据的。对于从逻辑上理解门捷列夫在 1869 年 2 月 17 日做出的科学发现，特别对于理解他运用的综合法来说，马克思、恩格斯和列宁所发展的辩证逻辑原理，尤其是关于一般和个体及其在科学认识各阶段的个别、特殊和普遍的相互关系中具体化的原理，具有极其重要的意义。

附 62　否认发现周期律过程中的特殊性阶段

某些研究化学史的化学家否认发现周期律的过程中存在特殊性阶段。

例如，霍缅柯夫的主张本质上就属于这种观点。

霍缅柯夫不顾事实，他所坚持的是什么呢？他坚持认为，门捷列夫发现周期律

---

① 列宁. 哲学笔记［M］//列宁. 列宁全集：第 55 卷. 2 版（增订版）. 北京：人民出版社，2017：148.
② 指《资本论》第 1 章。
③ 列宁. 哲学笔记［M］//列宁. 列宁全集：第 55 卷. 2 版（增订版）. 北京：人民出版社，2017：83.

（普遍）似乎并不经过族的比较（特殊），而是直接从单独、分散的元素（个别）得到的。

霍缅柯夫从门捷列夫科学思维的发展中完全取消了特殊性阶段，即等于把个别经过特殊到普遍的上升的、复杂的、矛盾的过程简单地、公式化地想象为从个别（元素）直接过渡到普遍（总序列，而元素体系似乎直接从这个总序列产生）的简单过程。

如果姑且同意霍缅柯夫的观点，那么周期律的发现过程究竟是什么样呢？

表 53 是按照原子量（当量）排列的两个完整元素序列，其数值是门捷列夫在编制元素体系之前整理的。我们注意到，在元素清单（见影印件Ⅲ a）中，为什么门捷列夫为 Ca 记载两个数值（40 和 20?），而为 Sr 记载一个数值（87?）？应当承认：有关碱土金属的原子量问题，门捷列夫在当时还不完全清楚。

表 53

	对碱土金属和Pb采用当量	对碱土金属和Pb采用原子量
按照原子量排列的元素总序列	（见下方左栏）	（见下方右栏）

左栏（对碱土金属和Pb采用当量）

```
                Be
H   Li   B    C    N    O    F    Ca?  Na   Mg   Al
1   7    11   12   14   16   19   20   23   24   27

Si  P    S    Cl   In?  K    Sr?  Ti   V    Cr
28  31   32   35   36   39   44   50   51   52

                Ni
Mn  Fe   Er?  Co   Yt?  Cu   Zn   Ba   As   Se
55  56   56,3 58   60   63   65   68   75   79

        La                   Ru
Br  Rb   Zr   Ce   Nb   Di   Mo   Pb   Ro   Pl
80  85   90   92   94   95   96   103  104  106

Ag  Cd   Sn   Ur   Sb   J    Te   Cs
108 112  118  120  127  128  133

Ta  Wo   Au   Pt   Ir   Os   Hg
182 184  197  197,4 198 199  200

Tl  Bi
204 210.
```

右栏（对碱土金属和Pb采用原子量）

```
                Be
H   Li   B    C    N    O    F    Na   Mg   Al   Si
1   7    11   12   14   16   19   23   24   27   28

P   S    Cl   In?  K    Ca   Ti   V    Cr   Mn
31  32   35   36   39   40   50   51   52   55

Fe  Er   Co   Yt   Cu   Zn   As   Se   Br   Rb
56  56,3 58   60   63   65   75   79   80   85

        La                   Ru
Sr  Zr   Ce   Nb   Di   Mo   Ro   Pl   Ag
87  90   92   94   95   96   104  106  108

                Th?
Cd  Sn   Ur   Sb   J    To   Cs   Ba
112 118  120  127  128  133  137

Ta  Wo   Au   Pt   Ir   Os   Hg
182 184  197  197,4 198 199  200

Tl  Pb   Bi
204 207  210.
```

| 相似元素之间的元素数 | (Na) 7 (K) 16 (Rb) 18 (Cs)
(F) 7 (Cl) 17 (Br) 17 (J)
(Ca) 9 (Sr) 11 (Ba) | (Na) 7 (K) 15 (Rb) 18 (Cs)
(F) 6 (Cl) 16 (Br) 17 (J)
(Ca) 15 (Sr) 18 (Ba) |
| 在总序列中围绕碱金属的"纽结" | ... H Li B ...
... Ca Na Mg ...
... In K Sr ...
... Br Rb Zr ...
... Te Cs Ta ... | ... H Li B ...
... F Na Mg ...
... In K Ca ...
... Br Rb Sr ...
... Te Cs Ba ... |

表 53　按照原子量（当量）排列的元素总序列

在完整元素草表中也如此。对这些金属（包括 Pb）最初记载的并不是原子量，而是当量（带有问号）。

与此相应，表 53 给出了两个元素总序列：左边的序列对 Ca、Sr、Ba 和 Pb 采用当量，右边的序列对其采用原子量。

既然 In 在下半部元素小表中采用了原子量（36），并且最初在完整元素草表页边记载的也是这一数值，我们认为在发现周期律之前采用这一数值是完全可行的。

（在元素清单中，门捷列夫开始用铅笔写下 36，后来用钢笔改为 72，但这已经是发现周期律之后了。）

分析一下表 53 中两个元素总序列会得出什么结论呢？

这里不存在"卤素-碱金属-碱土金属"三元素"纽结"。如果把碱金属当作"纽结"的中心，那么可表示如下：

第一种情况（左边）：在元素总序列中围绕碱金属的 5 种情况：H-Li-B、Ca-Na-Mg、In-K-Sr、Br-Rb-Zr 及 Te-Cs-Ta，都不是"卤素-碱金属-碱土金属"三元素"纽结"。

如果只考虑三元素中的 2 种元素，则有 10 对元素，其中只有 2 对元素符合霍缅柯夫的要求：K 和 Sr、Rb 和 Br。

同样，在元素总序列中也没有明确显示出元素性质的周期性。

霍缅柯夫指出：当门捷列夫看出相似元素每经过 7 种（在短周期中）或 17 种（在长周期中）重复出现时，他就把总序列分解为由 7 种或 17 种元素组成的片段，并一段一段上下排列起来，从而得到元素体系。

从表 53 中可以看出，只有卤族遵循每经过 7 种或 17 种元素重复出现的规则。碱金属只有一次遵循此规则，而碱土金属则完全没有遵循此规则。

如果认为按照原子量排列的元素总序列是在碱土金属和 Pb 采用当量的条件下形成的，那么情况就是这样。显然，在这种情况下就谈不到发现周期律了。

第二种情况（右边）：假如门捷列夫对碱土金属和 Pb 不采用当量而采用原子量，那么有些情况会变好一些，而有些则会更坏（见表 53 右边）。

围绕碱金属的 5 种情况中，只有 Br-Rb-Sr 形成符合要求的"纽结"。因为门捷列夫把 Mg 看作属于 Zn、Cd 族而非碱土金属族，不能把 F-Na-Mg 看作符合要求的"纽结"。在 10 对元素中，除 Br-Rb-Sr 外，有 2 对元素符合霍缅柯夫的要求：K 和 Ca、Cs 和 Ba。

虽然第二种情况比第一种情况好一些，但是仍然没有发现周期律的牢固基础。

如果探讨"相似元素每经过 7 种或 17 种重复出现"的规则就会发现，只有 1 次（7 种）遵循此规则，比第一种情况更差了。其他间隔（6、15、16、17、18）毫无规律，从中发现周期律当然也不可能了。

当霍缅柯夫提出发现周期律的假说时，列举了由下列三种元素组成的三元素"纽结"：

（1）卤素。

（2）跟随其后的碱金属。

（3）镁或相应的碱土金属。

霍缅柯夫认为，按照原子量排列的元素总序列中就存在这些"纽结"。

我们刚才已经论证过，这是完全不可能的。例如，在按照原子量（当量）排列的元素总序列中，在 K=39 之前是 In=36，而不是 Cl=35.5；在 Cs=133 之前是 Te=128，而不是 J=127。

霍缅柯夫要得到所谓的"纽结"，必须通过比较元素族，比较卤素、碱金属和碱土金属三族。而门捷列夫已进行过这种比较，而且在比较时尚未顾及所有元素原子量的连续性。

如果门捷列夫把 Te 排列在 J 之后、把 Cs 排列在 J 之前，形成霍缅柯夫所说的 Cs-J-Te"纽结"时，必然破坏把较轻元素排列在较重元素之下的连续性（即在总序列中把较轻元素排列在较重元素之前）。

这样，就形成 J-Cs-Ba"纽结"，而非 Te-Cs-Ba"纽结"，再次证实了门捷列夫在此之前至少比较了 Ca、Na、Cl、O 四族。

从元素总序列中取消 In（无论其原子量采用 36 还是 72、75.6），因为在任何族中都找不到其合适的位置。这一点在对各元素族进行比较时就能弄清楚。否则，In=36 就一定会排列在 Cl=35.5 和 K=39 之间。

此外，在元素总序列中（表 53 中左边和右边），Be 和 N（=14）、La 和 Nb（=94）、Th 和 Sn（=118）排列在同一位置，仅仅这一点就说明这个元素总序列不具有周期性。

上面的论述证实了霍缅柯夫的假说是经不起任何检验的，是完全没有根据的。其主要缺点是逻辑上自相矛盾。

（1）霍缅柯夫认为：门捷列夫曾确认若干个三元素"纽结"（一种卤素、一种碱金属、一种碱土金属），这些"纽结"能够自行形成是由于在发现周期律之初把所有元素简单地合并成总序列。事实上，这些"纽结"只有在把完整的元素族进行比较时才能形成。

（2）霍缅柯夫认为：门捷列夫在按照原子量排列的元素总序列中发现相似元素周期性出现，从而发现周期律。这也是站不住脚的。

上述分析再一次证实门捷列夫是通过比较元素族而发现周期律的。正是在霍缅柯夫引以为据的《化学原理》（第三版）中，门捷列夫直截了当地写道：

　　先得知族，而后才发生有关各族的相互关系问题，这就导致一般规律的发现。[2]264

这就是说，族（特殊）在从个别（元素）到普遍（规律）的思维活动中是必要的中间环节。

霍缅柯夫企图用其假说取消整个发现链条的中间环节，其结果是陷入逻辑上的矛盾。

因为霍缅柯夫的假说同历史的真相和符合这一真相的科学思维发展的逻辑必然性相矛盾，所以必然如此。

附 63　否认发现周期律过程中的特殊性阶段而产生的错误

我们可以在柯列斯尼可夫和阿加弗申的著作中发现这类错误，这在前面已经谈到。这些作者为此专门提出的假说可以说与霍缅柯夫的假说一样，只是版本不同。

柯列斯尼可夫认为：门捷列夫直接从按照原子量排列的元素总序列开始了发现，而绕过了对元素族（特殊）的比较。柯列斯尼可夫还认为：门捷列夫在总序列中 Ca＝40 之后直接排列了 Ti＝50，因此 Ti 与 Al 排列在同一族，只是后来门捷列夫才从那里取消 Ti，为"类铝"留下空位。

正如前面已经指出的，这是不正确的，因为门捷列夫从未把 Ti 排列在靠近 Ca 的地方，而且也没有排列在 Al 族。

与此相同，也正是由于试图绕过特殊——一个在发现周期律的过程中起到重要作用的认识的必要阶段，阿加弗申提出一种说法：门捷列夫发现在元素总序列中元素起初的排列是不正确的（例如，Te＝128 排列在 J＝127 之后而不是在它之前），后来门捷列夫似乎把位置不正确的元素从这个总序列中"拔出"，并把另外一些元素排列在这些位置。这里拒不承认发现周期律的特殊性阶段（元素族的比较），虚构了不存在的事件和活动。

附 64　关于发现周期律过程中特殊性作用的折中说法

卡尔波维茨的说法可以作为这一问题的例证。

卡尔波维茨多次正确地指出，门捷列夫发现一般规律，不是出自单独的、分散的元素，而是出自元素族：

> 由于被排列的不是单种元素而是相似元素族，他使最极端的、对立的族——碱金属和卤素靠近。当分析了 6 种相似元素族时，他立即把它们综合到统一的体系中，因而通过对单种元素和相似元素族的归纳走向一般体

系……①

当卡尔波维茨以正确的思想开始之后，却在这里容忍了不正确的东西，即混淆了用归纳法完成从个别元素向族的过渡与从族向体系过渡的区别，后一过程已不可能称为通常意义的归纳法。

当卡尔波维茨阐述门捷列夫的创造性思维如何展开时，这种不正确的看法更加明显：

> 因此，当从个别元素到普遍联系（归纳）时，他总是利用演绎的"地位"，而后者（演绎）是通过归纳才从个别过渡到一般的。②

这里表明归纳和演绎的一致性和相互补充，但是特殊（族）消失了，没有特殊它们的一致性和相互补充就不可能被充分揭示出来。

卡尔波维茨又正确地指出，门捷列夫不是直接从个别而是经过特殊到普遍的。当读到《元素体系的尝试》时，卡尔波维茨写到门捷列夫所走过的道路：

> ……他不是排列单种元素，而是按照原子量排列整个元素族。在1869年的报道里也指出了这一点。③

因此，我们在卡尔波维茨那里找不到在这个问题上确定的、一贯坚持的观点：他时而似乎承认在周期律发现史中用相似元素族表示的特殊性阶段；时而相反，当谈到从个别（元素）向普遍（体系）和从普遍向个别的直接过渡时，似乎忽视了这种东西。有时，他甚至把另外的逻辑方法称为归纳和演绎，这些方法只是伴随着归纳和演绎的推理，但绝不能归为归纳和演绎的推理。

与霍缅柯夫的主张相比较，除了否认认识化学元素中的特殊性阶段之外，卡尔波维茨说法的某些部分是比较正确的，虽然并非一贯。

第 9 章

附 65　元素按照原子量排列与按照化合价排列相符合

在上半部元素小表中这样的符合就已出现（见影印件Ⅲ，元素符号上面的括号

---

① 卡尔波维茨 Э. 门捷列夫的哲学观点对其发现化学元素周期律的意义［M］. 莫斯科-里加：［出版者不详］，1954：13.

② 卡尔波维茨 Э. 门捷列夫的哲学观点对其发现化学元素周期律的意义［M］. 莫斯科-里加：［出版者不详］，1954：13.

③ 卡尔波维茨 Э. 门捷列夫的哲学观点对其发现化学元素周期律的意义［M］. 莫斯科-里加：［出版者不详］，1954：20.

中是化合价，元素符号下面是原子量）：

(2)	(1)	(2)	(3)	(4)	(1)	(2)	(1)
—	F	O	N	C	H	—	Li
	19	16	14	12	1		7
Ca	Cl	S	P	Si	—	Mg	Na
40	35.5	36	31	28		24	23

在下半部元素小表（见影印件Ⅲ）中这样的符合表现得更加明显，这表明进行了更深入的研究并更彻底地应用了比较方法。在这里，我们看到如下情况（标记同上）：

(3)	(2)	(1)	(1)	(2)	(3)	(4)	(3)	(2)	(1)
Al	—	Na	F	O	N	C	B	—	H
27		23	19	16	14	12	11		1
Fe	Ca	K	Cl	S	P	Si	—	Mg	—
56	40	39	35	32	31	28		24	

这种情况在完整元素草表（见影印件Ⅳ）中表现得更为完善和确切。

附 66 元素在周期系中的位置

元素在周期系中的位置这一标志在当时的化学理论中起着极为重要的作用。关于这一点，费尔斯曼写道：

> 在两个坐标的体系中，正如我们通常采用的图表结构一样，每种元素都有确定的位置，在元素表中占有自己的位置。这个位置不仅确定了元素在元素表中的空间位置，而且由此确定了元素的性质、元素的化合物以及元素间的相互关系。关于元素位置在周期系中作用的这种解释，为门捷列夫所采纳……[12]108

附 67 不可能把元素严格划分为金属和非金属

把元素严格地划分为金属和非金属的传统一直延续到现在。米哈伊连柯在1938年发表了元素表，表中金属与非金属被涂上了不同的颜色，以严格区分。这样，两类元素之间实际的过渡完全被"排除"了。例如，仅仅根据原子的外层电子数与非金属 C 相同，就把 Pb 和 Sn 无条件地归为非金属。

第 10 章

附 68　周期律发现日巧合的作用

门捷列夫恰好在预定从圣彼得堡出发去干酪制造厂那一天做出了重大发现，很显然，这件事无论从整个化学发展史上来看，还是从学者的个人创造上来看，都具有偶然性。事情的经过可能完全是另外一种情形：如果 1869 年 2 月 17 日门捷列夫在动身前还没有做出发现，他就会离开圣彼得堡去干酪制造厂了。在这种情况下，他可能在 1869 年 3 月回到圣彼得堡之后，或者在特威尔斯基省的某一村庄，甚至在火车上做出发现。偶然性就表现在他恰好在预定从圣彼得堡出发的那一天做出发现。

毫无疑问，门捷列夫在出发之前所做的充分准备对这一发现起到了促进作用。门捷列夫最初大概还未曾料到，1869 年 2 月 17 日开始的工作会阻止他在这一天启程去干酪制造厂，从而不得不把行程至少推迟 12 天，直到 3 月初。

因此，他急于做完这项已经开始的工作，迅速形成新的元素体系就是完全自然的了。在门捷列夫还没决定推迟行程的时候，他当然力求尽快结束已经开始的工作，因为长时间出差对于科学发现来说是很不适宜的。显然，尽快结束已经开始的工作而不把它推迟到明天（如果这样就意味着推迟行程），这一意图对门捷列夫 1869 年 2 月 17 日的创造性思维起到了巨大的促进作用。

大概正是因为急于在预定时间出发，门捷列夫才能在异常短暂的时间里完成发现。

顺便还要提及的是，门捷列夫打算考察诺夫格罗德斯基省和特威尔斯基省的干酪制造厂，同时还取得了去莫斯科省的准假凭证。也就是说，他要到干酪制造厂附近的波博罗沃去。推迟从圣彼得堡出发的时间，就有可能来不及同波博罗沃的朋友见面。

随着化学史上最伟大的发现在 2 月 17 日的拓展，这一发现的宏大规模便展现在门捷列夫面前。当门捷列夫做出这一发现时，为什么还要在圣彼得堡拖延几天也就十分清楚了。不管怎样，必须在预定时间从圣彼得堡出发，这一意图成了门捷列夫在发现开始时刻用以控制时间、抓紧时间做出发现的一个原因。总而言之，门捷列夫一开始就面临特殊的"处境"。

可见，随时随地可能出现的偶然性，在周期律发现史上起到了一定作用，偶然性在这里是以必然性的形式出现的。从 19 世纪 60 年代科学发展的迫切需要来看，把关于化学元素的全部资料加以理论综合，把它们归结为统一的、合乎自然的、而不是人为制造的体系是必然的。从门捷列夫编写《化学原理》的进展来看，他已接近于这一必然性。这一发现一定能够出现，可能早一些，也可能晚一些。可能在门捷列夫圣彼得堡住所的工作室，也可能在别的地方，如波博罗沃；可能在假期的空闲时间，也可能在学校讲课的时候；等等。这一切都受机遇的制约。这项发现无论如何都应当出现，因为这是必然的，是由整个化学发展以及门捷列夫个人创造而带来的合乎规律的必然。

作为科学发展中纯属偶然情况的某种巧合，决定了必然性能够在 1869 年 2 月 17 日出现，并且以实际上已经发生的方式出现。

附 69　对强加于周期律这一科学发现的唯心主义观点的批判

对一般的科学发现（包括门捷列夫的科学发现）进行唯心主义解释，这在勃洛赫的著作中便可以找到。勃洛赫在把艺术家的创造与科学家或者发明家的创造进行比较时写道：

> 艺术家比科学家和技术人员更加相信直觉。在学者的创造活动中，直觉的成分同理性的成分紧密地交织在一起，这种理性对于从直观的假设中推导出的结果和用实验检验这些结果都是必需的。这种检验的必要性使学者对创造产生了误解，以为对待创造需要像对待据以建立各种理论学说的实践一样。其实，在科学发现中，非理性的恍然大悟、产生假设的直觉才是最可贵的因素。[1]

勃洛赫根据这种观点断言：

> 一个人永远不会知道，他在何时何地获得了在心理上突然形成的新概念、新构想东西的点滴经验。[2]

显然，如果直觉能下意识地产生新思想，那么就不会觉察出下意识实现的是什么。

根据勃洛赫的观点，非理性的恍然大悟、产生假设的直觉才是科学发现中最可贵的因素。然后，作为派生因素的理性发挥效力：由非理性途径产生的假设推导出合乎逻辑的结果。

---

[1]　勃洛赫 M A. 科学和技术的创造 [M]. 圣彼得堡：[出版者不详]，1920：47.
[2]　勃洛赫 M A. 科学和技术的创造 [M]. 圣彼得堡：[出版者不详]，1920：15.

勃洛赫坚决否认客观规律性会在学者的意识中有任何反映。他在书中鼓吹非理性主义和非逻辑主义，宣传直觉主义和一些时髦的唯心主义"理论"。

勃洛赫企图用唯心主义观点评述伟大的唯物主义化学家门捷列夫的科学发现，这种观点是从柏格森、毕尔生以及诸如此类的反动哲学中承袭而来的。勃洛赫从直觉主义观点出发，声称作为现代结构化学（立体化学）基础的概念是想象力的成果，是幻想的产物，就像艺术家的作品一样。他还断言：

> 在门捷列夫对新元素性质的预言中……我们看到幻想的闪现并不少。[1]

不能否定幻想在科学发现中的巨大作用，但唯心主义者无权据此断言：似乎门捷列夫只是通过幻想来预言未知元素的性质。事实上，门捷列夫从未做过这种幻想，他只是严格依据逻辑思维规律推导并计算出客观规律。

勃洛赫"忘记了"谈到这一点，他把门捷列夫的科学功绩仅仅描绘成幻想的结果，因此补充说：

> 门捷列夫最喜爱的读物是儒勒·凡尔纳的作品，这种说法绝非偶然。[2]

勃洛赫粗暴地歪曲了门捷列夫对于科学发现的唯物主义观点，门捷列夫认为科学发现是客观的真实的结果，是对自然规律的认识，这些规律只有在被发现之后才能获得实际应用。勃洛赫把这一唯物主义观点歪曲为：学者在科学发现中的目的似乎不重要，探索什么也无关紧要，重要的只是探索过程本身，只是为了探索而探索。勃洛赫声称：

> 门捷列夫的远见卓识尤其表现在他不谈创造目的，而只谈创造过程。[3]

勃洛赫援引了《化学原理》中的一段话作为证据：

> 在接近由假设所提供的真理时所呈现的极度欢欣之中，在揭开遮掩真相的帷幕时的热情迸发之中，甚至在不同的活动家众说纷纭之中，应当看出科学进一步获得成功的最可靠的保证。科学史表明，科学正是通过这样

---

[1] 勃洛赫 М А. 科学和技术的创造［M］. 圣彼得堡：［出版者不详］，1920：16.
[2] 勃洛赫 М А. 科学和技术的创造［M］. 圣彼得堡：［出版者不详］，1920：21.
[3] 勃洛赫 М А. 科学和技术的创造［M］. 圣彼得堡：［出版者不详］，1920：32.

的途径向前发展了，新的真理被清楚地认识了，与此同时，实际的目的也就真正达到了。

显而易见，勃洛赫引用的这段话同他强加给门捷列夫的“不谈创造目的，而只谈创造过程”主观唯心主义观点毫无关联。门捷列夫谈的正是科学发现的目的，他把认识新的真理、揭开遮掩真相的帷幕、接近由假设所提供的真理，看作科学发现的目的。正是这样，门捷列夫才发现了周期律。

门捷列夫在《化学原理》中叙述了他很早就产生的一个想法，即元素的化学性质与原子量之间存在合乎规律的关系，这一想法在他发现周期律的过程中起到了指导作用。

门捷列夫的科学发现过程绝不是没有目的，他一开始就严格地按照一定方式以达到既定目的。门捷列夫十分清楚地意识到这一目的，他把全部智慧和力量以及整个科学发现都集中在这一目的上。

为此，我再次提醒大家注意门捷列夫的一段话：

……自然而然就产生这样的思想：在元素的原子量和化学性质之间一定存在着联系，物质的质量既然……最后成为原子的形态，那么就应该找出元素的性质及原子量之间的关系。无论探索什么，野蕈也好，某种关系也好，除了观察和实验以外，没有别的方法。于是我就开始选配，把元素符号写在卡片上，写下它们的原子量和基本性质，然后把相似元素按照相近原子量排列在一起，很快便得出结论：化学元素的性质与原子量之间存在着周期性的关系。我对依赖关系不明显的元素表示怀疑，却一刻也不怀疑结论的普遍性，不容许有例外。[1]619

这段话清楚地表明门捷列夫在自觉地寻找元素的性质与原子量之间的某种规律性的关系，这与勃洛赫的说法大相径庭。不仅如此，勃洛赫还把学者的科学发现，特别是门捷列夫的科学发现，看成完全建立在巧合上。门捷列夫批驳了这种偶然性并强调指出：按照原子量探索并发现元素性质的周期规律性，是在明确意识到研究目的的前提下实现的，而绝不是偶然因素的巧合。

对唯心主义者勃洛赫来说，科学全靠偶然性。而对唯物主义者门捷列夫来说，科学依靠对客观规律的认识，因而纯粹的偶然性绝不能成为科学的基础。门捷列夫在这个问题上是完全正确的，这是由整个周期律发现史所证明的。

固执的勃洛赫企图把门捷列夫打扮成直觉主义者厄尔别尔格：

厄尔别尔格正确地指出，门捷列夫所说的欢欣并不是在达到目的时，而是在发现过程中……作为奋斗、作为精神蓦然振作的创造，只有为自然界所选择的天才人物才能做到，但是天才罕见，而天赋的火花、神启的星光却处处可见。[1]

认为自然规律（包括周期律）是由人们的意识和意志创造的，这些主观唯心论者烦冗纷呈的主张，与勃洛赫的唯心主义观点有着密切的联系。这是对自然规律的马赫主义观点，鼓吹这种观点的就有索斯钦。索斯钦对门捷列夫的科学和教育活动，包括对其发现周期律过程的分析，是同马赫主义者的观点密切联系的，特别是同庞加莱的说法有关（索斯钦把它当作正确的哲学观点加以引用）：

物理学家……发明了"能量"一词，这个词特别富有成果，因为它创造了规律……[2]

按照索斯钦的观点，庞加莱认为创造规律的能力是由一个词所创造的，这与马赫主义者是一致的。其实，对于规律的这种主观唯心主义观点是某些哲学家捏造的谰言，与真正的科学毫无共同之处。科学规律实际上并不是创造出来的，而是被学者发现的。为什么绝不能把 1869 年 2 月 17 日称为创造日或创立日，或者像斯杰潘诺夫所称的"周期律诞生日"？[3] 原因就在于此。

附 70 "牌阵"——排列元素卡片的恰当称谓

"牌阵"一词在法语中有"耐心"的意思。在排列"牌阵"的时候，为了正确排列卡片，需要耐心地按照既定规则调整，同时需要表现出非常机灵甚至一定意义上的创造才能。本书选用的档案材料，特别是影印件Ⅳ记载的完整元素草表，表明门捷列夫为创立《元素体系的尝试》而采用"牌阵"的方法需要相当的耐心。

阿加弗申断言"牌阵"一词只是对门捷列夫所采用的研究方法开玩笑的称谓，这是不准确的。[4] 实际上，这一称谓极其准确地表明了门捷列夫在发现周期律的过程中所运用认识方法的实质。偶然的巧合在门捷列夫那里完全不存在，因为情况只能是这样：每张元素卡片都应当严格排列在"牌阵"（元素表）的确定位置，因此在"牌阵"的每一位置出现的不是任意一张卡片，而是预先确定"花色"和"数

① 勃洛赫 М А. 科学和技术的创造［M］. 圣彼得堡：［出版者不详］, 1920：33.
② 索斯钦 Н А. 门捷列夫和测量问题［M］. 莫斯科：［出版者不详］, 1947：20.
③ 斯杰潘诺夫 Б. 伟大规律的历史［M］. 莫斯科：青年近卫军出版社, 1952：187.
④ 阿加弗申 Н П. 普通化学选编［M］. 莫斯科：教育出版社, 1956：36.

值"的卡片。

排列"牌阵"与通常摆纸牌类似，需要把开始随意摆的纸牌加以调整，按照既定的规则，通过一定的步骤，通过多次尝试，从而得到"合乎规律"的顺序，使它们各就各位。

这里不存在任何偶然的巧合，也没有在偶然性上面下赌注。因此，如果认为把门捷列夫排列元素卡片的方法比喻成"牌阵"就是贬低了这一认识方法的意义，那就错了。这种比喻的实质在于：在门捷列夫之前，元素排列得十分混乱；门捷列夫则以这样的排列为起点，采用多次调整元素卡片（"牌阵"）的方法将其排列成元素体系，实现了有规律的排列。

门捷列夫不是随便从一副牌中抽出某一张，试一试它是否适合"牌阵"中某一空位，而是严格按照一定规则调整卡片。规则要求每张卡片应满足下列要求：

第一，与同一纵列的其他卡片有接近的"数值"（原子量相近，大于上面卡片的数值而小于下面卡片的数值）。

第二，与同一横行的其他卡片有一样的"花色"（属于同一族）。

例如，当门捷列夫排列 In 时，并不是把 In 的卡片随便一放就指望遇上合适的位置，而是根据 In 的原子量（"数值"）及其与其他元素的相似性（"花色"）寻找合适位置。在门捷列夫看来，按照上面两个要求应该把 In 排列在 Zn 的旁边。因此，门捷列夫最初把 In 排列在 Mg 和 Zn 之间，然后调整到 Zn 和 Cd 之间，又调整到 Zn 和 As 之间。在多次尝试之后，他才把 In 移到元素表的边缘（见影印件 IV）。

后来，为了继续为 In 寻找合适的位置，门捷列夫又一次使 In 与 Zn 靠近（见影印件 VIII）。这些尝试都有一定的合理性和连贯性，而排除了所谓偶然汇合的可能性。

附 71　"牌阵"思想的可能来源

门捷列夫之所以产生"牌阵"的思想可能因为他通晓热拉尔著作的缘故，因为热拉尔在著作中对有机化合物的分类与纸牌进行了比较。也可能因为门捷列夫在业余时间有玩纸牌的嗜好，从而导致"牌阵"这一想法，而与热拉尔无关。关于这一点，他的外甥女卡普斯钦娜-古勃基娜（1855—1922）证实：

> 当有人高声为他朗读的时候，德米特里·伊万诺维奇有时就摆起"牌阵"来了。如果有谁指给他这张牌最好放在哪里，他总是很生气，他在各个方面都喜欢独立自主。[18]188

卡普斯钦娜-古勃基娜讲到，她的母亲（门捷列夫的姐姐）叶卡捷琳娜·伊万诺夫娜（1818—1901）曾和六岁的门捷列夫一起玩当时很流行的纸牌游戏，年幼的未来学者总是会赢了已婚姐姐。[18]188

谁能够确切知道，门捷列夫排列元素卡片同纸牌游戏的联想得以实现的心理前提在许多年之前、在门捷列夫意识中到底是怎样产生的呢？当然，对此我们现在只能猜测，即使将来也未必能令人信服地予以回答。不过在我看来，这种联想是完全可能的。

附 72　先进学者和门捷列夫在科学发现中的显著特征

我们要阐明的问题是，门捷列夫在 1869 年 2 月 17 日清晰地表现出来的先进学者在科学发现中的重要特征。当门捷列夫创立元素体系遇到困难的时候，他从未屈服，从未后退，而是寻找战胜困难的新的、迂回的途径。在这种情况下，寻找新的途径以排除在创立元素体系中的障碍，意味着门捷列夫具有与他进行理论综合时的坚强性格相适合的才能，善于创造性地运用科学的思维方法解决科学研究中的问题。

当时的情况是：在编制出两个不完整元素小表之后，门捷列夫发现元素之间的某些关系缺乏清晰性。在这种情况下，他只好通过试验，看这种元素或这族元素是否适合体系中的某一位置。若不如此，就不可能把已经开始的理论综合进行到底，即真正形成元素体系。门捷列夫采用了独特的"牌阵"方法来克服这一困难，他表现出了非凡的才能，为创立体系找到了适合、准确、机智的方法。

门捷列夫在排列 Fe、Pl 和 Pt 族时也表现出了非凡的才能。这些元素是元素体系的一部分，它们彼此间的关系比其他元素更为密切。门捷列夫曾经尝试不考虑它们彼此间的关系而把它们分散排列到体系中，但失败了。于是，他把"阶段性"引进了形成体系的过程：先把 Fe、Pl 和 Pt 族编制成局部元素小表，再把局部元素小表整体列入体系。

我们看到了门捷列夫进行理论综合的卓越才能。理论综合并不是一次完成的，而是逐渐地与研究对象的特点相吻合。让我们回忆一下门捷列夫发现周期律的整个途径：门捷列夫在编制元素体系时，不是把单种元素而是把元素族当作出发点。由于门捷列夫把这些族内部的联系看成已经研究过的而大体上又是正确的，所以他从一开始就寻找各个族之间的关系，为此他按照这些族成员的原子量对各族进行比较。当排列未来第Ⅷ族金属遇到困难时，他首先把每个族的金属元素彼此联系起来，然后把已经在小范围内形成系统的元素族同体系联系起来。

　　如果门捷列夫不具有进行理论综合、构成真正科学体系的卓越才能，那么就不能把各种科学发现方法发挥得如此确切、迅速和富有成效。

　　我们再举一个例子：在创立元素体系的最后阶段，门捷列夫遇到了一个更大的困难，即如何排列那些原子量不能准确确定的"可疑的"元素。门捷列夫通过两种途径来解决这个困难：

　　（1）单独研究每种元素，以便更准确地确定它们的原子量，但这必将转移他对主要任务的注意力：严格按照客观规律创立元素体系。

　　（2）核查所有元素，并筛掉"可疑的"元素，将来再研究。

　　门捷列夫选择了在当时条件下正确的第（2）种途径。他犹如用理论的"筛子"筛选了自己所知道的全部元素，只选出其中可靠的，以便根据它们创立元素体系和寻找作为其基础的规律。

　　善于把可疑的东西与确定可靠的东西区分开，这对于进行理论综合来说是必要条件。

　　为了不妨碍发现的进程，门捷列夫需要对 7 种"可疑的"元素进行科学的判断，从而依次把它们从所创立的体系中"筛"出去。

　　如果不这样做，那么门捷列夫在确定 7 种"可疑的"元素的原子量及位置时一定会陷入困境。结果，主要的任务——寻找新的规律和在这个基础上创立元素体系退居第二位，反而次于那些涉及缺乏研究和刚刚发现的个别元素这类派生问题。

　　我们用心考察门捷列夫在 1869 年 2 月 17 日创立元素体系的过程就会看到，他是何等精细和耐心。他曾经对"可疑的"元素进行过多次尝试（见影印件Ⅳ）。

　　这一切使得门捷列夫能够分清主次，把多年的努力集中于主要任务，终于在 1869 年 2 月 17 日发现了周期律。当对许多模糊不清的地方产生疑问时，不仅没有妨碍门捷列夫看到和揭示普遍的规律性，而且似乎更清晰地说明和强调了普遍的规律性，因为这使他更加集中了注意力。关于这一点他后来回忆到：尽管他对周期性关系不明显的元素表示怀疑，却一刻也不怀疑结论的普遍性，不容许有例外。

　　门捷列夫表现出了一切学者与革新家的共同特征：目标明确；决心把已经开始的事业进行到底；善于用事半功倍的方法解决现实问题；创造性思维的发展具有严格的逻辑性；善于区分主次，把主要问题与次要问题加以区分，集中精力解决主要的、迫切的任务。能够完成重大科学发现的学者所具有的特征，似乎都在门捷列夫创立元素体系中体现出来了。

附 73　关于学者的民族特征的错误"观念"

标题中的"观念"反映在一些著作中，特别是巴列金的《俄国化学家在世界化学发展中的作用》①中。巴列金企图把国外的某些发现错误地归功于俄国学者。

根据这些伟大发现，像门捷列夫发现周期律，巴列金做出概括性结论：

> 依靠综合各科学领域的知识来解决重大问题，是我国科学泰斗的特征。[14-1]26

这种说法已经透露出不正确的思想：似乎只有一个国家的泰斗不同于其他国家的泰斗，才能够"依靠综合各科学领域的知识来解决重大问题"。不然的话，怎么会把这一点称为他们的特征呢？

巴列金不顾科学史的事实而做出如下论断：

> 致力于广泛哲学概括进行综合是俄国科学界人士有代表性的民族特性。[14-1]26

如果相信巴列金，那么除了特定民族的学者以外，其他国家学者都不具有"致力于广泛哲学概括进行综合"的能力。正如他所断言的，这种志向具有民族特征（因而是独特的，其他民族不能再现的），只是该民族所固有的。

坚持这一"观念"必然导致无法解决的矛盾。实际上，按照这种观念，该如何看待意大利的伟大学者伽利略所奠定的力学基础呢？又如何理解英国伟大的物理学家和数学家牛顿在《自然哲学的数学原理》中对近代自然科学做出的科学史上最伟大的理论综合呢？

在综合研究自然现象方面做出了榜样的法国哲学家和物理学家笛卡儿的天才著作又应当放到什么位置呢？被恩格斯称为古希腊哲学家中最博学的人——伟大的古希腊思想家亚里士多德所做出的整个古代科学的庞大综合，又该如何解释呢？

意大利学者、发明家、艺术家列奥纳多·达·芬奇的全部科学创造都堪称综合当时人们各方面认识和实践活动的典范，又该怎样评价呢？

康德能够在陈腐的形而上学自然观上打开缺口，并且为具有广泛哲学概括的综合思想渗入自然科学打下基础，又当如何对待呢？

达尔文的发现带有哲学的综合性，这使他建立了整个有机界生物起源和发展的严谨的内在统一图景，又该怎样看待呢？

---

① 我们早于 1948 年就在《关于哲学问题的批评意见》一文中对巴列金的这部著作进行过严肃的批判。

最后，根据恩格斯的说法：

> 黑格尔——他对自然科学的［……］概括和合理的分类是比一切唯物
> 主义的胡说八道合在一起还更伟大的成就。①

我们又该怎样来看待黑格尔呢？

显而易见，不能说在所有科学成就中都缺乏对于广泛哲学概括进行综合的企望。然而标题中的"观念"必然导致这种极端错误的结论，按照这种观念，那种综合的企望只能是某个国家学者独有的特征。也就是说，它只具有这个民族所固有的民族特征，而其他国家的学者都不具有。（不然的话，为什么会谈论它的特殊性呢？）这种"观念"只能如此理解。

当然，理论概括企望的某种特殊的民族特征实际上并不存在，也不可能存在。这种企望是进行理论思维的一切先进的伟大学者在科学活动中所具有的普遍特征。只要科学本身已经为进行综合性概括做好了准备，那么这种概括就是必然的、成熟的，并且是科学进步的进程所要求的。在这种情况下，这种特征就能够形成。

科学的历史充分证明：一切民族——无论是大民族还是小民族，无论是西方民族还是东方民族，无论是罗马民族、日耳曼民族、斯拉夫民族、阿拉伯民族还是其他民族，只要是现在和过去存在的民族，都同样具有广泛的理论概括和知识综合的才能，任何民族都不例外。

一般说来，致力于理论概括和知识综合，这与学者的民族或种族并不发生联系，它是整个人类认识发展的基本特征，是整个科学发展的基本特征，而不管科学是在哪个国家、哪个民族发展起来的。况且，根本没有（也不可能有）所谓英国的万有引力定律、德国的合成尿素、法国的电动力学规律、丹麦的原子模型，或者俄国的周期律，因为自然规律是一样的。

上面所讨论的也适用于物质结构学说。法国化学家拉瓦锡被公认在化学中实现了一次革命，他在建立了氧化理论的基础上对 18 世纪末以前的关于物质的全部知识进行了综合，如果依然是标题中的"观念"，那么该如何看待他的发现呢？

英国化学家道尔顿被公认详细研究了化学中的原子理论，从而在这一理论基础上建立起 19 世纪的整个化学，这又应当置于什么地位呢？

瑞典化学家贝采里乌斯在电化学概念的基础上系统地概括了 19 世纪初叶的化

---

① 恩格斯. 自然辩证法［M］// 马克思，恩格斯. 马克思恩格斯全集：第 20 卷. 北京：人民出版社，1971：546. 引文中［……］原文如此。——译者注

学知识，创立了化学体系，这又该怎么说呢？

法国化学革新家热拉尔在 19 世纪中叶综合概括了当时的化学知识，把它建立在一元论这一著名的分子论基础之上，对热拉尔的这一学说又该如何看待呢？

意大利化学家康尼查罗的系统化工作在 1860 年卡尔斯鲁厄国际化学家代表大会上产生了极为强烈的影响，也对参加这次大会的年轻的门捷列夫产生了影响，这又该怎样看待呢？

荷兰物理化学家范特霍夫和美国物理化学家吉布斯从不同方面综合研究了当时的物理化学原理，特别是化学热力学，对他们的发现又当如何解释呢？

丹麦物理学家玻尔综合概括了当时涉及原子结构这一广泛领域的现象，对这一发现又做何解释呢？

世界各国科学大军如此众多的成就是同时代许许多多人共同努力的结果，从而实现和正在实现对科学知识的庞大综合，对这些人的众多成果又该怎样看待呢？

难道应当剥夺这些国家的学者"致力于广泛哲学概括进行综合"的权利吗？事实上，他们同我国学者共同实现了这种综合。

如果我们不想陷入与历史本来面目的对立中，就应当坚决摒弃这种毫无根据的"观念"。

由于误解而把学者（包括化学家）的特征当成仅仅是他们自己国家、民族的特征，这种特征被证明是所有国家先进学者所普遍具有的。拥护狭隘经验论的学者与此相反，他们坚持落后的观点，否认理论思维的作用。

实际上，先进学者理论思维的特征原来是各国学者所共有的。他们是俄国化学家门捷列夫、罗蒙诺索夫、布特列洛夫，英国学者牛顿、道尔顿、达尔文，德国学者康德、黑格尔，法国学者笛卡儿、拉瓦锡、热拉尔，意大利学者伽利略、列奥纳多·达·芬奇、康尼查罗，丹麦学者贝采里乌斯、玻尔，荷兰学者范特霍夫，美国学者吉布斯，以及许多其他国家的学者。这就更鲜明、更突出地揭露这种"观念"的虚伪性。

致力于广泛哲学概括进行综合的重大科学发现，是同认识真理密切相关的。须知，一切真理，既然它已被认识，既然它涉及先前彼此孤立的广泛的自然现象，那就意味着它必然通过广泛哲学概括进行综合。

一般智力能够满足寻找零星真理，满足确定个别事实，满足收集经验材料，但不能做出大规模发现，不能进行综合概括，不能认识到真理的全部内蕴。具有一般智力的学者到处都能找到，这种智力不可能带有特殊的民族性。

　　把具有善于进行综合的广泛智力说成学者的民族特征，根据这一"观念"进行逻辑推理必然得出这样的结论：其他民族的学者都不具有这种民族特征。也就是说，他们只能收集个别事实，只能凭借狭隘的经验，只能做出极其局限性的发现。

　　可是这样也就等于承认：各个国家、民族和种族，在认识真理的深度和广度上能力是不相等的，而仿佛只有某几个民族和种族才具有善于进行综合的广泛智力。很清楚，这是一种极端反科学的结论，是与马克思主义格格不入、背道而驰的。

　　至于门捷列夫，他是科学上真正的国际主义者，没有任何民族局限性。在门捷列夫的论述中多次引证了前人的发现作为创立元素周期系的一般基础。

　　尤其是门捷列夫列举出牛顿（质量的概念）、道尔顿（原子理论）、热拉尔（分子的概念和化合物的类型）所做出的综合性概括。

　　门捷列夫对待任何国家的学者都很尊敬。例如，他在《两次伦敦演讲》的前言中就十分尊敬地评价了英国的学者：

　　　　……我们俄国人习惯于对大不列颠的广大科学家表示崇高的敬意，这是十分自然的，因为我们从智者那里继承了他们的科学钻研精神产生的最伟大的成果。[1-1]14

　　门捷列夫嘱咐自己的孩子和学生要继承对英国科学家的尊敬态度：

　　　　愿他们比我更能干，要颂扬伟大的真理预言家的名声，像牛顿和法拉第……[1-1]12-13

　　门捷列夫不认为自己致力于广泛哲学概括进行综合具有独特的民族特征，因为他懂得，没有这种志向和嗜好，就不会有做出科学发现的大科学家。既然世界各国学者都做出了重大发现，所以对谁都不能施加民族限制，不可能把它宣布为某一民族的属性。

　　科学史的全部事实和门捷列夫的观点都同巴列金的"观念"发生了尖锐冲突，并且在彻底摧毁这种"观念"。

　　我们之所以详细剖析这一"观念"，是因为这种错误"观念"可能把科学史家的思维引向不正确的途径。在驳斥巴列金的观念时，我们也严肃批判了那种违背国际主义原则的观念。

　　当然，不管在和其他民族比较时如何偏爱这个民族，都应当严厉谴责和坚决摒弃这种"观念"。因为民族特征这一观念在任何形式下都不是马克思主义的，都是与马克思主义承认各国人民、一切民族、一切种族一律平等，号召他们友好相处的精神背道而驰的。

附74 关于适用于社会生活现象的个别、特殊与普遍之间的关系

提及门捷列夫怎样用前几章所描述的科学方法来处理这类问题是很有意义的。尤其有意义的是，门捷列夫实质上是从个别、特殊和普遍之间关系的观点考察了个人、国家、民族和全人类的关系，他虽然是不自觉的，却也对所研究的现象提出了深刻的辩证观点。

1891年，门捷列夫在论文《条理分明的税率或研究因1891年推行共同关税率而发展的俄国工业》中，把个人利益、整个国家和人民利益同全人类的利益相比较。他异常坚决地反对：

> 忽视人们组成国家，并且只有经过国家才能组成全人类。当我们讨论组成人体各个器官的细胞并且研究人的机能、欲望和趣味的时候，不应该忽视是细胞构成各个器官，也绝不能忽视手、眼睛、肺以及诸如此类具有专门构造和效用的细胞组合的功能，这样才能无损于正确理解。[5-2]134

门捷列夫特别强调，在解释社会生活现象时，不能只局限于把单个现象、独特现象、个人现象同全人类的现象直接相比较，而绕过人们已经组成国家和民族这一联合体的特殊性阶段。按照门捷列夫的观点，国家和民族这一特殊性阶段是能够解释和理解人们之间关系的复杂性和多样性的中间环节。

相反，忽视这种中间环节必然导致对社会生活的简单化理解，导致错误的观念。门捷列夫接着写道：

> 由个人利益直接向全人类的利益飞跃，而忽略了国家利益，这种明显的忽略就像从个位向千位的飞跃漏掉了百位和十位那样，或者像从原子过渡到物质而忽略了当原子组成质点（或分子）时所起的作用那样，而这种作用决定着物质的化学变化。如果说在原子之间或者单个人之间是有区别的，那么这种区别尤其应当表现在各种不同质点或者各个不同国家上。[5-2]135

以上所说的可能也属于科学发现中民族与全人类、个人与社会关系的问题。如门捷列夫所说，这种关系正是个别、特殊与普遍的关系。

附 75　关于门捷列夫为发现周期律做准备的早期著述

多布罗京①在研究门捷列夫早期创造活动的文章中写道：

　　这一时期②的类质同晶现象吸引了门捷列夫，应当看到其原因在于：从物质的结晶形式的相似性能够判断出物质之间相似或区别的一般关系。在试图把物质系统化时它是重要因素……门捷列夫后来在《化学原理》中叙述周期系时又回到了同晶现象上来，并且指出，同晶现象作为物质相似的"标准"在周期律发现史中起了重要作用。

接着，多布罗京谈到了门捷列夫论述比容的那篇论文：

　　比容对建立物质体系的意义非常重大，它的作用就像门捷列夫在发现周期律时采用原子量那样（原子体积曲线）。

门捷列夫初次采用原子体积的解释在 1869 年 3 月（或春末），也就是在《元素的性质与原子量的相互关系》这篇论文之后。多布罗京做了这样的概述：

　　因此，门捷列夫研究工作的最重大的成果之一，是确定了元素的性质与原子量之间的关系。

随后，多布罗京探讨了如下问题：在发现周期律之后，门捷列夫除了继续研究物质性质与原子量（或分子量）之间的依赖关系，也尝试寻找其他决定物质性质的新规律。

多布罗京在论文的结尾强调，他把注意力集中于探讨：

　　能在某种程度上描绘出门捷列夫发现周期律思路的那些著作和思想上。虽然作为未来发现的某些重要成分已经被门捷列夫详细表达出来，但不能认为这就是影响其发现的全部。

　　在所考察的这一时期③也缺乏门捷列夫关于化合物形式的学说。这一学说在发现周期律的过程中起到了重要作用，门捷列夫在讲授有机化学课程时就开始深入研究它，主要是由于饱和理论的原因。

以上摘录证明，导致门捷列夫发现周期律的创造活动的途径是非常复杂、长期

---

① 多布罗京 Р Б. 门捷列夫的早期科学活动是发现周期律过程的一个阶段［M］. 列宁格勒：［出版者不详］，1953.
② 指 19 世纪 50 年代。
③ 在 19 世纪 60 年代初。

和多方面的。①

附 76　单纯的福气还是才能加努力?

卡普斯钦娜-古勃基娜回忆起门捷列夫的一段往事,表明门捷列夫在小事上也看重才能和努力(相对于"侥幸"或"走运"来说)。有一次,波博罗沃附近的农民问门捷列夫:

> 德米特里·伊万诺维奇,你说说,你的阿尔亚池塘旁那片庄稼怎么长得那么好……这是你的努力呢? 还是福气呢?

> 门捷列夫回答:老兄呵,当然,这是努力。

他随后这样解释了自己的回答:

> 为什么我要说这只是努力呢,因为论起功劳来,努力的比例大一些。[18]165

门捷列夫始终认为,无论是在日常生活中还是在科学发现和技术发明中,才能和努力决定着事业能否成功。

---

①　有关 1861 年前门捷列夫早期的科学活动可以参看:莫拉金契夫 М Н,季申柯 В Е. 门捷列夫的生活和活动:第 1 卷 [M]. 莫斯科-列宁格勒:苏联科学院出版社,1938.

一览表与索引

1. 插图一览表

2. 影印件一览表

影印件 I 《化学原理》第一卷第二册提纲与第二卷总提纲的最早原稿之一（可能是在 1868 年完成第一册时制订的）。解释见表 3～表 5 [附 4]

影印件 I a 单原子（碱）金属、双原子（碱土）金属和过渡金属的顺序（可能是在 1869 年年初编写《化学原理》第二卷前几章开始时列出的）。解释见 [附 5]

影印件 II a 自由经济协会就考察干酪制造厂一事给门捷列夫的通知（1869 年 2 月 17 日）

影印件 II 霍德涅夫的信（上面有门捷列夫所做的初步推论和按照元素原子量对元素族所做的比较，1869 年 2 月 17 日）。解释见表 8a [附 9]

影印件 III 门捷列夫在一张纸上拟订的两个不完整元素小表（1869 年 2 月 17 日）。影印件上半部分的解释见表 9 和表 10 [附 11]、表 11 和表 12 [附 12]，影印件下半部分的解释见表 13 和表 14 [附 13]、表 15～表 18 [附 14]

影印件 III a 为了准备"牌阵"元素卡片写在《化学原理》第一版页边的新原子量清单（1869 年 2 月 17 日）。解释见表 21 [附 16]

影印件 III b 引自《化学原理》第二卷的元素表（包括此前用来编制"牌阵"元素卡片的有关数据，1871 年 2 月 10 日）

影印件 IV 反映排列元素卡片（"牌阵"）过程的完整元素草表（"牌阵"导致了编制《元素体系的尝试》，1869 年 2 月 17 日）。解释见表 22 和表 23 [附 20]、表 24 [附 22]、表 25～表 27 [附 23]、表 28～表 30 [附 24]

影印件 V 包含门捷列夫注释的誊清的元素表（《元素体系的尝试》，1869 年 2 月 17 日）。解释见表 33 和表 34 [附 26]

影印件Ⅵ　有局部元素小表、水平形式元素体系的方案（在撰写关于周期律的第一篇论文时编制，1869 年 2 月末）。解释见表 36～表 40［附 28］

影印件Ⅶ　把序列分为偶数和奇数的竖式短式元素表（在撰写关于周期律的第一篇论文时拟订，1869 年 2 月末）。解释见表 41～表 44［附 29］

影印件Ⅷ　标题为"比重和比容"的竖式短式元素表（可能在 1869 年 2 月末或 3 月初拟订）。解释见表 45［附 30］

影印件Ⅸ　计算不同化合价元素原子量差数并预见未来第 0 族元素的元素表（1869 年 2 月末）。解释见表 45a［附 31］

影印件Ⅹ　指出使序列成双（缩短）的元素表部分（1869 年 2 月末）。解释见表 45b［附 32］

影印件Ⅹa　论文《元素的性质与原子量的相互关系》的结论草稿（1869 年 2 月末）。解释见［附 36］

影印件Ⅺ　1869 年 3 月 1 日分发给一些化学家的《元素体系的尝试》法文单页表（按公历注明发现的日期）

影印件Ⅻ　《化学原理》第二卷的最后提纲（这个提纲可能是在 1869 年年初拟订的，而对其补充和详细说明显然是在 1869 年 2 月末或 3 月进行的）。解释见表 7［附 6］和表 48［附 38］

影印件ⅩⅢ　门捷列夫去干酪制造厂出差的准假凭证（1869 年 2 月 15 日申请，表明出差延期到 3 月 12 日）。解释见［附 42］

影印件ⅩⅣ　维列沙金写给门捷列夫关于去干酪制造厂出差路线的信（此信是门捷列夫在 1869 年 2 月 17 日前不久收到的）。解释见［附 42］

影印件ⅩⅤ　门捷列夫参加自由经济协会会议的请帖（1869 年 3 月 18 日收到，门捷列夫在上面做了关于《化学原理》第二册份数的记号）。解释见［附 42］

影印件ⅩⅥ　标有原子体积的长周期的一部分——按照原子大小组成的族（1869 年 6 月）

3. 表格一览表

4.本书专用词汇一览表

1868 年早期提纲：1868 年年中拟订的《化学原理》第二卷的提纲（见影印件 Ⅰ 和表 3 [附 4]）。

1868 年最后提纲：1868 年下半年拟订的《化学原理》第二卷的提纲（见影印件 Ⅰ 和表 5 [附 4]）。

1869 年早期提纲：1869 年年初拟订的《化学原理》第二卷的提纲（见影印件 Ⅻ 和表 7 [附 6]）。

1869 年最后提纲：周期律发现以后不久拟订的《化学原理》第二卷的提纲（见影印件 Ⅻ 和表 48 [附 38]）。

长式元素表：整个放置"长的"（大的）周期而没有使其成双的元素表（见"使序列成双"条）。

当量：门捷列夫通常指的是原子量。

第一次试验：门捷列夫第一次试图把元素（这里指的是"轻"元素）按照原子量排成总的序列。在他的第一篇论文中谈到过这次尝试。

第一篇论文：门捷列夫的论文《元素的性质与原子量的相互关系》（1869 年 3 月）。

典型元素：体系中由 H 到 Na 这前两行所构成的最轻元素。

堆：指卡片的组，这些组符合元素的不同种类并一组接一组地依次排列，其先后顺序应与卡片本身编入"牌阵"的顺序一致（见"牌阵"条）。

横式长式元素表：各族按照横行（横向）排列的元素表。

化合价：这个概念最初用来表示对于氢的化合价。

化合物形式：表现同一化合价的元素化合物的共同类型。

化学类型：H_2 和 4 种氢的化合物（HCl、H_2O、NH_3、CH_4），根据后来的类型理论，所有更复杂的化合物最终都归结于上面这几种类型。

混合族：由完全相似物和不完全相似物建立的族。

奇数化合价元素：化合价是 1、3、5 或 7 的元素（见表 45a［附 31］）。

奇数序列：在短式元素表中由 Na、Cu、Ag，最后是 Au 开头的横行。

基本纵列：符合小周期和奇数长序列的那些纵列。

旧原子量清单：写作《化学原理》之前于 1867—1868 年所列的原子量清单。

局部元素小表：排列"牌阵"过程中由 11 种元素（Fe、Pd、Pt 三个序列以及与它们相邻的 Cr 和 Mn）所构成的元素小表。

卡片：上面写着元素名称及其原子量和主要性质（见"牌阵"条）。

"可疑的"元素：没有准确测定原子量、缺乏研究的元素。

类型：见"化学类型"条。

纽结：由聚集在每一种碱金属周围的 3 种元素和碱金属本身所构成。

偶数化合价元素：具有化合价 2 或 4 的元素（见表 45a［附 31］）。

偶数序列："轻"元素表中开头为 Li、K、Rb、Cs（最初还有 Tl）的行。

牌阵：以形成总的元素体系为目的，按照元素卡片的"数值"（原子量）和"花色"（化学相同点）来排列所有的元素卡片。

"轻"元素：原子量小于 70 的元素。

"清楚的"元素：在元素表（"牌阵"）中开始就处于最终位置的 27 种元素（见表 22［附 20］）。

上半部元素小表：编制在一张单独小纸片上半部的元素表（见影印件Ⅲ和表 11［附 12］）。

上升法：揭示认识由低级向高级、由简单到复杂的发展过程的思维方法。

使序列成双：由一个长序列组成的两个横行（半周期），把一行排列在另一行之上（或之前）。

手写纵列：按照纵向写下 7 种金属元素的序列（见影印件Ⅰ和表 6［附 5］）。

竖式短式元素表：各族按照纵列（纵向）排列的元素表。

双重关系：同一元素与其完全相似物和不完全相似物之间的关系。

誊清的元素表：在"牌阵"以后誊写清楚的完整元素草表（见影印件Ⅴ和表 33［附 26］及表 34［附 26］）。

体系边缘：体系的外围部位。

体系中心部分：体系中包括由 Ca—Ba 族（在上面）到 Cu—Ag 族（在下面）和由 Na—Be 纵列（在左面）到 Ba—Ag 纵列（在右面）共 31 种元素的部分（见表 30［附 24］）。

完整元素草表：反映"牌阵"总结果的第一张表格（见影印件 IV 及表 29［附 24］）。

"未定位"元素：在体系中尚未找到位置、因此尚未列入体系的元素。

下半部元素小表：编制在一张单独小纸片下半部的元素表（见影印件 III 和表 17［附 14］）。

小细胞：指元素之间原始的最简单的关系，它的发展导致形成完整的体系。

新原子量清单：准备"牌阵"时所开列的原子量清单（见影印件 IIIa 和表 21［附 16］）。

元素体系的尝试：在印刷所印制的包括"牌阵"全部成果的一张单独的表（见影印件 XI；其原稿见影印件 V 和表 33［附 26］及表 34［附 26］）。

在霍德涅夫信上所做的记载：1869 年 2 月 17 日收到霍德涅夫的信之后，在信纸的背面所做的记载（见影印件 II 和表 8a［附 9］）。

中间纵列：序列成双之后符合长序列中间部分的那些纵列。

"重"元素：原子量大于 70 的元素。

最终位置：指《元素体系的尝试》中排列元素的位置。

5.化学元素旧符号一览表

Bo＝B（硼）

Di＝Pr＋Nd（镨和钕的混合物）

Gl＝Be（铍）

Ni＝Nb（铌，当其与 Ta 在同一行时）

Ph＝P（磷）

Pl＝Pd（钯）

R，Ro＝Rh（铑）

Rh＝Ru（钌）

Ter＝Tb（铽）

Ur＝U（铀）

Va，Wan＝V（钒）

Wo，Volfr，Wolf＝W（钨）

Yt＝Y（钇）

6.元素和元素族一览表

已知元素[①]

Ag	银	H	氢	Rb	铷
Al	铝	Hg	汞	Rh	铑
As	砷	In	铟	Ru	钌
Au	金	Ir	铱	S	硫
B	硼	J	碘	Sb	锑
Ba	钡	K	钾	Se	硒
Be	铍	La	镧	Si	硅
Bi	铋	Li	锂	Sn	锡
Br	溴	Mg	镁	Sr	锶
C	碳	Mn	锰	Ta	钽
Ca	钙	Mo	钼	Tb	铽
Cd	镉	N	氮	Te	碲
Ce	铈	Na	钠	Th	钍
Cl	氯	Nb	铌	Ti	钛
Co	钴	Ni	镍	Tl	铊
Cr	铬	O	氧	U	铀
Cs	铯	Os	锇	V	钒
Cu	铜	P	磷	W	钨
Di	镝*	Pb	铅	Y	钇
Er	铒	Pd	钯	Zn	锌
F	氟	Pt	铂	Zr	锆
Fe	铁				

[①] 当时被当作独立元素的稀土元素混合物用"＊"号标出。
[②] 中文旧译名为镝，实为镨和钕的混合物。——译者注

元素族①

铂族：Pt、Os、Ir，有时有 Au。

氮族：N、P、As、Sb，常有 Bi，不常有 V。

钒族：V、Nb、Ta。

氟族：见"卤素"。

钙族：见"碱土金属"。

硅铈石族：Ce、La、Di。

硅族：Si、Ti、Zr，有时有 Th，见"碳族"。

钾族：见"碱金属"。

碱金属：Li、Na、K、Rb、Cs，有时有 Tl。

碱土金属：Ca、Sr、Ba，有时有 Pb，不常有 Mg，更不常有 Be。

锂族：见"碱金属"。

磷族：P、As、Sb、V、Nb、Ta，见"氮族"。

硫族：S、Se、Te、Mo、W，见"氧族"。

卤素：F、Cl、Br、J。

卤族：见"卤素"。

铝族：见硼族，同时参见"土族"。

氯族：见"卤素"。

镁族：Mg、Zn、Cd，有时有 Hg。

钼族：Mo、W，有时有 Cr，不常有 U。

钠族：见"碱金属"。

钯族：Pd、Rh、Ru。

硼族：B，不常有 Al、Au，更不常有 Cr、Mo。

砷族：见"氮族"。

钛族：Ti、Zr，有时有 Ce、Th。

碳族：C、Si、Sn，不常有 Pb，更不常有 Ti、Zr。

铁族：Fe、Co、Ni，有时有 Cr、Mn，不常有 U。

铜族：Cu、Ag，常有 Hg，有时有 H，不常有 Au。

---

① 参见［附10］

土族：Al、Fe，有时有 Be，不常有 Y、Ce，见"稀土金属"。

矽铍钇矿族：Y、Er，不常有 Tb，更不常有 Th。

稀土金属：见"矽铍钇矿族"和"硅铈石族"。

锌族：Zn、Cd，常有 Mg，不常有 Hg、Be，更不常有 In 和稀土金属。

氧族：O、S、Se、Te。

银族：有时只有 Ag、Au，见"铜族"。

预见的元素

$x = 2$（未来的氦）

$? = 3$（臆想的一种卤素）

$? = 8$（臆想的一种元素）

$? = 18, ? = 22$（臆想的一种元素）

$x = 20$（未来的氖）

$x = 36$（未来的氪）

$? = 45$（未来的钪）

$? = 68$（未来的镓）

$? = 70, x = 72$（未来的锗）

$? = 108$（未来的锝）

$? = 180$（未来的铪）

$? = 187$（未来的铼）

$? = 220, 222, 226$（未来的砹）

7. 标记符号一览表

　　[Be]　门捷列夫从手稿中删掉或者在元素表完成或发表时未列入的元素符号，放在方括号内。

　　{K}　在注释门捷列夫的笔记时，为了清楚地说明所指的是什么，而由作者所加上去的元素符号，放在花括号内。

　　H　当时已经列入该元素表或前一个元素表，但后来又移到新位置上的元素，用斜体字表示。

　　Ca　新列入元素表的元素、修改原子量的元素或新引入原子量的元素，用粗体字表示。

　　In　当时没有排列在恰当位置的元素，用小号字表示。

8.体系方案一览表和总示意图

方案（1a）、（1b）及（3a）被看作方案（1）或方案（3）提供的元素表简单变化的结果，因此没有独立的编号。

1 《元素体系的尝试》（见影印件Ⅴ和Ⅺ）——横的、长的、没有"极端分离"（对立的族——卤素和碱金属靠在一起）；1869年2月17日拟订，2月28日之前加以修改；这是最原始的方案；从它直接过渡到方案（1a）和（1b）、（2）和（8）、（4）和（7）、（5）、（10）。

1a （见第一篇论文）——一个总的纵列的元素表或按照原子量排列的元素序列；2月18—28日拟订；由方案（1）通过把元素延伸成一个纵列的方式构成；由任何一个方案用此法皆可构成；从方案（1a）可过渡到方案（1b）、方案（6）、方案（11）。1869年春，方案（1a）得到局部的发展。[8]84-85

1b （见影印件Ⅸ）——奇数和偶数化合价元素构成的两个纵列（或序列），各种元素按照原子量排列在每个纵列（序列）；2月18—28日拟订；由方案（1）通过把元素延伸成两个序列或由方案（1a）使总序列成双即可构成。

2 （见影印件Ⅵ）——横的、短的、"极端分离"（对立的族——卤素和碱金属被分开排列在元素表的两端）；在校对《元素体系的尝试》之前拟订（铑的符号用Ro）；由方案（1）通过使长序列成双和对立的族分开的方式构成；从方案（2）可以过渡到方案（3）、（3a）以及方案（6），通过逆向排列长序列的方式又可以过渡到方案（7）。1870年秋，方案（2）得到局部的发展。[8]107

3 （见影印件Ⅶ）——纵的、短的、"极端分离"；在所有方案中，这是最完善的一个；在校对《元素体系的尝试》之前拟订（铑的符号用Ro）；由方案（2）用双向转移的方式构成；考虑原子量差数，从方案（3）可以过渡到方案（4）。1869年10月，方案（3）得到进一步的发展[2]33，在1870年11月[8]184-185、1871年2月[2]54和1871年7—8月[8]369逐步完成；这个方案成为经典的门捷列夫（短式）元素周期系。

3a （见影印件 Ⅷ）——纵的、短的、"极端分离"；在校对《元素体系的尝试》之后拟订（铑的符号用 Rh）；由方案（2）作为方案（3）的调整，通过把 Ce 排列在 Pl 系附近的方式构成；在根据原子量与原子体积的线性依赖关系排列元素时，从方案（3a）可过渡到方案（11）。1869 年 6 月[8]86-87 和 1870 年秋[8]110-111，方案（3a）得到局部的发展。

4 （见表 46）——横的、长的、"极端分离"；2 月 18—28 日写作第一篇论文时拟订；由方案（1）通过对立的族分开并分割（延伸）小周期的方式构成；由方案（3）补充原子量差数；把 Ce 补充到 Pl 附近，可过渡到方案（9）。1871 年 7—8 月，方案（4）得到局部的发展并得以完善（由指定位置去掉 Ce）。[8]368

5 （见第一篇论文）——立体的；看来是由方案（1）构成的，但不知道用的是什么方式。

6 （见第一篇论文）——螺旋式的；2 月 18—28 日；由方案（2）通过未来第Ⅷ族采用分割长序列的方式构成；也可由方案（1a）通过把元素总序列予以螺旋式排列的方式构成；1871 年夏，又进行了方案（6）的局部研究。[8]220-221

7 （见表 47）——横的、长的、"极端分离"；2 月 18—28 日撰写第一篇论文时拟订；由方案（2）通过长序列逆向排列的方式，把第一小周期（Li—F）排列在第二小周期（Na—Cl）之上形成一个纵列构成；也可以由方案（1）直接构成，同样也可以由方案（4）直接构成，但不是分割（延伸）小周期。

8 （见影印件 Ⅹ）——横的、短的、"极端接近"；2 月 18—28 日拟订；由方案（1）通过使长序列成双的方式构成，就像方案（2）一样，但对立族与其他族之间由双线分开。

9 （见第一篇论文）——横的、长的、"极端分离"；Ce 排列在 Pl 系附近；2 月 18—28 日拟订；依据方案（3a），由方案（4）通过补充 Ce 的方式构成。

10 （见第一篇论文）——按照纵向和横向两个方向，比较元素相似性的一种未知形式；看来是由方案（1）构成的，但不知道用的是什么方式。

11 （见影印件 Ⅹa）——之字形线；依据原子量（横坐标）和其他可测性质的数值（纵坐标）排列元素；方案（11）的想法是在 2 月末产生的；由方案（1a）通过把总序列折弯的方式构成，其中应注意的是：在表示原子量和原子体积关系时，由方案（3a）通过按照曲线排列元素的方式，同样可以构成方案（11）。

	两个纵列（序列）		一个纵列（序列）		
			直的	螺旋式的	之字形

使序列折弯 → **Xa** (11)

IX (1b) ———— 总序列成双行 ———— **Ж** (1a)　螺旋式的 →　**Ж** (6)

延伸：　　　　　　　　　　　　　　**X** (8)　　分割长序列　　沿曲线 排列

两个纵列　　　一个纵列　　(8)　　　　　　　　　　　　　　　　　　**VIII** (3a)

长序列成双行　　　　　　　　极端　　　　　+Ce

Ж (10)　　　　　　　　　　接近　　　　双向移动 →　**VII** (3)

极端分离　　**VI** (2)

序列的　逆向排列

47 (7)

计算 Δ

Ж (5)　　?　　　极端分离　　小周期不分割　　**46** → **Ж** (9)　　+Ce

V, (1) **XI**　　　　　　　　　　　　　　分割 (4)
原始的

| 横的 | | | | 纵的 |

表格的（平面的）

按照两个方向比较相似性／立体的／短／长

体系方案总示意图

这里所整理的示意图表明从一些体系方案到建立另一些体系方案的连续过程，这些方案归根到底都是由原始方案（1）而来的。在本示意图中，采用了下列标记：

印成粗体的罗马数字表示影印件的序号，这些影印件提供了相应的方案；粗体的两位数字表示表格的序号；字母"ж"表示门捷列夫发表在《俄国化学学会志》上的关于周期律的第一篇论文；括号中的数字表示方案的序号。

箭头表示通过改变《元素体系的尝试》[方案（1）]的方式构成各种方案的连续过程。粗线箭头表示这个方向后来被门捷列夫加以发展了，虚线箭头表示这个方向之后没有被门捷列夫研究过。沿着箭头或箭头周围的文字，表示一个方案变成另一个方案的基本方法。

"极端"是指卤素和碱金属这两个极端对立的族。"双向移动"是指由横表变为纵表转动45°，同时双行向前移。"计算 Δ"是指元素原子量差数的计算。"+Ce"是指把铈或整个铈系补充到 Pl 系附近。"?"表示向这些方案过渡的方法尚不清楚。

所有这些方案（11+3=14 种）是门捷列夫在两个星期之内（1869 年 2 月 17 日至 3 月 2 日或 3 日）拟订的。

9. 人名索引

库托尔加 / 222

19世纪的俄国矿物学家，在圣彼得堡师范学院指导过大学生门捷列夫的早期工作。

库因吉 / 212

19世纪下半叶至20世纪初俄国艺术家、风景画家。

库兹涅佐夫 / 302

苏联自然科学史家。

拉比诺维奇 / 176，177

20世纪的德国物理化学家（生于哥廷根），写过关于元素周期系的著作。

拉科夫斯基 / 164，220，343

20世纪上半叶苏联物理化学家。

拉普申 / 98，99，100，101，313

19世纪末至20世纪初俄国唯心主义哲学家。

拉瓦锡 / 138，139，225，361，362

18世纪末法国伟大的化学家、化学改革家和分类学家。

列奥纳多·达·芬奇 / 360，362

15世纪末至16世纪初意大利伟大的学者和画家。

列缅卓娃 / 312，313

苏联自然科学问题作家。

伦逊 / 170，171，172，175，178，179

19世纪中叶德国化学家，曾试图建立元素的总体系。

罗巴切夫斯基 / 213

19世纪俄国伟大的数学家。

罗蒙诺索夫 / 213，215，301，362

18世纪中叶俄国伟大的学者。

罗斯科 / 39，73，146，260

19世纪下半叶英国无机化学家，研究稀有金属的专家。

马尔凯维奇 / 315

苏联化学家。

麦津采夫 / 315

苏联科学普及读物作家。

麦耶尔 / 81，143，174，175，177，178，192，304，331

19 世纪下半叶德国化学家，在 19 世纪 60 年代曾接近发现周期律；在哲学方面倾向于主观主义和机械论。

门捷列娃-库兹米娜 / 3，116，341，342

门捷列夫第二次结婚后生下的女儿；在 1952 年春末去世之前，她一直主持列宁格勒大学门捷列夫档案陈列馆；在研究父亲的科学遗产方面做了许多工作。

米哈伊连柯 / 351

19 世纪末至 20 世纪上半叶苏联化学家。

莫拉金契夫 / 303，304，366

20 世纪上半叶苏联学者，在度量衡总局与门捷列夫共过事，后来在列宁格勒度量衡科学研究所的门捷列夫纪念馆工作过。

涅恰耶夫 / 312

苏联科学史通俗读物作家。

牛顿 / 218，226，360，362，363

17 世纪末至 18 世纪初英国伟大的物理学家和数学家。

纽兰兹 / 163，175，176，177，178，179，221，304

19 世纪下半叶英国化学家；在 19 世纪 60 年代曾接近发现周期律，1866 年制订了"八音律"；在哲学方面倾向于休谟的怀疑论。

庞加莱 / 356

19 世纪末至 20 世纪初法国数学家和唯心主义哲学家。

皮萨尔热夫斯基 / 313，315

苏联科学通俗读物（特别是关于周期律的历史方面的通俗读物）作家，门捷列夫传记特写作家。

皮萨列夫 / 206，207

19 世纪俄国唯物主义哲学家。

珀蒂 / 13

19 世纪上半叶法国学者。

普希金 / 312

19 世纪俄国伟大的诗人。

齐宁 / 221

19 世纪中叶俄国有机化学家、实验家。

19 世纪下半叶至 20 世纪初俄国化学家，俄国化学学会的积极活动家和学会杂志的常任编辑；在俄国化学学会和圣彼得堡大学，因工作原因与门捷列夫交往密切。

20 世纪上半叶苏联化学家、化学史家，Н. А. 门舒特金的儿子。

10. 参考文献索引

门捷列夫著作

1　《化学原理》，第 8 版，圣彼得堡：[出版者不详]，1906 年。

1-1　《两次伦敦演讲》，第 2 版，圣彼得堡：[出版者不详]，1895 年。

1-2　《门捷列夫全集》，第 1 卷，列宁格勒：国立化学理论出版社，1937 年。

2　《门捷列夫选集》，第 2 卷，　[出版地不详]：国立化学工业出版社，1934 年。

2-1　《门捷列夫选集》，第 3 卷，　[出版地不详]：国立化学工业出版社，1934 年。

3　《门捷列夫全集》，第 13 卷，列宁格勒-莫斯科：苏联科学院出版社，1949 年。

4　《门捷列夫全集》，第 14 卷，列宁格勒-莫斯科：苏联科学院出版社，1949 年。

4-1　《门捷列夫全集》，第 15 卷 ，列宁格勒-莫斯科：苏联科学院出版社，1949 年。

5　《门捷列夫全集》，第 16 卷，列宁格勒-莫斯科：苏联科学院出版社，1951 年。

5-1　《门捷列夫全集》，第 24 卷，列宁格勒-莫斯科：苏联科学院出版社，1954 年。

5-2　《门捷列夫全集》，第 19 卷，列宁格勒-莫斯科：苏联科学院出版社，1950 年。

6　《关于周期律发现史的新资料》，列宁格勒-莫斯科：苏联科学院出版社，1950 年。

7　《门捷列夫档案——自传材料》（文献集），第 1 卷，列宁格勒：列宁格勒出版社，1951 年。

8　《门捷列夫科学档案》，第 1 卷，列宁格勒-莫斯科：苏联科学院出版社，1953 年。

杂志与文集

9　《俄国化学学会志》，第 1 卷，第 2、3 期，圣彼得堡，1869 年。

9-1　《俄国物理化学学会志》，第 26 卷，第 2 期，圣彼得堡，1894 年。

10　《祖国化学史资料》（第二次全苏祖国化学史会议报告集），列宁格勒-莫斯科：苏联科学院出版社，1953 年。

11　《哲学问题》，1947 年第 1 期。

11-1　《哲学问题》，1948 年第 1 期。

11-2　《哲学问题》，1954 年第 6 期。

12　《门捷列夫周期律及其哲学意义》（论文集），［出版地不详］：国立政治出版社，1947 年。

13　《门捷列夫——伟大的俄国化学家》（论文集），莫斯科：苏联科学院出版社，1949 年。

13-1　《科学与生活》，1949 年第 3 期。

14　《科学遗产》，第 2 卷，莫斯科：苏联科学院出版社，1951 年。

14-1　《高等学校通报》，1948 年第 2 期。

15　《莫斯科大学通报》，1953 年第 12 期。

16　《列宁格勒大学通报》，1946 年第 2 期。

17　《列宁格勒大学通报》，1954 年第 2 期。

18　《门捷列夫致母亲、父亲、兄弟、姐妹、叔叔书信中的家庭纪事——门捷列夫的外甥女卡普斯钦娜-古布金娜[①]关于门捷列夫的回忆录》，圣彼得堡，1908 年（?）。

19　《苏联科学院通报》，1957 年第 1 期。

20　《苏联科学院通报》，1957 年第 2 期。

21　《物理科学的成就》，第 47 卷，第 1 期，列宁格勒-莫斯科，1952 年。

---

① 娘家姓卡普斯钦娜。

关于发现日相关事件顺序的考证*

《伟大发现的一天》出版的背景与意义

鲍尼法季·米哈依诺维奇·凯德洛夫早在卫国战争（1941—1945）以前就产生了研究门捷列夫科学遗产的兴趣。他的第一部著作《如何对待门捷列夫的遗产》出版于 1939 年，其中，元素的周期律和周期系问题并没有被充分重视。他主要关注"元素"的概念，并撰写了专著《从门捷列夫到现在的元素概念发展——历史-逻辑研究的经验》（1948）。

"元素"是化学中最基本的概念，在门捷列夫之前的学者对已知的元素进行系统分类并没有取得明显的成果。门捷列夫发现了周期律并创立了周期系，使学者能够对大量元素进行规范并概括出存在大量的事实资料，这些资料关系到元素的个别性质以及元素相互作用的化学特点。除此之外，门捷列夫元素周期系还能预测很多未被发现的元素及其性质。

因此，凯德洛夫对门捷列夫的发现、发现的先决条件和发现的影响进行历史角度的分析，在逻辑上是有根据的。门捷列夫在世时发表的论文并不多，只有少量的关于周期律发现过程的文献，没有具体的评价。门捷列夫元素周期律的发现过程成为人们推测甚至虚构的对象，也就不足为怪了。

起初，凯德洛夫的目的是对涉及周期学说的历史问题进行分析。这一点在他的论文《门捷列夫周期律考证过程阶段》（1948）、《门捷列夫周期律是如何完成的》中均有体现。

20 世纪 40 年代末期，当时只有两篇公开发表的文献直接涉及周期律：单页表《以原子量与化学相似性为基础的元素体系的尝试》（简称《元素体系的尝试》）和论文《元素的性质与原子量的相互关系》[《俄国化学学会志》，1869，1（2）：60-

---

* 据《伟大发现的一天》俄文第二版特约编辑特里弗诺夫的编后记译编。（宋兆杰译编，刘则渊审校）

77]。单页表的日期为 1869 年 2 月 17 日（公历 1869 年 3 月 1 日），正是这个日期被史学家认为是"发现周期律的一天"。他们认为论文是在 1869 年 2 月末写成的，因为 H. A. 门舒特金在 3 月 6 日代门捷列夫在俄国化学学会会议上做了简要报告。

没有发现其他能阐述周期律发现过程以及与此相关的资料，有关门捷列夫的丰富资料都是分散的。实际上整理档案材料的只有门捷列夫档案陈列馆的两位工作人员：门捷列娃-库兹米娜（门捷列夫的女儿）和库德里亚采娃。仔细研究档案材料便可以找到一些新的文件，发现新的信息。凯德洛夫正是在 1949—1953 年完成这种探索的。

凯德洛夫后来回忆道：

促使我研究的直接动力是纯偶然的事件。1949 年初，我不得不放下哲学方面的研究工作，集中时间研究门捷列夫的手稿，此后五年的空闲时间我都在研究门捷列夫的手稿材料，我和妻子琴卓娃定期到列宁格勒，整天在陈列馆和档案馆收集有关门捷列夫的新资料。[1]

查阅档案的工作起初很顺利。门捷列娃-库兹米娜交给凯德洛夫很多珍贵资料，如元素表的两份手稿（以下称"草表"和"誊清表"），还有门捷列夫《化学元素周期律》一文的手稿，这篇论文写于 1871 年，最初用德文在德国发表，俄文手稿由门捷列娃-库兹米娜在 1950 年做了注释（《周期律主要文献集》，1958：102-276）。

这些资料成为后来研究的起点，由此发现了极为重要的档案材料。对于这些材料及相关注释，凯德洛夫先后将其囊括在《关于周期律发现史的新资料》（1950）和《门捷列夫科学档案——周期律》（1953）中。此外，凯德洛夫还为《科学经典》系列杂志准备了两部基础性著作《周期律主要文献集》（1953）和《周期律补充资料》（1960），凯德洛夫作为编者做了详细注释。

在凯德洛夫的大量创作遗产中，《伟大发现的一天》（1958）占据特殊地位。这是他的最主要著作，过去从来没有出现过类似的文献，以后在世界历史-科学的文献中也未必能够出现。在这部独一无二的著作中，他根据大量的史实资料详细分析了门捷列夫如何发现自然界最基本的规律。准确地说，他把 1869 年 2 月 17 日这一天的时间合乎逻辑地进行了分析。丰富的门捷列夫档案材料，促进了凯德洛夫有效工作的进行。难怪门捷列夫在世时曾说：

以后撰写我生平的人会向我道谢。

凯德洛夫正是把与《伟大发现的一天》相关的未曾发现的材料作为研究内容。

然而，简单地收集史实资料虽然提供了便于思考的信息，但要对这些信息进行深入思考，尚须把握思考的研究方法。凯德洛夫回忆道：

> 在所有情况下，首要的是逻辑推理，它能使我们的研究步入一个轨道，这通常表现为借助逻辑推理方法，提出一个合乎逻辑的假设，然后用档案材料或者其他材料，分析检查其是否正确，之后再继续走下去。

正是逻辑分析方法，使凯德洛夫有理有据地评价门捷列夫及其《元素体系的尝试》，并对 1869 年 2 月 17 日这一天所发生的事件进行推理。

俄国著名化学家丘加耶夫在评价门捷列夫个性特点时指出：

> 门捷列夫是哲学家中的自然科学家，也是自然科学家中的哲学家。

这也完全适用于对凯德洛夫及其科学活动的评价。因为他在分析历史科学问题时也具有哲学观点，这成了他创造活动的一个重要方面。凯德洛夫在著作中极为重视周期学说的哲学层面，其专著《门捷列夫周期律早期著作的哲学分析（1869—1871）》（1953），就是这样分析门捷列夫的创造活动的。

《伟大发现的一天》是在 1958 年下半年出版的。尽管当时印刷的数量很大，达 10 000 册，但是并没有引起学界的强烈反响，这在图书出版方面实属罕事。

从那时起已经过去 40 多年了，这段时间凯德洛夫及其同事和学生都对门捷列夫周期学说进行了全面深入的研究。关于这方面的专著和重要论文已经出版和发表，都得到了全面的分析和思考。

《伟大发现的一天》至今也没有失去它的意义，即使撇开内容价值，这部著作也是科学史研究方法的典范，还可以作为自然科学史家的"教材"。

我和凯德洛夫合作大约有 25 年的时间，完全可以称他为导师。在我们认识之前，我就对周期学说萌发了研究兴趣，正是凯德洛夫使我成为这个研究领域的专家。

关于发现日相关事件的两种"版本"

我是在 20 世纪 60 年代初了解《伟大发现的一天》的。这部著作内容丰富，它对直接或间接涉及周期律发现史事件所做的精密分析，使我感到震惊。凯德洛夫对发现的推理那么富有依据，以至后人难以再继续这方面的研究。

在《伟大发现的一天》出版后，凯德洛夫只对自己的观点进行了少许补充。尽管他出版了很多论著，并专门研究周期学说历史的不同层面，或许在人们看来，新的档案材料的出现能使作者进行实质性的修改，然而没有。

不知道究竟是什么时候、什么原因使我萌发了一种愿望，来分析有关门捷列夫创造活动的一种假设，这里我们称其为"版本1"。有一次，我们谈到书的再版问题，这是在凯德洛夫去世前不久。不知道为什么，他没有提出《伟大发现的一天》再版的具体问题，尽管这在当时是一个比较迫切的问题，比如纪念门捷列夫150周年诞辰。或许由于书中的某些内容使他感到不满意；或许应该登上一个更高的"瞭望台"，对1869年2月17日这一天的所有事件进行重新解释，对这一问题的研究需要时间和精力。而这一切对于凯德洛夫都很勉强，他刚完成最后一部著作《门捷列夫与世界科学》的第二部分。

我是在1987年夏天开始分析周期律发现的"版本1"的。我注意到了那些原始资料并对其仔细分析。这些原始资料使我产生了不同想法，想寻找新的论据，进行新的解释。比如，关于《伟大发现的一天》涉及的一些事件的时间顺序，我形成了自己的观点，称为"版本2"。对此，已有专文发表在《自然科学与技术史问题》（1990年第2～3期）上，题目为《关于门捷列夫周期律的发现》（"版本2"）。后来对"版本2"的内容又做了修改和补充。

凯德洛夫院士在研究化学元素周期律发现史方面具有奠基作用。凯德洛夫在20世纪40年代末开始研究门捷列夫科学档案，他发现了一些以前没有的资料，这些资料使他可能改变直接涉及伟大发现事件的时间顺序。凯德洛夫在一些文献中阐述了自己的研究成果，其中1958年出版的《伟大发现的一天》引起了人们的注意。

在探讨具体的科学发现问题方面，这部著作是独一无二的，它从历史角度展开研究。本书分析了1869年2月17日周期律发现的一天里创造性思维的形成过程，我们尚不能大概讲述这部著作，而凯德洛夫却已经通过相应档案材料对相关事件做了精密的分析。

哪些事件与1869年2月17日相关？

最初看来，答案是明显的：这一天门捷列夫发现了化学元素周期律。这个结论本质上没有受到任何质疑。

事实上，1869年2月17日（星期一），门捷列夫编制了《元素体系的尝试》。但很难说他在这一天想过要制订一个周期律的公式，即使存在化学元素性质不断变化的规律，门捷列夫对此也有过思考，也只能是一个大致的形式。对于《元素体系的尝试》不可能要求太多，一些必要的信息补充已经包含在2月18—28日撰写的论文《元素的性质与原子量的相互关系》（对这篇论文日期的客观性，我们之后再探讨）中。这篇论文通常被看成对《元素体系的尝试》的阐释，其中有对周期现象的清楚界定。论文中的"规律"一词是这样出现的：

> 原子量决定着元素的自然属性，正像分子量决定着复合体性质和诸多反应一样。我提出的这个规律，从自然科学的一般发展方向来看似乎是行不通的。[2]21

门捷列夫的"规律"是指：

> 按照原子量的分布，元素性质具有明显的周期性。[2]32

门捷列夫指出，他曾努力揭示元素性质与原子量之间的周期依存性。在 1869 年的第三篇论文中，主要思想是这样表示的：

> 元素的化学性质是原子量的周期函数。[2]58

门捷列夫第一次使用"周期律"的概念是在 1870 年末[2]74，而在 1871 年 7 月对其进行了界定：

> 元素性质，作为单质及复合体形态的一种因素和属性，均处在其对原子量的周期依存性之中。[2]111

这样，门捷列夫需要一定时间——通过自己思想的发展阶段，方能做出清楚的界定。第一阶段，编制《元素体系的尝试》，撰写论文《元素的性质与原子量的相互关系》。在这个时期，门捷列夫认识到周期现象。第二阶段（1869 年 3 月—1870 年 11 月），深入研究周期性的表现形式以及完善《元素体系的尝试》，使其更清楚地展现现代周期系的特点。第三阶段（1871 年 7 月），详细阐述周期律。

实际上，周期律的发现是一个持续的过程，人们提到的发现规律的日期仅仅是这个过程的初始点。

凯德洛夫在书中专门做了注释：

> 以后所说发现周期律，是指编制《元素体系的尝试》这张元素表。我们所说的这一发现是在 1869 年 2 月 17 日做出的，仅仅是指门捷列夫在这一天中编制了这张元素表。当然这只是发现的开端。

"版本 1"的内容是什么？

"版本 1"的本质是：《元素体系的尝试》，是门捷列夫在 1869 年 2 月 17 日这一天完成的，本书大部分内容也都在为这个假设提供依据。凯德洛夫对 2 月 17 日这一天的事件做了归纳，并对他掌握的资料进行了分析。

2 月 17 日早晨，门捷列夫计划出发考察干酪制造厂。在吃早餐的时候，他收到了霍德涅夫的信（大约 9 点）。此时，门捷列夫产生了想法，这成为他后来发现的起点。这个想法表现在他在霍德涅夫信上所做的记载。上午，他编制了两个不完整元素小表。在霍德涅夫的信上记载需要 15～20 分钟，编制表需要 1.5～2.5 小时。快结束的时候，伊诺斯特朗采夫拜访了门捷列夫，门捷列夫告诉伊诺斯特朗采夫编制元素表遇到困难。

下午，门捷列夫编制新原子量清单（20～30 分钟）。之后他开始编制元素卡片，把 63 种已知元素的信息写在卡片上（2～2.5 小时）。此后门捷列夫开始对卡片进行"牌阵"排列，目的是找到元素表的合理形式，而后形成了完整元素草表（4～5 小时）。其后誊写加工，形成了"誊清表"（30～40 分钟）。加工之前有短暂的休息。晚上，门捷列夫把表寄往印刷厂。

这就是凯德洛夫对当天事件做的大事记。凯德洛夫写道：

> 全部工作是用 8.5～11 小时完成的，即从早 9 点到晚 9 点，期间有短暂的休息，休息的原因是伊诺斯特朗采夫来了，且两个不完整元素小表的编制工作即将结束。我认为门捷列夫有充分的可能性做那些与周期律相关的笔记。

凯德洛夫做了以下几点说明：

(1) 门捷列夫在霍德涅夫信上所做的记载（见影印件 Ⅱ）。

(2)《元素体系的尝试》的"草表"（见影印件 Ⅳ）。

(3)《元素体系的尝试》的"誊清表"（见影印件 Ⅴ）。

(4) 从拉普申书中得到伊诺斯特朗采夫的证明。

我们仔细分析了这些资料，确定了 2 月 17 日事件的时间改变的现实意义。

霍德涅夫信的作用

1869 年 1 月 31 日，门捷列夫在"自经会"会议上提出，希望在 2 月 20 日左右到干酪制造厂进行考察。2 月 15 日，门捷列夫向圣彼得堡大学校长凯斯列尔申请从 2 月 17 日开始 10 天左右的假期并获得批准。因此，门捷列夫得到了相应的准假凭证（见影印件 ⅩⅢ）。

门捷列夫打算 2 月 17 日（星期一）早晨离开圣彼得堡，但是几点出行？确定圣彼得堡至莫斯科的冬季列车时刻表尤为重要。

然而，我们没有找到这一列车时刻表。在 1870 年的"圣彼得堡及周边地区出行指南"[3] 中，有一些资料显示了火车的出行情况。每天有两趟客车从圣彼得堡开往莫斯科，发车时间分别为 8:30 和 16:30。还有一趟邮政列车开往莫斯科，发车时间为 14:30。这样可以推断 1869 年的时刻表是不一样的，但是还有一些证明可以消除疑虑。1868 年 6 月 8 日，尼古拉耶夫铁路转由俄国铁路协会总会管理，该协会肯定会采取措施实施稳定的列车时刻表。在问询处注明，尼古拉耶夫铁路的时刻表是稳定的，而在其他铁路段列车时刻表是随着季节而改变的[3]。

为了赶上 8:30 的火车，门捷列夫必须提前一小时到达火车站。而门捷列夫通常都是工作到深夜，不习惯早起，因此他会选择中午那趟火车。然而，在这种情况下，"版本 1"的前提就失去了意义。因为根据"版本 1"，门捷列夫在吃早餐的时候收到了"自经会"寄来的资料。

有一点很重要，即门捷列夫怎么能在 2 月 17 日早晨收到带有霍德涅夫签字的资料？根据"版本 1"，这可能是在当天 9 点左右。

我们再看看，门捷列夫收到的资料都是什么？

第一份资料是一个正式文件，表达了对门捷列夫准备参观干酪制造厂的谢意，并通知有关干酪制造厂的一些信息。

第二份资料是霍德涅夫以个人名义写给门捷列夫的信。霍德涅夫问门捷列夫是否要向校长报告以便获得准假凭证。这里面有一个补充：

> 如有可能，请您在出发前把土壤化学研究等结果交给我，即便是提要亦可，以便编入"自经会"年度总结。这份总结应于 3 月初做出报告。

根据"版本 1"，门捷列夫在带有霍德涅夫签字的信上做了记载，这些记载成为《元素体系的尝试》的最初思想。

两份资料的落款都是 2 月 17 日。

从霍德涅夫的信上可以看出，他还不知道门捷列夫已经取得准假凭证和星期一出行的证明。

正式文件的文字是手写的，出自官员之手，只是签的霍德涅夫的名字。很清楚，文件是以前就准备好的，只是在 2 月 17 日备案签字。如果是这样，门捷列夫不可能在早晨 9 点收到这些文件。为此，霍德涅夫必须在夜间签署这个文件，而这是完全不可能的，因此更大的可能是文件是在早晨或者 2 月 17 日上午准备好的，霍德涅夫签署之后写了字条，此后发给了门捷列夫。最大的可能性是邮寄来的，在这种情况下，门捷列夫会在中午前后收到，但是这种对事件的分析不是唯一的。资料可能在 12 点后送达，也完全可能通过邮寄而在次日收到。

根据乐观的分析，门捷列夫大约在中午收到文件，那么"伟大发现的一天"的时间框架就会大大压缩。那么按照"版本 1"，2 月 17 日的时间推算就会引起人们的质疑。如果文件送达门捷列夫更晚，特别是第二天送达，那么霍德涅夫的信就无论如何不会被看成发现开始的资料。

时间上的吻合，即霍德涅夫信上的日期 2 月 17 日与《元素体系的尝试》上的日期吻合，是形成"版本 1"的重要依据。

我们再来注意一下门捷列夫在霍德涅夫信上所做的记载。

我们认为，这些都是类似于密码的文字，很难辨析。如何解释左上角的文字，凯德洛夫将其解释为 HCl—180，但是，如果认为在最左边的符号是氢，又让人难以相信。凯德洛夫指出：

> 很可能，他最初想写下盐酸的分子量，其组成是 $HCl \cdot 8H_2O = 180$，在《化学原理》第一卷曾有此说明。

但是，这也可能是 HCl 比重的旧式表示法。之后，门捷列夫在 Cl 之下写上了 K，并以此把两种原子量相近、性质完全相反的元素——卤素和碱金属进行比较。即使上述说法包含了某些真实的成分，也没有依据将其认为是唯一可行的。门捷列夫指的完全可能是另一种东西。我们不再对这些字迹进行解释，因为里面的字迹很可能只是纯粹的假设。

从上述内容可以得知，霍德涅夫信上的字迹不能被看成发现的起点，很可能在工作最繁忙的时候或者 2 月 17 日以后，门捷列夫想检验一下脑中闪现的思想，并在霍德涅夫的信上写下了只有他自己才能明白的文字。应该认为，假如这些记载对于门捷列夫来说具有重要价值，那么他会在自己的档案中赋予这些字条应有的地位。

20 世纪 50 年代初，凯德洛夫在另一个档案中把这封信与正式文件一起找到，并将其转交给了列宁格勒大学门捷列夫档案陈列馆。

两个不完整元素小表

在这个名称下的文件是在"版本 1"中出现的。根据"版本 1"，门捷列夫在霍德涅夫的信上开始编制元素表的工作，从中看到"元素排列规律"。凯德洛夫在书中用不少篇幅分析编制元素表的前后顺序。可以认为，门捷列夫在元素表之前还做了一个草稿，遗憾的是未能保存下来。还有一点，表是在 2 月 17 日编制的，这一点有上面的日期为证。但是，这个日期是在编制工作结束后写上的。门捷列夫有什么必要在编制过程中填写日期呢？如果认为标注日期是因为门捷列夫决定把《元素体系的尝试》资料系统化，是较为合乎逻辑的。

对元素表的粗浅了解可以得出这样的结论：表中已经显现出《元素体系的尝试》的框架，尽管还比较模糊。对此我们大致认为，门捷列夫从编制元素表直接转向《元素体系的尝试》，可能还有一些其他资料。根据"版本 1"，门捷列夫在编制出两个不完整元素小表之后，决定制作元素卡片，并标明其重要性质。但是，这些表是否就是最初的"牌阵"结果，我们没有看到可以证实这种推理的根据。

因此，卡片问题值得专门讨论。我们暂且看看伊诺斯特朗采夫来访的情况。

伊诺斯特朗采夫作为发现的见证人

根据"版本 1"，伊诺斯特朗采夫是在 2 月 17 日上午即将结束的时候拜访门捷列夫的，当时门捷列夫正忙于工作。凯德洛夫这样描述当时见面的情景：

> 门捷列夫站在心爱的斜面写字台旁，显得闷闷不乐。伊诺斯特朗采夫从同门捷列夫的谈话中得出了门捷列夫用什么方法做出发现的肯定看法，虽然这一看法不够准确。

我们注意到，门捷列夫与伊诺斯特朗采夫见面的情况大概是凯德洛夫虚拟的。后来得知，没有依据表明伊诺斯特朗采夫是在上述时间到来的。

关于伊诺斯特朗采夫拜访门捷列夫的信息，凯德洛夫是从哲学家拉普申的书中得到的[4]。我们再复述相应的文字：

> 关于门捷列夫所完成的创造性过程的直觉，功勋教授伊诺斯特朗采夫盛情地向我介绍了极为有趣的事情。一次，已经担任物理数学系秘书的伊诺斯特朗采夫拜访门捷列夫。作为门捷列夫的学生和亲密朋友，他同门捷列夫一直保持着思想交往。他看到门捷列夫站在斜面写字台旁，显得心绪忧闷而沮丧。
>
> "您在忙什么呢，德米特里·伊万诺维奇？"
>
> 门捷列夫谈起了以后才成为元素周期系但当时尚未形成的周期律和周期表的问题："一切都已在头脑中形成，"门捷列夫痛楚地说，"但还不能用图表表示出来。"
>
> 稍晚发生了下列事情。门捷列夫三天三夜没有睡觉，一直在斜面写字

台旁工作，想把自己想象的结构编制成元素表，但达到这个目的并不顺利。最后，在极度疲劳的状态下，门捷列夫躺下来睡觉，并且立刻睡熟了。"我梦见了元素按照应有位置排列的元素表，醒来立即写在一块小纸片上，后来只在一处做了必要的修改。""很可能"，伊诺斯特朗采夫教授补充说，"这块小纸片至今还保存着。门捷列夫常常在他收到的书信中没有写字的地方记事。"[4]81

伊诺斯特朗采夫的这个观点在"版本1"中体现为一种论据，给予证明，霍德涅夫的信被门捷列夫用来做笔记，并被认为是2月17日工作的起点。

在拉普申的记录中，我们注意到一句话："稍晚发生了下列事情"，对这句话的分析我们以后还要提到。凯德洛夫认为，拉普申的叙述中很多内容与事实是不相符合的。首先，说门捷列夫研究《元素体系的尝试》三天三夜。可是已知的文件表明，门捷列夫是在一天的时间里做出发现的。其次，说门捷列夫在梦中发现周期律。尽管后来凯德洛夫承认，实际上门捷列夫躺下睡觉并梦见了元素按照应有位置排列的元素表，但这个表只能是誊清的，即纯粹是重复书写的元素表。门捷列夫的确在印刷之前做了一处修改：在"H、? ＝8和? ＝22"这一行删掉了两种元素。

我们再返回之前的那句话："稍晚发生了下列事情"。"稍晚"似乎是指新的信息：伊诺斯特朗采夫是在其他时间拜访门捷列夫的，这种情况在"版本1"中没有提到，拉普申也没有提到他是否听到了伊诺斯特朗采夫的口头讲述或者看到了他的书面表述。他没有给出援引信息的图书。伊诺斯特朗采夫是在1919年去世的，可以认为，拉普申是在伊诺斯特朗采夫去世前不久与其进行谈话的，并着手撰写自己的著作。我们暂时把评价拉普申的文字是否可靠放在一边。

还有伊诺斯特朗采夫的回忆录。凯德洛夫在撰写《伟大发现的一天》时并不知道有这个回忆录，因为这个回忆录是《当代人回忆门捷列夫》[5]论文集的编者们后来发现的。这是圣彼得堡大学历史博物馆档案中的手稿回忆录，总计256页，没有注明日期，但是在文中可以看到"彼得格勒"这个词，这就清楚了回忆录是在1914年以后写完的。实际上这是伊诺斯特朗采夫的自传，其中有几页是讲述门捷列夫的。涉及周期律发现的内容插在211页，这些内容可能是后来特意补充的，就是下面这段话：

> 有一次，我到门捷列夫那里，看到他精神状态特别好，他甚至和我开玩笑，这是以前很少见的事情。这大概是在他那个著名的元素周期律发现不久的事情。我向他提出一个问题：是什么促使他做出了这个著名的发

现？他回答说，他很早就怀疑元素之间的已知联系，并想了很久。最近几个月，门捷列夫使用大量纸张，试图以表的形式找出这种规律，但是没有结果。最近他又开始研究这个问题，并且似乎有了进展，但仍旧没有结果。在发现周期律之前，门捷列夫仍然整夜思考，寻求周期表，但是还没有最终结果。他失望地扔下工作，想好好睡一觉，便在办公室睡着了。他梦见了一张清晰的表，这张表后来已被打印出来，他在梦中是那么高兴，以至醒来后很快在散放在办公室的纸上画出了这张表。我这里说这些，是因为我在他身上看到了繁重脑力劳动对人的智慧产生心理影响的典型范例。

不难发现，拉普申表达的伊诺斯特朗采夫的叙述以及书面证明是相互矛盾的。根据拉普申的说法，伊诺斯特朗采夫拜访门捷列夫正是在门捷列夫极为繁忙的时候。上述文字显示，伊诺斯特朗采夫与门捷列夫的谈话发生在《元素体系的尝试》完成之后，感觉到在伊诺斯特朗采夫的回忆录中有时间上的混乱。的确，"是什么促使他（门捷列夫）做出了这个著名的发现？"伊诺斯特朗采夫不可能在发现的当天提出这样的问题。这里或许应该考虑到，伊诺斯特朗采夫撰写自己的回忆录是在大约50年后。后来，根据拉普申的说法，门捷列夫工作了三天三夜没有休息。伊诺斯特朗采夫提到了另外一种情况：门捷列夫寻找"元素之间的已知联系"是在之前的几个月中，之后又开始研究这个问题，并且是在最近一段时间。然而，这些时间上的描述是不确定的，拉普申后来发现了细节，而这种细节在伊诺斯特朗采夫的手稿中并没有，特别是引证门捷列夫的话："一切都已在头脑中形成，但还不能用图表表示出来。"实际上，拉普申和伊诺斯特朗采夫更多强调门捷列夫睡梦的作用，这种细节未必是伊诺斯特朗采夫凭空想出来的，我们暂且不对其进行分析。拉普申把"梦中发现"赋予极大意义，是因为他要把心理因素对科学创造的影响看成一种理论，而伊诺斯特朗采夫也用"繁重脑力劳动对人的智慧产生心理影响"来支持自己的观点。

这样，伊诺斯特朗采夫回忆录的内容在很大程度上颠覆了拉普申的信息的可信度。如何理解他们之间的矛盾？可以想象，伊诺斯特朗采夫在与拉普申的谈话中说出了回忆录中没有的细节，特别是"一切都已在头脑中形成……"，因为拉普申未必能够补充这句话。另外，此时不能排除伊诺斯特朗采夫拜访门捷列夫是在门捷列夫忙于《元素体系的尝试》的时候，一句话，可以做出假设与推理。但是，证实这些假设与推理是不可能的。因此，在"版本1"中，伊诺斯特朗采夫的到来显得不是很确定。很明显，凯德洛夫在解释"版本1"时，门捷列夫似乎处于很困的状态，拉普申讲述伊诺斯特朗采夫突然造访门捷列夫也非常容易理解，因为伊诺斯特朗采夫看来是门捷列夫发现周期律时唯一与其"创造实验"接触的人。

在伊诺斯特朗采夫的回忆中，还有一句话引起我们的特别注意，即门捷列夫很早就怀疑"元素之间的已知联系"，并且"使用大量纸张，试图以表的形式找出这种规律"。很明显，这种细节伊诺斯特朗采夫是不可能杜撰出来的。当门捷列夫编写《化学原理》的时候，这种探索规律的坚定性是很明显的。很多年后，当门捷列夫解释《化学原理》第一卷的时候指出：

> 主要的是元素周期性，它恰恰是在编写《化学原理》的过程中发现的。[6]53

应该引用门捷列夫儿子伊万的话，他留下了关于父亲的回忆。门捷列夫曾经对他说：

> 我从一开始就深信原子的最基本性质，原子量应当决定每种元素的基本性质……我开始编写《化学原理》之后，终于得以回到问题最核心的部分。短时间内，我查阅了大量资料，并进行了比较。但是我应该做巨大努力，在现有资料里区分主要的和次要的东西，下决心改变公认的原子量序列，这是违反当时最高权威所认可的东西的。经过全面比较，我以毋庸置疑的明晰性认清了周期律，并深信这一规律是符合物质最深刻的自然本质的。在周期律的引领下，新的科学领域在我面前展示出来。我相信这一信念，并认为这对每一项富有成果的事业都是必需的。当我最终为我的元素分类定形时，我在每张卡片上写上每种元素的符号及其化合物，然后按照族和列的顺序排列，便得到周期律的第一张直观元素表。但这只不过是我以前的全部劳动的成果和结晶。[7]347

伊万·德米特里耶维奇·门捷列夫（生于1883年）听到过父亲的故事，当时他还非常年轻。很自然，父亲只能大致向他讲述周期律发现史，只能讲出那些主要事情而忽视细节。因为1869年2月已经过去很多年了，伊万是个受过教育、善于思考的人，他敬重父亲，因此未必能从根本上歪曲故事的本质和事件的前后顺序。上述文字只能证明，门捷列夫是逐渐形成有关元素的合理系统分类的发展理念的。

门捷列夫的儿子伊万对于卡片的评价很重要，门捷列夫在卡片上写下了元素的符号及其化合物，这些卡片帮助门捷列夫对元素进行清晰的分类。

卡片的作用。它们哪里去了？

根据"版本 1"，在研究《元素体系的尝试》的过程中，卡片起到了极为重要的作用。门捷列夫在《化学原理》（第八版，1906）提到：

> 无论探索什么，野葛也好，某种关系也好，除了观察和实验以外，没有别的方法。于是我就开始选配，把元素符号写在卡片上，写下它们的原子量和基本性质，然后把相似元素按照相近原子量排列在一起，很快便得出结论：化学元素的性质与原子量之间存在着周期性的关系。[2]325-326

门捷列夫倾向于对不同知识领域的不同事实进行分类，可以认为，卡片是极为简单和方便的研究方法。

从凯德洛夫编制的 1869 年 2 月 17 日大事记可以看出，编制卡片用了 2～2.5 小时。我们不清楚卡片上究竟记录了什么信息。门捷列夫指出，他在卡片上记录了元素的原子量和性质。根据门捷列夫儿子伊万的说法，卡片上记录了元素的符号及其化合物。凯德洛夫认为，卡片上有可能有元素性质及由其组成的化合物的信息。凯德洛夫列举了卡片的内容，如钨、钼。

卡片也可能没有记录元素的性质，这必须要谨慎，因为很多元素（特别是稀有元素）的性质是相互矛盾的。例如，如果门捷列夫编制一个卡片需要 5 分钟，那么为"牌阵"准备资料的过程需要 5 小时，这么长的时间无论如何都不能包含在凯德洛夫所制订的 1869 年 2 月 17 日大事记中。

还可以做出以下假设，而这种假设无法得到确认：门捷列夫是在 2 月 17 日以前就编制好卡片的，这在一定程度上与伊诺斯特朗采夫的回忆相吻合。但是，如果这样，编制卡片的过程就应该从 2 月 17 日的大事记中剔除。

如果我们能够看到其中的哪怕一张卡片，也会弄清楚当时的情况。但是，在凯德洛夫所做的探索和门捷列夫的档案材料中都没有发现卡片。

凯德洛夫的想法是对的。他认为，门捷列夫未必会扔掉卡片。比如，在门捷列夫的档案中还保存着各种金属盐溶液的卡片资料。这是门捷列夫研究溶液理论时使用的卡片。关于找不到的那些卡片，凯德洛夫这样解释：

> 在《门捷列夫元素自然体系》（1871 年 2 月）这张大表中和《化学原理》第二卷的附录中，每种元素除了原子量外只注明了化合物及性质，在其他地方都没有见到类似的表。还可以假设，为了制表，他把以前用于"牌阵"的卡片贴到了纸上，在准备《化学原理》第二卷时，把这个表寄

往印刷厂，根据这个正本，绘制成了书中的表格，而其正本及《化学原理》手稿在印刷厂丢失了，因为印刷厂不保存任何正本手稿。[1]52

这种解释并不能让人信服。1971 年的《门捷列夫元素自然体系》是门捷列夫经过两年研究周期系结构的结果，这个表反映了门捷列夫得出的重要结论，还有很多明显之处，特别是很多元素的原子量都得到了纠正，它们在体系中的位置也得到了纠正。因此，门捷列夫的卡片中有了很多补充，以至需要重新制作。

还可以做出这样的假设：门捷列夫随身携带这些卡片去考察干酪制造厂，以便在空闲时间思考和完善《元素体系的尝试》。因为他在外出时又去了波博罗沃庄园，也可能把卡片放到了那里，以便在以后的工作中再使用这些卡片。

1869 年 6—9 月，门捷列夫多次来到庄园，他的论文《单质的原子大小》[2]32-49 和《成盐氧化物中氧的数量和元素的化合价》[2]50-58 很有可能就是在波博罗沃庄园写成的。在撰写这些论文时卡片一定起到了很大的用处，因此，门捷列夫极有可能像处理其他类似的资料一样，把卡片留在了波博罗沃庄园的档案中。遗憾的是，关于波博罗沃庄园档案的后来情况，我们没有任何信息。

卡片很可能保存在门捷列夫档案材料中，但是在国内战争时期丢失，或者在卫国战争时期被毁坏，或者在 1924 年水灾中被毁坏。当时门捷列夫的一部分图书被毁掉了。这些卡片还有可能在卫国战争期间门捷列夫档案陈列馆搬迁过程中丢失了。最后一种可能，门捷列夫传记作家穆拉坚采夫有一个习惯：在撰写门捷列夫生平时，为方便写作，把门捷列夫的手稿带回家了。列宁格勒被围困的时候，他的住所被炸毁，他牺牲了。

《元素体系的尝试》的 "草表"

这张表没有注明日期，但不能怀疑这张表是在 2 月 17 日编制的，并且是在 "誊清表" 之前。凯德洛夫对这个表的注释是档案文献工作的最好范例。很明显，该表作为 "牌阵" 的成果，凯德洛夫详细展示了他的研究步骤。

该表的重要特点是清楚标明了各种元素，这些元素都被排列到周期系的主要族中，但是各主要族的前后顺序与事实不甚吻合。在碱金属之后是卤族，"过渡" 金属的轮廓也相当清晰，稀土元素的排列实际上就不合理。因为钇（Y）、镧（La）、铈（Ce）、钕（Nd）、铽（Tb）这些门捷列夫使用过的元素，确定都是不准确的元素，只是在 1870 年 11 月，门捷列夫在论文《关于元素体系中铈的位置》[2]59-68 中得出最终结论：必须从根本上改变铈及其伴生物的原子量。可见，稀土元素的不确定性影响了《元素体系的尝试》的研究。

《元素体系的尝试》的 "誊清表"

《元素体系的尝试》的 "誊清表" 在建构 "版本 1" 中具有极其重要的作用，因为它确定了 "伟大发现的一天" 的时间节点。文献中最重要的是 1869 年 2 月 17 日这一天和表下面的文字。凯德洛夫这样解释：

> 星期一发排，6 平十点铅字。

但是之后我们看到的是这种解释的正确性需要专门分析和思考，正是在这个文献中确认了 "版本 1"。门捷列夫在 2 月 17 日晚结束工作，并且很晚才把正本寄往印刷厂，这种 "誊清表" 能成为印刷的正本吗？

认为 "能" 的有这样的理由：页边有门捷列夫做的说明，这些说明应该是给排版员的排版说明。如左侧有这样的说明：

> 请速校对，并把初校样给我。

下面有这样的说明：

> 单页表（指《元素体系的尝试》法文本）要单独打印，此单页表印刷 250 份。俄文本印刷 150 份，在 1/8 纸上印刷。印刷用的纸应当可以写字，但要薄。

凯德洛夫认为，这个意见表明，门捷列夫打算把《元素体系的尝试》寄给其他化学家（这里只有一个要求，就是可以写字）。

最后，在表下面有一句话："6 平十点铅字"，完全是印刷方面的词汇。

我们再来看看 "不能" 的理由。"誊清表" 的样子表明，除了元素符号外，所有字迹都不是很整齐，俄文、法文本有很多勾抹修改之处，不是很规整。门捷列夫的字迹不是很规范。正因为这样，门捷列夫的很多文稿，包括《化学原理》都直接读给速记员。页边的字迹很难辨认，当然，以前印刷厂的印刷文稿对原始资料的质量要求也是很低的。"誊清表" 外观并不好看，但是排版员没有提出反对意见就进行印刷。

如果是这样，那么下面这种假设也是正常的。"誊清表" 不是排版的正本资料，这个表极有可能是在寄往印刷厂之前由门捷列夫自己或者其他人重新抄写的。门捷列夫怎么可能着急把不整洁的 "誊清表" 寄往印刷厂呢？因为赶不上去干酪制造厂的火车已经很明显了。假设门捷列夫决定不推迟赶路，2 月 18 日离开圣彼得堡，但是从门捷列夫 2 月最后 10 天所做的事情来看，这种可能性极小，正本资料极有可能不是 2 月 17 日寄往印刷厂，而是在第二天。对这种假设很难提出反对意见，表上的日期 1869 年 2 月 17 日仅仅能证明表的编制日期。

关于《元素体系的尝试》的内容，存在一些"誊清表"与单页表的不同解释，在单页表中缺少"？＝8"和"？＝22"项，元素符号 Er、Yt、La、Th 的问号只在左侧，"门捷列夫"签字也是在《元素体系的尝试》下面，门捷列夫何时做的修改？在校对的时候？伊诺斯特朗采夫在其回忆录中也对这些问题做了暗示。为什么这些修改之处未能体现在"誊清表"中？或者"誊清表"就是正本；或者这个表在寄往印刷厂之前被转抄到《元素体系的尝试》上；更可能的是被寄往社会公益印刷厂，这里曾经多次印刷门捷列夫的著作，包括《化学原理》第一版。

如果寄往印刷厂的是正本，那么门捷列夫在页边上做的说明又有什么意义呢？他可以对要排印的正本再附一张"誊清表"，让传信人向印刷人员解释具体要求，之后再将"誊清表"返还。假设他自己去印刷厂，只有在一种条件下，即他在 2 月 17 日中午已经结束所有工作，而这又与"版本 1"不相吻合。

做类似的结论时我们是否过于绝对？表下方的字迹很有意义。这些字迹是门捷列夫档案陈列馆工作人员门捷列娃-库兹米娜和库德里亚采娃在 20 世纪 40 年代末期所做的解释和说明。她们说过："星期一发排"这句话要求做特别的分析，因为对它的解释存在争议。

"发排"没有引起不同的意见，而第一个单词可以做出三种解释："交付了""已被交付""交付"（对门捷列夫手稿的分析表明，门捷列夫有一种习惯——不把要说的话写完），很难确定哪一种解释是正确的。我们假设"交付了"是正确的，那么在这种情况下能得出结论："誊清表"下面的整个说明是在把表交给印刷厂之后写的，并且在这种情况下这个表不能被看成排版正本。"6 平十点铅字"看来不是对印刷人员的指示，更像与印刷人员商量选择更好的制表形式。

我们再假设第一个词理解为"交付"，誊清表页边的"交付"带有一种对邮递员的指示，而不是对自己。这句话的第二部分"6 平十点铅字"是对印刷人员的指示，但是这种解读的合理性取决于如何解读"发排"之后的词。"版本 1"发表后，对这个词的理解就是"星期一"，对此没有人提出质疑，而在整句话中，这个词就具有被质疑的色彩，对此有两种解释。

第一种解释："星期一发排"，这种情况下必须同意排版正本已于 2 月 17 日寄往印刷厂，而且逻辑上也可以证明这可能在当日下午发生，以便能在印刷厂下班前结束。但是，我们已经发现，当时并不着急，由此出现了一个反常的假设：如果说的是下星期一，即 2 月 24 日，根据"版本 1"，在完成《元素体系的尝试》工作后，门捷列夫便开始撰写《元素的性质与原子量的相互关系》，按照文中的解释，门捷列夫可能对表进行校对。这种想法可以证明，门捷列夫没有理由着急把《元素体系的尝试》寄往印刷厂，2 月 17 日之后这张表确实可能一直在那里放着。

第二种解释："星期一发排"，如果说的是 2 月 24 日，那么这个动词不定式是有理由的；如果说的是 2 月 17 日，那么很明显这个表述就没有什么意义了。

如果坚定认为对"星期一"的解释，所有这些分析都显得很有逻辑。但是根据我们的看法，不应该这么解释。实际上单词的第一个字母不知什么原因是大写的，不大像 понедельник（星期一）的第一个字母"П"，这一点可以通过门捷列夫在页边的字迹进行比较，如果这个字母是"П"，为什么与后面几个字母分开呢？况且门捷列夫的字迹特点是一句话中的字母通常都是连写的。我们专门问过与研究门捷列夫手稿没有关系的人，谁都不认为是"星期一"这个词。换一种假设，似乎这样理解誊清表下面的整句话更正确："交付排版（字迹不清）6 平十点铅字"。至于我们自己的意见，"понедельник"（星期一）最好理解为"Ⅱ отделение"（第二分部），指的是印刷厂的某一个下属分部。如果接受这种方案，那么整句话的意思就是："交付到第二分部排版，6 平十点铅字"。在这种情况下，讲述的纯粹是印刷厂的情况，这样也就避免了"出现把《元素体系的尝试》寄往印刷厂的具体时间问题"，并且上述哪个方案正确也不是紧迫的了。只要这种解释不是相互矛盾的就足够了，我们倾向于否定"понедельник"（星期一）这个词。

对"誊清表"的准确解读能使我们更明确地判断《元素体系的尝试》研究结束过程中的时间顺序。很明显，仔细研究"誊清表"，用现代检验方法可以得到一些补充信息，如门捷列夫是否在同一时间在页边做了说明？表是否有"到过"印刷厂的痕迹？如果某些结果出现过，是否会支持"版本 1"？最后，表上的日期 1869 年 2 月 17 日具有极为重要的意义，它可能会证明：正是这一天，门捷列夫结束了《元素体系的尝试》。但是，这无论如何都不意味着他是在这一天开始这项工作的，在这之前所阐述的一切证明了"版本 1"中的事件并不现实。

上述分析还使我们对与《元素体系的尝试》直接相关的事件，提出了另外一种解读。

"版本 2"的精髓

关于"版本 2"，我们提出以下几点：

（1）门捷列夫在霍德涅夫信上所做的记载，不能看成 2 月 17 日这一天的起点，并且不能作为肯定的解释。门捷列夫不可能如"版本 1"中说的那样在上午 9 点收到霍德涅夫的资料。应该肯定的是门捷列夫到底乘坐哪趟火车离开圣彼得堡的，而这一点又是不可能确定的。

（2）属于 2 月 17 日的文件只有两个不完整元素小表、"草表"和"誊清表"。

（3）伊诺斯特朗采夫拜访门捷列夫是在 2 月 17 日中午，这一点只是在拉普申的书中伊诺斯特朗采夫讲述过，但是"一切都已在头脑中形成，但还不能用图表表示出来"这句话未必能空想出来，正像门捷列夫梦见《元素体系的尝试》的轮廓一样。伊诺斯特朗采夫一些记录性质的回忆让人们相信他在 2 月 17 日以后拜访了门捷列夫。

（4）《元素体系的尝试》中卡片的作用是不能怀疑的。尽管我们不知道这些卡片适合哪些化学元素，也不知道这些卡片后来被弄到哪里去了。

（5）无可争议，《元素体系的尝试》的"誊清表"是在 2 月 17 日制订的，很可能在寄往印刷厂之前又重新抄写。寄送该表的时间无法确定，在"版本 2"中这种假设起不到本质性的作用。

门捷列夫打算 2 月 17 日（星期一）去干酪制造厂，为此，他在 2 月 15 日取得了准假凭证，那么他在星期六、星期日（即 2 月 15—16 日）究竟做了什么？这方面的探索没有任何结果。

大致来看，这之前的几天门捷列夫完成了《化学原理》（第一版）第二卷的准备工作。对于门捷列夫来说，元素的合理系统分类问题有着极为重要的意义，因为解决这个问题关系到以后如何阐述《化学原理》。因此非常重要的是，他决定利用出差前的时间仔细思考这个问题，况且他已经得出了重要结论：元素系统分类的基础是原子量。

根据伊诺斯特朗采夫的观点，"最近几个月，门捷列夫使用大量纸张"以寻找元素之间的联系。门捷列夫确认，长时间在"纸张"上寻找元素的系统分类没有结果。他清楚了，为了下一步工作必须采取更合适的办法。为此，他决定制作卡片，制作卡片可能是 2 月 15 日下午开始的，这里缺少一个明确的时间框架。卡片制作完后，他进行"牌阵"排列，这大约是在 2 月 16 日和 2 月 17 日早晨。但是，结果并没有使门捷列夫感到满意，"一切都已在头脑中形成"这句话曾经对这种情况有清楚的表述。如果门捷列夫在同伊诺斯特朗采夫的谈话中的确说过这样的话，那么伊诺斯特朗采夫第一次拜访门捷列夫应该是在 2 月 16 日晚，那样，伊诺斯特朗采夫回忆说他第二次拜访门捷列夫是在 2 月 17 日以后，这种回忆就有特别重要的意义。这里可以再援引一次：

> 在发现周期律之前，门捷列夫仍然整夜思考，寻求周期表，但是还没有最终结果。他失望地扔下工作，想好好睡一觉，便在办公室睡着了。

门捷列夫梦见了什么？很可能，伊诺斯特朗采夫犯了一个错误，他认为这是一张表，后来制作出来了。更可能的是，在门捷列夫潜意识中出现了一个影像，这个影像就是两个元素表。它们含有一定的真实成分，我们无法想象这个梦能够持续多长时间，门捷列夫可能会错过早晨的火车。如果门捷列夫的梦确实存在的，那么门捷列夫醒来之后首先要做的是那两个"不完整的表"。现在他清楚地意识到，他正在一个正确的道路上，就顾不上去赶火车了。

这样，2 月 17 日这一天有两件事：先是编制"草表"，之后是"誊清表"。毫无疑问，"牌阵"方法广泛使用了，在 2 月 17 日这一天内进行这项工作也完全现实，而且还完全有必要重新抄写"誊清表"。至于表上的说明，在门捷列夫刚编制完表之后，不一定是必要的。

这些说明可能是在寄往印刷厂之前出现的。遗憾的是，表下面不清楚的文字无法解释当时的情况。

这样，根据"版本 2"，2 月 17 日这一天被看成伟大发现结束的一天。

可以划分出使门捷列夫成功的三个阶段：

准备阶段——2 月 15 日中午，编写《化学原理》；计划建立化学元素的合理系统分类的可能方法，并确认原子量作为基本性质的意义，准备撰写论文《元素的性质与原子量的相互关系》。

确定阶段——2 月 15 日下午—2 月 17 日。

结束阶段——2 月 17 日。

如果"版本 1"符合"伟大发现的一天"，那么"版本 2"与"伟大发现的一天"也是相关的。从本质上看，"版本 2"是重新理解涉及《元素体系的尝试》研究事件的先后顺序，只是有一个新的档案材料——伊诺斯特朗采夫回忆录。

"版本 2"没有降低凯德洛夫这一巨著的意义，而只是从另一个角度审视它，我们所阐发的想法没有追求一种完整，况且这里可以找出薄弱之处。

如果对此仅仅持批评看法也欠妥，因此，探索涉及《元素体系的尝试》的另一种解释是明智的。但是，在开始这一点时，我们认为必须研究门捷列夫 1869 年 2 月末至 3 月初活动的一些细节，这些这样或那样的细节与 2 月 17 日相联系，这些细节在本书中都有详尽的描述。我们只是想强调，在这种情况下对于事件可能有另一种解读，或者对其进行更准确的解释。

关于《元素的性质与原子量的相互关系》

很难确定这篇论文撰写的时间，但是这篇论文结束的时间大致是确定的：2 月的最后几天。根据凯德洛夫的意见，门捷列夫写这篇论文的时间是 2 月 18—28 日。

在《俄国化学学会志》上，这篇论文占了 18 页。以门捷列夫的学术能力，撰写这样大篇幅的论文并不是问题，他甚至可以在更短的时间内完成这篇论文。

但是，这不是一篇普通的论文，这是关于发现的第一个报告。门捷列夫一开始就意识到了这个发现的重要意义，因此，要求论述资料特别周全和可信。阅读这篇论文可以感受到作者思想的深度、逻辑性和整体性，会被其结论的准确性所震惊。论文阐述了门捷列夫周期学说的研究对象，在所做的结论中，他第一次指出还存在未知元素，其中包括"与 Al、Si 相似的原子量为 65～75 的元素"，他还指出应该修正一些元素的原子量。这种思想只有在门捷列夫深入分析《元素体系的尝试》之后才能得出。总之，为了撰写《元素的性质与原子量的相互关系》，门捷列夫必须保持一种"一切都已在头脑中形成"的状态；为了思考《元素体系的尝试》可能产生的后果，门捷列夫需要时间。因此，认为门捷列夫 2 月 18 日撰写论文的想法显得不是很充分。

我们再关注另外一种情况。门捷列夫未必在 2 月的最后 10 天撰写论文，因为还有一些紧迫的事情要做。假如他推迟去干酪制造厂，那么很明显他会继续上课，必须为《化学原理》（第二版）第一卷写序言，还必须检查《元素体系的尝试》单页表的印制和邮寄。遗憾的是，没有任何文件表明门捷列夫在 2 月的最后 10 天究竟做了什么。

根据实际情况可以看出，门捷列夫的这篇论文是手写的，而不是读给速记员的，保存下来的带有多处修改的结论草稿可以证明这一点。正文部分也被大幅度修改，这样的论文需要重新抄写一遍，而这需要一定的时间。

所有这些推断会使人们想到，凯德洛夫就撰写这篇论文所描述的时间分段，即使在良好的条件下也显得紧张。

我们只能设想实际情况。我们的观点是这样的：论文的一部分是在门捷列夫编制《元素体系的尝试》之前就写好的。这种推理引起了人们的关注。

实际上，论文的最初几页（60～66 页）系专门论证有关通过电化学过程、原子数等现有尝试，构建相对于氢和氧的元素体系，但这些对于建立化学元素的合理系统分类并不充分。所有这些都是门捷列夫在编写《化学原理》过程中一点一点准备的，特别是他意识到：

> 应该专注于某些单质体系，在对其分类时不要受制于某些偶然情况或者本能的冲动，而是开端就要准确。[2]16

这种思想使门捷列夫得出结论，原子量应该是体系的中心内容，这种信念也成了他按照原子量探索元素体系的决定性动力。也就是说，这种信念打开了探讨《元素体系的尝试》的研究道路。在撰写《元素的性质与原子量的相互关系》时，门捷列夫只需校对原来准备好的资料，现在他只要去分析《元素体系的尝试》，以及由此产生的后果，并形成了未来周期学说的重要理论。

这样，2月18—28日的时间段对于最终写完论文是现实的。

关于《元素体系的尝试》单页表的邮寄

印刷《元素体系的尝试》单页表并不需要很长时间，可以在1～2天完成，这样门捷列夫就要在2月末对单页表进行整理。根据他在正本资料上所做的指示，要印刷出150份俄文单页表和250份法文单页表。

从档案材料中未能发现收件人的名单。这个名单很可能有过，因为门捷列夫习惯对各种往来邮件都进行详细记录。可以大胆假设，门捷列夫都给哪些化学家寄送过样本。当然，在收件人中有成立于1868年11月的俄国化学学会的成员50人，况且门捷列夫打算在3月6日的会议上宣读研究成果。也可能有这种情况：当他知道自己不能出席这次会议后，就把单页表交给了H. A.门舒特金，请他分发给参会人员。

在门捷列夫档案中没有发现任何化学家对收到《元素体系的尝试》单页表的反馈。至少有一份单页表已经确认在1869年3月上旬寄到了国外。《实用化学》第4期刊发了《元素体系的尝试》，没有做任何注释。门捷列夫也没有对化学家没有反馈做出任何评价，只是1899年在《我的著作目录》注释中指出：

> 这张表已在1869年3月1分发给许多化学家。[2]682

《元素体系的尝试》没有引起俄国和国外化学家的兴趣也是允许的，但是他们中间应该有人出于起码的礼貌做出回应。我们倾向于回应是有的，并且门捷列夫也对这些回应做了分类，但是这种想法没有得到相应例证的支持。现在门捷列夫的档案中没有单页表，很可能会在其他化学家的档案中找到单页表，但是这需要专门的搜索工作。

门捷列夫把单页表寄给化学家时很可能会附上简短的信函。但是如果这样，他在 1869 年 3 月 1 日这一天准备全部收件人的信函也是值得怀疑的，即使有人可以给他帮忙，比如在信封上写上收件人的地址。对 30 年前的邮件进行注释，门捷列夫完全可能忘记当时的情况。3 月 1 日这个日期得以确定，是因为这个日期在法文单页表上有标注。有理由相信，寄出这些单页表是在几天内发生的，直到 3 月 1 日，甚至更晚，或者可能是门捷列夫从干酪制造厂回到圣彼得堡后。2 月最后几天门捷列夫很忙。他撰写完论文《元素的性质与原子量的相互关系》，在出差前交给了 H. A. 门舒特金。另外，3 月 1 日他还写了《化学原理》再版序言。这样，事件的发生是不是过于"紧张"？可以看出事件的真正时间顺序是另一种情况，但是要改变这种顺序未必可能，除非找到新的证据或资料。

1869 年 3 月 6 日：事实与心理方面

门捷列夫没有出席 3 月 6 日举行的俄国化学学会会议是不争的事实，正像 H. A. 门舒特金代门捷列夫做报告一样。关于这一点有以下文字可以证明：

> H. A. 门舒特金代门捷列夫做了《元素体系的尝试》报告。由于门捷列夫没有出席，对这个报告的讨论推迟到下一次会议。

但是无论在下一次会议还是在以后的几次会议上，都没有组织对这个报告进行讨论。当时对各种信息的分析，证明了对 3 月 6 日发生的事件做了不同解释。

在门捷列夫 4 月 5 日档案中对论文《元素的性质与原子量的相互关系》所做的注释中指出：

> 这个论文的情况已经在 3 月化学学会会议上做了报告。[2]30

25 年后，俄国物理化学学会化学分会组织了一次专门的会议"献给周期律的四分之一世纪"。在会议的议程中写道：

> 今天会议的日子不能不使我回忆起在 1869 年 3 月 6 日会议上，门捷列夫宣读了关于周期律的第一篇论文。这个周期律已经发现 25 年了。要祝贺，我们祝德米特里·伊万诺维奇长寿，希望我们的后代经常回忆起俄国化学史上最重要的一天。[8]59

门捷列夫感谢大会并高兴地回忆道，周期律的第一个报告是 25 年前委托

H. A. 门舒特金在会议上宣读的，当时他无法出席会议。在会议议程中没有任何补充信息。其中有些内容是矛盾的，这种情况可能是记录员的疏忽造成的。遗憾的是，我们没有找到这次会议发言的全部内容，门捷列夫在这次会议上提到过 1869 年 3 月 6 日 H. A. 门舒特金代他做了报告。在此前的有关周期律发现的叙述中门捷列夫对 3 月 6 日的情况做了另外一种解释。

比如，在《化学原理》第一卷的再版序言（正本注明的是 1869 年 3 月，而不是具体的 3 月 1 日）中指出：

> 构建这个体系的主要资料，我在 3 月召开的俄国化学学会会议的报告中都做了说明。[9]11

当然，书中删去了一个细节，"主要资料"究竟是谁做的报告？上述引证的话与事实不符，并且也逐渐清楚了门捷列夫未必能在 3 月 6 日前就准备好这些资料，这些资料是门捷列夫在校对时后加上的。这样便产生了一种矛盾：《化学原理》第一卷再版与《元素体系的尝试》的附录一起在 1869 年 3 月下旬出版，如果他在 3 月 12 日从干酪制造厂返回圣彼得堡，怎能拿着校对稿呢？

在《关于元素体系的问题》（1871 年 4 月 12 日）这篇论文中，门捷列夫第一次把自己的体系称为周期律。他指出：

> 1869 年 3 月，我给俄国化学学会做了一个报告，是关于元素性质与其原子量的周期依存关系。

在《周期律的历史》（1880 年 5 月 5 日）这篇论文中有一个提示，论文《元素的性质与原子量的相互关系》是在 1869 年 3 月 6 日俄国化学学会会议上宣读的，并没有注明是谁宣读的。[2]397

1889 年 6 月 4 日，门捷列夫在参加"法拉第讲座"时说道：

> 1869 年 3 月，我为当时还很年轻的俄国化学学会阐述了自己的思想，这种思想包含在我当时写的《化学原理》的章节中。[2]209

1898 年，门捷列夫在综述类论文《化学元素周期律》中指出：

> 1869 年，门捷列夫在俄国化学学会上准确地确立了周期律，并由此引出了很多新的成果，展示了这门科学的重要性，引起了很多学者的极大关注。[2]259

我们无论如何都不能同意这种主张，因为在此之前，周期学说已经被广泛认同。门捷列夫引用的词句是正确的，但是没有根据将此与俄国化学学会会议的日期联系起来。这里不需要注释，对于综述类论文，一些历史细节是不重要的，也是不需要的。门捷列夫丝毫没有夸张自己的贡献，因为周期律的发现、考证和被认可是一个持续的过程。

还可以读一下《化学原理》（第八版）中的话：

> 1869 年初，我把《元素体系的尝试》单页表寄给了很多化学家。3 月，我在俄国化学学会会议上宣读了论文《元素的性质与原子量的相互关系》。[2]313

很自然，"1869 年初"使人们迷惑，因为这种表述会让人们对周期律发现史产生误解，只有用可原谅的忘性才可以解释门捷列夫的上述表述。

从以上的所有考证来看，门捷列夫出席了 1869 年 3 月 6 日俄国化学学会会议并做了报告。在庆祝周期律发现 25 周年时，他又提到，那个报告是 H. A. 门舒特金代做的。我们不再讨论门捷列夫在其他场合为什么保持沉默，因为对于周期学说的发现过程这已经不是很重要了。

有一点极为重要，在 1869 年 3 月 6 日俄国化学学会上，H. A. 门舒特金的讲话内容是什么。

很明显，不能再详细讲述《元素的性质与原子量的相互关系》的内容。首先，这篇论文的内容很多，前面提到这篇论文共 18 页，而在会议上，还有其他学者做报告。其次，文中的观点极新，还很难被大家接受，甚至 H. A. 门舒特金也未必能弄清楚其本质和细节。因此，H. A. 门舒特金只是对《元素体系的尝试》做大致的展示和简短的说明，很可能只是让人了解结论。俄国化学学会成员此前收到了门捷列夫寄来的单页表，但未必会有什么意义，因此很多年后，H. A. 门舒特金的儿子 Б. H. 门舒特金回忆父亲的话：

> 报告没有引起特别的兴趣与争论。[10]64

也就不那么令人费解了。会议日程证明：H. A. 门舒特金代门捷列夫做了《元素体系的尝试》的报告。

3 月 6 日的会议日程安排在门捷列夫出席的情况下讨论他的报告，但是如前所述，这种讨论并没有进行，也可能门捷列夫感到了人们对《元素体系的尝试》的冷淡而决定不加以讨论，只等刊发论文（论文是 1869 年 5 月刊发的）。10 月 2 日，门捷列夫在俄国化学学会会议上宣读论文《盐氧化物中氧的数量和元素的化合价》[2]50-58，但是对这篇论文的讨论结果并不清楚。

为什么门捷列夫本人没有在俄国化学学会会议上做报告？答案似乎是清晰的，他必须出差，并且此前已经有过一次推迟出差去干酪制造厂了。但是这种出行的必要性有多大？"自经会"未必会坚持这种出差的紧迫性。在门捷列夫的档案中保存着霍德涅夫的第二封信，日期是 1869 年 2 月 25 日。信中写道：

> 加油，尊敬的德米特里·伊万诺维奇！请告诉我，去年在四个附近地区或者其中某些地区进行的土壤化肥实验还在继续吗？我记得您说过，卡尔多-西索耶夫的实验已经停止了。[11]

霍德涅夫好像知道，门捷列夫还没有返回圣彼得堡。从信中可以看出，他感兴趣的是另外一个问题，信中没有任何干酪制造厂的暗示。

门捷列夫是 3 月 6 日前不久离开圣彼得堡的，准假凭证写的是"截止到 2 月 28 日"，这个日期后来又改为 3 月 12 日，并且还会有补充的临时证明。3 月 1 日这一天是星期六，像凯德洛夫所说的："可以设想，当时门捷列夫预计在 3 月 3 日（星期一）动身。谢肉节周的最后一天是 3 月 2 日（星期日），而从 3 月 3 日开始大斋。"

按照正常的逻辑，不能否定这种假设，然而有证据表明门捷列夫不能在 3 月 1 日启程。之前我们研究了 3 月 1 日的情况，确实有很多事件与这一天发生联系，但是没有哪个事件与这一天有绝对的联系。门捷列夫是 3 月 1 日还是 3 月 3 日离开的不是极为重要的，他 3 月 6 日前没有返回圣彼得堡。

既然门捷列夫此前推迟过去干酪制造厂，还可以再推迟。毫无疑问，他已经确认，自己做出了一个重要发现，然而他让别人代替自己在俄国化学学会会议上做报告显得很奇怪。

有一种解释很实际：门捷列夫原打算在会议上发言，但是因为某种原因不得不去波博罗沃庄园。如果注意一下去干酪制造厂的路线就会发现，三个干酪制造厂在扎维多沃站附近，这个站距离科林很近，而从科林到波博罗沃只有 18 俄里的路程。很明显，也较符合逻辑的是，他把参观干酪制造厂与去庄园合并在一起了。另外，门捷列夫的房子此时正在改建。根据"自经会"的分析，门捷列夫是在 3 月 4 日考察第一个干酪制造厂的，即他是来得及去波博罗沃的。当然，从圣彼得堡出发前门捷列夫可以改变做报告的日期，但可能由于太忙而无法改变。他对 H. A. 门舒特金的托付并不是很让人理解，而 H. A. 门舒特金在会上做的报告只能看成可以在《俄国化学学会志》上刊发论文《元素的性质与原子量的相互关系》。因为这篇论文的校对稿 4 月 5 日还在门捷列夫手里，5 月才刊发，在俄国化学学会会议上对其进行讨论已经失去意义。

门捷列夫档案陈列馆馆长德米特利耶夫撰写了一篇论文，题目很新：《即将出现的科学发现——门捷列夫周期律》。[12] 这篇论文引起专门研究周期学说发展史的人的注意。遗憾的是，我们无法阐述作者的思想并与其进行广泛的讨论。我们只想指出，德米特利耶夫的观点是从一个新的视角，即从门捷列夫周期律思想成熟过程的角度阐发的，他关注的不是"伟大发现的一天"的概念，而是另有目的。即便如此，他也无法否认门捷列夫在"伟大发现的一天"编制了第一张元素周期表。

参考文献

[1] 凯德洛夫. 手稿研究（关于周期律发现与证据史的研究）[J]. 自然科学与技术史问题，1983（4）：41-64.

[2] 门捷列夫. 周期律主要文献集 [M]. 莫斯科：苏联科学院出版社，1958.

[3] 圣彼得堡及周边地区出行指南. 圣彼得堡：圣彼得堡出版社，1870.

[4] 拉普申 И И. 发明家的哲学与哲学中的发现：第 1～2 部分 [M]. 彼得格勒：彼得格勒出版社，1922.

[5] 当代人回忆门捷列夫 [M]. 莫斯科：原子出版社，1970.

[6] 门捷列夫档案——自传材料（文献集）：第 1 卷 [M]. 列宁格勒：列宁格勒出版社，1951.

[7] 吉先科，姆拉坚采夫. 德米特里·伊万诺维奇·门捷列夫——生活和活动（大学时期）. 1862—1890 [M] //科学遗产：第 21 卷. 莫斯科：科学出版社，1993.

[8] 俄国物理化学学会志. 1894，26（2）：第 1 部分.

[9] 门捷列夫全集：第 13 卷 [M]. 莫斯科出版社，列宁格勒出版社，1949.

[10] 门舒特金 Ъ Н. 150 年来化学发展中的重要阶段 [M]. 2 版. 列宁格勒：苏联科学院出版社，1934.

[11] 门捷列夫科学档案，1-B-64-1-42.

[12] 德米特利耶夫. 即将出现的科学发现——门捷列夫周期律 [J]. 自然科学与技术史问题，2001（1）：31-82.

译者后记

30多年前，大连工学院（现大连理工大学）教师林永康、刘则渊、王续琨等集体翻译的《伟大发现的一天》一书，终于得以付梓问世，我们可以长长地呼出一口气了。此刻，我们想起了曲折而艰难的出版过程的许多场景，想起为这本书的引介、翻译、校阅及出版做出了各种各样贡献的学界师长和友人。

1978年，我校政治理论课教学部为适应在理工科硕士研究生中开设"自然辩证法概论"课程的需要，成立了自然辩证法教研室。进入1979年，教研室成员基本配齐，在年龄上呈现比较合理的梯级结构，其中既有20世纪50年代初就开始从事马克思主义理论教学工作、接近知天命之年的老教师，又有理工科专业出身、接近不惑之年的中青年教师，还有刚从师资培训班毕业的新教师。从多年无所作为的状态走出来的学人，在摆脱了"斗争哲学"的羁绊之后，焕发出高涨的工作热情。我们几乎"雷打不动"地每周安排半天的业务学习和学术交流活动，主要是交流学习哲学、自然辩证法经典著作的体会，同时穿插着为每个人的研究构想和撰稿提纲出谋划策，或者评论同事们的最新研究成果。

1979年，在学校科研处的支持下，成立了大连工学院自然辩证法研究会。我们利用科研处每年专门划拨的1 000元经费，出版活页型的《自然辩证法信息·教学与研究资料》和杂志型的《自然辩证法信息》（增刊）。前者总共出版了9期（1979—1981），后者总共出版了7期（1979—1983）。这两份内部交流读物不仅刊载我们自己的研究成果，也选载一些硕士研究生学习"自然辩证法概论"课程所写的课程论文。其中，多篇文章经修改后由《哲学研究》《自然科学哲学问题丛刊》《科学技术与辩证法》（现名《科学技术哲学研究》）等杂志发表。

1980年，教研室的林永康老师到北京参加一个科学史领域的学术会议，中国社会科学院哲学研究所自然辩证法研究室的殷登祥、柳树滋两位学友先后向他推荐了苏联哲学家、科学史家凯德洛夫所著的《伟大发现的一天》。他们介绍说，这部出版于1958年的著作，兼具科学史、哲学价值，值得翻译。他们还说："你们学校有不少（20 世纪）50 年代曾在苏联留学的教师，俄文水平很高，不妨组织几个人把这本书翻译过来"。

林永康老师开会回来后，在学校图书馆找到了俄文原著《Денв олного великого открытия》（《伟大发现的一天》）。在自然辩证法教研室的例会上，林永康老师介绍了相关情况。面对这部大 32 开本、厚达 560 页的俄文著作，教研室几位有俄文基础的同事既跃跃欲试，又心存疑虑。最后，大家取得了共识：困难肯定不少，但只要坚持译下去，不仅可以完成译书任务，而且能够把丢弃多年的俄文捡起来。

经过商议，我们决定邀请化学工程系曾有苏联留学经历的教师参与此事。林永康老师先后同化学工程系的许国津、薛祚中、袁一、顾明初、赵国良 5 位教师联络，他们都表示愿意参加翻译工作。自然辩证法教研室则有林永康、刘则渊、王续琨、刘永振、肖洪钧 5 位教师参加。为了确保翻译质量，林永康老师又找到基础课教学部俄语教研室的董宗杰老师，请他加盟，他愉快地接受了邀请。就这样，形成了本书的翻译组。

《伟大发现的一天》包括两部分内容，前 5 章考证并还原元素周期律的发现过程，后 5 章对发现过程和成果进行逻辑分析。化学工程系的 5 位教师分头翻译前 5 章，自然辩证法教研室的 5 位教师和董宗杰老师分头翻译后 5 章。当时复印机还没有普及，林永康老师只好把从图书馆借来的俄文原著拆开，按章分发给翻译组成员。图书馆对我们的翻译工作给予了积极支持，已经无法完整归还的这本俄文原著，参照图书丢失的赔付方式，两年后只要求我们按照购书原价的两倍予以赔偿。

翻译工作大约是从 1980 年下半年开始的。翻译组成员差不多都有 10 多年时间不接触俄文文献了，俄文阅读水平、翻译能力严重"退化"。有留苏经历的教师，翻译能力恢复得相对快一些。自然辩证法教研室的 5 位教师一开始译得非常吃力，有时一天也翻译不了原书的半页，由于多数俄文单词的中文含义拿不准，需要反反复复地翻查俄汉词典。虽然译得磕磕绊绊，但我们获得了译书的特殊体验和渗透于其中的快乐，这同撰写文章、编写教材很有些不同。

经过多半年的努力，翻译组成员陆续交出了翻译初稿。董宗杰老师逐章进行校阅、修改。在此期间，林永康老师参加相关领域的学术会议，向学术界介绍《伟大发现的一天》。他撰写的《化学元素周期系及其哲学分析》一文，刊于《自然辩证法信息》（增刊）1980 年第 1 期。第二年，林永康老师参考《伟大发现的一天》译稿对此文进行了全面充实，并经刘则渊老师修改、补充，以《门捷列夫周期律发现的史实与方法》为题发表于《科学史译丛》1982 年第 1 期。

1981 年下半年，我们聘请中国科学技术协会《科学与哲学译丛》编辑部的陈益升老师对全书译稿进行第二轮校阅。陈益升老师也有留苏经历，化学专业出身。为了缩短"工期"，陈益升老师邀请了孙文德先生参与校阅工作。

其后，我们开始联系和落实《伟大发现的一天》一书译稿的出版事宜。当时我们没有专门的科研经费用于出版，学校和政府部门也没有学术著作的出版资助一说。这部译稿的出版经历了漫长而曲折的过程，其中的酸涩和辛苦，非今日所能想象。

1982 年，获悉北京一家出版社对出版此书有兴趣，我们兴致勃勃地把誊清后的《伟大发现的一天》全书译稿交给这家出版社。大约经过了两年时间，出版社因征订册数偏少，通知我们无法把此书列入出版计划。那个时候，各家出版社都在由新华书店总店编印的报纸型《全国新书目》上刊登计划出版新书的征订广告，出版社根据各地新华书店和企事业单位图书馆的订数总和决定出版哪几种、放弃哪几种。其间，刘则渊、王续琨两人轮番到这家出版社商谈，假如译者们不要翻译稿酬，能不能出版《伟大发现的一天》？出版社还是给予了否定的回答。因为订数不足，书本较厚，出版社断定出版此书肯定赔钱。

20 世纪 80 年代后半期到 90 年代初，陈益升老师通过出版界的熟人，把《伟大发现的一天》推荐给内蒙古自治区的一家出版社。刘则渊老师带着译稿，乘坐震耳欲聋的小飞机飞抵呼和浩特，在从机场前往出版社的路上，那大青山下一望无际的大草原令人心旷神怡，心想这次出版应该大有希望。可经过几年的期盼，仍然石沉大海，终因征订数量不足而被拒。

在国内最早倡导创立"门捷列夫学"的武汉大学图书馆王克强老师，得知此书出版受阻的情况后，帮助我们联系了武汉的一家出版社。王克强老师找人把译稿录入计算机软盘。他几经努力，依然没有让《伟大发现的一天》获得出版的机会。学术著作命运多舛，有其内在的缘由，也有外在的原因。

译稿在武汉存放了两年。20 世纪 90 年代中期，使用牛皮纸包裹的译稿和两张 3.5 英寸软盘被寄回大连理工大学，回到了译者之一王续琨的手中。译稿又在仓库里存放了 10 多年时间，其间教研室（研究所）两次搬家，译稿一度消失。"失稿"险情让王续琨冒出了一身冷汗：译稿一旦找不到，该如何面对其他译者和校者？谢天谢地，译稿最终还是在大连理工大学科技园大厦 504 室仓库中找了出来。

此书出版虽然多次受阻，但我们一直没有丧失信心，坚信是金子总有一天得以发光，是好书总有一天能够出版。我们积极进行出版前的准备工作。

进入 20 世纪 90 年代，译著出版必须解决中文版译著的版权问题。王续琨曾委托中国版权代理公司，联系凯德洛夫遗著的版权所有人，以期获得中文版的出版授权，未取得进展。2005 年，王续琨通过在中共中央党校学习时的老同学、北京交通大学张红薇老师，与在莫斯科留学、以凯德洛夫科学哲学思想作为副博士论文选题的鲍鸥取得了联系，委托鲍鸥找到凯德洛夫的女儿吉娜·鲍尼法季耶夫娜女士，终于获得吉娜签署的《伟大发现的一天》中文版出版授权书。在此，我们向归国后就职清华大学社会科学学院科学技术与社会研究所的鲍鸥致以真诚的谢意。

2011 年年末，刘则渊、王续琨在同大连理工大学出版社副总编辑刘新彦的一次交谈中，又一次谈起《伟大发现的一天》这部译稿坎坎坷坷的经历。大家决定共同努力，推进本书的出版工作。期间，中国科学院研究生院（现中国科学院大学）任定成教授等人对此书给出了积极推荐。后经出版社内外多次论证，终于将其列入选题计划。2014 年，大连理工大学 2011 级和 2012 级科学学与科学技术管理、区域经济学专业部分教师组织了 11 位硕士研究生，依据当年的手写译稿对排印清样进行了文字校对。刘则渊、王续琨最后对全书清样做了一次全面的文字处理。

2007 年，在浙江大学人文学院王彦君博士的帮助下，王续琨拿到了《伟大发现的一天》俄文第二版复印件。2015 年，遗忘多年的复印件从书柜中被翻了出来，刘则渊概览了全书的结构和内容，认为第二版正文部分与第一版相比并无变化，这样我们就不必按照第二版进行全书译校了。但第二版特约编辑特里弗诺夫写了一个长篇编后记，对凯德洛夫的原著做了中肯的评价，对发现日相关事件做必要的调整，弥补了原著的个别粗疏之处，具有重要的史料价值。于是，我们请我校博士毕业生、精通俄语的宋兆杰，把俄文第二版编后记"关于发现日相关事件顺序的考证"进行译编，刘则渊审校了译编稿，现将其列于本书正文之后。

在本书即将出版之际，我们怀着十分复杂的心情列出所有翻译者、校阅者的名单和译校分工情况：

赵国良，第 1 章正文；

薛祚中，第 2 章正文、第 3 章正文；

袁　一，第 1 章附录、第 2 章附录、第 3 章附录；

许国津，第 4 章正文和附录；

顾明初，第 5 章正文和附录；

刘则渊，第 6 章正文和附录；

肖洪钧，第 7 章正文；

林永康，序言、第 8 章正文第 1 节、第 2 节和第 7 章附录、第 8 章附录；

董宗杰，第 8 章正文第 3 节、第 4 节、第 5 节；

王续琨，第 9 章正文和附录、一览表与索引；

刘永振，第 10 章正文和附录。

董宗杰、陈益升和孙文德先后对译稿进行了校阅。

令人悲痛的是，译校者中薛祚中、袁一、许国津、董宗杰、林永康、肖洪钧、陈益升老师已经先后驾鹤西去。但愿《伟大发现的一天》中文版能够得到学术界的认可，能够在学术研究中发挥应有的作用，以此告慰几位已逝译校者的在天之灵，同时鼓舞依然躬耕于学术园地的其他翻译者、校阅者。

本书翻译完成后，有关的出版事宜一直是由王续琨、刘则渊两人联络负责的。在本书正式出版前，我们两人商定由刘则渊撰写"译者序"，概述这部科学史和方法论结合的经典著作的要点、背景和意义，为读者阅览这部长篇巨著提供简明的导向；由王续琨撰写"译者后记"，说明本书翻译出版的初衷和过程，向为本书翻译、出版做出贡献的所有友人表达真诚的谢意。

现在，《伟大发现的一天》终于由大连理工大学出版社正式出版了。虽然历经了坎坎坷坷的过程，却赶上一个好年份，让我们以此书纪念 2018 年《伟大发现的一天》俄文版出版 60 周年，献给 2019 年国际化学元素周期表年，纪念门捷列夫元素周期律发现 150 周年。

王续琨

2019 年 12 月

译者补记

在我们集体翻译的《伟大发现的一天》(《Денв олного великого открытия》，1958) 一书进入最后清样校对、即将付梓之际，大连理工大学出版社按照新的规定提出，应当补签两份合同：一是大连理工大学出版社和译者代表之间的委托翻译出版该书的合同；二是进一步确认《伟大发现的一天》的版权，作者鲍尼法季·米哈依洛维奇·凯德洛夫 (Бонифатий Михайлович Кедров，1903—1985) 的法定继承人吉娜·鲍尼法季耶夫娜·凯德洛娃 (Дина Бонифатиевна Кедрова) 女士与出版社签订翻译出版该书中文版的著作权授权合同。

2019 年 3 月下旬，为了更便捷地交流信息、落实各项具体工作，由大连理工大学出版社于建辉发起，组建了"《伟大发现的一天》编辑译者讨论组"微信群，成员包括于建辉、刘新彦、刘则渊、王续琨。微信群既商讨委托翻译合同和著作权授权合同的签署及其公证中的具体事项，又商谈书稿精细修改、封面设计中的各种问题。为了减少读者的阅读障碍，王续琨建议在书的正文前面加两页说明性的"例言"，遂起草了"例言"初稿。随后，刘则渊、于建辉、王续琨等对"例言"做了充实和反复修改。目前，置于书中的"例言"包含人名、地名、元素符号、原子量、分子量、表格、插页、日期等项内容。

关于出版社委托翻译《伟大发现的一天》的合同，由于部分译者已经过世，我只好请求大连理工大学化工学院院长彭孝军院士和外国语学院王慧莉教授等帮助寻找译者或其亲属，签署委托书。其中，很快收到该书第 5 章译者顾明初教授的回复和委托书签字扫描件。彭院长也及时给我回复了邮件："刘老师：接到您的指示，第一时间做了工作。对众多原高分子系的教授，我把您的邮件（包括附件表格）和各种联系方式都转给了高分子系的王景艳教授，她逐一做了工作，做（尽）了最大努力。但有的亲属已不在国内，联系不上。"值得一提的是，我寻找到翻译本书的两位主要贡献者的亲属：一位是全程组织翻译工作的主要译者林永康教授的女儿林春，另一位是本书主要译者董宗杰教授的女儿董迪。两位女士见到我就像见到亲人一样，激动不已。她二人都为自己的父亲参加了这部世界名著的翻译而自豪，也迫切期待见到和获得这部世界名著的中译本。

关于《伟大发现的一天》一书的著作权授权合同，我们曾经获得吉娜·鲍尼法季耶夫娜·凯德洛娃女士的授权，这次要得到进一步确认，并向她支付费用。多年前为我们联络此事的鲍鸥老师早已回国任教，这次又向我们提供了凯德洛夫亲属的最新联系方式。经多方努力，我通过时任学校党委人才办公室负责人的惠晓丽，找到她的同学张舜先生，协助办理授权书一事。张舜先生担任设在莫斯科的俄罗斯中华文化促进会主席，他很快联系上吉娜·鲍尼法季耶夫娜·凯德洛娃女士，获得了由她签字的著作权授权合同：大连理工大学出版社享有《伟大发现的一天》中文版的著作权。双方共同把俄罗斯名著《伟大发现的一天》在中国的翻译出版，作为中俄两国民间文化交流的一个范例，以此纪念门捷列夫元素周期律发现150周年，献给2019年国际化学元素周期表年。张舜先生无偿地协助双方完成授权合同书的签署事宜。为这部名著在中国的翻译出版做出了重要贡献。中俄双方联络协商过程中的所有文本，均请宋兆杰先生译为俄文。

本书的出版，得到大连市学术专著资助出版评审委员会的资助。主管该委员会日常工作的刘国恒主任对这部有重要学术价值的著作予以大力支持。在本书的资助评审过程中，大连工业大学于占元教授和大连理工大学陈悦教授等评委对其学术内容给予了高度评价，强调了这部名著揭开了元素周期律发现之谜的意义与启示。

这本译作经历漫长的时间和曲折过程，得到许多新老朋友的无私帮助，终有今日的幸运问世。在此，谨向为《伟大发现的一天》在中国翻译出版做出贡献的译者及其亲属、给予热忱帮助的所有朋友，致以诚挚的感谢！

刘则渊

2020 年 1 月

编后记

唯有时间能证明伟大

人类的许多灵光一现的突发奇想，常常是必然中的偶然。

在人类的历史长河中，有许多熠熠生辉的发明与发现，它们经历了时空的佐证与考验，以历史的长度证实了自身的伟大。

世界是由物质组成的，物质是由元素构成的，而提起元素，我们最先想到的或许就是那张神奇的元素周期表。迄今已发现的 100 多种元素，构成了缤纷多彩的大千世界。

伟大的门捷列夫

元素周期律是科学史上的一个伟大发现。在门捷列夫之前，有许多人研究过元素的排列，但是门捷列夫发现了元素周期律，并制作出第一张元素周期表。他从氯化钠这种典型化合物出发，把金属性最强的钠与非金属性最强的氯进行比较，进而比较两个元素族……同时，还根据元素的周期性，预言了一些未知的元素，如"类铝""类硼""类硅"等。后来的许多化学家和物理学家因为发现门捷列夫预言的元素而相继获得诺贝尔奖。许多化学家沿着门捷列夫的预言和足迹，不断地对元素周期表进行补充和完善，从而使其呈现出今天的样子。150 多年的时间足以证明这一发现的伟大，也证明了门捷列夫是一位伟大的科学家。

伟大的凯德洛夫

凯德洛夫是苏联科学院院士，著名的哲学家和科学史家。为了探究门捷列夫是如何做出这一发现的，他和妻子琴卓娃付出了执着的努力。他们在列宁格勒的陈列馆和档案馆收集门捷列夫有关这一发现的档案材料，最终发现了列在本书前面插页中的手稿影印件。凯德洛夫从这些手稿出发，通过科学、严密的推理，运用上升法、综合法、比较法，确定了门捷列夫是在 1869 年 2 月 17 日这一天做出了这一发现。他从门捷列夫在霍德涅夫信上所做的记载出发，进而到"上半部元素小表""下半部元素小表"，以至"完整元素草表""誊清表"，从科学史的角度带领我们还原了门捷列夫做出发现的整个过程，并且从方法论角度对门捷列夫所用的方法进行了论证。很少有像凯德洛夫的这种著作，既能从科学史的角度进行论述，又能从方法论的角度进行分析。60多年过去了，时间证明这是一部伟大的作品。

执着的译者团队

本书译者从1980年结缘这部书，就被它深深吸引，决心要将它翻译引介到中国。化学专业的教师负责科学史内容的翻译，从事自然辩证法研究的教师负责方法论内容的翻译。大家精诚合作，克服重重困难，终于把这个硬骨头啃了下来。厚厚的、泛黄的手写稿，字迹工工整整，多种颜色的笔迹体现出校对和修改的过程，他们把心血和情感都倾注其中。每一页都认真地编写了页码，图表都重新画过，其中每个细节都标记得清清楚楚，体现了极强的科学素养。透过那些历经30多年时光的纸张，我们仿佛能看到他们当年专心致志的神态。每当翻阅这些手写稿，我们都会心存敬畏，肃然起敬，深深感到其中寄托了这些译者的多少努力！同时，感觉我们的责任如此重大，一部如此厚重的著作，如何能通过我们的工作将其出版，从而让这部作品能够永远传承。

这部书稿从开始翻译到现在已过去30多年了，各位译者现在已是高龄，有几位甚至离开了我们。与我们沟通与联系的工作主要由刘则渊和王续琨两位老师负责，遗憾的是，刘则渊老师没能等到本书出版便溘然长逝。

有情怀的编辑团队

这部书稿从选题运作到现在已经过去了10多年，编辑工作也进行了近10年，从手写稿的录入，到一轮一轮的校对和审稿。许多人参与过本书的校对、编辑和审读工作，所有参与者无不感到这部书稿内容的庞杂、专业、理性，甚至难以驾驭。既要具备化学知识，又要具备哲学素养。作为第一读者，我们通读了数遍书稿。作为责任编辑，我们参与了本书的校对工作，并且字斟句酌，反复推敲，终成定稿。

俄文版的影印件是穿插在正文中的，这些影印件是本书最重要的依据。为了突出其重要性，并且便于读者查找和检索，我们进行了高清扫描处理，以精美插页的形式放于书前。对于附录中的53个表格，我们经过反复斟酌，决定沿用俄文版的表格形式，将表格进行扫描，以插图形式放于文中，原汁原味地呈现凯德洛夫的严密推理。

可敬的参与者和支持者

感谢山西大学任定成教授（曾执教于中国科学院大学）的指导，让我们最终下定决心出版本书。

感谢清华大学刘钝教授，他从科技史的角度，以优美的文字为本书写了精彩的推荐语。

感谢大连理工大学钟万勰院士、全国首届教学名师孟长功教授对本书的认可与推荐。

本书第二篇涉及方法论的内容，感谢辽宁师范大学孙东山老师的专业指导。感谢大连理工大学陈晓晖教授对文献查询与核实工作提供的专业指导。感谢大连理工大学陈悦教授对本书出版的关心。

感谢张燚鑫、朱博，他们在大连理工大学读书期间认真校对了两遍书稿。感谢孙颖、闫诗洋，她们在大连理工大学出版社工作期间，参与了这部书稿的校对和编辑工作。

感谢冀贵收老师，他在封面和版式设计方面给了我们很多启发和灵感。最后的封面要素不仅突显了伟大发现的一天——1869 年 2 月 17 日（俄历），还突显了伟大的发现者——门捷列夫，以及这一伟大发现——元素周期表。

对于本书来说，2019 年是具有重要意义的一年：国际化学元素周期表年，门捷列夫元素周期律发现 150 周年，《伟大发现的一天》（俄文版）出版 60 周年。我们原计划于 2019 年出版本书，然而，因种种原因，未能如愿。

感谢所有人的所有努力，愿我们共同成就这部伟大作品的中文译本。

唯有时间能证明伟大！

于建辉　执笔
2021 年 3 月